Die Symbole in den oberen Ecken stehen für bestimmte Bereiche in der Mathematik:

Zahlen und Variablen

Geometrie

Funktionen

Daten und Zufall

Zusammenfassung
Die Zusammenfassung am Ende eines Kapitels enthält die wichtigsten Merksätze zum Nachschlagen.

Üben und anwenden
Die Aufgaben trainieren den neu gelernten Unterrichtsstoff.

In der Randspalte stehen zusätzliche Informationen, Aufgaben, Lösungshinweise und Webcodes.

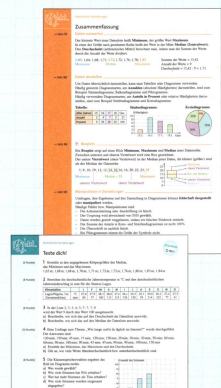

Die linke Spalte enthält leichtere Aufgaben.

Die rechte Spalte enthält schwierigere Aufgaben.

Überprüfe zur Vorbereitung auf die Klassenarbeit dein Können. Die Lösungen zum Abschlusstest findest du im Anhang.

Methode und Thema
Auf den Methodenseiten werden die wichtigsten mathematischen Methoden vorgestellt und geübt. Die Themenseiten zeigen mathematische Inhalte aus verschiedenen Lebensbereichen.

↻ 196-1
Die **Webcodes** in der Randspalte verweisen auf zusätzliche Materialien im Internet.
1. Webseite aufrufen:
   www.cornelsen.de/lernstufen-mathematik
2. Buchkennung eingeben:
   MLS042122
3. Mediencode eingeben:
   z. B. **196-1**

Lernstufen Mathematik

10

Nordrhein-Westfalen

Berater
Michael Greiwe, Rheine
Jasmine Holzapfel, Lünen
Klaus Köhn, Düsseldorf
Ute Liehr, Hückelhoven
Herbert Vergoßen, Bornheim

Dieses Buch gibt es auch auf
www.scook.de
Es kann dort nach Bestätigung der
Allgemeinen Geschäftsbedingungen
genutzt werden.
Buchcode: 5k3um-sz45d

Teile dieses Unterrichtswerkes basieren auf Inhalten bereits erschienener Lehrwerke.
Diese wurden herausgegeben von Prof. Dr. Manfred Leppig, Reinhold Koullen (†)
und Udo Wennekers sowie erarbeitet von:

Helga Berkemeier, Elke Cornetz, Ilona Gabriel, Heinrich Geldermann, Wolfgang Hecht, Jeannine Kreuz, Barbara Hoppert, Kurt Kalvelage (†), Ines Knospe, Reinhold Koullen (†), Manfred Leppig, Frank Nix, Doris Ostrow, Hans-Helmut Paffen, Alfred Reinelt, Günther Reufsteck, Jutta Schaefer, Gabriele Schenk, Willi Schmitz, Helmut Spiering, Christine Sprehe, Herbert Strohmayer, Herbert Vergoßen, Martina Verhoeven, Godehard Vollenbröker, Alfred Warthorst, Udo Wennekers, Rainer Zillgens

Redaktion: Sabrina Bühl, Inga Knoff

Illustration: Roland Beier

Grafik: Christian Böhning, Ulrich Sengebusch (†)

Umschlaggestaltung und Layoutkonzept:
Syberg | Kirstin Eichenberg

Layout und technische Umsetzung:
CMS – Cross Media Solutions GmbH

Begleitmaterialien zum Lehrwerk			
für Schülerinnen und Schüler		**für Lehrerinnen und Lehrer**	
Zentrale Prüfungen für Hauptschule Typ A		Lösungsheft	978-3-06-042124-4
Arbeitsheft	978-3-06-001904-5	Kopiervorlagen	978-3-06-042123-7
Zentrale Prüfungen für den mittleren Schulabschluss		Lehrerfassung	978-3-06-042135-0
Arbeitsheft	978-3-06-001117-9		

www.cornelsen.de

Unter der folgenden Adresse befinden sich multimediale
Zusatzangebote für die Arbeit mit dem Schülerbuch:
www.cornelsen.de/lernstufen-mathematik
Die Buchkennung ist: **MLS042122**

Alle Drucke dieser Auflage sind inhaltlich unverändert
und können im Unterricht nebeneinander verwendet werden.

© 2016 Cornelsen Schulverlag GmbH, Berlin

Das Werk und seine Teile sind urheberrechtlich geschützt.
Jede Nutzung in anderen als den gesetzlich zugelassenen Fällen
bedarf der vorherigen schriftlichen Einwilligung des Verlages.
Hinweis zu den §§ 46, 52a UrhG: Weder das Werk noch seine Teile
dürfen ohne eine solche Einwilligung eingescannt und in ein
Netzwerk eingestellt oder sonst öffentlich zugänglich gemacht
werden. Dies gilt auch für Intranets von Schulen und sonstigen
Bildungseinrichtungen.

Soweit in diesem Buch Personen fotografisch abgebildet sind und ihnen
von der Redaktion Namen, Berufe, Dialoge und Ähnliches zugeordnet
oder diese Personen in bestimmten Situationen dargestellt werden, sind
diese Zuordnungen und Darstellungen fiktiv und dienen ausschließlich
der Veranschaulichung und dem besseren Verständnis des Buchinhalts.

Druck: Firmengruppe APPL, aprinta Druck, Wemding

1. Auflage, 1. Druck 2016	1. Auflage, 1. Druck 2016
Schülerbuch	Lehrerfassung
978-3-06-042122-0	978-3-06-042130-5

PEFC zertifiziert
Dieses Produkt stammt aus nachhaltig bewirtschafteten Wäldern und kontrollierten Quellen.

www.pefc.de

Inhalt

5 Lineare Gleichungen und lineare Funktionen

Noch fit?	6
Lineare Gleichungen lösen	8
Lineare Funktionen beschreiben	10
Zeichnen nach der Geradengleichung	12
Methode Arbeiten mit dem Funktionenplotter	15
Vom Graphen zur Geradengleichung	16
Thema Gleichungen und Funktionen im Beruf	18
Klar so weit?	20
Vermischte Übungen	22
Teste dich!	24
Zusammenfassung	26

27 +Lineare Gleichungssysteme

Noch fit?	28
+Lineare Gleichungssysteme grafisch lösen	30
+Das Gleichsetzungsverfahren	32
+Das Additionsverfahren	34
+Methode Sachaufgaben mit linearen Gleichungssystemen lösen	36
+Klar so weit?	38
+Vermischte Übungen	40
+Teste dich!	42
+Zusammenfassung	44

45 Berechnungen an Körpern

Noch fit?	46
Prismen und Zylinder erkennen und berechnen	48
Pyramiden erkennen und berechnen	50
Oberflächeninhalt von Kegeln	52
Volumen von Kegeln	54
Oberflächeninhalt von Kugeln	56
Volumen von Kugeln	58
Methode Zusammengesetzte Körper berechnen	60
Thema Berechnungen an Körpern im Beruf	62
Klar so weit?	64
Vermischte Übungen	66
Teste dich!	70
Zusammenfassung	72

73 +Quadratische Funktionen und Gleichungen

Noch fit?	74
+Quadratische Funktionen	76
+Die Normalparabel	78
+Die Parabel $y = ax^2$	80
+Die Normalparabel verschieben	82
+Die binomischen Formeln	84
+Quadratische Gleichungen	86
+Allgemeinquadratische Gleichungen lösen	88
+Methode Allgemeinquadratische Funktionen mit einer Tabellenkalkulation zeichnen	90
+Thema Quadratische Funktionen im Beruf	91
+Klar so weit?	92
+Vermischte Übungen	94
+Teste dich!	98
+Zusammenfassung	100

101 Prozent- und Zinsrechnung

Noch fit?	102
Prozentrechnung mit Formeln	104
Vermehrter und verminderter Grundwert	106
Zinsrechnung	108
Zinseszins berechnen	110
Der Zinsfaktor	112
Methode Zinsrechnung mit einer Tabellenkalkulation	114
Thema Prozent- und Zinsrechnung im Beruf	115
Klar so weit?	116
Vermischte Übungen	118
Thema Vorsicht! Schuldenfalle	121
Teste dich!	122
Zusammenfassung	124

+ Inhalte, die dem Niveau eines Erweiterungskurses entsprechen

125
+ Wachstum

Noch fit?	126
Positives und negatives Wachstum	128
Lineares Wachstum	130
+ Exponentielles Wachstum	132
Methode Wachstum mit einer Tabellenkalkulation beschreiben	135
+ Thema Wachstum im Beruf	136
Klar so weit?	138
Vermischte Übungen	140
Teste dich!	144
Zusammenfassung	146

147
+ Trigonometrie

Noch fit?	148
+ Die Steigung in rechtwinkligen Dreiecken	150
+ Der Tangens eines Winkels	152
+ Der Sinus eines Winkels	154
+ Der Kosinus eines Winkels	156
+ Streckenberechnungen am rechtwinkligen Dreieck	158
+ Methode Den Sinussatz entdecken und beweisen	161
+ Die Sinusfunktion	162
+ Thema Trigonometrie im Beruf	165
+ Klar so weit?	166
+ Vermischte Übungen	168
+ Teste dich!	172
+ Zusammenfassung	174

175
Statistische Darstellungen

Noch fit?	176
Daten auswerten	178
Daten darstellen	180
+ Boxplots	184
Manipulationen in Darstellungen	186
Thema Statistische Darstellungen im Beruf	189
Klar so weit?	190
Vermischte Übungen	192
Thema Blutspende	195
Teste dich!	196
Zusammenfassung	198

199
Vernetzte Aufgaben

Thema Verdienstmöglichkeiten in Ausbildungsberufen	200
Thema Die erste eigene Wohnung	202
Thema Die Erde	204

205
Kannst du das?

Noch fit?	206
Maßeinheiten und Maßstab	208
Brüche und Dezimalzahlen	209
Rationale Zahlen	210
Terme und Gleichungen	211
Potenzen und Wurzeln	212
Zeichnen mit Geodreieck und Zirkel	213
Ebene Geometrie	214
Umfang und Flächeninhalt	215
Der Satz des Pythagoras	216
Berechnungen an Körpern	217
Proportionale und antiproportionale Zuordnungen	218
Prozent- und Zinsrechnung	219
Funktionen darstellen	220
Daten	221
Zufall und Wahrscheinlichkeit	222

223
Bist du vorbereitet?

Mathematik im Überblick	224
Vorbereitung auf die Abschlussprüfungen	225
Vorbereitung auf einen Berufseinstellungstest	229
Übergang zur weiterführenden Schule	231

237
Anhang

Formelsammlung	238
Lösungen	242
Stichwortverzeichnis	254
Bildverzeichnis	256

Lineare Gleichungen und lineare Funktionen

Tropfsteine entstehen durch Wasser, das durch Kalkstein fließt. Wenn das Wasser dann auf einen Hohlraum wie beispielsweise eine Höhle trifft, tropft es von der Decke herab. An der Decke entstehen Stalaktiten, am Boden Stalagmiten. Sie wachsen einander entgegen. Durchschnittlich wachsen Stalaktiten und Stalagmiten in 100 Jahren 1 cm.

Lineare Gleichungen und lineare Funktionen

Noch fit?

Einstieg

1 Terme zusammenfassen
Fasse die Terme zusammen.
a) $7x - 4x + 5x$
b) $3y - 5y - y$
c) $6x + 9x - 15x$
d) $0{,}4x - x + 2{,}9x$
e) $-a - 2a - 3a - 4a$
f) $6b - 3{,}8b + 15b$

ERINNERE DICH
Bei einem **Pluszeichen vor einer Klammer** kannst du die Klammer einfach weglassen.
Bei einem **Minuszeichen vor der Klammer** bekommen die Zahlen in der Klammer das entgegengesetzte Vorzeichen.

2 Klammern auflösen
Ordne die aufgelösten Klammern richtig zu.
a) $12a + (7a + 5b)$ ① $12a + 7a - 5b$
b) $12a - (7a + 5b)$ ② $12a + 7a + 5b$
c) $-(12a - 7a) + 5b$ ③ $-12a + 7a - 5b$
d) $12a - (-7a + 5b)$ ④ $-12a + 7a + 5b$
e) $-12a + (7a - 5b)$ ⑤ $12a - 7a - 5b$

3 Fehler finden
Überprüfe die Rechnungen. Erkläre, welche Fehler gemacht wurden, und berichtige sie.

a) $5x - 7y + 4x - 7y = 9x$
b) $5b - 7a + 4 - 8a - 5b = 15a + 4$
c) $-8x + 12 - 8y - 18 + 8c = 16x - 8y + 30$
d) $5x + 6y - 8 - 5x - 6y + 8 = 10x + 12y$
e) $8a - (6b - 7) = 8a - 6b - 7$
f) $12x - (-15y + 7x) = 12x + 15y + 7x$
g) $-(7{,}5y - 12x) - x = 7{,}5y - 12x - x$

4 Terme aufstellen
Schreibe einen Term für den Umfang jeder Fläche. Setze für $a = 3\,\text{cm}$, für $b = 4\,\text{cm}$ und für $c = 8\,\text{cm}$ ein und berechne den Umfang.

a)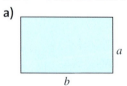

b)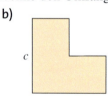

c)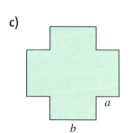

d)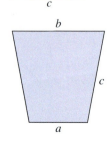

Aufstieg

1 Terme zusammenfassen
Ordne die Variablen und fasse die Terme zusammen.
a) $5a - 6b + 8a + 9b + a$
b) $7x - 9y + 5x - 11y - y$
c) $a + b + c + a + c + b + a + d$
d) $-9 + 4x - 7z + 3y + 9$
e) $5 + 3z - 4z + 2a - 12z + 8a - 18$

+2 Klammern auflösen
Löse die Klammer auf und fasse die Terme zusammen.
a) $c - (6d + 3c - 8c + 13) + 20$
b) $9y - (2y + 17) - (14 - 3y)$
c) $6(-3 + 4x + 6y)$
d) $(3a + 7b) \cdot 2$

4 Terme aufstellen
Übertrage die Figuren in dein Heft. Bezeichne jeweils gleich lange Seiten mit gleichen Variablen. Gib einen Term an, mit dem man den Umfang berechnen kann.

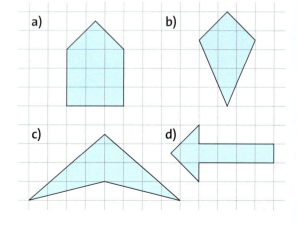

5 Waagen und Gleichungen
Die Waage stellt eine bestimmte Gleichung dar.

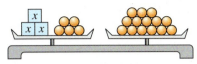

a) Wie lautet die Gleichung?
b) Erkläre anhand der Waage, welche Umformungsschritte man bei einer Gleichung machen darf.

6 Zahlenrätsel
Löse das Zahlenrätsel.
a) Die Summe aus 14 und dem Dreifachen einer Zahl ist 41.
b) Jana ist drei Jahre älter als ihre Schwester Tine. Zusammen sind sie 21 Jahre alt.

7 Graphen zu Funktionen
Familie Holsten geht wandern. Welche Aussagen stimmen? Begründe.

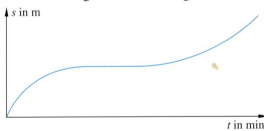

① Sie sind im gleichmäßigen Tempo gewandert.
② Zuerst waren sie sehr schnell unterwegs.
③ Sie haben eine lange Pause gemacht.
④ Sie sind immer langsamer geworden.

8 Wertetabelle und Geradengleichung
Übertrage und ergänze die Wertetabellen im Heft und zeichne jeweils den Funktionsgraphen zu der Geradengleichung.

a) $y = 3x$

x	−3	−2	−1	0	1	2	3
y							

b) $y = 0{,}4x - 2{,}5$

x	−1,5	−1	−0,5	0	0,5	1	1,5
y							

5 Waagen und Gleichungen
Die Waage stellt eine bestimmte Gleichung dar.

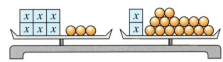

a) Erkläre anhand der Waage, welche Umformungsschritte man machen darf.
b) Welche Umformungsschritte darfst du sonst noch machen?

6 Zahlenrätsel
Löse das Zahlenrätsel, indem du eine Gleichung aufstellst.
Addiert man zum Doppelten einer Zahl das Vierfache der Zahl, erhält man 144. Welche Zahl ist gesucht?

7 Graphen zu Funktionen
Erzähle eine Geschichte zu jedem Graphen. Präsentiere deine Geschichten.

a)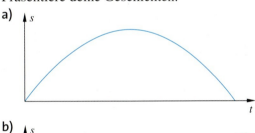

b)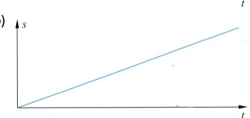

8 Wertetabelle und Geradengleichung
Zu welcher Geradengleichung gehört diese Wertetabelle?
① $y = 1{,}5x + 2$ ② $y = 2x + 1{,}5$

x	−3	−2	−1	0	1	2	3
y	−4,5	−2,5	−0,5	1,5	3,5	5,5	7,5

a) Zeichne den Funktionsgraphen in einem Koordinatensystem.
b) Erstelle eine Wertetabelle zu der anderen Geradengleichung und zeichne auch hier den Graphen.

Weitere Übungen zur Wiederholung und Tipps findest du in „Kannst du das?" ab S. 205

Lineare Gleichungen und lineare Funktionen

Lineare Gleichungen lösen

Entdecken

1 Erkläre die Abbildung.
a) Stelle eine passende Gleichung auf.
b) Forme die Gleichung um und löse sie.

2 Was darfst du beim Umformen der Gleichung $4x + 8 = 10x - 4$ tun, was nicht?
Überlege zuerst allein, besprecht euch dann zu zweit und beantwortet die Frage schließlich in der Klasse.
① Auf beiden Seiten 4 addieren.　② Nur auf der linken Seite $4x$ subtrahieren.
③ Auf beiden Seiten 10 addieren.　④ Nur auf der rechten Seite 4 addieren.
⑤ $4x$ und $10x$ zusammenfassen zu $14x$.　⑥ Beide Seiten durch Null dividieren.
⑦ Die Terme auf beiden Seiten durch 2 dividieren.

3 Gegeben ist die Gleichung $4x + 7 = 6x + 1$.
a) Erkläre an der Aufgabe die Begriffe *Variable*, *Term* und *Gleichung*.
b) Probiere, den Wert der Variablen x durch Einsetzen von natürlichen Zahlen zu bestimmen.
c) Löse die Gleichung durch Umformen.

Verstehen

Die Länge eines Rechtecks ist 5 cm größer als seine Breite. Sein Umfang beträgt 74 cm. Berechne die Seitenlängen des Rechtecks. x ist die Breite des Rechtecks in cm.

Beispiel 1

① Skizze anfertigen:

② Gleichung aufstellen:
$(x + 5) + x + (x + 5) + x = 74$
$4x + 10 = 74$

③ Gleichung umformen:
$4x + 10 = 74 \quad | -10$
$4x = 64 \quad | :4$
$x = 16$

④ Antwort: Das Rechteck ist 16 cm breit und 21 cm lang.

> **Merke** Beim **Umformen von Gleichungen** sind folgende Rechenschritte erlaubt:
> – Auf *beiden Seiten* denselben Term *addieren* oder *subtrahieren*.
> – Auf *beiden Seiten* mit demselben Term *multiplizieren* oder durch denselben Term *dividieren* (außer durch 0).

Kommen in Gleichungen *Klammern* vor, müssen diese zuerst aufgelöst werden.
Dann werden die Terme auf jeder Seite der Gleichung zusammengefasst.
Anschließend wird die Gleichung durch Umformen gelöst.

Beispiel 2

$5 - (2x + 7) = 3(2x + 4) - 2 \quad |$ Klammern auflösen
$5 - 2x - 7 = 6x + 12 - 2 \quad |$ zusammenfassen
$-2x - 2 = 6x + 10 \quad | +2x$
$-2 = 8x + 10 \quad | -10$
$-12 = 8x \quad | :8$
$-1{,}5 = x$

Probe:
$5 - [2 \cdot (-1{,}5) + 7] = 3[2 \cdot (-1{,}5) + 4] - 2$
$5 - (-3 + 7) = 3(-3 + 4) - 2$
$5 + 3 - 7 = -9 + 12 - 2$
$1 = 1 \quad (\text{wahr})$
Die Lösung $-1{,}5$ ist richtig.

Lineare Gleichungen lösen

Üben und anwenden

1 Löse die Gleichungen. Mache die Probe.
a) $x + 8 = 25$ b) $y - 26 = 4$
c) $14 + x = 20$ d) $-8 - y = -18$
e) $3x = 21$ f) $-15 = 5x$
g) $9x - 12 = 15$ h) $4x + 20 = -4$
i) $19 - 3x = 25$ j) $-12 = 4a - 18$

1 Löse die Gleichungen. Mache die Probe.
a) $3x + 5 = -6x + 32$
b) $5x - 9 = 65 + 3x$
c) $5x + 11 = 3x + 17$
d) $9x - 23 = -3x + 25$
e) $-5a - 16 = 9a + 12$

2 Überprüfe, welche Fehler beim Umformen gemacht wurden, und forme richtig um.

a) $8x - 12 = 4x + 14 \quad |-4x$
   $4x - 12 = 14 \quad |-12$
   $4x = 2 \quad |:4$
   $x = 2$

b) $-3x + 12 = 8x - 9 \quad |-8x$
   $5x + 12 = 9 \quad |-12$
   $5x = -3 \quad |:5$
   $x = 0{,}6$

3 Löse zuerst die Klammer auf. Fasse die Terme zusammen. Löse dann die Gleichung.
a) $12 + (x + 5) = 26$
b) $12 - (-y - 5) = 23$
c) $(y + 5) - 12 = -19$
d) $5 - (3 - 2x) = 10$
e) $3x - (2x + 4) = 4$
f) $(x + 2) - 7x = -34$

+3 Schreibe ohne Klammern. Fasse zusammen und löse dann die Gleichung.
a) $4(x + 3) - 15 = 2(x + 7) - 15x$
b) $7y - (9y - 10) = 85 - (19 + 10y)$
c) $19x - 17 - (3x - 72) = -13 + (13x + 83)$
d) $25 - 3(7a - 12) = -(9a - 15) + (7 - 4a)$
e) $2 - [5 - (2y + 3) + 3(4y - 2)] = 0$

4 Bei einem Rechteck ist eine Seite 5 cm länger als die andere. Der Umfang beträgt 34 cm. Fertige eine Skizze an, stelle eine Gleichung auf und berechne die Seitenlängen des Rechtecks.

4 Bei einem Rechteck ist eine Seite dreimal so lang wie die andere Seite. Der Umfang beträgt 120 m. Fertige eine Skizze an, stelle eine Gleichung auf und berechne die Seitenlängen.

5 Eine Taxifahrt kostet 1,50 € pro Kilometer. Hinzu kommt eine Grundgebühr von 3,50 €. Die Fahrt kostet 21,50 €. Wie lang war die Fahrstrecke? Begründe, welche Gleichung zu dieser Aufgabe passt.
① $3{,}50 \cdot x + 1{,}50 = 21{,}50$
② $3{,}50 + 1{,}50 \cdot x = 21{,}50$
③ $1{,}50 + 3{,}50 + 21{,}50 = x$

5 Ordne die Gleichungen aus der Randspalte den Texten zu. Formuliere eine Frage und beantworte sie mithilfe der Gleichung.

a) Ein Rechteck ist 4 cm kürzer als breit. Sein Flächeninhalt beträgt 60 cm².
b) Anja ist 4 Jahre älter als Micha. Zusammen sind sie 60 Jahre alt.
c) Die Summe aus einer Zahl und 4 wird mit 3 multipliziert. Es ergibt sich 60.
d) Ein Rechteck ist 4 cm länger als breit. Sein Umfang beträgt 60 cm.

HINWEIS
zu Aufgabe 5 (türkis):
① $2(x + (x + 4)) = 60$
② $x + x + 4 = 60$
③ $x(x - 4) = 60$
④ $3(x + 4) = 60$

6 Ben kauft Apfelsaft (65 Cent pro Packung) und fünf Packungen Orangensaft (75 Cent pro Packung). Er bezahlt 5,05 €. Formuliere eine sinnvolle Frage und beantworte sie.

6 In einem Freizeitpark steht an der Kasse, dass Erwachsene doppelt so viel Eintritt bezahlen wie Kinder. Eine Gruppe mit drei Erwachsenen und vier Kindern bezahlt 120 €.

Lineare Gleichungen und lineare Funktionen

Lineare Funktionen beschreiben

Entdecken

1 Wasser tropft gleichmäßig aus einem Wasserhahn.
Fabian hat die Wassermenge über einen Zeitraum von 5 Minuten gemessen.
a) Ergänze im Heft die Tabelle und zeichne ein passendes Diagramm.

Zeit (in min)	1	2	3	4	5	6	7	8	9	10
Wassermenge (in ml)	20	40	60	80	100					

b) Welcher Zusammenhang besteht zwischen der vergangenen Zeit und der Wassermenge?

2 Die beiden Vasen werden mit Wasser gefüllt.
Ordne jeweils die passenden Graphen zu.
a) Beschreibe, wie sich der Wasserstand in den Gefäßen verändert.
b) Wie sieht der Füllgraph aus, wenn die Vasen zu Beginn jeweils 10 cm hoch mit Wasser gefüllt sind? Zeichne die veränderten Füllgraphen.

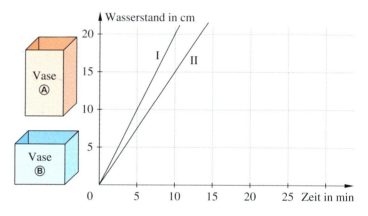

Verstehen

ERINNERE DICH
Funktionen sind Zuordnungen, die jedem x-Wert genau einen y-Wert zuordnen. Deshalb schreibt man auch häufig $f(x)$ statt y.

Lineare Funktionen sind besondere Funktionen. Bei der Darstellung als Graph liegen alle Punkte auf einer Geraden.

Beispiel 1 unterschiedliche Darstellungsformen von linearen Funktionen

a) **Wortvorschrift**
Zu Beginn steht das Wasser 4 cm hoch. Dann steigt der Wasserstand in jeder Minute um 2 cm an.

b) **Wertetabelle**

x	Zeit (min)	0	1	2	4	8
y	Wasserstand (cm)	4	6	8	12	20

c) **Funktionsgraph**

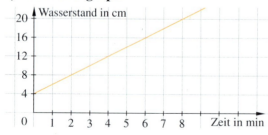

d) **Geradengleichung**
$y = 2x + 4$

Merke Die **Geradengleichungen** von linearen Funktionen haben immer die Form $y = mx + b$. Ihr Graph ist immer eine Gerade.
Die Gerade hat die **Steigung** m und den **y-Achsenabschnitt** b.

Lineare Funktionen beschreiben

Die Steigung m wird mithilfe eines **Steigungsdreiecks** eingezeichnet.
Die Gerade schneidet die y-Achse im Punkt $(0|b)$.

Beispiel 2 $y = \frac{1}{5}x + 1$

$m = \frac{\text{Höhenunterschied auf der } y\text{-Achse}}{\text{Horizontalunterschied auf der } x\text{-Achse}} = \frac{1}{5} = \frac{2}{10} = 0{,}2$

$b = 1$

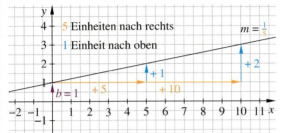

Beispiel 3 $y = -\frac{4}{5}x + 2$

$m = \frac{\text{Höhenunterschied auf der } y\text{-Achse}}{\text{Horizontalunterschied auf der } x\text{-Achse}} = -\frac{4}{5} = -0{,}8$

$b = 2$

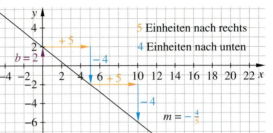

ERINNERE DICH
*Ist die Steigung m **positiv**, steigt die Gerade. Ist m **negativ**, fällt die Gerade.*

Üben und anwenden

1 Lege eine Wertetabelle an und zeichne den Funktionsgraphen. Gib m und b an.
a) $y = 3x + 2$ b) $y = 2x + 1$
c) $y = -1{,}5x + 0{,}5$ d) $y = x - 2$

1 Lege eine Wertetabelle an und zeichne den Funktionsgraphen. Gib m und b an.
a) $y = 0{,}5x + 1$ b) $y = 2{,}5x - 1$
c) $y = 4{,}5x + 1$ d) $y = 3{,}5x - 2$

2 Stelle die Geradengleichung auf, lege jeweils eine Wertetabelle an und zeichne den Funktionsgraphen.
Beispiel $m = 4;\ b = 1;\ y = 4x + 1$
a) $m = 2;\ b = 3$ b) $m = 3;\ b = 5$
c) $m = 3;\ b = 0{,}5$ d) $m = 5;\ b = 2{,}2$
e) $m = 4;\ b = -2$ f) $m = 0{,}5;\ b = -2$

2 Stelle die Geradengleichung auf, lege jeweils eine Wertetabelle an und zeichne den Funktionsgraphen. Erläutere den Verlauf der Funktion, wenn m negativ ist.
a) $m = 2;\ b = -3{,}5$ b) $m = -1;\ b = -1$
c) $m = \frac{3}{4};\ b = -2$ d) $m = -\frac{5}{8};\ b = 0$
e) $m = 0;\ b = 2$ f) $m = -1{,}8;\ b = 2{,}8$

3 Welche Funktion ist linear? Begründe.
a) $y = 2x + 5$ b) $y = 3x$
c) $y = 2x^2 - 1$ d) $y = \frac{1}{x}$
e) $y = 0{,}5x - 4$ f) $y = -4x + 1{,}2$

3 Welche Funktion ist linear? Begründe.
a) $y = 2{,}4x - 1{,}3$ b) $y = 2x + x - 3$
c) $y = x^3 + 3$ d) $y = 7x$
e) $y = -x$ f) $y = 1{,}2$

4 Welche Geradengleichung passt? Gib an, was y, m und b bedeuten.
Ein Haar ist 12 cm lang. Es wächst pro Monat um 0,8 cm.
① $y = 12x + 0{,}8$
② $y = 0{,}8x + 12$

4 Welche Geradengleichung passt? Gib an, was y, m und b bedeuten.
Ein Becken wird geleert. Das Wasser steht 1,20 m hoch und sinkt stündlich um 8 cm.
① $y = -8x + 1{,}2$
② $y = -0{,}8x + 12$

5 Ein Wasserbecken ist bis zu einer Höhe von 5 cm gefüllt. Es soll auf 20 cm Wasserhöhe gefüllt werden. Pro Minute steigt das Wasser um 1,5 cm.
a) Stelle die Funktion auf unterschiedliche Weise dar.
b) Nach welcher Zeit ist der Füllstand von 20 cm erreicht?
   Erkläre, an welcher Darstellungsform du das erkannt hast.

Lineare Gleichungen und lineare Funktionen

Zeichnen nach der Geradengleichung

Entdecken

1 Ein Hamburger hat 14 g Fett pro 100 g.
Zeichne anhand dieser Information einen Graphen, an dem man ablesen kann, wie viel Fett ein Hamburger mit einem Gewicht von 250 g hat.
Präsentiere deinen Graphen.
Zeige auch die Steigung m und den Schnittpunkt $(0|b)$ mit der y-Achse.

2 Sabrina meint: „Wenn ich die Steigung einer Geraden m und den y-Achsenabschnitt b kenne, kann ich auch den Graphen zeichnen."
a) Bestimme die Steigung m und den y-Achsenabschnitt b anhand der Geradengleichung $y = \frac{1}{2}x + 2$.
b) Zeichne den Graphen zu $y = \frac{1}{2}x + 2$.

Verstehen

Häufig ist es sinnvoll, eine Geradengleichung mithilfe eines Graphen zu veranschaulichen.

Beispiel 1 Zeichne den Graphen zu $y = \frac{2}{3}x + 1$.

① $b = 1$, also ist $(0|1)$ der Schnittpunkt der Geraden mit der y-Achse.
Beginne hier zu zeichnen.

② $m = \frac{2}{3}$ bedeutet:
Vom Punkt $(0|1)$ aus 3 Einheiten nach rechts und 2 Einheiten nach oben.

③ Dann verbindet man beide Punkte durch eine Gerade.
Dies ist der gesuchte Graph.

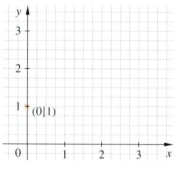
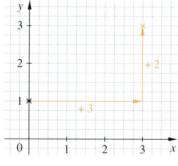
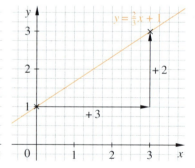

Beispiel 2 Durch welche Punkte verläuft $y = -3x + 8$?
Setze eine beliebige Zahl für x ein und du erhältst den zugehörigen y-Wert.
a) $x = 3;\ y = -3 \cdot 3 + 8 = -1$ $(3|-1)$ ist ein Punkt auf der Geraden.
b) $x = -2;\ y = -3 \cdot (-2) + 8 = 14$ $(-2|14)$ ist ein Punkt auf der Geraden.
Schon durch zwei Punkte ist eine Gerade eindeutig festgelegt.

> **Merke** Man kann den **Graphen einer Geradengleichung** auf verschiedene Weisen zeichnen:
> – Man verwendet den **Schnittpunkt der Geraden mit der y-Achse** $(0|b)$ und trägt von diesem Punkt aus die **Steigung m** mit einem Steigungsdreieck ab.
> – Eine Gerade ist durch zwei ihrer Punkte festgelegt. Daher kann man durch Einsetzen in die Funktionsgleichung **zwei Wertepaare berechnen**, sie als Punkte ins Koordinatensystem eintragen und eine Gerade durch sie zeichnen.

Zeichnen nach der Geradengleichung

Üben und anwenden

1 Arbeitet in Kleingruppen.
Wählt eine dieser Geradengleichungen aus und zeichnet den Graphen.
Präsentiert eure Lösung und erklärt bei jedem Schritt, wie ihr vorgeht.

Ⓐ $y = \frac{1}{3}x - 2$ Ⓒ $y = -\frac{2}{3}x + 1$
Ⓑ $y = \frac{2}{5}x + 3$ Ⓓ $y = -4x + 4$

2 Zeichne den Graphen zu $y = \frac{2}{5}x$.
Zeichne dazu ausgehend vom Nullpunkt ein Steigungsdreieck.

2 Zeichne die Graphen.
a) $m = \frac{3}{4}$; $b = -2$ b) $m = -\frac{5}{8}$; $b = 0$
c) $b = 1$; $m = \frac{6}{2}$ d) $b = -0,5$; $m = 1\frac{2}{3}$

3 Zeichne den Graphen zu $y = \frac{2}{5}x + 3$.
Bei welchem Koordinatenpunkt auf der y-Achse beginnt man, das Steigungsdreieck zu zeichnen?

3 Zeichne die drei Geraden in ein Koordinatensystem. Was fällt dir auf? Erkläre.
a) ① $y = 2x + 3$ ② $y = 2x + 1$ ③ $y = 2x - 1$
b) ① $y = 2x + 2$ ② $y = x + 2$ ③ $y = -3x + 2$

4 Kevin und Niklas haben den Graphen der Funktion $y = \frac{2}{5}x + 2$ gezeichnet.
a) Vergleiche ihre Vorgehensweise.
b) Welches Verfahren ist genauer?
c) Denke dir fünf Geradengleichungen aus. Zeichne die Graphen möglichst genau.

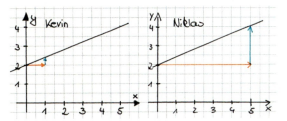

5 Zeichne zwei Geraden mit der Steigung $m = \frac{2}{3}$. Vergleicht in der Klasse.
Notiert jeweils die Geradengleichungen.

5 Zeichne zwei Geraden mit der dem y-Achsenabschnitt $b = -3$. Vergleicht in der Klasse.
Notiert jeweils die Geradengleichungen.

6 Mark hat Probleme, das Steigungsdreieck mithilfe der Steigung m zu zeichnen.
Er sagt: „Wenn die Steigung $\frac{4}{5}$ beträgt, ist es einfach. Ich gehe vom Nullpunkt aus *fünf Einheiten nach rechts* und *vier Einheiten nach oben*. Wie kann ich aber das Steigungsdreieck zeichnen, wenn die Steigung $m = 2$ oder $m = -1,5$ beträgt?"

7 Schreibe die Geradengleichungen auf und zeichne dann die Graphen.
a) $m = 2$; $b = 3$ b) $m = -1$; $b = -4$
c) $m = 0,5$; $b = 2$ d) $m = 1,8$; $b = 2,8$

7 Schreibe die Geradengleichungen auf und zeichne dann die Graphen.
a) $m = -2$; $b = 3$ b) $m = -2,5$; $b = -1$
c) $m = 0$; $b = 2$ d) $m = -0,3$; $b = 0,8$

8 Zeichne eine Gerade, die durch den Punkt P geht und die Steigung m hat.
a) $P(1|2)$; $m = 1$ b) $P(2|3)$; $m = 2$
c) $P(-1|3)$; $m = -4$ d) $P(-2|0)$; $m = 3$

8 Zeichne eine Gerade, die durch den Punkt P geht und die Steigung m hat.
a) $m = 4$; $P(3|15)$ b) $m = \frac{2}{3}$; $P(6|1)$
c) $m = 0,3$; $P(-2|5)$ d) $m = -3$; $P(5|-2)$

9 Berechne jeweils zwei Punkte auf der Geraden und zeichne den Graphen.
a) $y = 1,5x + 3$ b) $y = 5x + 1$
c) $y = -3x + 0,5$ d) $y = \frac{1}{3}x + 1$

9 Gib drei verschiedene Punkte an, die auf dem Graphen der Funktion $y = 2x - 4$ ($y = -1,6x - 2,3$) liegen. Prüfe deine Punkte, indem du den Graphen zeichnest.

10 Arbeitet zu zweit.
Verläuft der Graph zu $y = 1,5x + 2$ durch $P(-3|-2,5)$?
Erklärt, wie ihr die Lösung herausfinden könnt. Findet ihr mehrere Lösungswege?

Lineare Gleichungen und lineare Funktionen

11 Überprüfe, welcher Punkt auf einer der Geraden liegt.
a) $y = 3x - 2$
b) $y = \frac{4}{5}x + 5$
$P(-3|7)$ $Q(-5|13)$ $R(0|-4)$
$S(3|7,4)$ $T(-3|-11)$ $U(0|4)$

11 Bestimme die fehlenden Koordinaten so, dass die Punkte auf dem Graphen der linearen Funktion $y = 2x + 3$ liegen.
a) $A(1|\triangle)$
b) $B(\triangle|1)$
c) $C(-6|\triangle)$
d) $D(\triangle|7)$

12 Viola sagt: „Wenn ich $x = 0$ in die Geradengleichung einsetze, erhalte ich den Schnittpunkt der Gerade mit der y-Achse.
Das kann ich auch am y-Achsenabschnitt der Geradengleichung ablesen."
a) Was meint sie damit? Erkläre ihre Aussage an einem selbst gewählten Beispiel.
b) Berechne für die Gleichung $y = 3x + 6$ den Schnittpunkt der Geraden mit der x-Achse. Es wird der Punkt $(x|0)$ gesucht.

HINWEIS
Den Schnittpunkt eines Graphen mit der x-Achse nennt man auch **Nullstelle**.

13 Berechne die Nullstellen.
Für welches x gilt $y = 0$?
Beispiel $y = 2x + 26$ $0 = 2x + 26$ $x = -13$
a) $y = 4x - 24$
b) $y = 2x + 4$
c) $y = -3x + 4,5$
d) $y = -0,5x + 2,2$

13 Forme um in die Form $y = mx + b$.
Berechne jeweils die Nullstelle.
a) $2x + y = 5$
b) $2x - y = 3$
c) $3y - x = 9$
d) $x - 2y = 6$
e) $2x + 3y = 0$
f) $4x - 3y = 12$

14 Eine schnell wachsende Kletterpflanze wächst pro Tag 7 cm. Sie hat bereits eine Höhe von 50 cm erreicht.
a) Welche Höhe hat sie nach weiteren 14 Tagen erreicht?
Wann hat sie eine Höhe von 1,90 m erreicht?
b) Die Geradengleichung für den Wachstumsvorgang lautet $y = 7x + 50$.
Zeichne den Graphen und lies weitere Werte ab.
c) Erkläre, wie die Geradengleichung entstanden ist.

14 Herr Schulte ist 2 m groß.
Er blickt zur Spitze eines 26 m hohen Baumes.
Für die Blickgerade gilt: $y = \frac{3}{8}x + 2$.
Wie lang ist die Strecke bis zum Baum?
Zeichne den Graphen und lies die gesuchte Strecke aus der Zeichnung ab.

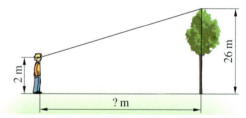

Lerncheck

1 In einem kreisförmigen Schwimmbecken mit einem Durchmesser von 25 m befinden sich 883 125 l Wasser. Damit ist das Becken bis 10 cm unter dem Rand gefüllt.
a) Wie tief ist das Becken?
b) Wie lange brauchen zwei Pumpen (eine Pumpe mit einer Pumpleistung von $0,12 \, m^3$, die andere mit $0,18 \, m^3$ pro Minute), um das Becken gemeinsam zu entleeren?

2 Familie Egner hat ein monatliches Einkommen von 2456 €. Davon geht ein Viertel für die Miete weg, zwei Fünftel für die Lebenshaltungskosten und ein Sechstel für das Auto. Den Rest spart die Familie.
a) Berechne die jährliche Sparsumme von Familie Egner.
b) Zeichne ein Streifendiagramm und ein Kreisdiagramm.

3 In einem Dreieck ist der Winkel α um 18° größer als der Winkel β. Der Winkel γ ist um 21° größer als der Winkel α. Berechne die Größe der Winkel.

Methode Arbeiten mit einem Funktionenplotter

Ein Funktionenplotter ist ein Computerprogramm, das Graphen von Funktionen zeichnen kann. Muss man viele Funktionsgraphen zeichnen, ermöglicht einem ein Funktionenplotter einen schnellen Überblick über den Verlauf der Graphen.

In eine Eingabezeile oder ein Eingabefeld wird der Term der Funktionsgleichung eingegeben. Beachte, dass bei manchen Programmen ein Punkt statt ein Komma gesetzt werden muss und dass einige Programme ein Malzeichen zwischen der Variablen und dem Faktor fordern.

Du kannst die Gleichung anschließend verändern, dann ändert sich auch der Graph.

Einige Funktionenplotter können Schnittpunkte des Funktionsgraphen mit der x-Achse direkt angeben:
Wähle dazu das Werkzeug, mit dem zwei Objekte geschnitten werden. Schneide dann den Funktionsgraphen und die x-Achse.
Lassen sich der Graph oder die Achse nicht direkt anwählen, zeichne sie mit einer Geraden nach.

HINWEIS
Es gibt viele kostenlose Funktionenplotter im Internet.

Beispiel $y = 0{,}5 \cdot x + 2$

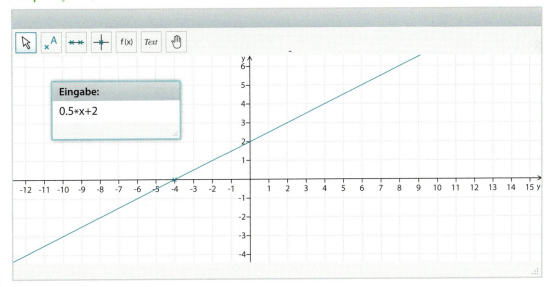

Üben und anwenden

1 Zeichne die Funktionen mit einem Funktionenplotter.
a) $y = 3x + 4$ b) $y = -2x + 5$ c) $y = \frac{1}{3}x - 2$

2 Gib je eine Gleichung für eine lineare Funktion an, die durch die angegebenen Punkte geht. Überprüfe mithilfe des Funktionenplotters, ob die Funktionsgleichung richtig ist.
a) $P(0|3)$, $Q(6|0)$
b) $R(1|2)$, $S(3|6)$
c) $A(-2|0)$, $B(4|-3)$

HINWEIS
Für einen Bruch benutzt man häufig den Schrägstrich, z. B. 1/5.

3 Zeichne die vier Funktionsgraphen rechts mit einem Funktionenplotter nach. Beschreibe, wie du vorgehst.

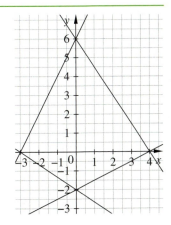

Lineare Gleichungen und lineare Funktionen

Vom Graphen zur Geradengleichung

Entdecken

1 Eine Kerze brennt ab.
Erkläre, wie du die Informationen abliest.
a) Wie hoch war die Kerze zu Beginn?
b) Um wie viel Zentimeter brennt die Kerze in einer Stunde ab?
c) Wann ist die Kerze abgebrannt?
d) Stelle eine Geradengleichung auf.

2 Die Schülerinnen und Schüler der 9a haben Funktionssteckbriefe erstellt.

ZUM WEITERARBEITEN
Denkt euch selbst Steckbriefe aus und lasst eure Mitschüler die Funktionsgleichungen finden.

① Meine Funktion geht durch den Punkt $P(2|3)$ und hat die Steigung 1,5.

② Meine Funktion hat die Steigung $\frac{1}{2}$ und schneidet die y-Achse bei 5.

③ Meine Funktion schneidet die x-Achse bei 4 und die y-Achse bei 2.

④ Meine Funktion geht durch die Punkte $P(2|3)$ und $Q(4|6)$.

a) Überlege, welche Geradengleichungen die Funktionen haben.
b) Vergleicht zu zweit eure Ergebnisse.
   Erklärt euch gegenseitig, wie ihr die Gleichungen bestimmt habt.
c) Erstellt ein Plakat und notiert, wie man die Geradengleichungen in den verschiedenen Fällen bestimmen kann.

Verstehen

Bisher könnt ihr aus einer Geradengleichung wie $y = \frac{3}{4}x + 2$ einen Graphen zeichnen.
Hier lernt ihr, aus einem Graphen eine Geradengleichung zu bestimmen.

NACHGEDACHT
Merve sagt:
„Ich bestimme die Steigung anders. Ich lese die Koordinaten von zwei Punkten $P_1(x_1|y_1)$ und $P_2(x_2|y_2)$ auf der Geraden ab und setze sie in die Gleichung ein."
$m = \frac{y_2 - y_1}{x_2 - x_1}$
Erkläre.
Die Zeichnung in der Formelsammlung (S. 238–242) kann dir dabei helfen.

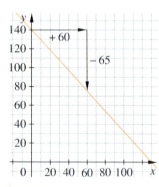

Beispiel 1
① Die Gerade schneidet die y-Achse im Punkt $(0|140)$.
   Also ist $b = 140$.

② Da die Gerade fällt, ist die Steigung negativ.

③ $m = \frac{\text{Höhenunterschied auf der } y\text{-Achse}}{\text{Horizontalunterschied auf der } x\text{-Achse}} = -\frac{65}{60} = -\frac{13}{12}$

④ Die Geradengleichung für die orange Gerade lautet daher:
   $y = -\frac{13}{12}x + 140$

Merke So stellt man die Geradengleichung aus einem Graphen auf:
① Achsenabschnitt b bestimmen: Wo schneidet die Gerade die y-Achse?
② Vorzeichen der Steigung bestimmen: Steigt oder fällt die Gerade?
③ Steigungsdreieck einzeichnen und Steigung berechnen:
   $m = \frac{\text{Höhenunterschied auf der } y\text{-Achse}}{\text{Horizontalunterschied auf der } x\text{-Achse}}$
④ y-Achsenabschnitt und Steigung m in die allgemeine Gleichung $y = mx + b$ einsetzen

16

Üben und anwenden

1 Stelle die Geradengleichung zum Graphen auf. Beschreibe dein Vorgehen.

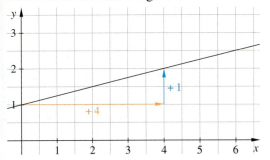

1 Stelle die Geradengleichung zum Graphen auf. Beschreibe dein Vorgehen.

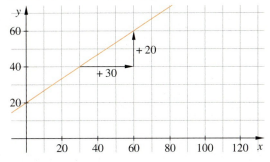

2 Bestimme jeweils die Geradengleichung.

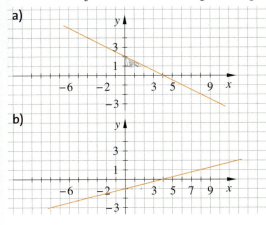

2 Bestimme jeweils die Geradengleichung.

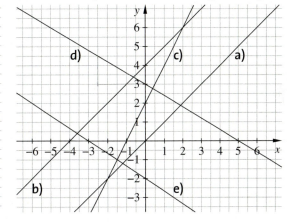

3 Zeichne in ein Koordinatensystem eine Gerade, die durch die Punkte $P(2|-1)$; $Q(5|-2)$ verläuft. Gib ihre Geradengleichung an.

3 Zeichne eine Gerade durch A und B. Bestimme ihre Gleichung.
a) $A(2|3)$; $B(6|5)$ b) $A(-1|4)$; $B(-2|6)$

4 Ein Motorroller verliert im Laufe der Zeit ständig an Wert. Der Wertverlust ist an der Geraden erkennbar.
a) Wie hoch war der Anschaffungspreis?
b) Wie hoch war der Wertverlust nach drei Jahren?
c) Stelle die Geradengleichung zu dem Graphen auf.

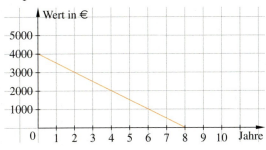

4 Zwei Kerzen aus demselben Material haben verschiedene Formen.
Sie brennen unterschiedlich schnell ab.
a) Gib die Brenndauer der Kerzen an.
b) Wie könnten die Kerzen geformt sein? Begründe.
c) Bestimme beide Geradengleichungen aus den Graphen.

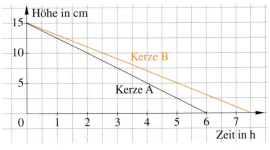

ZUM WEITERARBEITEN
Zeichne einen Graphen in ein Koordinatensystem. Tausche deine Zeichnung mit deinem Banknachbarn. Stelle die Funktionsgleichungen auf. Kontrolliert euch gegenseitig.

Lineare Gleichungen und lineare Funktionen

Thema Gleichungen und Funktionen im Beruf

Eric möchte **Heizungs- und Sanitärinstallateur** werden. Er erzählt von seinem heutigen Arbeitstag: „Heute Morgen war ich bei Frau Möller, da ihr Wasserhahn im Bad tropfte. Mein Chef und ich haben sie auch beraten, wie sie ihre alte Heizungsanlage modernisieren kann. Und heute Mittag fahren wir mit dem ganzen Team zu einer Großbaustelle. Da müssen wir Klimaanlagen in ein Bürogebäude einbauen."

Berufsbezeichnung	Anlagenmechaniker/in für Sanitär-, Heizung- und Klimatechnik
Häufige Tätigkeiten	• Planung, Einbau und Reparatur von Heizungen, Sanitär- und Klimaanlagen • Kundenberatung, z. B. zur Solarenergie • Fertigung von Bauteilen in der Werkstatt
Dauer der Ausbildung	3,5 Jahre
Voraussetzung	• in der Regel Hauptschulabschluss • Schulkenntnisse in Mathematik, Physik und Technik • handwerkliches Geschick

1 Die Preise für Reparaturen berechnen sich in Erics Ausbildungsbetrieb aus einer Anfahrtspauschale von 35 € (brutto) und einen Stundenlohn von 40 € (brutto).
a) Ergänze die Wertetabelle im Heft.

Zeit in h	1	2	3	...
Kosten in €				

b) Zeichne den Graphen der Funktion
   Zeit → Kosten
   (1 h ≙ 2 cm, 50 € ≙ 1 cm).
c) Gib die Geradengleichung an.
d) Für einen Reparaturauftrag werden 3,5 Stunden eingeplant. Wie hoch sind die voraussichtlichen Kosten?

2 Zwei Angebote verschiedener Zulieferfirmen für Kupferrohre (Stückpreis und Lieferpauschale) kannst du der Grafik entnehmen.
a) Welcher Graph gehört zu welcher Geradengleichung?
   ① $y = 7{,}80x$ ② $y = 4{,}50x + 39{,}60$
b) Eric soll 14 Kupferrohre bestellen. Für welches Angebot soll er sich entscheiden? Begründe deine Entscheidung.

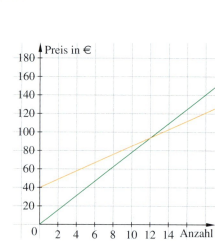

HINWEIS
↻ 018-1
Hier erfährst du mehr über den Ausbildungsberuf „Heizungs- und Sanitärinstallateur/in".

3 Der Einkaufspreis von Wasserhähnen kann mit der Gleichung $y = 11{,}10x + 20{,}25$ berechnet werden. Wie viele Wasserhähne können für 100 € bestellt werden?

4 Könntest du dir vorstellen, Heizungs- und Sanitärinstallateur oder -installateurin zu werden? Was spricht dafür, was dagegen?
Recherchiere mithilfe des Webcodes im Internet.

Thema Gleichungen und Funktionen im Beruf

Seit einem Jahr macht Kai eine Ausbildung zum **Modeschneider**.

„Ein Gespür für Mode hatte ich schon vorher. Aber in meiner Ausbildung lerne ich erst, was alles dahinter steckt: Am Computer wird das Schnittmuster geplant. Sportkleidung muss mehr Bewegungsfreiheit als ein Abendkleid bieten. Verschiedene Stoffe wie Baumwolle und Seide werden unterschiedlich behandelt und nie darf man die Kosten aus dem Auge lassen."

1 Das Diagramm zeigt die Kosten für den laufenden Meter eines Seidenstoffs.

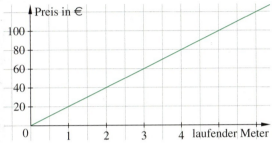

Berufsbezeichnung	Modeschneider/in
Häufige Tätigkeiten	• Modelle anfertigen • Arbeitsschritte und Kosten planen • Einstellung der großen Zuschneidemaschinen in der Produktion • Qualitätskontrolle
Dauer der Ausbildung	3 Jahre
Voraussetzung	• in der Regel Hauptschulabschluss, mittlerer Bildungsabschluss gern gesehen • Schulkenntnisse in Kunst und Mathematik • gutes technisches Verständnis • Interesse an Mode und Trends

a) Lies im Diagramm ab, was der laufende Meter Seide kostet.
b) Stelle eine passende Gleichung auf.
c) Übertrage und ergänze die Tabelle im Heft.

Meter	0,6	1,2	1,5	2,0	2,8
Preis in €					

2 Bei einem neuen Auftrag zur Herstellung von Röcken schätzt Kai die Nähzeit pro Rock auf acht Minuten und die anschließende Waschzeit aller Röcke zusammen auf 55 Minuten.
a) Welche Funktionsgleichung beschreibt den Sachverhalt richtig?
(x ist die Anzahl der Röcke und y die Zeit in Minuten.)
① $y = 8x - 55$ ② $y = 55x + 8$ ③ $y = -8x + 55$ ④ $y = 8x + 55$
b) Wie lange dauert die Fertigstellung von 16 Röcken?

3 Berechnung der europäischen Kleidergrößen y mit Brustumfang x (in cm):
• für Damen $y = 0,5x - 6$ • für Herren $y = 0,5x$
a) Zeichne die Graphen der Funktionen in ein Koordinatensystem und beschreibe sie.
b) Kai sagt: „Der Brustumfang bei Herren entspricht der doppelten Kleidergröße." Stimmt das?
c) Eine Schneiderpuppe hat einen Brustumfang von 92 cm. Auf welche Größe ist sie eingestellt?
d) Kai trägt Größe 44. Welchen Brustumfang hat er?

4 Könntest du dir vorstellen, Modeschneider oder Modeschneiderin zu werden? Was spricht dafür, was dagegen?
Recherchiere mithilfe des Webcodes im Internet.

HINWEIS
↻ 019-1
Hier erfährst du mehr über den Ausbildungsberuf „Modeschneider/in".

Lineare Gleichungen und lineare Funktionen

Klar so weit?

→ Seite 8

Lineare Gleichungen lösen

1 Berechne den Wert der Variablen x.

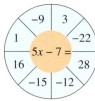

HINWEIS
zu Aufgabe 1 (lila):
Die Summe aller Ergebnisse beträgt 9,2.

1 Löse die Gleichungen.
a) $2x - 19 = 7x - 39$
b) $15y - 9 = -7y + 15$
c) $-10x - 13 = 2x + 3$
d) $8a - 3 = -5a + 6$
e) $-2,5 + 3,5x = 5 - 3,5x$
f) $22 - 5x - 34x + 15 = 0$

2 Löse zuerst die Klammern auf.
Bestimme dann die Lösung der Gleichung.
a) $48 - (9x - 36) = 3x$
b) $5x + 20 = 7x - (3x - 23)$
c) $7x - 35 = 4x + (2x - 28)$
d) $7x = 59 - (13x - 21)$

+2 Löse zuerst die Klammern auf.
Bestimme dann die Lösung der Gleichung.
a) $5x + (2,7 - 3,8x) = 12$
b) $-15,25 - (4,5x - 22) = 0$
c) $10(x + 12) = 15$
d) $15(x - 2) = -8(6x + 0,6)$

3 Schreibe jeweils eine Gleichung und löse sie. Schreibe auch einen Antwortsatz.
a) Jonas ist zwei Jahre älter als seine Schwester. Zusammen sind sie 30 Jahre alt.
b) Herr Berger hat bisher insgesamt 21 Dienstreisen nach Bonn und nach Aachen hinter sich. Davon war er doppelt so oft in Bonn wie in Aachen.
c) Frau Yilmaz kauft dreimal so viel Kilogramm Kartoffeln wie Kilogramm Äpfel ein. Zusammen trägt sie 6 kg nach Hause.

→ Seite 10

Lineare Funktionen beschreiben

4 Stelle die Geradengleichung auf.
Lege eine Wertetabelle an und zeichne den Funktionsgraphen.
a) $m = 2$; $b = 2$ b) $m = 0,5$; $b = 3$
$m = 2$; $b = -2$ $m = 1,5$; $b = 0,5$
$m = -2$; $b = 0$ $m = 2,5$; $b = -3$

4 Stelle die Geradengleichung auf.
Lege eine Wertetabelle an und zeichne den Funktionsgraphen.
a) $m = 2$; $b = 2$ b) $m = 0,5$; $b = -2$
$m = -2$; $b = 1$ $m = -0,5$; $b = -2$
$m = -2$; $b = -3$ $m = -0,5$; $b = 1$

5 Ordne den Funktionsgraphen jeweils die passende Geradengleichung zu. Begründe.

a) [Graph mit Geraden g und f]
b) [Graph mit Geraden g und f]

a) $y = x$
$y = 2x$
$y = -x$

b) $y = 4x - 4$
$y = 4x + 4$
$y = 0,5x + 1$

5 Eine Bohnenpflanze wächst täglich ca. 0,4 cm. Beim Kauf ist die Bohnenpflanze 6 cm hoch.
a) Welche Funktionsgleichung passt zum Wachstum der Bohnenpflanze? Begründe.
① $y = 6x + 0,4$ ② $y = 0,4x + 6$
b) Zeichne den Funktionsgraphen und beantworte die Fragen:
– Wie hoch ist die Bohnenpflanze nach 12 Tagen?
– Wie lange dauert es, bis die Pflanze ihre Höhe verdoppelt hat?

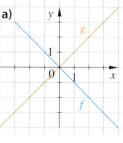

Klar so weit?

Zeichnen nach der Geradengleichung

→ Seite 12

6 Zeichne die Geraden.
Trage dazu den *y*-Achsenabschnitt in ein Koordinatensystem ein und zeichne dann das Steigungsdreieck.
a) $y = x + 1$ b) $y = -\frac{2}{3}x - 4$
c) $y = 2x - 3$ d) $y = -3x + 1$
e) $y = \frac{1}{2}x + 2{,}5$ f) $y = -\frac{3}{4}x - 0{,}8$

6 Ist die Funktion steigend oder fallend? Zeichne den Graphen mithilfe des Steigungsdreiecks.
a) $y = -x + 2$
b) $y = 4x - 3$
c) $y = x$
d) $y = -2x + 4$

7 Welche der Punkte liegen auf der Geraden $y = 2{,}5x - 2$? Begründe.
$P(2|3)$ $Q(1|1)$
$R(-2|0)$ $S(0|-2)$
$T(-2|-7)$ $U(-0{,}5|3)$

7 Welche der Punkte liegen auf der Geraden $y = -\frac{3}{4}x + 2$? Begründe.
$P(2|1)$ $Q(0|2)$
$R(2|0{,}5)$ $S(4|4)$
$T(-\frac{2}{3}|\frac{1}{2})$ $U(-6|6{,}5)$

Vom Graphen zur Geradengleichung

→ Seite 16

8 Gib die Geradengleichungen für folgende Graphen an.

a)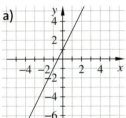
b)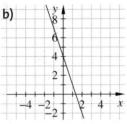
c)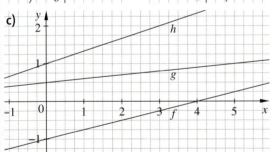

8 Bestimme die Geradengleichung der abgebildeten Funktionen.

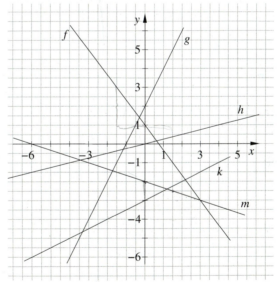

HINWEIS
Lösungen zu Aufgabe 9 (lila):

$y = 1{,}5x + 3{,}5$
$y = -3x - 11$
$y = 5x - 1$
$y = -2{,}8x - 2{,}4$
$y = -2x + 11$

9 Der Graph einer linearen Funktion verläuft durch die Punkte *A* und *B*.
Bestimme die Geradengleichung. Vergleiche deine Ergebnisse mit der Randspalte.
a) $A(1|4)$; $B(3|14)$
b) $A(2|7)$; $B(4|3)$
c) $A(3|-2)$; $B(6|7)$
d) $A(-1|2)$; $B(3|8)$
e) $A(-3|6)$; $B(2|-8)$

9 Zeichne eine Gerade durch die angegebenen Punkte und gib ihre Geradengleichung an.
a) $A(2|2)$; $B(4|3)$
b) $A(-2|6)$; $B(-1|3)$
c) $A(2|0)$; $B(6|3)$
d) $A(1|3)$; $B(4|2)$
e) $A(-3|-2)$; $B(-1|-1)$
f) $A(3|1)$; $B(-1|5)$

Lineare Gleichungen und lineare Funktionen

Vermischte Übungen

1 Löse die Gleichung. Rechne die Probe.
a) $12x + 25 = 61$
b) $-9y + 18 = 3{,}5y + 13$
c) $4 - 13x + 8 = 12x - 24 - x$
d) $15 - (6a + 14) = a - (9 - 8a) + 4$
e) $3a + 5 = 7 - 9a$

1 Löse die Gleichungen.
a) $7x + 12 = 9x - 17$
b) $4x + 8 = 6x - 4 - 3x + 11$
c) $9x - 5 = 5x + 11$
d) $3 - (x + 5) = -30 + (x + 4)$
+ e) $4(a + 3) = (30a + 72) : 6$

2 Notiere, was man über die Funktion wissen kann, ohne sie zu zeichnen.
a) $y = 3x + 4$
b) $y = -2x - 1$
c) $y = -1{,}5x$
d) $y = \frac{4}{5}x - \frac{2}{3}$

3 Stelle die Gleichungen zuerst in die Normalform $y = mx + b$ um. Zeichne dann den Graphen.
a) $2x + y = 5$
b) $2x - y = 3$
c) $3y - x = 9$
d) $5x = 2y$

3 Zeichne die Graphen jeweils in ein Koordinatensystem.
a) $x - 2y = 6$
b) $2x - 3y - 6 = 0$
c) $6x - 3y = 12$
d) $10x = 6y$
e) $4y + 3x = 8$
f) $21 + 7y = 10{,}5x$

4 Welcher der drei Graphen gehört zu der Geradengleichung $y = \frac{1}{2}x$? Erkläre, woran du das erkannt hast.

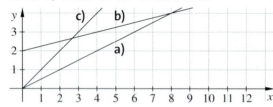

4 Bestimme jeweils die Geradengleichung und erkläre dein Vorgehen.

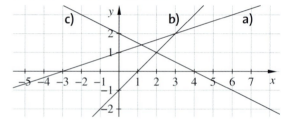

NACHGEDACHT
Wie verlaufen die Geraden mit den Gleichungen $y = 3$ oder $x = 5$?

5 Die Punkte $P(6|11)$ und $Q(2|3)$ liegen auf dem Graphen einer linearen Funktion. Wie lautet die Geradengleichung?

5 Eine lineare Funktion verläuft durch die Punkte $P(-3|5)$ und $Q(2|7)$. Wie lautet die Geradengleichung?

6 Die beiden Geraden zeigen die Durchschnittsgeschwindigkeit zweier Fahrzeuge in einem so genannten *Zeit-Weg-Diagramm*.
Die orange Gerade gehört zu einem PKW, der von Paderborn nach Braunschweig fährt.
Die blaue Gerade gehört zu einem LKW, der in der Gegenrichtung von Braunschweig nach Paderborn fährt.
a) Beschreibe die beiden Graphen.
b) Stelle jeweils eine Geradengleichung auf.
c) In welcher Entfernung von Paderborn begegnen sich PKW und LKW? Begründe.
d) Nach wie viel Minuten kommen PKW und LKW an ihrem Zielort an?
Lies im Diagramm ab. Berechne dann die Zeiten durch Einsetzen von $y = 140$ bzw. $y = 0$ in die Funktionsgleichungen.
Vergleiche die Angaben: welche ist genauer?

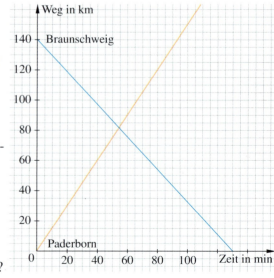

Vermischte Übungen

7 Jan schafft zu Fuß 5 km pro Stunde. Er geht um 9 Uhr los.
Eine halbe Stunde später fährt Tim mit dem Fahrrad mit 15 km/h hinterher.

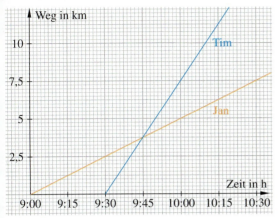

a) Um wie viel Uhr überholt Tim Jan?
b) Wie viel Kilometer haben beide bis zu ihrem Treffen zurückgelegt?

8 Gegeben ist die Gerade mit der Gleichung $y = 18 - 2x$.
a) Überprüfe durch eine Rechnung, ob die Punkte $P(6|6)$, $Q(-4|25)$ und $R(4,5|9)$ auf dem Graphen der Funktion liegen.
b) Die Punkte $A(-2|\blacksquare)$, $B(\blacksquare|4)$, $C(\blacksquare|12)$ und $D(3,5|\blacksquare)$ sollen auf dem Graphen liegen.
Ergänze ihre Koordinaten.

9 Ein Aquarium hat die Form eines Quaders. Die Gesamtlänge aller Kanten beträgt 280 cm. Die Länge beträgt 35 cm, die Höhe 20 cm.
a) Zeichne ein Schrägbild und trage die bekannten Größen ein.
b) Berechne die Breite und das Volumen des Aquariums.
c) Wie viel l Wasser benötigt man, um das Becken bis 5 cm unter den Rand zu füllen?

10 Zeichne die beiden Geraden $y = \frac{2}{5}x - 1$ und $y = -\frac{5}{2}x - 1$ in das gleiche Koordinatensystem.
a) Was fällt dir auf?
b) Schreibe zu zwei anderen Geraden mit der gleichen Eigenschaft die Geradengleichungen auf und überprüfe die Eigenschaft durch eine Zeichnung.
c) Formuliere eine Regel.

7 Jutta fährt von Lübeck nach Hamburg, Meike fährt in die entgegengesetzte Richtung.

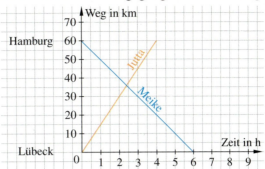

a) Welche Informationen kannst du aus der Zeichnung entnehmen?
b) Bestimme die Steigungen der Geraden und die Geradengleichungen.
c) Erzähle eine Geschichte zu diesem Zeit-Weg-Diagramm. Die Abfahrtszeit ist um 10:00 Uhr. Überlege, wie du deine Geschichte am besten präsentieren kannst.

8 Gegeben ist die Gerade mit der Gleichung $y = -2x - 2$.
a) Beweise durch eine Rechnung, dass der Punkt $S(2|-4)$ nicht auf der Geraden liegt.
b) Verändere die Steigung m der Geraden so, dass sie durch den Punkt S läuft.
c) Verändere den Schnittpunkt mit der y-Achse so, dass der Punkt S bei Steigung $m = -2$ auf der neuen Geraden liegt.

9 Aus dem Berufsleben
Ein zylindrisches Werkstück hat einen Umfang von 37,1 cm.
Das Volumen beträgt 546,8 cm³.
a) Berechne die Körperhöhe und die Mantelfläche.
b) Wie verändert sich das Volumen, wenn der Umfang verdoppelt, verdreifacht, … wird? Begründe.

10 Spiegelungen
a) Spiegle den Graphen der Geradengleichung $y = 3x - 4$ an der y-Achse.
b) Spiegle den Graphen der Geradengleichung $y = -0,5x + 2$ an der x-Achse.
c) Bestimme jeweils die Geradengleichung der gespiegelten Geraden.
d) Formuliere jeweils einen Merksatz.

Lineare Gleichungen und lineare Funktionen

Teste dich!

(8 Punkte)

1 Löse die Gleichungen.
a) $2a + 5 = 37$
b) $-70 + 5b = 175$
c) $8c + 17 = 6c + 33$
d) $15 - 28d = 27 - 24d$
e) $126 + (20x - 56) = 82$
f) $36 - 3x = 45 - (2x - 18)$
g) $54 + 2x - (26 - 5x) = 49$
h) $4x - (5 - 2x) = 33{,}5 - x$

(6 Punkte)

2 Ordne den abgebildeten Geraden die passende Funktionsgleichung zu. Begründe deine Entscheidung.
① $y = x + 1{,}5$
② $y = -x + 1{,}5$
③ $y = \frac{1}{2}x + 2$
④ $y = 2\frac{1}{2}x + 2$
⑤ $y = x - 1{,}5$
⑥ $y = -x - 1{,}5$

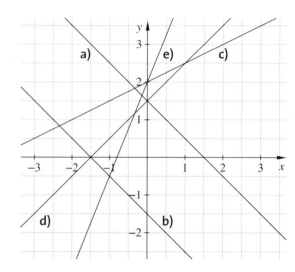

(5 Punkte)

3 Gegeben ist die lineare Funktion mit der Geradengleichung $y = 2x + 1$.
Zeichne den Graphen der Funktion in ein Koordinatensystem.
Erläutere dein Vorgehen. Verwende dabei die Begriffe *Steigung*, *Steigungsdreieck* und *y-Achsenabschnitt*.

(10 Punkte)

4 Berichtige mögliche Fehler in den Geradengleichungen.

$y_1 = 1{,}5x - 3$
$y_2 = -\frac{1}{2}x$
$y_3 = -\frac{2}{3}x + 2$
$y_4 = \frac{3}{4}x - 4$
$y_5 = \frac{1}{2}x$

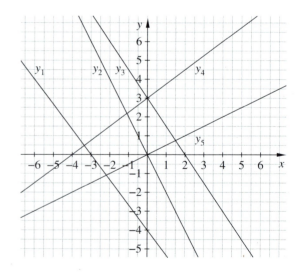

(12 Punkte)

5 Gegeben ist die lineare Funktion mit der Gleichung $y = 2x - 3$.
a) Stelle eine Wertetabelle auf und zeichne den Graphen der Funktion in ein Koordinatensystem.
b) Gib die Steigung, den y-Achsenabschnitt und die Nullstelle der Funktion an.
c) Prüfe, ob der Punkt $(92|181)$ auf dem Graphen der Funktion liegt.

Teste dich!

6 Der Graph einer linearen Funktion läuft jeweils durch die Punkte A und B. (8 Punkte)
Bestimme die Geradengleichung.
a) $A(-5|3); B(4|3)$
b) $A(-3|-9); B(2|-1,5)$
c) $A(1|-1,5); B(2|-4,5)$
d) $A(0|-3); B(3|0)$

7 Lineare Funktionen lassen sich auf verschiedene Weisen darstellen. (11 Punkte)
Übertrage die Tabelle in dein Heft (Querformat) und vervollständige sie.

Wortvorschrift	Geradengleichung	Wertetabelle				Graph
Bei einem Konto beträgt die Grundgebühr 2,50 €. Pro Buchung fallen 0,50 € an.	$y = 0,5x + 2,5$					
Taxifahrt		x: 0, 5, 10, 15 / y: 2,2 / 9,7 / 17,2 / 24,7				
Handy	$y = 0,15x + 5$					(Graph mit Punkten bei ca. (2;6) und (6;2))
Kerze						

8 Ein Kesselwagen mit Öl wird leer gepumpt. (12 Punkte)
Nach neun Minuten enthält er noch $12,8\,m^3$ Öl, nach weiteren sechs Minuten $8\,m^3$ Öl.
a) Stelle die Funktion *Zeit x (in min)* → *Inhalt y (in l)* im Koordinatensystem dar.
b) Bestimme die Geradengleichung.
c) Wann ist der Kesselwagen völlig leer? Wie viel Liter Öl waren in dem Kesselwagen?

9 Überprüfe die Aussagen zur Geradengleichung $y = -\frac{5}{6}x - 5$. Begründe. (16 Punkte)
a) Der Graph der Funktion $y = \frac{5}{6}x - 5$ verläuft parallel zu ihr.
b) Der Funktionsgraph $y = \frac{6}{5}x - 5$ steht senkrecht zu ihr.
c) Wäre die Steigung $m = \frac{6}{5}$, würde der Graph flacher verlaufen.
d) Wäre m gleich 0, würde die Gerade parallel zur x-Achse verlaufen und die y-Achse bei −5 schneiden.

10 Frau Simon hat zwei Angebote für die Miete eines Transporters für einen Tag. (12 Punkte)
Tarif 1: 45 € pro Tag und 0,25 € pro km.
Tarif 2: 65 € pro Tag inkl. 200 km; 0,42 € für jeden weiteren km.
a) Zeichne die Graphen und bestimme für Tarif 1 die Geradengleichung.
b) Welchen Tarif empfiehlst du jemandem, der 520 km fährt?
c) Für welche Streckenlängen empfiehlt sich Tarif 1?

Gold: 94–100 Punkte, Silber: 77–93 Punkte, Bronze: 60–76 Punkte

Lineare Gleichungen und lineare Funktionen

Zusammenfassung

Lineare Gleichungen lösen

→ Seite 8

Gleichungen formt man um, indem man auf beiden Seiten:
- dasselbe addiert (subtrahiert),
- mit derselben Zahl (ungleich 0) multipliziert,
- durch dieselbe Zahl (ungleich 0) dividiert.

Kommen in Gleichungen **Klammern** vor, müssen diese zuerst aufgelöst werden und dann die Terme zusammengefasst werden.
Anschließend wird die Gleichung durch Umformen gelöst.

$2x + (x + 5) = 10 - (9 - x)$
$2x + x + 5 = 10 - 9 + x$
$3x + 5 = 1 + x \quad | -x$
$2x + 5 = 1 \quad | -5$
$2x = -4 \quad | :2$
$x = -2$

Probe:
$2 \cdot (-2) + ((-2) + 5) = 10 - (9 - (-2))$
$\quad -4 \; + \quad 3 \quad\;\; = 10 - \quad 11$
$\qquad\qquad -1 \qquad\qquad = -1 \quad (\text{wahr})$

Lineare Funktionen beschreiben

→ Seite 10

Lineare Funktionen sind besondere Funktionen.
Die Geradengleichung hat immer die Form $y = mx + b$. Ihr Graph ist immer eine Gerade.
Die Gerade hat die **Steigung** $m = \frac{\text{Höhenunterschied auf der y-Achse}}{\text{Horizontalunterschied auf der x-Achse}}$ und den **y-Achsenabschnitt** b.

Wertetabelle

x	0	2	5
y	1	$1\frac{4}{5}$	3

Geradengleichung
$y = \frac{2}{5}x + 1$

Gerade in einem Koordinatensystem

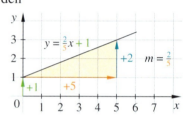

Zeichnen nach der Geradengleichung

→ Seite 12

Man kann den Graphen einer **Geradengleichung** auf verschiedene Weisen zeichnen:

- vom **Schnittpunkt der Geraden mit der y-Achse** $(0|b)$ aus die **Steigung** m mit einem Steigungsdreieck abtragen;
- durch Einsetzen in die Funktionsgleichung **zwei Wertepaare berechnen**, sie als Punkte ins Koordinatensystem eintragen und eine Gerade durch sie zeichnen

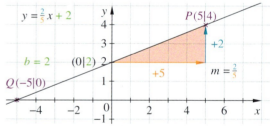

$x = 5$ einsetzen: $y = \frac{2}{5} \cdot 5 + 2 = 2 + 2 = 4$
Der Punkt $P(5|4)$ liegt auf der Geraden.
$y = 0$ einsetzen: $0 = \frac{2}{5}x + 2$
$\qquad\qquad\qquad\;\; -5 = x$
Der Punkt $Q(-5|0)$ liegt auf der Geraden.

Vom Graph zur Geradengleichung

→ Seite 16

① Achsenabschnitt b bestimmen
② Vorzeichen der Steigung bestimmen
③ Steigungsdreieck einzeichnen und Steigung berechnen
④ y-Achsenabschnitt und Steigung m in die Gleichung $y = mx + b$ einsetzen

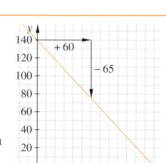

① Schnittpunkt mit der y-Achse: $(0|140)$, also $b = 140$
② Gerade fällt, also Steigung negativ.
③ $m = -\frac{65}{60} = -\frac{13}{12}$
④ $y = -\frac{13}{12}x + 140$

➕ Lineare Gleichungssysteme

Transport und Verkehr erfordern viel Koordination.
Begegnungen, gleichzeitige Abfahrten, Anschlussverbindungen usw.
können bei deren Planung berechnet werden.
Dabei spielt mathematisch auch das
Lösen von Gleichungssystemen eine Rolle.

+ Lineare Gleichungssysteme

Noch fit?

Einstieg

1 Terme berechnen
Berechne den Wert des Terms.
a) $6x + 5$ für $x = 1{,}5$
b) $10 - 2{,}5x$ für $x = 7$
c) $3x + 12y$ für $x = 2$ und $y = 4$

2 Gleichungen lösen
Bestimme die Lösung der Gleichung.
a) $3x + 5 = 6x + 41$
b) $5x + 11 = 3x + 7$
c) $20x + 5 = 13x - 16$

Aufstieg

1 Terme berechnen
Berechne den Wert des Terms.
a) $3x + 5y$ für $x = 2$ und $y = 4$
b) $12 - 5a + b$ für $a = 3$ und $b = 1{,}5$
c) $4p - 9q$ für $p = 0{,}5$ und $q = 1$

2 Gleichungen lösen
Bestimme die Lösung der Gleichung.
a) $4(y + 3) = 3y - 12$
b) $26 - 2(x + 3) = 32$
c) $2(3x + 2) = 6x + 5$

3 Gleichungen aufstellen
Gib jeweils eine lineare Gleichung an, die zu der folgenden Situation passt.
a) Sabine kauft Rosen zu je 0,80 € und Anemonen zu je 0,50 €. Sie zahlt 7 €.
b) Drei Kugeln Eis und eine Portion Sahne kosten 2,30 €.
c) Die Summe aus dem Doppelten von x und dem Dreifachen einer anderen Zahl ergibt 48.
d) Der Umfang eines gleichschenkligen Dreiecks beträgt 20 cm.
e) Auf einer Weide gibt es Hühner und Schafe. Murat zählt insgesamt 60 Beine.
f) Ein 10-€-Schein wird in 1-€- und 2-€-Münzen gewechselt.

4 Funktionsgraph zeichnen
Ergänze die Wertetabelle im Heft und zeichne den Funktionsgraphen in ein Koordinatensystem.

x	−3	−2	−1	0	1	2	3
$y = 4x - 2$	−14	−10					

4 Funktionsgraph zeichnen
Ergänze die Wertetabelle im Heft und zeichne den Funktionsgraphen in ein Koordinatensystem.

x	−2	−1	0	1	2	3
$y = 0{,}5x + 1$	0					

5 Lineare Funktionen darstellen
Welche verschiedenen Möglichkeiten gibt es, eine lineare Funktion darzustellen?
Erkläre sie an einem selbst gewählten Beispiel. Nenne auch jeweils ihre Vor- und Nachteile.

6 Zeichnen nach der Geradengleichung
Zeichne die linearen Funktionen mithilfe des Steigungsdreiecks.
a) $y = \frac{3}{4}x - 2$
b) $y = -1{,}5x + 2{,}5$

6 Zeichnen nach der Geradengleichung
Zeichne die linearen Funktionen.
Erkläre dein Vorgehen.
a) $y = 0{,}8x + 2$
b) $y = -1{,}5x - 1{,}5$

HINWEIS
zu Aufgabe 7 (lila und türkis):
Alle Lösungen (x|y) einer linearen Gleichung sind Punkte P(x|y) auf der Geraden der entsprechenden linearen Funktion.

7 Punkte auf einer Geraden
Nenne jeweils drei verschiedene Punkte, die auf der Geraden der linearen Funktion liegen.
a) $y = x + 2$
b) $y = 2x + 5$
c) $y = -0{,}6x - 4$
d) $y = 0{,}8x - 1{,}5$

7 Punkte auf einer Geraden
Der Punkt P liegt auf der Geraden mit der Gleichung. Gib die x-Koordinate von P an.
a) $y = x - 7$ $P(\;|-1)$
b) $y = 3x + 1$ $P(\;|3)$
c) $y = x - \frac{1}{3}$ $P(\;|-7)$
d) $y = \frac{1}{4}x - 2$ $P(\;|5)$

Noch fit?

8 Vom Graph zur Geradengleichung
Gib zu jeder Geraden die Steigung m, den y-Achsenabschnitt b und die Geradengleichung an.

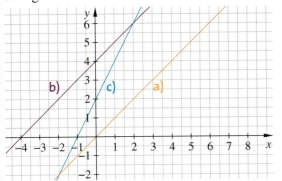

8 Vom Graph zur Geradengleichung
Gib zu jeder Geraden die Geradengleichung an.
Beschreibe dein Vorgehen.

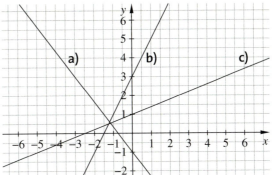

9 Graphen linearer Funktionen
Was trifft auf alle Graphen linearer Funktionen zu? Begründe.
a) Sie sind Geraden.
b) Sie verlaufen durch den Ursprung.
c) Sie schneiden die y-Achse.
d) Sie schneiden die x-Achse.
e) Erhöht man die x-Werte um 1, so verdoppeln sich die y-Werte.

10 Lineare Funktion
Ein Mietwagen kostet 35 € Grundgebühr. Pro gefahrenen Kilometer kommen 40 ct hinzu.
a) Stelle die Geradengleichung auf, die die Gesamtkosten beschreibt.
b) Wie hoch sind die Kosten, wenn man 500 km fährt?
c) Frau Meyer hat 157 € bezahlt. Wie viele Kilometer ist sie gefahren?

10 Lineare Funktionen
Ein Mobilfunkanbieter bietet zwei Tarife an.
a) Wie hoch sind jeweils die Kosten, wenn man 4 h im Monat telefoniert?
b) Sarah hat im Tarif Relax 18,50 € bezahlt. Wie lange hat sie telefoniert?
c) Mustafa telefoniert ca. 5 h pro Monat. Welchen Tarif sollte er wählen?

Tarif	Relax	Flatrate
monatl. Grundpreis	4,50 €	25 €
Preis pro min	0,08 €	–

11 Lösungen von linearen Gleichungen
Prüfe, ob die angegebenen Wertepaare Lösungen der linearen Gleichung sind.
a) $3x + 5y = 42$ (4|6)
b) $2x - y = 15$ (12|8)
c) $-4x + 8y = -28$ (5|-1)

11 Lösungen von linearen Gleichungen
Nenne jeweils zwei Wertepaare, die Lösung der Gleichung sind.
a) $-4x + 8y = 12$
b) $9x = 6y - 3$
c) $-6y + 5x = -4$

12 Zeit-Weg-Diagramme
Skizziere die Zeit-Weg-Diagramme von Person A und B in dein Heft und erläutere sie.
Person A und B…
a) … haben das gleiche Ziel. Sie starten zu unterschiedlichen Zeitpunkten und fahren gleich schnell.
b) … haben das gleiche Ziel. Sie starten zur selben Zeit und fahren gleich schnell.
c) … fahren sich entgegen. Sie starten zur selben Zeit und fahren unterschiedlich schnell.

Weitere Übungen zur Wiederholung und Tipps findest du in „Kannst du das?" ab S. 205

+ Lineare Gleichungssysteme

+ Lineare Gleichungssysteme grafisch lösen

Entdecken

1 Rätsel aus der Bäckerei

Ein Konditor stellt Erdbeertorten und Nusstorten her.
An einem Nachmittag hat er insgesamt 56 Torten hergestellt.
Die Anzahl der Erdbeertorten ist dreimal größer als die Anzahl der Nusstorten.
Wie viele Erdbeertorten und wie viele Nusstorten hat er?

Mark hat zu dem Rätsel zwei Gleichungen aufgestellt.
Seine erste Gleichung lautet: $x + y = 56$ Die zweite Gleichung lautet: $y = 3 \cdot x$
a) Erkläre die beiden Gleichungen von Mark.
b) Stell die erste Gleichung nach y um.
c) Zeichne dann die Graphen dazu in ein Koordinatensystem.
d) Wie kann man die Lösung der Aufgabe ablesen?

2 Es sind zwei Funktionsgleichungen gegeben: $y = 2x - 4$ und $y = -x + 5$.
a) Zeichne die zugehörigen Graphen in ein Koordinatensystem.
b) In welchem Punkt schneiden sich die Geraden?
c) Setze die Koordinaten des Schnittpunktes in jede Funktionsgleichung ein. Was fällt dir auf?

Verstehen

Nina wechselt einen 10-€-Schein. Sie erhält 8 Münzen.
Es sind nur 1-€-Münzen und 2-€-Münzen.
Wie viele Münzen jeder Sorte hat sie bekommen?

Beispiel 1
x ist die Anzahl der 1-€-Münzen.
y ist die Anzahl der 2-€-Münzen.
Für die *Anzahl* der Münzen gilt: $x + y = 8$.
Für die *Beträge* gilt: $x \cdot 1€ + y \cdot 2€ = 10€$.
Man erhält die beiden Gleichungen $x + y = 8$ und
$x + 2y = 10$.
Stellt man beide Gleichungen nach y um, ergibt
sich **I** $y = -x + 8$ und **II** $y = -\frac{1}{2}x + 5$.

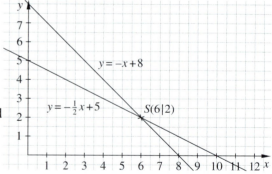

Zeichnet man die Geraden in ein Koordinatensystem, schneiden sich die Geraden im Punkt
$S(6|2)$. Dieser Punkt gehört zu beiden Geraden.
Deshalb sind $x = 6$ und $y = 2$ die gesuchten Lösungen.
Probe: $6 \cdot 1€ + 2 \cdot 2€ = 10€$ und $6 + 2 = 8$

Merke Stellt man zwei lineare Gleichungen zu *einem* Sachverhalt auf, spricht man von einem **linearen Gleichungssystem**. Die Lösung dieses Gleichungssystem muss für beide Gleichungen gelten.

Zur **grafischen Lösung** dieser Aufgaben zeichnet man die Graphen der beiden Funktionsgleichungen. Der **Schnittpunkt der Geraden** $S(x|y)$ gehört zu jeder der beiden Geraden und gibt die Lösung des Gleichungssystems an.

Üben und anwenden

1 Suche zu den beiden Gleichungen $y = 2x$ und $y = x + 4$ das Wertepaar, das den Schnittpunkt dieser beiden Geraden bildet.
Finde die Lösung durch Probieren.

x	y = 2x	y = x + 4	Ergebnis gleich?
0	y = 2 · 0 = 0	y = 0 + 4 = 4	nein
1	y = 2 · 1 = 2	y = 1 + 4 = 5	nein
...			

1 Löse das Gleichungssystem durch Probieren: **I** $y = 2x + 8$ und **II** $y = -0,5x + 18$
Arbeitet dann zu zweit.
Beschreibt euch gegenseitig euer Vorgehen.

x	y = 2x + 8	y = -0,5x + 18	Ergebnis gleich?
0	8	18	nein
1	10	17,5	nein
...			

2 Leon sagt zu Moritz: „Ich habe 40 Fußballsticker mehr als du. Zusammen haben wir 140." Stelle zwei Gleichungen auf und löse durch sinnvolles Probieren.

2 Zwei Bauern treffen sich. Der erste sagt: „Zusammen haben wir 84 Kühe."
Der andere sagt: „Wenn du mir zwei Kühe abgeben würdest, hätten wir gleich viele."

3 In welchem Punkt treffen sich die beiden Graphen?

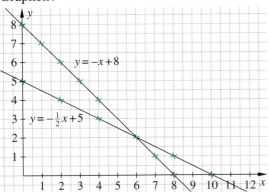

a) Überprüfe die Lösung durch Einsetzen in die beiden Geradengleichungen.
b) Die beiden linearen Funktionen stellen zwei abbrennende Kerzen dar. Wann sind die Kerzen gleich hoch? Begründe.

3 Übertrage den Graphen der linearen Funktion $y = \frac{1}{4}x + 3$ in dein Heft.

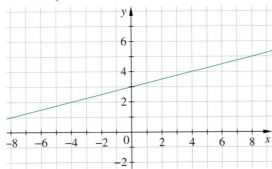

a) Zeichne die Graphen zu folgenden Gleichungen in das Koordinatensystem.
① $y = x$ ② $y = 4x + 3$ ③ $y = 1,5x + 1$
b) Bestimme die Lösung des jeweiligen Gleichungssystems.
Erkläre, wie du vorgehst.

4 Löse die Gleichungssysteme grafisch.
a) **I** $y = 2x$ und **II** $y = -x + 3$
b) **I** $y = 2x - 4$ und **II** $y = x + 1$
c) **I** $y = -3x - 1$ und **II** $y = 0,5x + 6$
d) **I** $y = -0,4x + 1$ und **II** $y = 2x - 1,4$
e) **I** $y = 2x - 3$ und **II** $y = -3x + 7$
f) **I** $y = 0,25x - 2$ und **II** $y = -0,8x + 4,3$

4 Stelle die Gleichungen zuerst in die Form $y = mx + b$ um.
Löse dann das Gleichungssystem grafisch.
a) **I** $2y - x = 4$ und **II** $2y + 3x = 12$
b) **I** $-x + 2y = 10$ und **II** $-1,5x + y = 5$
c) **I** $3y = 6x - 21$ und **II** $2x + y = 5$
d) **I** $2y + 1,4x = 30$ und **II** $4,2x = y + 34$

5 Gegeben ist folgendes Gleichungssystem: **I** $y = -2x + 1$ und **II** $y = -2x + 4$.
a) Löse dieses Gleichungssystem grafisch. Was stellst du fest? Begründe.
b) Suche weitere Gleichungssysteme mit der gleichen Eigenschaft.
c) Löse das Gleichungssystem **I** $y = 0,5x - 1$ und **II** $2y = x - 2$. Begründe auch diesen Sonderfall des Gleichungssystems. Suche weitere Beispiele für diesen Sonderfall.

+ Lineare Gleichungssysteme

+ Das Gleichsetzungsverfahren

Entdecken

1 Arbeitet zu zweit.
Löst das Gleichungssystem **I** $y = 12x - 45$ und **II** $y = -18x + 35$ grafisch.
Wie groß muss das Koordinatensystem gezeichnet werden?
Wie kann man den Schnittpunkt ablesen? Ist das genau? Diskutiert darüber in der Klasse.

HINWEIS
zu Aufgabe 2:
Wie könnt ihr die Gleichungen verändern, so dass der Hase auf einer Seite alleine sitzt? Dabei darf das Gleichgewicht der Waage aber nicht zerstört werden.

2 Arbeitet in kleinen Gruppen.
Wie viel wiegt ein Hase und wie viel ein Meerschweinchen?
Schreibt zu jeder Waage eine Gleichung auf.
Wählt h für das Gewicht des Hasen und m für das Gewicht des Meerschweinchens (jeweils in kg).
Überlegt, wie ihr das Gewicht berechnen könnt.

Verstehen

Nele und Lukas sind zusammen 30 Jahre alt. Nele ist vier Jahre jünger als Lukas.

Beispiel 1 Wie alt sind die beiden jeweils?
Zu der Frage lassen sich zwei Gleichungen aufstellen: (Alter von Nele: x; Alter von Lukas: y)
  I $x + y = 30$ oder umgeformt   **I'** $y = 30 - x$
  II $x = y - 4$ **II'** $y = x + 4$
Löse das Gleichungssystem **I'** $y = 30 - x$ und **II'** $y = x + 4$.

| | | Beide Gleichungen nach y auflösen (y steht allein auf einer Seite) |

Weil beide Terme gleich sind zu y, kann man sie gleichsetzen.
I' = II' $\quad 30 - x = x + 4 \quad | +x$
$\qquad\qquad\quad 30 = 2x + 4 \quad | -4$
$\qquad\qquad\quad 26 = 2x \qquad\quad\; | :2$
$\qquad\qquad\qquad x = 13$

| | Die beiden zu y gleichwertigen Terme gleichsetzen und nach x auflösen |

$x = 13$ in **I'** einsetzen: $y = 30 - 13 = 17$

Das Gleichungssystem hat die Lösung $x = 13$ und $y = 17$.
Nele ist also 13 Jahre und Lukas 17 Jahre alt.

| | Wert der Variablen x in Gleichung I einsetzen |

Probe ($x = 13$ und $y = 17$ in **II'** einsetzen): $\;y = x + 4$
$\qquad\qquad\qquad\qquad\qquad\qquad\qquad\qquad\qquad\quad 17 = 13 + 4$
$\qquad\qquad\qquad\qquad\qquad\qquad\qquad\qquad\quad\; 17 = 17 \quad$ (wahr)

| | Probe: Die Werte von x und y in Gleichung II einsetzen |

Merke
Ein Gleichungssystem kann man *rechnerisch* mit dem **Gleichsetzungsverfahren** lösen.
① Beide Gleichungen nach der *gleichen Variablen* auflösen.
② Die beiden zur Variablen gleichwertigen Terme *gleichsetzen*, um eine Gleichung mit nur einer Variablen zu erzeugen. Den Wert dieser Variablen berechnen.
③ Der Wert dieser Variablen wird in eine der beiden Gleichungen eingesetzt und daraus der Wert der anderen Variablen berechnet. Die so berechneten Werte sind die Koordinaten des Schnittpunkts der beiden Gleichungen und damit die **Lösung des Gleichungssystems**.
④ Probe: Beide Werte in die andere Gleichung einsetzen.

Üben und anwenden

1 Johanna löst das Gleichungssystem
I $y = 5x - 2$; II $y + x = 16$ mit dem Gleichsetzungsverfahren. Bringe ihre Rechenschritte in die richtige Reihenfolge.

① $y = 5 \cdot 3 - 2 = 13$
② I $\quad y = 5x - 2$
　II' $y = 16 - x$
③ $\quad 5x - 2 = 16 - x \quad | +x$
$\quad\quad 6x - 2 = 16 \quad\quad | +2$
$\quad\quad\quad\; 6x = 18 \quad\quad | :6$
$\quad\quad\quad\quad x = 3$

1 Erkläre das Gleichsetzungsverfahren am Gleichungssystem
I $y = -2x + 8$; II $y = 0,5x - 3,5$.
Präsentiere den gesamten Lösungsweg.
Rechne anschließend die Probe.

$-2x + 8$	=	y
	y	=	$0,5x - 3,5$
$-2x + 8$	=	$0,5x - 3,5$

2 Löse die Gleichungssysteme.
Rechne anschließend jeweils die Probe.
a) I $y = 4x + 2$ 　　II $y = 2x$
b) I $y = 8x - 11$ 　II $y = 5x - 5$
c) I $y = -x - 3$ 　　II $y = 6x + 4$
d) I $y = -0,5x - 2,5$ II $y = 0,2x + 1$

2 Löse die Gleichungssysteme.
Rechne anschließend jeweils die Probe.
a) I $x = -4y + 10$ 　II $x = 6y - 12$
b) I $a = 5b - 3$ 　　II $a = -7b$
c) I $m = 12n + 4,7$ 　II $m = 2n - 3,3$
d) I $2y = x + 1$ 　　II $2y = 5 - 7x$

3 Sergej meint: „Auch das Gleichungssystem I $x = 2y - 3$; II $x = 3y - 5$ kann ich mit dem Gleichsetzungsverfahren lösen." Erkläre.
Und was ist mit dem Gleichungssystem I $x + 3y = 9$; II $2x + 8y = 22$? Begründe.

4 Stelle die Gleichungen zuerst nach einer Variablen um. Löse dann.
a) I $2,8x + y = 7$ 　II $y = 0,2x - 8$
b) I $x = 5y - 2$ 　　II $x + y = 16$
c) I $12y + x = -5$ 　II $x = -14y - 9$
d) I $6x + 7y = -1$ 　II $6x = 18y + 24$

4 Löse die linearen Gleichungssysteme mit dem Gleichsetzungsverfahren.
a) I $12x + y = 40$; II $y = 3x - 5$
b) I $x + 4y = 11$; II $2y - 1 = x$
c) I $y = x + 1$; II $2 = 5x - y$
d) I $y = -8x + 7$; II $7x = 8 - y$

HINWEIS
Du kannst dein Ergebnis eines linearen Gleichungssystems auch mit einem Funktionenplotter prüfen. Erkläre, wie du das machst.

5 Arbeitet zu zweit.
Untersucht diese besonderen Gleichungssysteme. Stellt jedes Gleichungssystem grafisch dar.
Was fällt euch auf? Begründet eure Beobachtungen.
a) I $y = 1,5x + 2$ 　　II $y = 1,5x + 3$ 　　b) I $y = -2x + 4$ 　　II $y + 2x = 4$
c) I $-y = \frac{1}{3}x + 2$ 　II $x + 3y = 3$ 　　d) I $4x + 14 = -2y + 6$ 　II $3y + 6x = -12$

6 Familie Behrens (2 Erwachsene, 2 Jugendliche) geht in den Aquazoo und zahlt 32 €.
Familie Hoffmann (1 Erwachsener, 2 Jugendliche) zahlt 23 €.
a) Stelle zwei Gleichungen auf mit x für den Eintrittspreis für einen Erwachsenen und mit y für einen Jugendlichen.
b) Löse das Gleichungssystem.
c) Wie viel kostet der Eintritt für einen Jugendlichen?
Wie viel für einen Erwachsenen?

6 Lisa zahlt für ihren Einkauf von zehn Dosen Cola und vier Packungen Pizza 20,50 €.
Jan kauft im gleichen Geschäft ein:

Wie viel kosten die Produkte einzeln?

+ Lineare Gleichungssysteme

+ **Das Additionsverfahren**

Entdecken

1 Farida bezahlt 3,80 €.   Max bezahlt 6,10 €.   Wie viel bezahlt Noke?

2 Das Gleichungssystem I $y + 2x = 4$ und II $y - 2x = 8$ soll gelöst werden.
a) Erkläre diesen Lösungsweg.
b) Berechne auch den Wert von x.
c) Löse genau so das Gleichungssystem I $y + 3x = 15$ und
   II $y - 3x = 3$. Vergleicht eure Vorgehensweisen.

I	$y + 2x = 4$
II	$y - 2x = 8$
I + II	$2y \quad = 12$
	$y \quad = 6$

Verstehen

Es gibt noch eine andere Möglichkeit, lineare Gleichungssysteme rechnerisch zu lösen.

Beispiel 1 Löse das Gleichungssystem
I $3x + 5y = 47$;   II $-3x + 4y = 16$.

I $\quad\quad 3x + 5y = 47$
II $\quad -3x + 4y = 16$
___
I + II $\quad\quad 9y = 63 \quad | :9$
$\quad\quad\quad\quad y = 7$

$y = 7$ einsetzen in I
$\quad 3x + 5 \cdot 7 = 47 \quad | -35$
$\quad\quad\quad 3x = 12 \quad | :3$
$\quad\quad\quad\quad x = 4$

Probe: $y = 7$ und $x = 4$ einsetzen in II
$\quad -3 \cdot 4 + 4 \cdot 7 = 16$ (wahr)

Beispiel 2 Löse das Gleichungssystem
I $2x + 3y = 38$;   II $5x - 4y = 3$.

I $\quad\quad 2x + 3y = 38 \quad | \cdot 4$
II $\quad\quad 5x - 4y = 3 \quad | \cdot 3$
___
I' $\quad\quad 8x + 12y = 152$
II' $\quad 15x - 12y = 9$
___
I' + II' $\quad\quad 23x = 161 \quad |:23$
$\quad\quad\quad\quad\quad x = 7$

$x = 7$ einsetzen in I
$\quad 2 \cdot 7 + 3y = 38 \quad | -14$
$\quad\quad\quad\quad 3y = 24 \quad | :3$
$\quad\quad\quad\quad y = 8$

Merke Ein Gleichungssystem kann man auch mit dem **Additionsverfahren** lösen.
① Gleichungen so umformen, dass eine der Variablen beim Addieren (Subtrahieren) wegfällt.
② Gleichungen addieren (subtrahieren). Eine der Variablen kann berechnet werden.
③ Der Wert dieser Variablen wird in eine der beiden Gleichungen eingesetzt und daraus der Wert der anderen Variablen berechnet. Die so berechneten Werte sind die Koordinaten des Schnittpunkts der beiden Gleichungen und damit die **Lösung des Gleichungssystems**.
④ Probe: Beide Werte in die andere Gleichung einsetzen.

Üben und anwenden

1 Das Gleichungssystem wurde so gelöst:
$$\begin{aligned}&\text{I} & 2x + 4y &= 14 \\ &\text{II} & 5x - 4y &= 7 \\ \hline &\text{I + II} & 7x &= 21 \\ & & x &= 3\end{aligned}$$
in I einsetzen: $2 \cdot 3 + 4y = 14 \quad |-6$
$$\begin{aligned}4y &= 8 \quad |:4 \\ y &= 2\end{aligned}$$
Lösung: $x = 3$ und $y = 2$
a) Erläutere die einzelnen Schritte.
b) Prüfe die Lösung durch eine Probe.

2 Antonia hat noch Probleme mit dem Additionsverfahren. Was hat sie falsch gemacht? Gib die richtige Lösung an.
$$\begin{aligned}&\text{I} & x + 4y &= 9 \\ &\text{II} & 3x - 4y &= 3 \\ \hline &\text{I + II} & 4x &= 9 \quad |:4 \\ & & x &= 2{,}25\end{aligned}$$

3 Löse mit dem Additionsverfahren.
a) I $2x + 2y = 4$ II $3x - 2y = 21$
b) I $5x + 2y = 15$ II $-5x + 6y = 25$
c) I $-3x - y = 4$ II $3x + 5y = 4$

4 Erkläre die Umformungen und berechne die Lösungen der Gleichungssysteme.
a) $$\begin{aligned}&\text{I} & 2x + 3y &= 10 \quad |\cdot 2 \\ &\text{I'} & 4x + 6y &= 20 \\ &\text{II} & -4x + 2y &= 12 \\ \hline &\text{I' + II} & 8y &= 32\end{aligned}$$
b) $$\begin{aligned}&\text{I} & 3x + 2y &= 6 \\ &\text{II} & 6x - y &= 2 \\ &\text{II'} & 12x - 2y &= 4\end{aligned}$$

5 Arbeitet zu zweit.
Findet mehrere Möglichkeiten zur Lösung dieses Gleichungssystems.
I $x + 2y = 13$ II $3x + 2y = 15$

6 Forme jeweils *eine* der Gleichungen um und löse dann das Gleichungssystem.
a) I $3x + 4y = 8$ II $-6x + 2y = 1$
b) I $5x + 3y = 21$ II $5y + x = 2$
c) I $7x + 8y = -10$ II $7x + 2y = 8$
d) I $2x - 5y = 17$ II $-5y + 6x = 1$
e) I $6a + 3b = 24$ II $-3a + 4b = 32$

---

1 Was genau bedeutet es, zwei Gleichungen zu addieren? Erkläre die Vorgehensweise anhand des Gleichungssystems.
$$\begin{aligned}&\text{I} & 6x + 5y &= 34 \\ &\text{II} & 8x - 10y &= 12 \quad |:2 \\ &\text{I} & 6x + 5y &= 34 \\ &\text{II'} & 4x - 5y &= 6 \\ \hline &\text{I + II'} & 10x &= 40\end{aligned}$$
a) Löse das Gleichungssystem.
b) Warum ist das Verfahren hier geeignet?
c) Prüfe deine Lösung durch eine Probe.

2 Welche Fehler sind hier beim Umformen der Gleichungen gemacht worden? Begründe.
$$\begin{aligned}&\text{I} & x + 5y &= 13 \quad |\cdot 2 \\ &\text{II} & 2x + 6y &= 18 \\ &\text{I'} & 2x + 10y &= 26 \\ &\text{II} & 2x + 6y &= 18 \\ \hline &\text{I' + II} & 16y &= 44\end{aligned}$$

3 Löse mit dem Additionsverfahren.
a) I $5x + y = 22$ II $2x + y = 10$
b) I $9x + 7y = 23$ II $4x + 7y = 11$
c) I $3x + 2y = 25$ II $x + 2y = 10$

4 Wie könnte man die linearen Gleichungssysteme am einfachsten lösen? Diskutiert darüber in kleinen Gruppen. Gebt die Lösung an und überprüft anschließend eure Lösung.
a) I $5x + 2y = 26$
   II $2x + 2y = 14$
b) I $3x + 2y = 30$
   II $x + 2y = 2$

5 Denke dir drei verschiedene lineare Gleichungssysteme aus, die sich einfach mit dem Additionsverfahren lösen lassen. Löse sie und tausche sie mit deinem Nachbarn aus.

6 Löse die linearen Gleichungssysteme mithilfe des Additionsverfahrens.
a) I $6x + 4y = 4$ II $9x - 4y = 1$
b) I $2x - 3y = 1$ II $-3x + 3y = 3$
c) I $3x + 4y = 32$ II $x + 4y = 16$
d) I $5x + y = 19$ II $3x + y = 15$
e) I $4x + 6y = 16$ II $4x + 2y = 8$

+ Lineare Gleichungssysteme

+ Methode Sachaufgaben mit linearen Gleichungssystemen lösen

Beim Lösen von Sachaufgaben geht es darum, Sachverhalte vereinfacht in die „mathematische Sprache" zu übersetzen. Meistens entstehen dabei Gleichungen.
Mit diesem Lösungsplan kann man aus Sachaufgaben Gleichungen erstellen und die Aufgaben lösen.

Beispiel
Ein Jugendhotel hat Zweibettzimmer und Vierbettzimmer. Es können 202 Gäste übernachten.
Wie viele Zweibettzimmer und Vierbettzimmer hat das Jugendhotel, wenn insgesamt 63 Zimmer zur Verfügung stehen?

Lösungsschritt	
① *Informationen aus dem Text erfassen*	Gesamtzahl der Zimmer: 63 Gesamtzahl der Gäste: 202
② *Variablen festlegen*	Anzahl der Zweibettzimmer: x Anzahl der Vierbettzimmer: y
③ *Terme aufstellen*	Anzahl der Gäste im Zweibettzimmer: $2 \cdot x$ Anzahl der Gäste im Vierbettzimmer: $4 \cdot y$ Gesamtzahl der Zimmer: $x + y$ Gesamtzahl der Gäste: $2 \cdot x + 4 \cdot y$
④ *Gleichungssystem aufstellen*	I $\quad x + y = 63$ II $\quad 2x + 4y = 202$
⑤ *Gleichungssystem lösen*	I $\quad x + y = 63 \quad\quad \vert \cdot (-2)$ II $\quad 2x + 4y = 202$ I' $\quad -2x - 2y = -126$ II $\quad \underline{2x + 4y = 202}$ I' + II $\quad 2y = 76 \quad\quad \vert : 2$ $\quad\quad\quad\quad y = 38$ $y = 38$ in I einsetzen: $\quad x + 38 = 63 \quad\quad \vert -38$ $\quad\quad\quad\quad\quad\quad\quad\quad\quad\quad\quad x = 25$ Lösung: $x = 25$ und $y = 38$
⑥ *Lösung prüfen*	I $\quad x + y = 63 \quad\quad 25 + 38 = 63 \quad\quad$ (wahr) II $\quad 2x + 4y = 202 \quad 2 \cdot 25 + 4 \cdot 38 = 202 \quad$ (wahr)
⑦ *Ergebnis formulieren*	Das Jugendhotel hat 25 Zweibettzimmer und 38 Vierbettzimmer.

+ Methode Sachaufgaben mit linearen Gleichungssystemen lösen

Üben und anwenden

1 Setze die Lösung nach dem Lösungsplan im Heft fort.

> Ein Hotel kann insgesamt 400 Gäste in Einzel- und Doppelzimmern unterbringen. Die Anzahl der Zimmer beträgt 220. Wie viele Einzelzimmer und wie viele Doppelzimmer hat das Hotel?

① *Informationen aus dem Text erfassen*
   Gesamtzahl der Zimmer: 220
   Gesamtzahl der Gäste: 400
② *Variablen festlegen*
   Anzahl der Einzelzimmer: x
   Anzahl der Doppelzimmer: y

2 Welche Zahlen sind gemeint?
a) Die Summe zweier Zahlen x und y beträgt 100. Ihre Differenz beträgt 28.
b) Die Differenz zweier Zahlen ist 7,5. Die eine Zahl ist 1,5-mal größer als die andere.
c) Die Differenz zweier Zahlen beträgt 36. Ihre Summe ist 132.

3 Auf einem Bauernhof leben insgesamt 64 Tiere: Hühner und Kühe. Sie haben zusammen 160 Beine. Wie viele Hühner und Kühe leben auf dem Bauernhof?

4 Zum Renovieren kaufen Herr und Frau Reuss Tapete und Kleber. Herr Reuss kauft vier Rollen Tapete und zwei Päckchen Kleber, er zahlt 103,70 €.
Frau Reuss kauft im gleichen Geschäft noch zwei Rollen Tapete und zwei Päckchen Kleber für 57,80 €.
Wie viel kosten jeweils eine Rolle Tapete und ein Päckchen Kleber?

5 Ein Ruderboot legt flussabwärts pro Sekunde 2,8 m und flussaufwärts 0,6 m zurück. Wie groß ist die Geschwindigkeit des Bootes x und die Strömungsgeschwindigkeit des Flusses y?
  I $x + y = 2{,}8$ II $x - y = 0{,}6$
a) Beurteile und erkläre den Lösungsansatz.
b) Berechne die Lösung.

1 Zwei Erwachsene gehen mit drei Kindern in einen Freizeitpark und bezahlen 86 €. Gehen drei Erwachsene mit zwei Kindern in den Freizeitpark, müssen 99 € bezahlt werden.
a) Bezeichne den Eintrittspreis für Erwachsene mit x und den Eintrittspreis für Kinder mit y.
   Stelle zwei Gleichungen auf.
b) Löse das Gleichungssystem.
c) Was kostet der Eintritt für einen Erwachsenen?
d) Was kostet der Eintritt für ein Kind?
e) Prüfe deine Lösung.

2 Ein 200-€-Schein wird in 10-€-Scheine und in 20-€-Scheine gewechselt. Man bekommt zwei 10-€-Scheine mehr als 20-€-Scheine.
Wie viele 10-€-Scheine und wie viele 20-€-Scheine bekommt man?
Erkläre dein Vorgehen.

3 Auf einem Bauernhof gibt es dreimal so viele Schweine wie Gänse. Beide Tierarten haben zusammen 420 Beine.
Wie viele Schweine und wie viele Gänse leben auf dem Bauernhof?

4 Katharina hat für ihren Urlaub eine bestimmte Summe Geld gespart.
Sie überlegt:
„Gebe ich täglich 12 € aus, reicht mein Geld neun Tage länger als geplant.
Gebe ich aber täglich 17 € aus, muss ich meinen Urlaub um einen Tag verkürzen."
Wie lange sollte ihre Urlaubsreise dauern und wie viel Geld hatte Katharina gespart?

5 Erfinde zu der Darstellung eine Aufgabe, in der es um ein Treffen geht, und löse sie. Präsentiere sie in deiner Klasse.

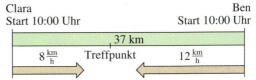

HINWEIS
zu Aufgabe 3 (lila und türkis):
Beachte die Anzahl der Beine der jeweiligen Tiere.

Klar so weit?

→ Seite 30

+ Lineare Gleichungssysteme grafisch lösen

1 Lea möchte das Gleichungssystem
I $y = 2x$; II $x + y = 15$ durch systematisches Probieren mit einer Tabelle lösen.
Wie könnte sie fortfahren?
Übertrage die Tabelle in dein Heft.

x	y = 2x	x + y = 15
1	y = 2	1 + 2 = 3

2 Löse die Gleichungssysteme grafisch.
a) I $y = -x + 7$ II $y = 2x + 1$
b) I $y = -2x - 5$ II $y = x + 4$
c) I $y = 3x + 1$ II $y = x - 3$
d) I $y = 2x - 2$ II $y = -2x + 2$

3 Ein Fuchs (I $y = 5x$) läuft hinter einem Hasen (II $y = 2,5x + 15$) her.

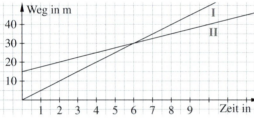

a) Was bedeutet der Schnittpunkt der beiden Geraden?
b) Lies den Schnittpunkt ab und überprüfe ihn rechnerisch.

1 Das Gleichungssystem
I $3x + 1 = y$;   II $y - x = 7$ wird durch Probieren gelöst.
Führe die Tabelle in deinem Heft fort.

x	y = 3x + 1	y - x = 7
1	y = 4	4 - 1 = 3
2	y = 7	...

2 Löse die Gleichungssysteme grafisch.
a) I $y = 2x$ II $y = -x + 3$
b) I $x + 2y = 10$ II $x + y = 8$
c) I $y = -3x - 1$ II $y = 0,5x + 6$
d) I $y = -0,75x + 1$ II $y = -0,25x + 3$

3 Eine Firma möchte Werbegeschenke bestellen. Sie hat zwei Anbieter in die engere Wahl genommen:

Werbehaus
0,70 € pro Geschenk,
Versandkosten inklusive

Kundenzieher
0,50 € pro Geschenk,
10 € Versandkosten

a) Stelle pro Anbieter eine Gleichung auf.
b) Zeichne die zugehörigen Funktionsgraphen in ein Koordinatensystem.
c) Welchen Anbieter sollte die Firma wählen? Wovon kann die Wahl abhängen? Begründe.

→ Seite 32

+ Das Gleichsetzungsverfahren

4 Löse die Gleichungssysteme mit dem Gleichsetzungsverfahren.
a) I $y = 4x - 2$ II $y = 2x$
b) I $y = 3x - 5$ II $y = 2x - 3$
c) I $y = 7x - 21$ II $y = 4x - 12$
d) I $y = 8x - 11$ II $y = 5x - 5$
e) I $y = 6x + 4$ II $y = -x - 3$

5 Löse die linearen Gleichungssysteme mit dem Gleichsetzungsverfahren.
Löse zunächst nach einer Variable auf.
a) I $2x + 3y = 12$ II $3x - 2y = 5$
b) I $4x + 6y = 54$ II $-8x - 2y = -38$
c) I $3x + y = 7$ II $4x - 2y = 6$

4 Löse die Gleichungssysteme mit dem Gleichsetzungsverfahren.
a) I $x + y = 8$ II $x - 6y = 57$
b) I $2x - 3y = 10$ II $2x - 6y = -26$
c) I $2x + 3y = 37$ II $-5x - 5y = -80$
d) I $5x - 3y = 6$ II $2x + 4y = -8$
e) I $4x + 12y = 10$ II $3x - 8y = -26,5$

5 Löse die linearen Gleichungssysteme mit dem Gleichsetzungsverfahren.
a) I $4x = -4y + 8$; II $2x = 6y + 20$
b) I $5x = 4y - 3$; II $x = 1,2y - 16,6$
c) I $5x = -4y - 9$; II $10x = 2y - 58$
d) I $-y = 3x - 5$; II $-2y = 10x - 14$

38

+ Klar so weit?

6 Überprüfe und berichtige die Rechnung von Carsten. Berechne dann die Aufgabe neu. Löse das lineare Gleichungssystem
I $y = 5x - 2$ und **II** $3x - y = -4$.

```
I         y = 5x - 2
II        3x - y = -4           | -3x
II'       y = -3x - 4
I = II'   5x - 2 = -3x - 4      | +3x
          8x - 2 = -4           | +2
          8x = -2               | :8
          x = -0,25
in I      y = 5 · (-0,25) - 2 = -3,25
Das Gleichungssystem hat die Lösung
(-0,25 | -3,25).
```

6 Überprüfe und berichtige die Rechnung von Pia. Berechne dann die Aufgabe neu. Löse das lineare Gleichungssystem
I $3x + y = 9$ und **II** $8x + 2y = 21$.

```
I          3x + y = 9           | -3x
II         8x + 2y = 21         | -8x  | :2
I'         y = 9 - 3x
II'        y = 21 - 8x
I' = II'   9 - 3x = 21 - 8x     | +8x  | -9
           5x = 12              | :5
           x = 2,4
in I'      y = 9 - 3 · 2,4 = 1,8
Das Gleichungssystem hat die Lösung
(2,4 | 1,8).
```

NACHGEDACHT
Wie hätte man die Fehler von Carsten und Pia vermeiden können?
Hast du Tipps für sie?

+ **Das Additionsverfahren** → Seite 34

7 Erkläre das Additionsverfahren und seine Vorteile am Beispiel des Gleichungssystems.
I $7y - x = 30$ **II** $12y + x = 65$.

7 Erkläre das Additionsverfahren und seine Vorteile am Beispiel des Gleichungssystems.
I $5x + 3y = 27$ **II** $2x + 3y = 18$.

8 Simon und Stacey machen zusammen Hausaufgaben. Sie sollen das Gleichungssystem
I $2x + 4y = 30$; **II** $-6x - 2y = -50$ lösen. Vergleiche die beiden Lösungswege.
– Simon multipliziert die Gleichung **I** mit 3, damit bei der Addition der beiden Gleichungen x wegfällt. Löse das Gleichungssystem wie Simon.
– Stacey multipliziert Gleichung **II** mit 2, damit bei der Addition der beiden Gleichungen y wegfällt. Löse das Gleichungssystem wie Stacey.

9 Löse die Gleichungssysteme mit dem Additionsverfahren. Forme dazu die Gleichungen zunächst um.
a) **I** $2x + 5y = 6$ **II** $3x - 2y = -10$
b) **I** $8a + 2b = 58$ **II** $3a + b = 24$
c) **I** $2x + 10y = 122$ **II** $x + 4y = 50$

9 Forme die Gleichungen geschickt um und löse die Gleichungssysteme mit dem Additionsverfahren.
a) **I** $2c + d = 18$ **II** $11c + 2d = 85$
b) **I** $-7k - 2y = -25$ **II** $-2k + 5y = 4$
c) **I** $-3x - 5y = -8$ **II** $-4x - 2y = -20$

10 Erkläre die Umformungen und berechne die Lösung des Gleichungssystems.
I $5x - 5y = 2,5$
II $3x + 7y = -14,5$
I' $-35y + 35x = 17,5$
II' $15x + 35y = -72,5$

10 Erkläre die Umformungen und berechne die Lösung der Gleichungssystems.
I $3x + 2y = 6,3$
II $5y + 2x = 8,6$
I' $-6x - 4y = -12,6$
II' $15y + 6x = 25,8$

11 Auf einem Parkplatz stehen Pkws und Motorräder. Zusammen sind es 55 Fahrzeuge mit 190 Rädern. Wie viele Fahrzeuge von jeder Sorte stehen auf dem Parkplatz?

+ Lineare Gleichungssysteme

+ # Vermischte Übungen

1 Löse das Gleichungssystem $y = 0{,}5x - 6$ und $y = -1{,}5x + 4$ durch Probieren.

x	y = 0,5 x − 6	y = −1,5 x + 4	Ergebnis gleich?
1			
…			

1 Jussuf stellt Meggi ein Rätsel: „In meiner Klasse sind zwei Schüler mehr als in deiner Klasse. Zusammen sind es 52 Schüler. Wie viele Schüler sind jeweils in den Klassen?" Löse durch Probieren.

2 Zwei verschiedene Handytarife:

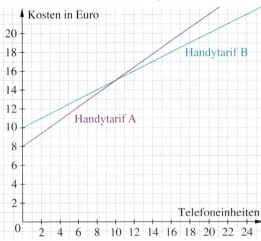

a) Beschreibe und vergleiche die Tarife.
b) Gib Lisa und Stephan Ratschläge.
– Lisa hat Tarif A. Letzten Monat telefonierte sie 14 Einheiten lang.
– Stephan will nur 20 € monatlich für seinen neuen Handyvertrag ausgeben.

2 Beschreibe und vergleiche die Graphen.

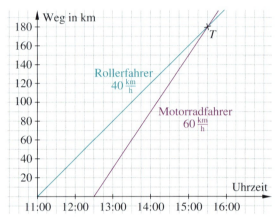

Begründe deine Antworten.
a) Wann holt das Motorrad den Roller ein?
b) Wie viele Kilometer haben die Fahrer am Treffpunkt T jeweils zurückgelegt?
c) Wie weit sind der Rollerfahrer und der Motorradfahrer um 14:30 Uhr voneinander entfernt?

3 Löse zeichnerisch.
a) I $y = \frac{3}{4}x - 2\frac{1}{2}$ II $y = \frac{1}{4}x - \frac{1}{2}$
b) I $y = 0{,}5x - 2$ II $y = -1{,}5x + 4$
c) I $x + 2y = 10$ II $x + y = 8$

3 Bestimme zeichnerisch die Lösung.
a) I $y = -3x - 5$ II $y = x + 5$
b) I $y = 1{,}5x - 3$ II $y = \frac{2}{3}x + 2$
c) I $-x + y = 0$ II $4 - y = -\frac{1}{2}x$

4 Löse mit dem Gleichsetzungsverfahren.
a) I $y = -3x - 11$ II $y = x - 3$
b) I $x = -2y + 4$ II $x = 2y$
c) I $y = -\frac{1}{2}x$ II $y = \frac{1}{2}x + 4$
d) I $y = -3x - 2{,}5$ II $2x - y = -1{,}5$

4 Löse mit dem Gleichsetzungsverfahren. Runde sinnvoll, wenn nötig.
a) I $y = 0{,}7x - 8$ II $y = -0{,}4x + 3{,}5$
b) I $-3y = 2x - 1$ II $-3y = 6x + 2{,}8$
c) I $y = \frac{2}{3}x + \frac{4}{3}$ II $y = \frac{3}{7}x + \frac{2}{7}$

5 Stelle eine Frage und löse die Gleichungssysteme mithilfe des Additionsverfahrens.
Anna kauft drei Rosen und eine Nelke und bezahlt dafür 7 €.
Jonas kauft neun Rosen und zwei Nelken und bezahlt 20 €.

5 Stelle eine Frage und löse die Gleichungssysteme mithilfe des Additionsverfahrens.
Herr Wolff kauft 12 Flaschen Mineralwasser und eine Flasche Saft. Er bezahlt 12,06 €.
Frau Fuchs kauft 10 Flaschen Mineralwasser und 5 Flaschen Saft und bezahlt 18,30 €.

HINWEIS
Lösungen zu Aufgabe 3 (lila und türkis):

+ Vermischte Übungen

6 Berechne die Gleichungssysteme mit einem geeigneten Verfahren.
a) I $6x + 9y = 4$ II $-6x + 3y = 0$
b) I $5x - 2y = 7$ II $2x + 7y = -5$
c) I $3y = -7x - 8$ II $9x + 24 = 3y$
d) I $2x = 6 + 5y$ II $11 - 3x = -8y$
e) I $-3 = 1{,}5x - y$ II $y = \frac{1}{4}x - 2$

6 Berechne die Gleichungssysteme mit einem geeigneten Verfahren. Begründe deine Wahl.
a) I $y = \frac{1}{2}x - 1$ II $y = -2{,}5x + 2$
b) I $3x + 3 = -12y$ II $2x = 5y - 15$
c) I $3(2x - y) = 3$ II $2(x + y) = 13$
d) I $4y - (8x + 4) = y$ II $3x - (2 - 3y) = x$

7 Arbeitet zu zweit.
Löst die Gleichungssysteme zeichnerisch und rechnerisch. Was fällt euch auf? Beschreibt den Verlauf der Geraden. Erläutert jeweils die Zusammenhänge zwischen der zeichnerischen und rechnerischen Lösung in eure Merkhefte.
a) I $y = -x + 2$ II $2y = -2x + 6$
b) I $2x + y = 4$ II $3x + 1{,}5y = 6$

NACHGEDACHT
Ergänze die Platzhalter so, dass das Gleichungssystem
I $y = 4x + 2$
II $y = \blacksquare x + \blacktriangle$
a) ... unendlich viele Lösungen,
b) ... keine Lösung,
c) ... genau eine Lösung hat.

8 Zwei Schwestern kaufen sich je ein Fahrrad. Dafür bezahlen beide zusammen 990 €. Die ältere Schwester zahlt 20% mehr als die jüngere. Wie viel bezahlt jede Schwester?

8 Eine Schule besuchen 50 Jungen mehr als Mädchen. 20% der Jungen und 30% der Mädchen nehmen an einer AG teil. Es sind insgesamt 295 AG-Teilnehmer. Wie viele Schülerinnen und Schüler gehen auf die Schule?

9 Rechteckrätsel
a) Ein Rechteck hat einen Umfang von 48 cm. Es ist doppelt so lang wie breit.
b) Der Umfang eines Rechtecks beträgt 100 cm. Seine Breite ist um 25 cm kleiner als die Länge. Berechne seinen Flächeninhalt.

9 Rechteckrätsel
a) Ein Rechteck ist 3,5-mal so lang wie breit. Sein Umfang beträgt 63 cm. Berechne seinen Flächeninhalt.
b) Ein Rechteck hat einen Umfang von 64 cm. Es ist dreimal so lang wie breit. Berechne seinen Flächeninhalt.

ZUM WEITERARBEITEN
zu Aufgabe 9 (lila und türkis): Erfinde ähnliche Aufgaben, die sich mit einem Gleichungssystem lösen lassen.

10 Gib die Funktionsgleichungen der linearen Funktionen an. Berechne ihren Schnittpunkt.

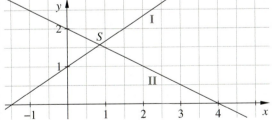

10 Bestimme jeweils rechnerisch die Schnittpunkte der Geraden.

11 Für das Gleichsetzungsverfahren kann man eine allgemeine Formel angeben.
a) Erkläre den Rechenweg.
b) Überprüfe die Formel an Beispielen.
c) Warum darf a nicht gleich c sein?
d) Arbeitet in kleinen Gruppen am Computer. Erstelle mithilfe der Formeln ein Tabellenblatt, das nach Eingabe der Variablen a, b, c und d den Schnittpunkt der Geraden berechnet.

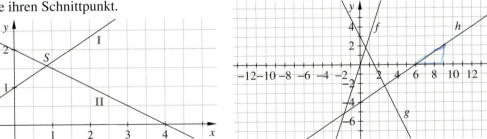

I $y = ax + b$ II $y = cx + d$
Gleichsetzen: $ax + b = cx + d$
Auflösen nach x: $ax + b = cx + d$ $|-b\ |-cx$
$ax - cx = d - b$
$x(a - c) = d - b$ $|:(a - c)$
$x = \frac{d - b}{a - c}$ für $a \neq c$
Einsetzen in I, um y zu erhalten:
$y = a \cdot \left(\frac{d - b}{a - c}\right) + b$ für $a \neq c$

+ Lineare Gleichungssysteme

+ Teste dich!

Checkliste C 042-1

(6 Punkte)

1 Wie alt sind die Personen?
Löse durch systematisches Probieren.
a) Thomas ist halb so alt wie seine Mutter. Zusammen sind sie 75 Jahre alt.
b) Jürgen ist zwei Jahre älter als Monika. Zusammen sind sie 100 Jahre alt.
c) Sabine ist 16 Jahre älter als Tim. Zusammen sind beide 38 Jahre alt.

(6 Punkte)

2 Betrachte das Diagramm und beschreibe, was dargestellt ist.

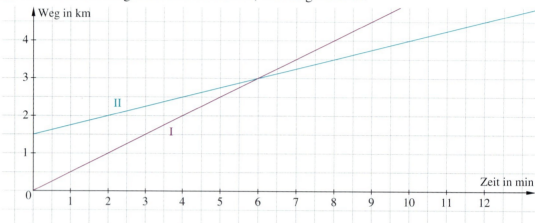

a) Erfinde zu dem Diagramm eine „Verfolgungsgeschichte".
b) Gib jeweils die Geradengleichungen an.
c) Zeichne ein Diagramm zu der Verfolgungsaufgabe, wenn der Verfolgte nur 1 km Vorsprung hat, aber gleich schnell ist.

(12 Punkte)

3 Bestimme jeweils grafisch die Lösung des Gleichungssystems.
a) I $y = -2x - 5$ II $y = 3x + 5$
b) I $y = 0{,}25x + 1{,}5$ II $y = 2x + 5$
c) I $y = 1{,}5x - 3$ II $y = \frac{2}{3}x + 2$
d) I $y = 3x + 1$ II $y = 3x - 4$

(12 Punkte)

4 Bestimme jeweils die Lösung des Gleichungssystems mit dem Gleichsetzungsverfahren. Runde sinnvoll, wenn nötig.
a) I $y = -2x + 5$ II $y = 3x + 2$
b) I $y = 2x - 1$ II $y = x + 1{,}5$
c) I $y = 1{,}5x + 3$ II $y = -0{,}5x - 1$
d) I $y = -3x - 2{,}5$ II $y = 2x - 1{,}5$

(12 Punkte)

5 Bestimme jeweils die Lösung des Gleichungssystems mit dem Additionsverfahren.
a) I $3x - 2y = 30$ II $x + 2y = 2$
b) I $3{,}5x - y = -12$ II $1{,}5x + y + 3 = 5$
c) I $-5x + 2y = 3$ II $5x - 8y = -57$
d) I $2x + 17 = y$ II $-4x + 3y = 43$

+ Teste dich!

6 Löse die Gleichungssysteme mit einem rechnerischen Verfahren deiner Wahl. *(12 Punkte)*
Begründe deine Wahl.
a) **I** $y = 7x - 21$ **II** $y = 4x - 12$
b) **I** $y = -8x + 7$ **II** $7x = 8 - y$
c) **I** $6x - 4y = 60$ **II** $9x + 4y = 90$
d) **I** $-x + 2y = 2$ **II** $2x - 6y = 3$

7 Zwei Kühlschränke wurden miteinander verglichen. *(8 Punkte)*
a) Nach wie vielen Jahren hat sich die Anschaffung des stromsparenden Kühlschranks gelohnt?
b) Stelle die Geradengleichungen auf und prüfe deine Antwort rechnerisch.

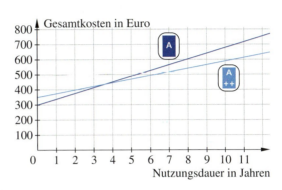

8 Eine Bank bietet zwei verschiedene Girokonten an. *(8 Punkte)*
Ein Konto ohne Grundpreis, dafür aber mit Kosten von 0,50 € pro Buchung und ein Konto mit 3,50 € monatlichem Grundpreis und 0,15 € pro Buchung.
Ab wie vielen Buchungen im Monat lohnt sich das Konto mit Grundpreis?

9 Aus dem Berufsleben *(8 Punkte)*
Ein Busunternehmer kaufte einen Reisebus mit 60 Sitzplätzen für 375 000 €.
Der Unternehmer rechnet pro Kilometer mit 3 € Betriebskosten.
Im Durchschnitt befördert er 40 Fahrgäste und berechnet ihnen für jeden gefahrenen Kilometer 0,20 €.
Bei welcher Fahrtstrecke sind Kosten und Einnahmen ausgeglichen?
Welche Kosten sind bis dahin entstanden?

10 Ergänze die Platzhalter so, dass das Gleichungssystem **I** $y = 2x - 5$ und **II** $y = \blacksquare x + \blacktriangle$ *(8 Punkte)*
folgende Eigenschaften hat.
Das lineare Gleichungssystem hat …
a) … unendlich viele Lösungen.
b) … keine Lösung.
c) … genau eine Lösung.

11 Vierecke *(8 Punkte)*
a) Aus einem 30 cm langen Draht wird ein Rechteck so gebogen, dass die längere Seite 5-mal so lang ist wie die kürzere Seite.
Welchen Flächeninhalt hat das Rechteck?
b) Der Flächeninhalt eines Trapezes beträgt 100 cm², seine Höhe beträgt 10 cm. Die kürzere der parallelen Seiten ist 2 cm kürzer als die andere Seite. Wie lang sind die Seiten?

Gold: 94–100 Punkte, Silber: 77–93 Punkte, Bronze: 60–76 Punkte

+ Lineare Gleichungssysteme

Zusammenfassung

→ Seite 30

+ **Lineare Gleichungssysteme grafisch lösen**

Stellt man zwei lineare Gleichungen zu *einem* Sachverhalt auf, spricht man von einem **linearen Gleichungssystem**.
Die Lösung dieses Gleichungssystem muss für beide Gleichungen gelten.

Zur **grafischen Lösung** dieser Aufgaben zeichnet man die Graphen der beiden Funktionsgleichungen.
Der **Schnittpunkt der Geraden** $S(x|y)$ gehört zu jeder der beiden Geraden und gibt die Lösung des Gleichungssystems an.

Das lineare Gleichungssystem
I $y = -x + 8$ **II** $y = -\frac{1}{2}x + 5$
hat die Lösung $x = 6$ und $y = 2$.

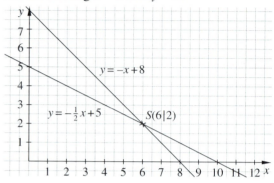

→ Seite 32

+ **Das Gleichsetzungsverfahren**

① Beide Gleichungen nach y auflösen (y steht alleine auf einer Seite)

② Die beiden zu y gleichwertigen Terme gleichsetzen und nach x auflösen

③ Wert der Variablen x in Gleichung **I** einsetzen

④ Probe: Die Werte von x und y in Gleichung **II** einsetzen

① **I** $3x + y = 9$ und **II** $8x + 2y = 22$
　　$y = 9 - 3x$ und　　$y = 11 - 4x$

② **I** = **II**: $9 - 3x = 11 - 4x$
　　　　　also $x = 2$

③ $x = 2$ in **I** einsetzen: $y = 9 - 3 \cdot 2 = 3$,
　　　　　also $y = 3$

④ Probe:　　$8x + 2y = 22$
　　　　$8 \cdot 2 + 2 \cdot 3 = 22$
　　　　　　$22 = 22$　(wahr)

→ Seite 34

+ **Das Additionsverfahren**

① Gleichungen so umformen, dass eine der Variablen beim Addieren (Subtrahieren) wegfällt.

② Gleichungen addieren (subtrahieren). Eine der Variablen kann berechnet werden.

③ Der Wert dieser Variablen wird in eine der beiden Gleichungen eingesetzt, daraus den Wert der anderen Variablen berechnen.
Die so berechneten Werte sind die Koordinaten des Schnittpunkts der beiden Gleichungen und damit die Lösung des Gleichungssystems.

④ Probe: Die Werte von x und y in die andere Gleichung einsetzen.

① **I** $3x + y = 9$ und **II** $8x + 2y = 22$
　I $3x + y = 9$　$|\cdot(-2)$
　　$-6x - 2y = -18$

② **I**　　$-6x - 2y = -18$
　II　　　$8x + 2y = 22$
　I' + **II**　$2x = 4$,
　also　　$x = 2$

③ $x = 2$ in **I** einsetzen: $3 \cdot 2 + y = 9$,
　　　　　also $y = 3$

④ Probe:　　$3x + y = 9$
　　　　$3 \cdot 2 + 3 = 9$
　　　　　　$9 = 9$　(wahr)

Berechnungen an Körpern

In deiner Umwelt findest du viele Gegenstände, die die Form eines geometrischen Körpers haben. Diese Lichttürme befinden sich auf dem Dach der Bundeskunsthalle in Bonn. Sie haben die Form eines Kegels.

Berechnungen an Körpern

Noch fit?

Einstieg

HINWEIS
Wenn du bei einer Aufgabe nicht weiterkommst, kann dir die Formelsammlung (S. 238–242) helfen.

1 Einheiten umrechnen
Rechne in die in Klammern angegebene Einheit um.
a) 2 cm (mm) b) 500 m (km)
c) 6 dm² (cm²) d) 2 cm² (mm²)
e) 2 cm³ (mm³) f) 4 m³ (dm³)

2 Flächeninhalte ebener Figuren
Welche Skizze gehört zu welcher Figur? Übertrage die Skizzen in dein Heft und ergänze die unten angegebenen Maße. Berechne jeweils den Flächeninhalt.

a) Dreieck mit $c = 5$ cm; $h_c = 8$ cm
b) Rechteck mit $a = 4$ mm; $b = 0,7$ cm
c) Parallelogramm mit $a = 4,5$ m; $h_a = 2$ m
d) Kreis mit $d = 8$ cm

3 Netze von Würfeln und Quadern
Bei welchem Körper handelt es sich um einen Würfel? Begründe.
Zeichne jeweils ein Netz (Maße in cm). Es gibt mehrere Möglichkeiten.

a)   b)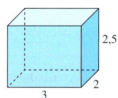

Aufstieg

1 Einheiten umrechnen
Rechne in die in Klammern angegebene Einheit um.
a) 32,5 cm (mm) b) 8 dm (m)
c) 75 dm² (cm²) d) 320 mm² (cm²)
e) 25 cm³ (l) f) 42,2 cm³ (mm³)

2 Flächeninhalte ebener Figuren
Berechne die Flächeninhalte der Figuren.
Tipp: Eine Skizze kann helfen.
a) rechtwinkliges Dreieck mit
$a = 1,5$ cm; $b = 2,5$ cm; $c = 2$ cm; $\beta = 90°$
b) gleichschenkliges Trapez mit
$a = c = 2,9$ m; $b = 2$ m; $d = 5$ m;
$h_d = 2,5$ m
c) Parallelogramm mit
$a = c = 0,8$ dm; $b = d = 12$ cm; $h_b = 4$ dm
d) Kreis mit $r = 120$ mm
e) Achtelkreis mit $d = 0,08$ m

3 Netze von Würfeln und Quadern
Zeichne jeweils zwei verschiedene Netze der Körper.
Wie viele verschiedene Möglichkeiten gibt es, das Netz des Würfels zu zeichnen?

a)   b)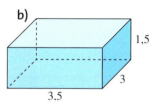

4 Körper erkennen und zeichnen

a) Zu welchen Körpern können die abgebildeten Grundflächen gehören? Findest du jeweils mehrere Möglichkeiten?
b) Beschreibe jeweils die Körper genauer, die zu den Grundflächen gehören. Achte dabei auf Form und Anzahl der Flächen.
c) Wähle jeweils eine Grundfläche aus und zeichne das Schrägbild eines Prismas, eines Zylinders, einer Pyramide und eines Kegels mit der Körperhöhe $h_K = 4$ cm. Worauf musst du dabei achten?

Noch fit?

5 Der Satz des Pythagoras
Gib jeweils an, welche Seite im Dreieck die Hypotenuse ist. Notiere dann eine Gleichung nach dem Satz des Pythagoras.
a) b)

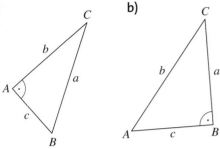

5 Der Satz des Pythagoras
Suche rechtwinklige Dreiecke. Schreibe alle Gleichungen auf, die sich nach dem Satz des Pythagoras ergeben.
a) b)

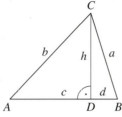
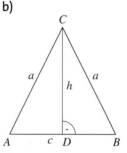

6 Streckenlängen berechnen
Berechne die Länge der Hypotenuse mit dem Satz des Pythagoras.

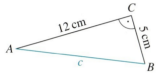

6 Streckenlängen berechnen
Berechne die Länge der Kathete mit dem Satz des Pythagoras.

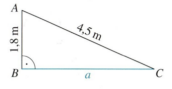

7 Der Satz des Pythagoras in Körpern
Die Kantenlänge des Würfels beträgt $a = 5$ cm.
a) Berechne die Länge der Flächendiagonale e.
b) Berechne die Länge der Raumdiagonale d.
c) Zeichne das Dreieck mit den Seiten a; d und e.

7 Der Satz des Pythagoras in Körpern
Berechne die Höhen der Pyramiden.
a) b)

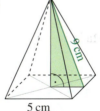
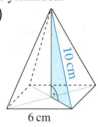

8 Mit Formeln rechnen
a) Berechne mit der Formel $A = a \cdot b$ die gesuchten Größen für Rechtecke.

  Ⓐ $a = 2$ cm; $b = 3{,}5$ cm ($A = ?$)
  Ⓑ $A = 21$ cm²; $a = 3$ cm ($b = ?$)
  Ⓒ $A = 44$ cm²; $b = 8$ cm ($a = ?$)

b) Berechne mit der Formel $u = 2a + 2b$ die Umfänge der Rechtecke Ⓐ bis Ⓒ.

8 Mit Formeln rechnen
Ein Dreieck hat die Grundseite g und die Höhe h. Berechne jeweils die fehlenden Größen des Dreiecks.

	g	h	A
a)	4 cm	7 cm	
b)		12 cm	45 cm²
c)	4,6 m		8,05 m²

9 Formeln umstellen
Stelle die Formeln nach a um.

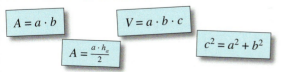

9 Formeln umstellen
Stelle die Formeln nach r um.

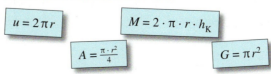

Weitere Übungen zur Wiederholung und Tipps findest du in „Kannst du das?" ab S. 205.

Berechnungen an Körpern

Prismen und Zylinder erkennen und berechnen

Entdecken

1 Zylinder und Prismen

① 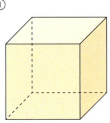 ② 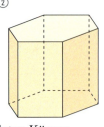 ③ 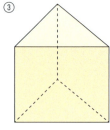 ④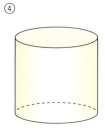

a) Benenne die abgebildeten Körper.
   Beschreibe Gemeinsamkeiten und Unterschiede.
b) Skizziere zu jedem Körper ein Netz. Färbe die Grundfläche rot und die Mantelfläche blau.
   Erkläre jeweils, wie du den Oberflächeninhalt des Körpers bestimmen kannst.
   Welche Maße werden dafür benötigt?
c) Die Grundflächen der Körper haben jeweils einen Flächeninhalt von 4 cm². Die Körperhöhe h_K beträgt jeweils 2 cm. Welcher Körper hat das größte Volumen? Begründe deine Antwort.

Verstehen

HINWEIS
Die ausführlichen Formeln sowie Netze und Schrägbilder von Prismen und Zylindern findest du in der Formelsammlung (S. 238–242).

Viele Verpackungen haben die Form von Prismen und Zylindern.
Die Grund- und Deckfläche sind jeweils gleich und liegen parallel zueinander. Die Mantelfläche M steht senkrecht auf der Grundfläche G.

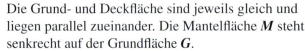

> **Merke** Für den **Oberflächeninhalt von Prismen und Zylindern** gilt: $O = 2 \cdot G + M$
> Für das **Volumen von Prismen und Zylindern** gilt: $V = G \cdot h_K$

Beispiel 1
gegeben: Prisma mit $h_K = 16$ cm und einem gleichseitigen Dreieck als Grundfläche mit $a = 4$ cm und $h_a = 3{,}4$ cm

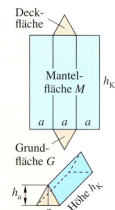

gesucht: O
Formel: $O = 2 \cdot G + M$
  also $O = 2 \cdot \frac{a \cdot h_a}{2} + 3 \cdot a \cdot h_K$
Rechnung:
  $O = 2 \cdot \frac{4 \cdot 3{,}4}{2} + 3 \cdot 4 \cdot 16$
  $= 205{,}6\ [\text{cm}^2]$

gesucht: V
Formel: $V = G \cdot h_K$
  also $V = \frac{a \cdot h_a}{2} \cdot h_K$
Rechnung:
  $V = \frac{4 \cdot 3{,}4}{2} \cdot 16$
  $= 108{,}8\ [\text{cm}^3]$

Beispiel 2
gegeben: Zylinder mit
$r = 3$ cm;
$h_K = 7$ cm

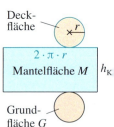

gesucht: O
Formel: $O = 2 \cdot G + M$
  also $O = 2\pi \cdot r^2 + 2\pi \cdot r \cdot h_K$
Rechnung:
  $O = 2\pi \cdot 3^2 + 2\pi \cdot 3 \cdot 7$
  $\approx 188{,}50\ [\text{cm}^2]$

gesucht: V
Formel: $V = G \cdot h_K$
  also $V = \pi \cdot r^2 \cdot h_K$
Rechnung:
  $V = \pi \cdot 3^2 \cdot 7$
  $\approx 197{,}92\ [\text{cm}^3]$

Prismen und Zylinder erkennen und berechnen

Üben und anwenden

1 Welche der abgebildeten Körper sind Prismen, welche Zylinder?
Benenne sie jeweils und beschreibe ihre Eigenschaften. Gib die Form der Grundfläche an.

 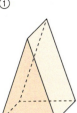 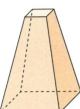 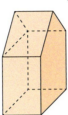 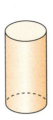 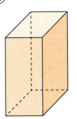 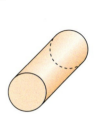

NACHGEDACHT
Tugba meint:
„Würfel und Quader sind auch Prismen."
Was meinst du dazu?

2 Zeichne ein Netz und berechne den Oberflächeninhalt des Prismas. (Maße in cm)

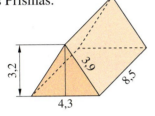

2 Zeichne zunächst ein Netz des Prismas.
a) Berechne den Oberflächeninhalt.
b) Wie ändert sich der Oberflächeninhalt, wenn man die Höhe des Prismas verdoppelt (verdreifacht)?

3 Zeichne das Netz eines Zylinders mit $r = 2$ cm und $h_K = 4$ cm.
Bestimme dafür zunächst Länge und Breite der Mantelfläche.
Berechne den Oberflächeninhalt des Zylinders.

3 Gibt es mehrere Möglichkeiten, das Netz eines Zylinders zu zeichnen?
Wenn ja, wie viele? Probiere es an einem Netz eines beliebigen Zylinders aus.
Berechne den Oberflächeninhalt deines Zylinders.

4 Berechne jeweils das Volumen des zu der Grundfläche gehörenden Prismas bzw. Zylinders. Die Körperhöhe beträgt jeweils 8 cm.

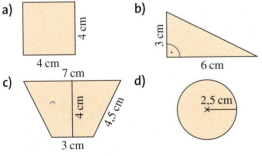

4 Die Maße von Prismen bzw. Zylindern sind gegeben. Benenne jeweils den Körper und berechne sein Volumen.

	Grundfläche G	h_K
a)	Rechteck mit $a = 8$ dm; $b = 20$ cm	5 dm
b)	gleichseitiges Dreieck mit $a = 9{,}4$ cm; $h_a = 8{,}14$ cm	6 cm
c)	unregelmäßiges Dreieck mit $c = 4{,}1$ cm; $h_c = 3$ cm	11,7 cm
d)	Kreis mit $r = 4{,}5$ cm	79 mm

5 Der Umzugskarton ist 68 cm lang und 33 cm breit. Das Volumen des Umzugskartons beträgt 78,54 dm³. Wie hoch ist der Karton?

5 Das Bild zeigt den Querschnitt des etwa 100 km langen Nord-Ostsee-Kanals.
Im Kanal sind etwa 81 000 000 m³ Wasser. Kann ein Schiff mit 13 m Tiefgang durch den Kanal fahren?

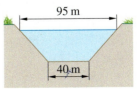

Berechnungen an Körpern

Pyramiden erkennen und berechnen

Entdecken

1 Zeichne das Netz der abgebildeten Pyramide.
a) Wie viele Begrenzungsflächen erhältst du?
b) Kennzeichne die Grundfläche rot und die Mantelfläche blau.
c) Berechne den Oberflächeninhalt.
d) Was ändert sich bei Grund- und Mantelfläche, wenn man eine Pyramide mit einer sechseckigen Grundfläche hat?

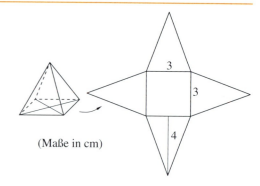

(Maße in cm)

HINWEIS
Material zu Aufgabe 2: Würfel aus Blumensteckschaum, Styropor oder Knete, Waage

2 Arbeitet zu zweit oder in kleinen Gruppen.
a) Nehmt einen Würfel aus Blumensteckschaum (oder Knete). Wiegt den Würfel.
b) Schneidet Stücke vom Würfel ab, so dass ihr eine möglichst große Pyramide erhaltet. Warum bleiben Grundfläche und Höhe dabei unverändert? Begründet.
c) Wiegt die Pyramide und vergleicht mit dem Gewicht des Würfels. Was stellt ihr fest?

Verstehen

Eine Geschenkverpackung hat die Form einer Pyramide.
Die Grundfläche ist ein Quadrat mit $a = 6\,\text{cm}$.
Die Mantelfläche besteht aus vier Dreiecken.
Maße der Pyramide: $a = 6\,\text{cm}$; $h_a = 5\,\text{cm}$ und $h_K = 4\,\text{cm}$

Beispiel 1
Welchen Oberflächeninhalt hat die Verpackung?
gegeben: $a = 6\,\text{cm}$; $h_a = 5\,\text{cm}$
gesucht: O
Formel: $O = G + M$
also hier: $O = a^2 + 4 \cdot \dfrac{a \cdot h_a}{2}$
Rechnung: $O = 6^2 + 4 \cdot \dfrac{6 \cdot 5}{2} = 96\,[\text{cm}^2]$
Antwort: Der Oberflächeninhalt beträgt $96\,\text{cm}^2$.

Beispiel 2
Welches Volumen hat die Verpackung?
gegeben: $a = 6\,\text{cm}$; $h_K = 4\,\text{cm}$
gesucht: V
Formel: $V = \tfrac{1}{3} \cdot G \cdot h_K$
also hier: $V = \tfrac{1}{3} \cdot a^2 \cdot h_K$
Rechnung: $V = \tfrac{1}{3} \cdot 6^2 \cdot 4 = 48\,[\text{cm}^3]$
Antwort: Das Volumen der Verpackung beträgt $48\,\text{cm}^3$.

ZUM WEITERARBEITEN
Erkläre anhand der Zeichnung, wie du das Volumen einer quadratischen Pyramide berechnen kannst, wenn a und h_a gegeben sind.

> **Merke** Der **Oberflächeninhalt O einer Pyramide** setzt sich zusammen aus dem Flächeninhalt der Grundfläche und dem Flächeninhalt der Mantelfläche. $O = G + M$
>
> Das **Volumen V einer Pyramide** beträgt $\tfrac{1}{3}$ des Volumens eines Prismas mit gleicher Grundfläche.
> Also lautet die Formel:
> $V = \tfrac{1}{3} \cdot G \cdot h_K$

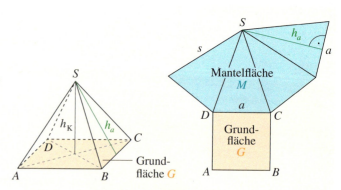

50

Üben und anwenden

1 Beschreibe die Bildfolge.

a) Gib für jede Pyramide die Form der Grundfläche und die Anzahl der Seitenflächen an. Was fällt dir auf?

b) Aus wie vielen Seitenflächen besteht wohl die Mantelfläche einer Pyramide mit einer 17-seitigen Grundfläche?

1 Berechne den Oberflächeninhalt der verschiedenen Pyramiden mit gleichseitiger Grundfläche.

	Form der Grundfläche	Flächeninhalt der Grundfläche	Flächeninhalt einer Seitenfläche
a)	3-eckig	12 cm²	7 cm²
b)	4-eckig	37 m²	6,9 m²
c)	5-eckig	49 mm²	11,6 mm²
d)	6-eckig	8,4 dm²	5,1 dm²

2 Das ist das Netz einer Pyramide.

a) Wie viele Seiten hat die Mantelfläche?
b) Welches Dreieck ist die Grundfläche?
c) Berechne den Oberflächeninhalt.

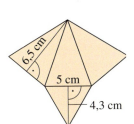

2 Berechne den Oberflächeninhalt. (Maße in m)

a) 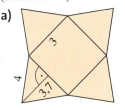   b)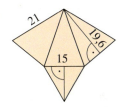

3 Berechne das Volumen der Zelte. Sie sind beide 1,60 m hoch. Schätze vorher, welches Volumen größer ist.

a) 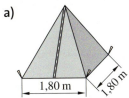   b)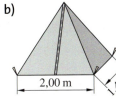

3 Berechne jeweils den Oberflächeninhalt und das Volumen. (Maße in cm)

a) quadratische Pyramide:
$a = 3,5$; $h_a = 4,55$; $h_K = 4,2$

b) Tetraeder:
$a = 7,8$; $h_a = 6,8$; $h_K = 6,4$

c) rechteckige Pyramide:
$a = 2,6$; $h_a = 10,3$; $b = 4,9$;
$h_b = 10,1$; $h_K = 10$

HINWEIS
Ein Tetraeder ist eine Pyramide mit vier gleichseitigen Dreiecken als Seitenflächen.

4 Überprüfe, ob die Aussagen richtig sind und begründe.
In einer quadratischen Pyramide gilt immer …

a) $s > h_a$ b) $h_K > h_a$ c) $a > h_a$ d) $h_K < s$ e) $h_K < a$ f) $a < s$

5 Skizziere das Netz im Heft und trage die Seitenhöhe h_a ein.

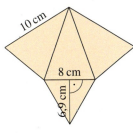

a) Berechne die Seitenhöhe h_a und den Oberflächeninhalt der Pyramide.
b) Berechne die Körperhöhe h_K und das Volumen der Pyramide.

5 Übertrage die Tabelle in dein Heft und berechne von der quadratischen Pyramide die fehlenden Größen.
Runde auf eine Nachkommastelle.

	a	s	h_a	h_k
a)	5 cm			7,5 cm
b)	5,6 cm		7 cm	
c)			12 m	8 m
d)			17,9 mm	8,7 mm
e)	3 cm	6,3 cm		
f)	4,7 cm	7,9 cm		
g)			18 cm	16 cm

HINWEIS
zu 5 (lila und türkis):
Nutze den Satz des Pythagoras zur Berechnung fehlender Längen.

Berechnungen an Körpern

Oberflächeninhalt von Kegeln

Entdecken

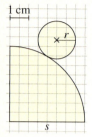

1 Übertrage das Netz eines Kegels auf festes Papier und schneide es aus.
a) Klebe das Netz zu einem Kegel zusammen.
   Welche Seiten und welche Kanten treffen aufeinander? Markiere sie farblich in einer Skizze.
b) Verändere den Radius s des Kreisausschnitts und schneide das Kegelnetz ebenfalls aus.
   Prüfe, ob du mit jedem Radius s einen Kegel herstellen kannst.

HINWEIS
↻ 052-1
Hier findest du eine Vorlage für das Netz aus Aufgabe 1.

2 Arbeitet zu zweit.
Till will den Mantelflächeninhalt eines Kegels mit $r = 3$ cm und $s = 4{,}5$ cm bestimmen.
Dazu zerlegt er die Mantelfläche und setzt sie auf andere Weise wieder zusammen.

  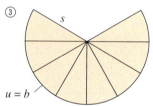 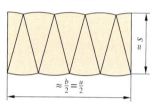

a) Beschreibt die Bildfolge. Welche Figur entsteht näherungsweise?
b) Till rechnet: $M \approx \frac{u}{2} \cdot 4{,}5 = 2 \cdot \pi \cdot \frac{3}{2} \cdot 4{,}5 \approx 42{,}41$. Erklärt Tills Rechnung.
c) Für den Flächeninhalt der Mantelfläche von Kegeln gilt die Formel: $M = \pi \cdot r \cdot s$
   Berechnet den Mantelflächeninhalt mit der Formel. Vergleicht mit Tills Lösungsweg.

Verstehen

Kegel sind spitze Körper mit einem Kreis als Grundfläche. Die Mantelfläche eines Kegels ist gekrümmt. Wickelt man diese ab und legt sie eben aus, so erhält man einen Kreisausschnitt.

> **Merke** Der **Oberflächeninhalt eines Kegels** setzt sich zusammen aus dem Flächeninhalt der Grundfläche und dem Flächeninhalt der Mantelfläche: $O = G + M$
>
> Die **Grundfläche** G jedes Kegels ist ein Kreis mit dem Flächeninhalt: $G = \pi \cdot r^2$
>
> Die **Mantelfläche** M ist ein Kreisausschnitt mit dem Radius s und dem Kreisbogen u:
> $M = \frac{u}{2} \cdot s = \frac{2 \cdot \pi \cdot r}{2} \cdot s = \pi \cdot r \cdot s$
>
> Also lautet die Formel: $O = G + M$
> $O = \pi \cdot r^2 + \pi \cdot r \cdot s$ oder $O = \pi \cdot r \cdot (r + s)$

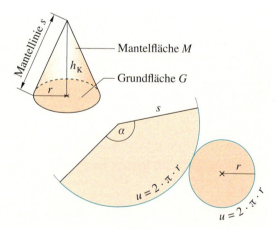

Beispiel 1
Wie groß ist der Oberflächeninhalt eines Kegels mit dem Radius $r = 60$ cm und $s = 108$ cm?
gegeben: $r = 60$ cm; $s = 108$ cm   *gesucht*: Oberflächeninhalt O
Formel: $O = \pi \cdot r \cdot (r + s)$
Rechnung: $O = \pi \cdot 60 \cdot (60 + 108) = \pi \cdot 60 \cdot 168 \approx 31\,667 \,[\text{cm}^2]$

Oberflächeninhalt von Kegeln

Üben und anwenden

1 Ein Netz eines Kegels wird gezeichnet.

①   ② 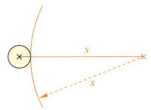 ③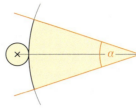

a) Beschreibe die Bildfolge. Welche Angaben werden jeweils benötigt?
b) Zeichne ein Netz mit $r = 2\,\text{cm}$; $s = 4{,}5\,\text{cm}$ und $\alpha = 160°$ auf ein loses Blatt Papier. Schneide dein Netz aus und prüfe, ob du daraus einen Kegel bauen kannst.
c) Mia sagt: „Zu einem Kegel kann man unterschiedliche Netze zeichnen." Was meinst du dazu? Begründe deine Antwort.

2 Zeichne das Netz eines Kegels mit $r = 2{,}5\,\text{cm}$; $s = 5\,\text{cm}$ und $\alpha = 180°$. Berechne anschließend den Flächeninhalt der Grundfläche und der Mantelfläche. Bestimme daraus den Oberflächeninhalt des Kegels.

2 Zeichne die Mantelfläche eines Kegels mit $b = 18{,}85\,\text{cm}$; $s = 4\,\text{cm}$ und $\alpha = 270°$. Beschreibe, wie du den Radius berechnen kannst. Vervollständige deine Zeichnung zu dem Netz eines Kegels. Berechne den Oberflächeninhalt des Kegels.

3 Berechne jeweils den Mantelflächeninhalt der Kegel mit folgenden Maßen.
a) $r = 5\,\text{cm}$; $s = 6\,\text{cm}$
b) $r = 7\,\text{mm}$; $s = 12\,\text{mm}$
c) $d = 2{,}2\,\text{m}$; $s = 6\,\text{m}$

3 Berechne jeweils den Mantel- und Oberflächeninhalt des Kegels.
a) $r = 24{,}5\,\text{m}$; $s = 77\,\text{m}$
b) $d = 66\,\text{cm}$; $s = 75{,}7\,\text{cm}$
c) $d = 33{,}8\,\text{cm}$; $s = 699{,}4\,\text{mm}$

4 Berechne den Oberflächeninhalt der Kegel mit der Formel.

a) 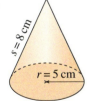 b)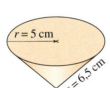

c) d)

4 Wenn man die Dreiecke um die orangefarbene Seite dreht, entsteht ein Kegel. Berechne jeweils den Oberflächeninhalt des entstandenen Kegels.

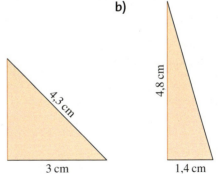

5 Ein kegelförmiges Dach hat einen Durchmesser von 6,8 m und eine Dachschräge von 8,4 m Länge. Wie groß ist die Dachfläche?

5 Ein Waffelhörnchen für Eis hat einen Radius von 2,5 cm und eine Mantellinie von 10,5 cm. Wie viele Waffelhörnchen kann man aus dem Teig herstellen, der ausgerollt einen Quadratmeter groß ist?

NACHGEDACHT
zu 5 (türkis): Ist das rechnerische Ergebnis überhaupt umsetzbar? Begründe deine Antwort.

Berechnungen an Körpern

Volumen von Kegeln

Entdecken

HINWEIS
↻ 054-1
Hier findet ihr eine Simulation zu dem Experiment aus Aufgabe 1.

1 Arbeitet in kleinen Gruppen.
Ihr benötigt einen befüllbaren Kegel und einen Zylinder mit gleicher Grundfläche und gleicher Körperhöhe.
Füllt den Kegel mit Wasser oder Sand.
a) Wie häufig passt der Inhalt aus dem Kegel in den Zylinder?
b) Die Formel zur Berechnung des Volumens eines Zylinders ist $V = \pi \cdot r^2 \cdot h_K$.
Wie musst du diese Formel verändern, um mit ihr das Volumen eines Kegels berechnen zu können?

2 In ein kegelförmiges Glas mit einem Durchmesser von 11 cm und einer Höhe von 6,3 cm passen rund 200 ml Wasser. Wie viel Milliliter Wasser passen in ein zylinderförmiges Glas mit gleichem Durchmesser und gleicher Höhe?
Vergleiche die beiden Volumen. Was fällt dir auf?

Verstehen

Der Kegel nimmt bei gleicher Grundfläche und Höhe ein Drittel des Volumens eines Zylinders ein.

Das Volumen V eines Zylinders wird berechnet aus Grundfläche mal Höhe: $V_{Zylinder} = G \cdot h_K$

Das Volumen V eines Kegels ist daher $V = \frac{1}{3} \cdot G \cdot h_K$.
Die Grundfläche ist ein Kreis mit dem Flächeninhalt $A = \pi \cdot r^2$.
Also lautet die Formel für das Volumen eines Kegels auch: $V = \frac{1}{3} \cdot \pi \cdot r^2 \cdot h_K$

> **Merke** Das **Volumen eines Kegels** kann man mit folgender Formel berechnen:
> $V = \frac{1}{3} \cdot \pi \cdot r^2 \cdot h_K$

Beispiel 1
Welches Volumen hat diese kegelförmige Eistüte?
Der Radius beträgt 2,3 cm, die Höhe des Kegels beträgt 15,8 cm.
gegeben: $r = 2,3$ cm; $h_K = 15,8$ cm
gesucht: Volumen V
Formel: $V = \frac{1}{3} \cdot \pi \cdot r^2 \cdot h_K$
Rechnung: $V = \frac{1}{3} \cdot \pi \cdot 2,3^2 \cdot 15,8$
  $\approx 87,53 \,[cm^3]$
Antwort: Das Volumen der Eistüte beträgt etwa 87,53 cm³.

Beispiel 2
Welchen Radius hat eine kegelförmige Eistüte, die ein Volumen von 72 cm³ hat und 8,1 cm hoch ist?
gegeben: $V = 72$ cm³; $h_K = 8,1$ cm
gesucht: Radius r
Formel: $V = \frac{1}{3} \cdot \pi \cdot r^2 \cdot h_K$
Rechnung:
$72 = \frac{1}{3} \cdot \pi \cdot r^2 \cdot 8,1 \quad |:\frac{1}{3}$
$216 = \pi \cdot r^2 \cdot 8,1 \quad |:8,1$
$26,67 \approx \pi \cdot r^2 \quad |:\pi$
$8,49 \approx r^2 \quad |\sqrt{}$
$2,91 \approx r$
Antwort: Der Radius der Eistüte beträgt etwa 2,91 cm.

Volumen von Kegeln

Üben und anwenden

1 Zeichne das Schrägbild des Kegels in Originalgröße in dein Heft. Berechne dann das Volumen des Kegels.

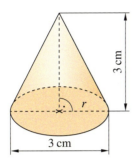

1 Das Kelchglas hat einen Radius von 3 cm. Der kegelförmige Kelch ist 9 cm hoch.
a) Zeichne den kegelförmigen Kelch im Schrägbild.
b) Passen 200 ml in das Kelchglas?

2 Berechne das Volumen der Kegel. Es ergibt sich ein Lösungswort.
a) $r = 7\,\text{cm}$; $h_K = 12\,\text{cm}$
b) $r = 6{,}4\,\text{cm}$; $h_K = 9{,}3\,\text{cm}$
c) $r = 0{,}4\,\text{dm}$; $h_K = 11\,\text{cm}$
d) $r = 6\,\text{cm}$; $h_K = 1{,}6\,\text{dm}$
e) $r = 14\,\text{cm}$; $h_K = 2\,\text{dm}$
f) $r = 35\,\text{mm}$; $h_K = 1{,}2\,\text{dm}$

L $153{,}94\,\text{cm}^3$ | **R** $184{,}31\,\text{cm}^3$ |
O $398{,}91\,\text{cm}^3$ | **M** $603{,}19\,\text{cm}^3$ |
F $615{,}75\,\text{cm}^3$ | **E** $4\,105{,}01\,\text{cm}^3$

2 Auf den Kärtchen sind Größen von Kegeln gegeben. Ordne die Kärtchen nach der Größe des Volumens der Kegel.

① $r = 2{,}6\,\text{cm}$ $h_K = 4{,}8\,\text{cm}$	② $r = 2\,\text{cm}$ $h_K = 5\,\text{cm}$	③ $r = 3\,\text{cm}$ $h_K = 4\,\text{cm}$
④ $r = 1\,\text{cm}$ $h_K = 10\,\text{cm}$	⑤ $r = 2{,}8\,\text{cm}$ $h_K = 4{,}6\,\text{cm}$	⑥ $r = 3{,}6\,\text{cm}$ $h_K = 3{,}8\,\text{cm}$
⑦ $r = 2\,\text{cm}$ $h_K = 8\,\text{cm}$	⑧ $r = 4\,\text{cm}$ $h_K = 6\,\text{cm}$	⑨ $r = 3\,\text{cm}$ $h_K = 7\,\text{cm}$

3 Berechne das Volumen der kegelförmigen Schultüte.
$r = 15\,\text{cm}$;
$h_K = 68\,\text{cm}$

3 Der Vulkan Mayon auf den Philippinen hat ungefähr die Form eines Kegels. Er ist ca. 2400 m hoch. Seine Grundfläche G hat einen Durchmesser von etwa 7 km. Berechne das Volumen des Vulkans in Kubikkilometern (km^3).

4 Eisbecher
a) Ordne den maßstäblich gezeichneten Eisbechern die passenden Größen zu.

Ⓐ  Ⓑ  Ⓒ  Ⓓ

① $r = 7{,}5\,\text{cm}$; $h_K = 18{,}5\,\text{cm}$
② $r = 13\,\text{cm}$; $h_K = 23\,\text{cm}$
③ $r = 10\,\text{cm}$; $h_K = 28\,\text{cm}$
④ $r = 7{,}5\,\text{cm}$; $h_K = 33\,\text{cm}$

$V = \dfrac{G \cdot h_k}{3}$

b) Schätze zunächst das Volumen der Eisbecher. Berechne dann.

5 Ein Kegel hat ein Volumen von $75{,}4\,\text{cm}^3$.
a) Bestimme seine Höhe, wenn $r = 3\,\text{cm}$ ist.
b) Bestimme seinen Radius, wenn die Höhe $h_K = 3\,\text{cm}$ ist.

5 Ein kegelförmig aufgeschütteter Sandhaufen hat einen Umfang von 13,8 m. Er ist 2,1 m hoch. Wie groß ist sein Volumen? Beschreibe deinen Lösungsweg.

Berechnungen an Körpern

Oberflächeninhalt von Kugeln

Entdecken

1 Die meisten Bälle aus dem Sport sind kugelförmig.
a) Sortiere folgende Bälle nach ihrem Oberflächeninhalt: Fußball; Billardkugel; Medizinball; Tischtennisball; Basketball. Fallen dir noch weitere Bälle ein?
b) Wo kommen in deiner Umgebung Kugeln vor?

2 Schäle eine Apfelsine wie auf dem Bild abgebildet.
a) Lassen sich die einzelnen Keile platt auf den Tisch drücken?
b) Was bedeutet das für das Netz einer Kugel?

3 Wickle eine dicke Kordel spiralförmig um den Mittelpunkt einer Halbkugel, bis die gesamte Kreisfläche bedeckt ist.
a) Miss die Länge der Kordel.
b) Miss mit derselben Kordel die Mantelfläche der Halbkugel aus. Was stellst du fest?
c) Erinnere dich an die Formel zur Berechnung einer Kreisfläche.
d) Was bedeutet das für den Oberflächeninhalt einer Kreisfläche und einer Kugel?

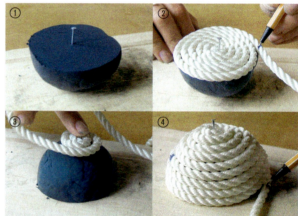

Verstehen

Die Oberfläche einer Kugel besteht aus einer gekrümmten Fläche. Die gekrümmte Fläche einer Halbkugel ist doppelt so groß wie die Kreisfläche mit demselben Radius.
Also gilt: $M_{Halbkugel} = 2 \cdot A_{Kreis} = 2 \cdot \pi \cdot r^2$
$O_{Kugel} = 2 \cdot (2 \cdot A_{Kreis}) = 4 \cdot A_{Kreis} = 4 \cdot \pi \cdot r^2$

Merke Man kann kein genaues Netz einer Kugel zeichnen, weil man sie nicht in der Ebene ausbreiten kann.

Den Oberflächeninhalt einer Kugel kann man mit folgender Formel berechnen: $O = 4 \cdot \pi \cdot r^2$

Beispiel 1

Der Globus hat einen Durchmesser von 30 cm. Wie groß ist die bedruckte Fläche?
gegeben: $d = 30$ cm ($r = 15$ cm)   *gesucht*: Oberflächeninhalt O
Formel: $O = 4 \cdot \pi \cdot r^2$
Rechnung: $O = 4 \cdot \pi \cdot 15^2 \approx 2827{,}43 \,[\text{cm}^2]$
Antwort: Die bedruckte Fläche ist rund 2 827 cm² groß.

Oberflächeninhalt von Kugeln

Üben und anwenden

1 Ergänze die Tabelle im Heft.

	r	d	O
a)	2 cm		
b)	6 dm		
c)	1,5 m		
d)		8 mm	
e)		7 cm	

1 Berechne jeweils den Oberflächeninhalt der Kugel.
Welche Aufgabe hat das kleinste Ergebnis?
a) $r = 7\,cm$ b) $r = 14\,dm$
c) $r = 38\,cm$ d) $r = 4,5\,m$
e) $r = 19\,mm$ f) $d = 1,4\,cm$
g) $d = 12\,m$ h) $d = 21,4\,m$
i) $d = 0,08\,km$ j) $d = 1,03\,dm$

2 Suche in deiner Umgebung drei kugelförmige Gegenstände.
Miss jeweils ihren Durchmesser und bestimme ihren Oberflächeninhalt.

3 Vervollständige die Tabelle im Heft.
Vergleiche die Werte. Was stellst du fest?

Kugelradius r	1 cm	2 cm	4 cm	8 cm
O				

3 Wie verändert sich der Oberflächeninhalt einer Kugel, wenn der Radius halbiert (verdreifacht) wird?
Probiere an verschiedenen Beispielen aus.

4 Kati und Nadine spielen Billard.
Die Billardkugeln haben einen Durchmesser von 57,2 mm.
Welchen Oberflächeninhalt haben sie?

4 Eine Diskokugel ist mit vielen kleinen, quadratischen Spiegeln mit der Seitenlänge $a = 1,3\,cm$ besetzt.
Wie viele Spiegel hat eine Diskokugel mit einem Durchmesser von $d = 45\,cm$?

5 Kennt man den Oberflächeninhalt einer Kugel, kann man den Radius berechnen.
Beispiel gegeben: $O = 782\,cm^2$; gesucht: r
$782 = 4 \cdot \pi \cdot r^2$ $|:4$ $|:\pi$
$62,23 \approx r^2$ $|\sqrt{}$
$7,89 \approx r$
Welchen Radius haben diese Kugeln?
a) $O = 50,24\,cm^2$ b) $O = 25\,cm^2$
c) $O = 314\,cm^2$ d) $O = 1\,m^2$

5 Umstellen der Formel
a) Stelle die Formel für den Oberflächeninhalt $O = 4 \cdot \pi \cdot r^2$ so um, dass der Radius alleine steht.
b) Wie groß ist der Radius einer Kugel mit einem Oberflächeninhalt von $380\,cm^2$?
Berechne mit der Formel $O = 4 \cdot \pi \cdot r^2$ und mit der von dir umgestellten Formel, um sie zu überprüfen.

6 Welcher Ball hat ungefähr einen Oberflächeninhalt von $1800\,cm^2$: Tennisball, Handball, Fußball oder Basketball?

6 Könnte eine Orange einen Oberflächeninhalt von etwa $255\,cm^2$ haben?
Begründe.

7 Welchen Radius müsste eine Seifenblase mindestens haben, damit du in ihr stehen kannst?
Berechne den Oberflächeninhalt der Seifenblase.

7 Juri bläst einen kugelförmigen Luftballon so auf, dass der Durchmesser zunächst 10 cm, dann 20 cm und schließlich 25 cm beträgt.
a) Wie groß ist jeweils der Oberflächeninhalt?
b) Bei einem Oberflächeninhalt von $28\,dm^2$ platzt der Luftballon.
Wie groß darf der Durchmesser also höchstens werden?

Berechnungen an Körpern

Volumen von Kugeln

Entdecken

1 Arbeitet zu zweit oder in kleinen Gruppen. Verwendet eine Halbkugel und einen Kegel, die ihr mit Wasser befüllen könnt.
Sie müssen die gleiche Grundfläche haben und die Höhe des Kegels h_K muss doppelt so hoch sein wie der Radius r.
a) Füllt den Kegel mit Wasser und gießt es in die Halbkugel. Was stellt ihr fest?
b) Was könnt ihr daraus über das Volumen der Kugel ableiten?

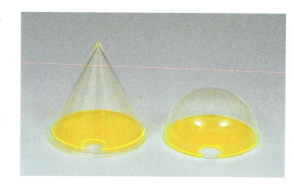

Verstehen

Das Volumen V einer Halbkugel ist genauso groß wie das Volumen eines Kegels mit gleichem Radius und $h_K = 2 \cdot r$.
Also gilt: $V_{Kegel} = \frac{1}{3} \cdot \pi \cdot r^2 \cdot (2 \cdot r)$
$= \frac{2}{3} \cdot \pi \cdot r^3 = V_{Halbkugel}$

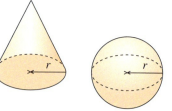

Das Volumen einer Kugel ist doppelt so groß wie das Volumen einer Halbkugel: $V_{Kugel} = 2 \cdot V_{Halbkugel} = 2 \cdot \left(\frac{2}{3} \cdot \pi \cdot r^3\right)$
Also lautet die Formel für das **Volumen V einer Kugel**: $V_{Kugel} = \frac{4}{3} \cdot \pi \cdot r^3$

> **Merke** Das Volumen einer Kugel kann man mit folgender Formel berechnen: $V = \frac{4}{3} \cdot \pi \cdot r^3$

Beispiel 1
Welches Volumen hat der Heißluftballon mit einem Radius von 22,5 m?
gegeben: $r = 22{,}5$ m;   *gesucht*: Volumen V
Formel: $V = \frac{4}{3} \cdot \pi \cdot r^3$
Rechnung: $V = \frac{4}{3} \cdot \pi \cdot 22{,}5^3 \approx 47\,713\,[\text{m}^3]$
Antwort: Das Volumen des Heißluftballons beträgt etwa $47\,713\,\text{m}^3$.

Beispiel 2
Welchen Radius hat ein kugelförmiger Luftballon mit einem Volumen von $11\,600\,\text{cm}^3$?
gegeben: $V = 11\,600\,\text{cm}^3$ *gesucht*: Radius r
Formel: $V = \frac{4}{3} \cdot \pi \cdot r^3$
Rechnung:
$11\,600 = \frac{4}{3} \cdot \pi \cdot r^3 \quad | : \frac{4}{3}$
$8\,700 = \pi \cdot r^3 \quad | : \pi$
$2\,769{,}30 \approx r^3 \quad | \sqrt[3]{}$
$14{,}04 \approx r$

Antwort: Der Radius des Luftballons beträgt etwa 14 cm.

Volumen von Kugeln

Üben und anwenden

1 Berechne das Volumen der Kugeln.
Runde auf zwei Stellen nach dem Komma.
Es ergibt sich ein Lösungswort.
a) $r = 5$ cm   b) $r = 6$ cm
c) $r = 38$ cm d) $r = 7,5$ cm
e) $r = 79$ cm f) $r = 100$ cm

1 Gib das Volumen der Kugeln in cm³ an.
Runde auf Hundertstel.
Es ergibt sich ein Lösungswort.
a) $r = 2,8$ cm   b) $r = 12$ dm
c) $d = 52$ cm   d) $r = 98$ mm
e) $d = 1264$ mm f) $d = 0,05$ m

| F 91,95 cm³ | I 65,45 cm³ | G 523,60 cm³ | L 904,78 cm³ | B 1767,15 cm³ | M 3942,46 cm³ |
| U 73 622,18 cm³ | O 229 847,30 cm³ | M 1 057 401,31 cm³ | U 2 065 236,93 cm³ | S 4 188 790,21 cm³ | L 7 238 229,47 cm³ |

2 Das Atomium ist das Wahrzeichen in Brüssel. Es besteht aus 9 Kugeln, die durch Rohre miteinander verbunden sind. Jede Kugel hat einen Innendurchmesser von 18 m.
Berechne das Volumen einer Kugel.

2 Eine Weihnachtsbaumkugel mit dem Durchmesser $d = 8$ cm passt genau in eine würfelförmige Schachtel.
a) Berechne das Volumen der Weihnachtsbaumkugel.
b) Berechne das Volumen der würfelförmigen Schachtel.

3 Der kleinste Planet unseres Sonnensystems ist der Merkur ($d = 4800$ km), der größte ist der Jupiter mit einem Durchmesser von 143 600 km. Wievielmal würde der Merkur in den Jupiter passen? Begründe.

3 Wie oft passen die Sportbälle ineinander?
a) der Tennisball ($d = 6,5$ cm) in den Handball ($d = 17,8$ cm),
b) der Handball in den Fußball ($d = 23,5$ cm),
c) der Fußball in den Basketball ($d = 24$ cm)?

4 Eine Kugel hat den Radius $r = 5$ cm.
a) Berechne das Volumen der Kugel.
b) Welchen Radius hat die Kugel mit dem doppelten (dreifachen, vierfachen, fünffachen) Volumen?

4 Annika behauptet, dass sich das Volumen einer Kugel verdoppelt, wenn der Kugelradius verdoppelt wird.
Überprüfe die Behauptung an einem Beispiel und korrigiere sie, falls notwendig.

5 Könnte ein Tischtennisball ein Volumen von 150 cm³ haben? Begründe.

6 Ein kugelförmiger Kopf einer Stecknadel hat ein Volumen von 113,1 mm³. Wie groß ist der Radius des Stecknadelkopfes? Schätze zuerst. Berechne dann.

6 Die Stahlkugeln zum Kugelstoßen wiegen 7,26 kg (für Männer) und 4 kg (für Frauen). 1 cm³ Stahl wiegt 7,86 g.
a) Gib jeweils das Volumen der Kugel an.
b) Berechne jeweils den Durchmesser und den Radius der Kugeln und vergleiche.

Berechnungen an Körpern

Methode Zusammengesetzte Körper berechnen

Das Foto zeigt die Michaeliskirche in Hildesheim. Die Kirche setzt sich aus verschiedenen Körpern, z. B. Prisma, Zylinder, Pyramide und Kegel, zusammen.

Um das Volumen und die Oberfläche von zusammengesetzten Körpern zu berechnen, untersucht man zuerst, aus welchen Teilkörpern der zusammengesetzte Körper besteht.

Das Volumen V von zusammengesetzten Körpern berechnet man mit der Volumenformel der einzelnen Teilkörper.

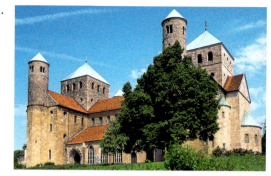

Beispiel 1

Bestimme das Volumen V des abgebildeten Körpers.
Der Körper besteht aus einem Quader und einer quadratischen Pyramide mit gleicher Grundfläche.

$V_{\text{Quader}} = a \cdot b \cdot c$
$\quad = 10 \cdot 10 \cdot 4$
$\quad = 400\,[\text{cm}^3]$

$V_{\text{Pyramide}} = \frac{1}{3} \cdot a^2 \cdot h$
$\quad = \frac{1}{3} \cdot 10^2 \cdot (15 - 4)$
$\quad \approx 366{,}7\,[\text{cm}^3]$

$V_{\text{gesamt}} = V_{\text{Quader}} + V_{\text{Pyramide}}$
$\quad \approx 400 + 366{,}7$
$\quad \approx 766{,}7\,[\text{cm}^3]$

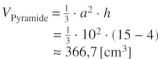

Maße in cm

Das Volumen des zusammengesetzten Körpers beträgt etwa $766{,}7\,\text{cm}^3$.

Um die Oberfläche O von zusammengesetzten Körpern zu berechnen, überlegt man, welche Flächen sichtbar sind, und berechnet den Flächeninhalt dieser Flächen mit den entsprechenden Formeln. Diese Flächeninhalte werden dann addiert.

Wie groß ist die Oberfläche O des Körpers.

HINWEIS
Berechnung der Seitenhöhe h_a mithilfe des Satzes des Pythagoras:
$h_a{}^2 = h^2 + \left(\frac{a}{2}\right)^2$
$h_a{}^2 = 11^2 + \left(\frac{10}{2}\right)^2$
$h_a{}^2 = 146$
$h_a \approx 12{,}08$

$O_{\text{Quader}} = 2 \cdot (a \cdot b + a \cdot c + b \cdot c)$
$\quad = 2 \cdot (10 \cdot 10 + 10 \cdot 4 + 10 \cdot 4)$
$\quad = 360\,[\text{cm}^2]$

$O_{\text{Pyramide}} = G + M$
$\quad = a^2 + 2 \cdot a \cdot h_a$
$\quad \approx 10^2 + 2 \cdot 10 \cdot 12{,}08$
$\quad = 341{,}6\,[\text{cm}^2]$

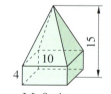

Maße in cm

$O_{\text{gesamt}} = O_{\text{Quader}} + O_{\text{Pyramide}} - 2 \cdot G$
$\quad \approx 360 + 341{,}6 - 2 \cdot 100$
$\quad = 501{,}6\,[\text{cm}^2]$

Die Oberfläche des zusammengesetzten Körpers beträgt etwa $502\,\text{cm}^2$.

Beispiel 2

Verschiedene Körper können durch handwerkliches Geschick aus anderen Körpern erstellt werden.
Ein Zerspanungsmechaniker ist beispielsweise in der Lage, aus einem Zylinder einen Kegel zu fräsen. Um den Materialabfall zu bestimmen, subtrahiert man das Volumen der Körper voneinander.

$V_{\text{Zylinder}} - V_{\text{Kegel}} = V_{\text{Rest}}$

Methode Zusammengesetzte Körper berechnen

Üben und anwenden

1 Betrachte die zusammengesetzten Körper. Alle Angaben in cm.

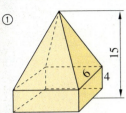
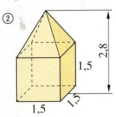
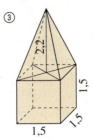
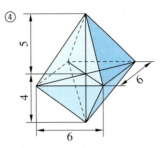
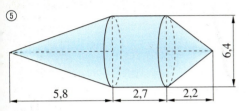
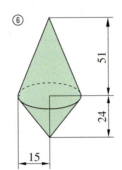
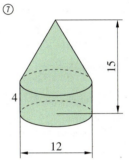
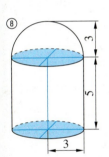
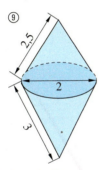

a) Beschreibe, aus welchen Teilkörpern der Körper jeweils zusammengesetzt ist.
b) Berechne jeweils das Volumen der zusammengesetzten Körper.
c) Berechne jeweils die Oberfläche der zusammengesetzten Körper.

2 Aus dem Berufsleben

Betrachte das abgebildete Silo.
a) Aus welchen Körpern besteht das Silo?
b) Berechne die Oberfläche des Silos.
c) Das Silo soll gestrichen werden. Berechne die benötigte Farbmenge, wenn mit einem Liter Farbe 5 m² gestrichen werden können.
d) 750 ml Farbe kosten 21,95 €. Wie viel kostet die benötigte Menge an Farbe?

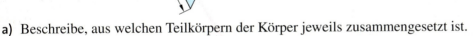

3 Aus dem Berufsleben

Aus einem Holzwürfel soll nach der Skizze ein möglichst großer Kegel gedreht werden.
Der Holzwürfel hat die Kantenlänge $a = 15$ cm.
a) Welches Volumen hat der Kegel?
b) Wie schwer ist der Kegel, wenn 1 dm³ Holz 0,65 kg wiegt?
c) Gib den Holzabfall in Prozent an.

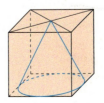

Berechnungen an Körpern

Thema Berechnungen an Körpern im Beruf

Fabian erzählt von seinem Arbeitsalltag als **Fahrzeuglackierer**:
„Ich arbeite in einer großen Reparaturwerkstatt. Neulich kam ein Kunde zu mir, dessen Auto eine Beule im Seitenflügel hatte. Leider konnte man die Beule nicht mit Füllspachtel auffüllen.
Deswegen habe ich den Seitenflügel ausgebaut und das Blech ausgebeult. Dann habe ich es angeschliffen und gesäubert, damit der neue Lack auch hält. Nach dem Trocknen wird nun der Seitenflügel poliert und wieder eingebaut."

1 Die Bilder zeigen ein Auto und ein Modell dieses Autos.

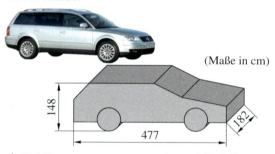

(Maße in cm)

Berufsbezeichnung	Fahrzeuglackierer/-in
Häufige Tätigkeiten	• Autowerkstätten • Automobilhersteller
Dauer der Ausbildung	3 Jahre
Voraussetzungen	• in der Regel Hauptschulabschluss • handwerkliches Geschick • Kenntnisse in Mechanik, Chemie und Physik • körperliche Fitness • saubere Arbeitsweise

a) Erkläre, was man unter einem Modell versteht.
b) Erläutere Gemeinsamkeiten und Unterschiede zwischen dem Auto und seinem Modell.
c) Warum erstellt man Modelle? Welche Vorteile und welche Nachteile haben sie? Nenne Beispiele.
d) Aus welchen Körpern ist das Automodell zusammengesetzt?
e) Das Auto soll lackiert werden.
Berechne die Fläche, die lackiert werden muss. Schätze dazu die fehlenden Maße.
f) Wie viel Liter Lack benötigt der Lackierer, wenn zwei Schichten Lack mit je 50 Mikrometer (µm) Dicke aufgetragen werden müssen? (1000 µm = 1 mm)
g) Suche dir ein Foto eines Pkws oder Lkws und zeichne ein Modell des Fahrzeugs. Berechne auch hier die benötigte Lackmenge.

2 Mit so genannten Spritzpistolen wird der Lack aufgetragen. Berechnet in Gruppen das Fassungsvermögen des Tanks der abgebildeten Spritzpistole. Entscheidet vorher gemeinsam, wie genau euer Ergebnis sein soll. Präsentiert euren Lösungsweg vor der Klasse.

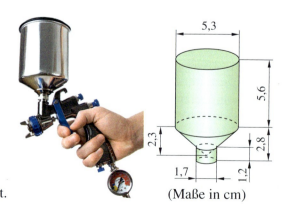

(Maße in cm)

3 Könntest du dir vorstellen, Fahrzeuglackiererin oder Fahrzeuglackierer zu werden? Was spricht dafür, was dagegen?
Recherchiere mithilfe des Webcodes im Internet.

HINWEIS
↻ 062-1
Hier erfährst du mehr über den Ausbildungsberuf „Fahrzeuglackierer/-in".

Thema Berechnungen an Körpern im Beruf

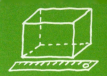

Nora ist im zweiten Ausbildungsjahr zur **Fachkraft für Veranstaltungstechnik**. „Jeder denkt an Konzerte, aber wir planen auch Messestände und Firmenevents. Da muss man sich schon am Veranstaltungsort einen Überblick verschaffen, um den Bühnenaufbau und die Licht-, Bild- und Tonanlagen zu planen. Besonderen Spaß machen mir die Arbeit am Mischpult und der Einsatz von Spezialeffekten wie Kunstnebel. Allerdings muss ich auch zupacken können, wenn die großen Bühnen aufgebaut werden. Leider muss ich auch oft am Wochenende arbeiten."

1 Wie viel m² Plane wurde für die Überdachung der Bühne verbaut? Schätze die benötigten Maße.

Berufsbezeichnung	Fachkraft für Veranstaltungstechnik
Häufige Tätigkeiten	• Planung von Licht, Bild und Ton der Veranstaltung • Aufbau und Abbau der technischen Anlagen und der Bühne am Veranstaltungsort • Überprüfung der technischen Anlagen, z. B. Soundcheck vor Veranstaltungsbeginn
Dauer der Ausbildung	3 Jahre
Voraussetzungen	• in der Regel mittlerer Schulabschluss oder Abitur • technisches Verständnis und Computerkenntnisse • Kenntnisse in Mathe, Physik und Englisch

2 Das Bild zeigt die Planung einer Bühne, die auf dem Stadtfest aufgebaut werden soll.
a) Die Bühne wird aus Holzplatten mit einer Stärke von 4 cm zusammengebaut. Wie schwer sind die Bauelemente, die zur Veranstaltung mitgenommen werden müssen? (1 cm³ Holz wiegt 0,83 g.)
b) Plane deine eigene Bühne. Skizziere sie und berechne ebenfalls das Gewicht.

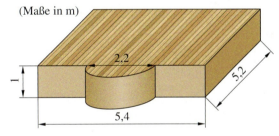

3 Die folgende Bühne soll einen neuen Wetterschutzanstrich bekommen. Die Trittfläche einer Stufe ist 0,5 m lang und 0,3 m breit. 5 l der Farbe kosten 59,90 € und reichen circa für 45 m². Wie viel kostet die benötigte Farbmenge?

4 Könntest du dir vorstellen, Fachkraft für Veranstaltungstechnik zu werden? Was spricht dafür, was dagegen? Recherchiere mithilfe des Webcodes im Internet.

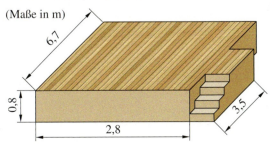

HINWEIS
↻ 063-1
Hier erfährst du mehr über den Ausbildungsberuf „Fachkraft für Veranstaltungstechnik".

Berechnungen an Körpern

Klar so weit?

→ Seite 48

Prismen und Zylinder erkennen und berechnen

1 Berechne jeweils den Oberflächeninhalt und das Volumen der Prismen bzw. Zylinder.

	Grundfläche G	h_K
a)	Quadrat mit $a = 3{,}5$ cm	10 cm
b)	gleichseitiges Dreieck mit $c = 6$ cm; $h_c = 5{,}2$ cm	6 cm
c)	Kreis mit $r = 4{,}5$ cm	79 mm

1 Berechne jeweils den Oberflächeninhalt und das Volumen der Prismen bzw. Zylinder.

	Grundfläche G	h_K
a)	Trapez mit $a = 5$ cm; $b = d = 2{,}42$ cm; $c = 3$ cm; $h_c = 2{,}2$ cm	1,25 dm
b)	Kreis mit $d = 0{,}18$ m	32 cm
c)	rechtwinkliges Dreieck mit $a = b = 3$ cm; $\gamma = 90°$	5 cm

→ Seite 50

Pyramiden erkennen und berechnen

2 Berechne den Oberflächeninhalt und das Volumen der Pyramide.

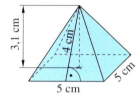

2 Berechne den Oberflächeninhalt und das Volumen der Pyramide.

3 In der australischen Stadt Perth steht ein Gewächshaus in Form einer quadratischen Pyramide.
Alle Innenkanten sind 18,25 m lang, die Höhe misst 12,90 m.
a) Wie viel Raum steht den dort gezüchteten tropischen Pflanzen zur Verfügung?
b) Wie viel Quadratmeter hat der Fensterputzer zu reinigen?
Tipp: Die fehlende Dreieckshöhe h_a lässt sich mit dem Satz des Pythagoras berechnen.

→ Seite 52

Oberflächeninhalt von Kegeln

4 Berechne den Oberflächeninhalt O der abgebildeten Kegel.
Miss die benötigten Größen in den Zeichnungen.

a) 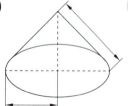 b) 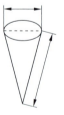 c)  d)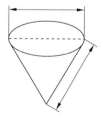

5 Berechne die Mantellinie s mit dem Satz des Pythagoras ($s^2 = r^2 + h_K^2$).
Berechne dann den Oberflächeninhalt O des Kegels.
(Maße in cm)

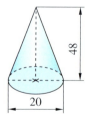

5 Berechne jeweils den Oberflächeninhalt O der Kegel.
a) $r = 5$ cm; $\quad h_K = 12$ cm
b) $r = 2{,}4$ cm; $\quad h_K = 2{,}8$ cm
c) $r = 5{,}4$ cm; $\quad h_K = 7{,}6$ cm
d) $r = 11{,}2$ cm; $\quad h_K = 6{,}9$ cm

Volumen von Kegeln

6 Berechne das Volumen des Kegels.

6 Der Grundkreis einer kegelförmigen Eiswaffel hat einen Durchmesser von 5,8 cm. Die Waffel ist 12 cm hoch.
Welches Volumen hat die Eiswaffel?

7 Erkläre den Unterschied zwischen der Mantellinie s und der Kegelhöhe h_K.
a) Berechne h_K mit dem Satz des Pythagoras ($s^2 = r^2 + h_K^2$).
b) Berechne dann das Volumen des Kegels.

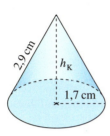

7 In einer Glasfabrik werden Kelchgläser mit einem annähernd kegelförmigen Kelch hergestellt. Überprüfe mit einer Rechnung, ob 0,2 l Flüssigkeit in ein Kelchglas passen.

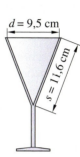

Oberflächeninhalt von Kugeln

→ Seite 56

8 Übertrage und ergänze die Tabelle zu Kugeln in dein Heft.

	r	d	O
a)	1,8 m		
b)	6,3 dm		
c)		37 cm	

8 Berechne den Oberflächeninhalt einer Kugel. Gib ihn in der in Klammern angegebenen Maßeinheit an.
Runde auf zwei Nachkommastellen.
a) $r = 4,3$ cm (mm²) b) $r = 7,83$ dm (m²)
c) $r = 1,85$ m (dm²) d) $r = 10,7$ dm (m²)
e) $d = 46$ cm (dm²)   f) $d = 7,19$ m (cm²)

9 Thomas meint: „Wenn ich den Radius einer Kugel halbiere, ist auch der Oberflächeninhalt nur halb so groß."
Was meinst du dazu?

9 Wie verändert sich die Oberfläche einer Kugel, wenn sich der Durchmesser …
a) halbiert?   b) verdoppelt?
c) verdreifacht? d) verzehnfacht?

Volumen von Kugeln

→ Seite 58

10 Übertrage und ergänze die Tabelle zum Volumen von Kugeln in dein Heft.

	r	d	V
a)	69 cm		
b)	13,8 km		
c)		36 m	
d)			966 dm³

10 Gib jeweils den gesuchten Wert in der in Klammern stehenden Maßeinheit an.
a) $r = 2,4$ cm; $V = ?$ (mm³)
b) $r = 1,57$ m; $V = ?$ (dm³)
c) $d = 16$ cm; $V = ?$ (mm³)
d) $d = 3,8$ dm; $V = ?$ (cm³)
e) $V = 12,67$ m³; $r = ?$ (dm)
f) $V = 3700$ mm³; $d = ?$ (cm)

11 In der Eisdiele von Luigi hat eine Eiskugel einen Durchmesser von 5 cm und wird für 0,60 € verkauft. Die Eiskugel in Paolos Eisdiele hat einen Radius von 3 cm. Paolo verkauft sie für 80 Cent.
Welche Eisdiele verkauft ihr Eis günstiger?

Berechnungen an Körpern

Vermischte Übungen

1 Körper in deiner Umgebung.

a) Beschreibe die Form der abgebildeten Gegenstände. Welchen geometrischen Körpern ähneln sie?
b) Nenne jeweils zwei weitere Gegenstände oder Gebäude aus deiner Umgebung, die die Form von Prismen, Zylindern, Pyramiden, Kegeln und Kugeln haben.

2 Skizziere jeweils ein Schrägbild. Berechne dann den Oberflächeninhalt und das Volumen der Körper.

	Form	Maße
a)	Prisma mit rechteckiger Grundfläche	$a = 2{,}5$ cm; $b = 4$ cm; $h_K = 6$ cm
b)	Pyramide mit quadratischer Grundfläche	$a = 4$ cm; $h_K = 3$ cm
c)	Kegel	$r = 1{,}5$ cm; $h_K = 4$ cm
d)	Zylinder	$r = 2$ cm; $h_K = 5$ cm
e)	Kugel	$r = 2$ cm

2 Welche Maße passen zu welchen Körpern? Zeichne jeweils ein Schrägbild des Körpers. Berechne dann den Oberflächeninhalt und das Volumen.

① Zylinder ② quadratische Pyramide ③ Kegel ④ Prisma mit der Grundfläche eines rechtwinkligen Dreiecks ⑤ Kugel

Ⓐ $h_K = 4{,}5$ cm
Ⓑ $h_a = 5{,}4$ cm
Ⓒ $r = 2{,}5$ cm
Ⓓ $a = 3$ cm
Ⓔ $\gamma = 90°$; $a = 2{,}5$ cm; $b = 3$ cm

3 Berechne die Fläche der Etiketten von den zylinderförmigen Konservendosen.
a) $r = 5{,}4$ cm; $h_K = 26$ cm
b) $r = 11$ cm; $h_K = 21$ cm
c) $r = 79$ mm; $h_K = 190$ mm
d) $d = 99$ mm; $h_K = 401$ mm

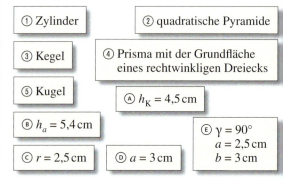

3 Eine zylinderförmige Geschenkschachtel hat einen Durchmesser von 10 cm. Ihr Oberflächeninhalt ist $1\,351$ cm² groß. Passt eine 35 cm hohe Flasche in die Geschenkschachtel?

4 Die Zeichnung zeigt die Grundflächen von 3 cm hohen Pyramiden. Begründe, warum alle Pyramiden das gleiche Volumen besitzen.

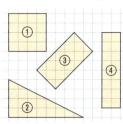

4 Eine Pyramide mit einer quadratischen Grundfläche ($a = 4{,}7$ cm) und ein Zylinder mit dem Radius $r = 2{,}8$ cm werden eingeschmolzen. Beide Körper sind aus Gold und 11,9 cm hoch.
Wie groß ist die Kantenlänge des Würfels, den man aus dem Gold herstellen kann?

5 Berechne jeweils den gesuchten Wert.
a) Zylinder: $r = 7$ cm; $V = 538{,}78$ cm³; $h_K = ?$
b) Kegel: $h_K = 12$ cm; $V = 113{,}10$ cm³; $r = ?$

5 Berechne jeweils den gesuchten Wert.
a) Zylinder: $h_K = 4{,}6$ m; $V = 8{,}13$ m³; $r = ?$
b) Kegel: $r = 3$ cm; $O = 65{,}97$ cm²; $s = ?$

Vermischte Übungen

6 Ein Kegel hat einen Radius von $r = 3$ cm und eine Höhe von $h_K = 10$ cm.
a) Wie groß ist das Volumen des Kegels?
b) Berechne mit dem Satz des Pythagoras die Länge der Mantellinie s.
c) Berechne nun den Oberflächeninhalt O des Kegels.

6 Berechne mithilfe der Maße den Oberflächeninhalt und das Volumen der Kegel.

	r	d	h_K	s
a)	88 cm		97 cm	131 cm
b)	5,6 m		6,9 m	
c)	17,9 m			30,3 m
d)		42 mm	88 mm	
e)		1,6 km		1,7 km

7 Arbeitet zu zweit oder in kleinen Gruppen.
Der Oberflächeninhalt eines Kegels mit der abgebildeten Mantelfläche soll bestimmt werden ($\alpha = 110°$; $s = 65$ cm).
a) Welche Maße werden zur Berechnung benötigt?
b) Überlegt, wie ihr die fehlenden Maße berechnen könnt. Vergleicht eure Lösungsansätze untereinander.
c) Wählt einen geeigneten Lösungsweg und berechnet den Oberflächeninhalt.

8 Der „HI-Flyer" in Berlin ist der weltgrößte Fesselballon. Die Heliumfüllung wird mit 5 700 m³ angegeben, der Durchmesser mit 22,5 m.
a) Überprüfe die Angaben.
b) Berechne die Fläche der Hülle.

8 Ein Marmorwürfel hat eine Seitenlänge von 15 cm. Aus ihm soll eine möglichst große Kugel herausgearbeitet werden.
a) Berechne den Oberflächeninhalt (das Volumen) des Würfels und der Kugel.
b) Um wie viel Prozent weicht der Oberflächeninhalt (das Volumen) der Kugel von der des Würfels ab?

9 Prüfe jeweils die Aussage und begründe deine Antwort. Ändere die falschen Aussagen so, dass eine richtige Aussage entsteht.

① „Es gibt bei einer quadratischen Pyramide eine Grundfläche mit vier Seiten. Deswegen gibt es auch vier gleiche Dreiecke, die zusammen die Mantelfläche ergeben. Das gleiche gilt auch für Pyramiden mit einer rechteckigen Grundfläche."

② „Die Länge der Mantellinie s ist immer größer oder gleich der Höhe h_K eines Kegels."

③ „Wenn beim Kegel s doppelt so lang wie r ist, dann ist die Mantelfläche doppelt so groß wie die Grundfläche."

④ „Da das Glas zur Hälfte gefüllt ist, berechnet man den Inhalt mit $V = \frac{1}{2} \cdot \frac{1}{3} \cdot G \cdot h_K$."

10 Probiere an verschiedenen Beispielen aus.
a) Wie verändert sich das Volumen eines Prismas, wenn die Höhe des Prismas h_K verdoppelt wird?
b) Wie verändert sich das Volumen, wenn man die Pyramidenhöhe h_K verdoppelt?

10 Wie verändern sich der Oberflächeninhalt und das Volumen eines Zylinders (eines Kegels), wenn man den Radius verdoppelt? Was passiert, wenn man die Höhe des Zylinders (des Kegels) halbiert? Begründe jeweils deine Antwort.

Berechnungen an Körpern

Berechnungen des Gewichts (Masse)

Um das **Gewicht m eines Körpers** zu berechnen, braucht man die Dichte des Stoffes. Die Dichte gibt das Verhältnis von Gewicht zu Volumen an.
Also wird das Gewicht m eines Körpers aus dem Produkt seines Volumens V und seiner Dichte ϱ (sprich rho) berechnet: $m = V \cdot \varrho$

Dichte einiger Stoffe	
Gold	19,27 g/cm³
Das bedeutet: 1 cm³ Gold wiegt 19,27 g.	
Aluminium	2,72 g/cm³
Benzin	0,72 g/cm³
Beton	2,4 g/cm³
Eichenholz	0,7 g/cm³
Eisen	7,86 g/cm³
Glas	2,67 g/cm³
Kork	0,25 g/cm³
Luft	0,0012 g/cm³
Marmor	2,7 g/cm³
Schaumstoff	0,05 g/cm³
Silber	10,51 g/cm³
Stahl	7,85 g/cm³
Wachs	0,96 g/cm³
Wasser	1,00 g/cm³
Ziegelstein	1,6 g/cm³
Zucker	0,97 g/cm³

11 Berechne das Gewicht.
a) 10 cm³ Silber b) 5 cm³ Kork
c) 75 cm³ Zucker d) 1 000 mm³ Luft

11 Berechne das Gewicht.
a) 25 cm³ Eichenholz b) 1,5 m³ Marmor
c) 1 l Wasser d) 155,4 mm³ Eisen

12 Ordne folgende vier Zylinder nach der Größe …
a) des Volumens, b) des Gewichts.

12 Aus den vier Zylindern werden jeweils größtmögliche Kegel herausgeschnitten. Wie viel wiegt jeweils der anfallende Abfall?

① aus Gold
② aus Silber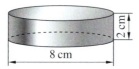
③ aus Eisen
④ aus Aluminium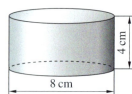

13 Berechne jeweils das Gewicht des Körpers aus den verschiedenen Materialien.
a) aus Marmor b) aus Schaumstoff
c) aus Beton d) aus Glas

13 Berechne jeweils das Gewicht des Körpers.

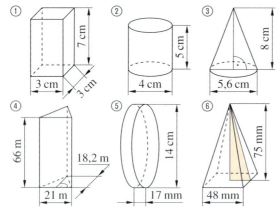

	Form	Maße	Material
a)	Würfel	$a = 6$ cm	Zucker
b)	Quader	$a = 2,1$ cm $b = 4,7$ cm $c = 8,9$ cm	Kork
c)	Prisma mit rechteckiger Grundfläche	$a = 3,5$ cm $b = 9,4$ cm $h_K = 7$ cm	Stahl
d)	gleichseitige, dreieckige Pyramide	$a = 6,6$ cm $h_a = 5,716$ cm $h_K = 11,5$ cm	Aluminium
e)	Zylinder	$r = 0,77$ cm $h_K = 33$ cm	Schaumstoff
f)	Kegel	$r = 11,24$ cm $h_K = 56$ cm	Luft

NACHGEDACHT
Wie groß ist 1 kg Schaumstoff im Vergleich zu 1 kg Eisen?

14 Aus dem Berufsleben
Ein Versandhandel verkauft Kerzen. Die Versandkosten richten sich nach dem Gewicht der Bestellung.

Gewicht (in kg)	0,2–1	1–1,5	1,5–2,5	2,5–3
Versandkosten (in €)	3,95	4,20	10,05	11,95

Berechne den Gesamtpreis folgender Bestellungen:
a) 2 pyramiden- und 6 kegelförmige Kerzen
b) 4 Quaderkerzen und 1 zylindrische Kerze
c) von jeder Form eine Kerze

Durchmesser: 7 cm, Höhe: 20 cm — 1,90 €
3,30 €

 1,90 €
 3,30 €
Grundseiten: 7 cm x 7 cm
Höhe: 10 cm

Vermischte Übungen

HINWEIS
Die Dichte der Stoffe kannst du in der Tabelle auf Seite 68 nachlesen.

15 Aus dem Berufsleben
Ein Goldschmied fertigt einen Anhänger aus Gold an. Das Gold kostet 9,65 € pro Gramm.
a) Wie schwer ist der Anhänger?
b) Wie hoch sind die Materialkosten?

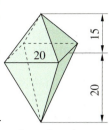
Angaben in mm

15 Aus welchen Körpern ist der Flaschenverschluss zusammengesetzt? Wie schwer ist dieser Flaschenverschluss aus Silber?

16 Beide Werkstücke sind aus demselben Material. Welcher Körper ist schwerer? (Maße in mm)

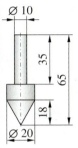 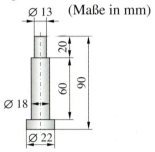

16 Das Endstück einer Gardinenstange wurde aus einem Zylinder gefertigt.
a) Wie viel Prozent Abfall fiel dabei an?
b) Wie viel wiegt das Endstück, wenn es aus Stahl (Aluminium) gefertigt wurde?

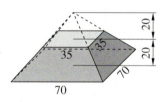
(Angaben in mm)

17 Erklärt euch gegenseitig den Term zur Volumenberechnung dieses Werkstücks (Maße in cm).
$V = 12^3 - \frac{1}{3} \cdot \pi \cdot 2^2 \cdot 6$

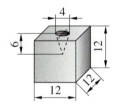

17 Berechne das Volumen des Pyramidenstumpfs. (Maße in mm)

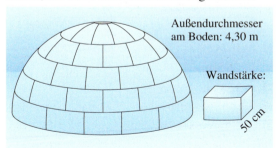

18 Gegeben ist ein Hohlzylinder mit $r_a = 3{,}8$ cm, $r_i = 2{,}2$ cm und $h_K = 3$ cm.
a) Skizziere das Schrägbild des Hohlzylinders und berechne sein Volumen.
b) Der Hohlzylinder wird aus Stahl hergestellt. Berechne das Gewicht.

19 Die Schüssel hat einen inneren Durchmesser von 30 cm.

a) Welches Fassungsvermögen hat die Schüssel?
b) Welchen Flächeninhalt hat die Innenseite der Schüssel?
c) Die Schüssel besteht aus 810 cm³ Glas. Berechne das Gewicht der Schüssel.
d) Recherchiere: Wie viel würde die Schüssel in etwa wiegen, wenn sie aus Bleikristallglas besteht?

19 Die Inuit können aus Eisblöcken Iglus bauen, die die Form einer Halbkugel haben.

Außendurchmesser am Boden: 4,30 m
Wandstärke: 50 cm

a) Berechne die innere und die äußere Oberfläche des Iglus.
b) Wie viel m³ Eis wurden verarbeitet?
c) Wie viel wiegt das Iglu bei 0 °C? Recherchiere die Dichte.

Berechnungen an Körpern

Teste dich!

(6 Punkte) **1** Berechne den Oberflächeninhalt und das Volumen eines Zylinders mit …
a) $r = 4\,cm$ und $h_K = 8\,cm$ b) $r = 10\,cm$ und $h_K = 2,4\,dm$ c) $d = 7\,m$ und $h_K = 1,3\,m$

(6 Punkte) **2** Das Dach am Haus von Familie Becker ist 9 m breit und hat eine Länge von 14 m.
Das Dach hat eine Höhe von 4,50 m.
a) Skizziere ein Netz des Prismas.
b) Bestimme die Größe der Grund- und der Deckfläche.
c) Berechne das Volumen des Daches.

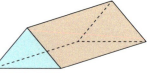

(12 Punkte) **3** Berechne das Volumen und den Oberflächeninhalt der quadratischen Pyramide.
Gib das Ergebnis sinnvoll gerundet an.
Brechne bei d) bis f) die fehlenden Angaben mit dem Satz des Pythagoras.
a) $a = 6\,cm;\ h_K = 10\,cm;\ h_a = 10,4\,cm$ b) $a = 3\,dm;\ h_K = 7\,dm;\ h_a = 7,2\,dm$
c) $a = 8\,m;\ h_K = 11,5\,m;\ h_a = 12,2\,m$ d) $a = 2,6\,cm;\ h_K = 13,0\,cm$
e) $a = 7,3\,cm;\ h_a = 10,6\,cm$ f) $h_a = 20\,cm;\ h_K = 12,5\,cm$

(6 Punkte) **4** Die Abbildung zeigt die Netze von zwei Kegeln.

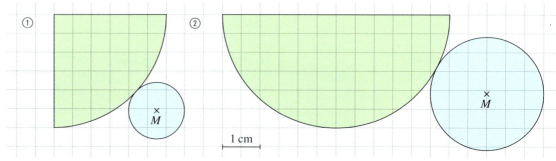

a) Berechne jeweils den Oberflächeninhalt des Kegels.
 Miss die benötigten Maße der Mantellinie s und des Radius r in der Zeichnung.
b) Zeichne ein Schrägbild zu Kegel ①.
 Berechne dafür zuerst die Körperhöhe h_K mit dem Satz des Pythagoras.

(10 Punkte) **5** Von einem Kegel sind die folgenden Angaben bekannt.
Ergänze die Tabelle in deinem Heft.

	r	h_K	s	O	V
a)	10,5 cm	14 cm	17,5 cm		
b)	36,5 m	78,2 m			
c)	22,4 cm		33 cm		
d)		10,6 mm	23 mm		
e)	2 m				77,5 m³

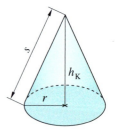

(9 Punkte) **6** Von einer Kugel sind die folgenden Angaben bekannt.
Berechne und ergänze die Tabelle in deinem Heft.

	r	d	V	O
a)		4 cm		
b)	12 cm			
c)			33,5 cm³	

Teste dich!

7 Berechne den Oberflächeninhalt und das Volumen der zusammengesetzten Körper. *(12 Punkte)*
(Maße in cm)

a) 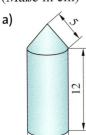 b) 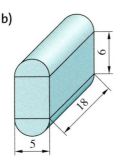 c) 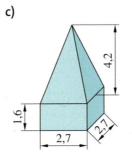 d)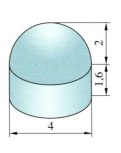

8 Ein silberner Kerzenständer in der Form einer Pyramide ist innen hohl. *(6 Punkte)*
Er ist 11,5 cm hoch und hat eine quadratische Grundfläche mit $a = 4{,}3$ cm und wiegt 578 g.
a) Berechne das Volumen eines massiven Kerzenständers mit denselben Maßen.
b) Wie viel wiegt der massive Kerzenständer (Dichte von Silber 10,51 g/cm³)?
c) Um wie viel Prozent wäre der Kerzenständer schwerer, wenn er massiv wäre?

9 Ein Messzylinder aus Glas hat einen Durchmesser von 4 cm. *(6 Punkte)*
a) Wie hoch muss der Zylinder mindestens sein, damit er 100 cm³ fasst?
b) In welchen Abständen müssen auf dem Zylinder Markierungen für je 10 cm³ Inhalt
   angebracht werden?

10 Wenn trockener Sand mithilfe eines Förderbands *(5 Punkte)*
aufgeschüttet wird, entsteht ein annähernd kegelförmiger
Schütthaufen.
Welche Bodenfläche bedeckt der Sand, wenn insgesamt
400 m³ bis zu einer Höhe von 8 m aufgeschüttet werden?
Beschreibe dein Vorgehen.

11 Ein halbkugelförmiger Eisportionierer hat einen Innendurchmesser von 5 cm. *(6 Punkte)*
a) Wie viele „Eishalbkugeln" würde man theoretisch aus 15 l Eis erhalten?
b) Welcher Körper wird durch eine Drehung im Handgelenk erzeugt?
c) Berechne den Oberflächeninhalt dieses Körpers.

12 Eine Kugel für Sportkegeln hat einen Durchmesser von 16 cm und ein Gewicht von 2 800 g. *(6 Punkte)*
a) Welches Volumen hat diese Kugel?
b) Wie schwer ist eine Kugel aus dem gleichen Material, die durch Abschleifen einer 1 cm
   dicken Schicht entsteht?

13 Kannst du eine Stahlstange mit 90 cm Länge und einem Durchmesser *(4 Punkte)*
von 10 cm tragen? Stahl hat eine Dichte von $\varrho = 7{,}85$ g/cm³.

14 Ein Werkstück hat die Form einer quadratischen Pyramide, aus *(6 Punkte)*
der eine kegelförmige Vertiefung ausgefräst wurde.
Die Höhe dieses Kegels beträgt $\frac{3}{7}$ der Höhe der Pyramide.
Wie schwer ist das Werkstück aus Aluminium (1 cm³ Material wiegt 2,7 g)?

Gold: 94–100 Punkte, Silber: 77–93 Punkte, Bronze: 60–76 Punkte

Berechnungen an Körpern

Zusammenfassung

Prismen und Zylinder erkennen und berechnen

→ Seite 48

Für den **Oberflächeninhalt von Prismen und Zylindern** gilt: $O = 2 \cdot G + M$

Für das **Volumen von Prismen und Zylindern** gilt: $V = G \cdot h_K$

gegeben: Zylinder mit $r = 3$ cm; $h_K = 7$ cm
gesucht: Oberflächeninhalt O
Formel: $O = 2G + M$
$\qquad = 2\pi \cdot r^2 + 2\pi \cdot r \cdot h_K$
Rechnung:
$\qquad O = 2\pi \cdot 3^2 + 2\pi \cdot 3 \cdot 7$
$\qquad \approx 188{,}50 \,[cm^2]$

gesucht: Volumen V
Formel: $V = G \cdot h_K$
$\qquad = \pi \cdot r^2 \cdot h_K$
Rechnung:
$\qquad V = \pi \cdot 3^2 \cdot 7$
$\qquad \approx 197{,}92 \,[cm^3]$

Pyramiden erkennen und berechnen

→ Seite 50

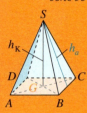

Für den **Oberflächeninhalt einer Pyramide** gilt:
$O = G + M$

Für das **Volumen einer Pyramide** gilt:
$V = \frac{1}{3} \cdot G \cdot h_K$

gegeben: Pyramide mit quadratischer Grundfläche;
$a = 6$ cm; $h_a = 5$ cm; $h_K = 4$ cm
gesucht: Oberflächeninhalt O
Formel: $O = G + M$
$\qquad = a^2 + 4 \cdot \frac{a \cdot h_a}{2}$
Rechnung: $O = 6^2 + 4 \cdot \frac{6 \cdot 5}{2}$
$\qquad \approx 96 \,[cm^2]$

gesucht: Volumen V
Formel: $V = \frac{1}{3} \cdot G \cdot h_K$
$\qquad = \frac{1}{3} \cdot a^2 \cdot h_K$
Rechnung: $V = \frac{1}{3} \cdot 6^2 \cdot 4$
$\qquad \approx 48 \,[cm^3]$

Oberflächeninhalt von Kegeln

→ Seite 52

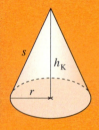

Für die **Mantelfläche M eines Kegels** gilt: $M = \pi \cdot r \cdot s$

Für den **Oberflächeninhalt O eines Kegels** gilt: $O = G + M$
$O = \pi \cdot r^2 + \pi \cdot r \cdot s = \pi \cdot r \cdot (r + s)$

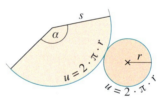

gegeben: Kegel mit $r = 7$ cm; $s = 9$ cm
gesucht: Oberflächeninhalt O
Formel: $O = \pi \cdot r^2 + \pi \cdot r \cdot s$
Rechnung: $O = \pi \cdot 7^2 + \pi \cdot 7 \cdot 9$
$\qquad \approx 351{,}86 \,[cm^2]$

Volumen von Kegeln

→ Seite 54

Für das **Volumen eines Kegels** gilt:
$V = \frac{1}{3} \cdot \pi \cdot r^2 \cdot h_K$

gegeben: $r = 2{,}3$ cm; $h_K = 15{,}8$ cm   *gesucht*: V
Formel: $V = \frac{1}{3} \cdot \pi \cdot r^2 \cdot h_K$
Rechnung: $V = \frac{1}{3} \cdot \pi \cdot 2{,}3^2 \cdot 15{,}8 \approx 87{,}53 \,[cm^3]$

Oberflächeninhalt von Kugeln

→ Seite 56

Für den **Oberflächeninhalt einer Kugel** gilt:
$O = 4 \cdot \pi \cdot r^2$

gegeben: $r = 15$ cm   *gesucht*: O
Formel: $O = 4 \cdot \pi \cdot r^2$
Rechnung: $O = 4 \cdot \pi \cdot 15^2 \approx 2827{,}43 \,[cm^2]$

Volumen von Kugeln

→ Seite 58

Für das **Volumen einer Kugel** gilt:
$V = \frac{4}{3} \cdot \pi \cdot r^3$

gegeben: $r = 22{,}5$ m   *gesucht*: V
Formel: $V = \frac{4}{3} \cdot \pi \cdot r^3$
Rechnung: $V = \frac{4}{3} \cdot \pi \cdot 22{,}5^3 \approx 47\,713 \,[cm^3]$

Quadratische Funktionen und Gleichungen

Wie Wasserfontänen schießen die glühenden Lavabrocken aus dem Inneren des Vulkans.
Die Flugbahnen der Lavabrocken stellen Parabeln dar und lassen sich mit quadratischen Funktionen beschreiben.
Mit den gleichen Funktionen können in der Technik zum Beispiel Brückenbögen berechnet werden.

+ Quadratische Funktionen und Gleichungen

Noch fit?

Einstieg   Aufstieg

1 Zahlen quadrieren
Berechnet. Was fällt euch auf, wenn ihr die Ergebnisse betrachtet?

a) 20^2 2^2 200^2 2000^2 b) 15^2 $1{,}5^2$ $0{,}15^2$ $0{,}015^2$ c) 3^2 $(-3)^2$ $0{,}3^2$ $(-0{,}3)^2$

2 Wurzeln ziehen
Berechne die folgenden Wurzeln ohne Taschenrechner.
a) $\sqrt{144}$ b) $\sqrt{64}$
c) $\sqrt{225}$ d) $\sqrt{169}$
e) $\sqrt{2{,}25}$ f) $\sqrt{2{,}56}$

2 Wurzeln ziehen
Für welche Werte von a lässt sich die Wurzel berechnen? Begründe.
a) $\sqrt{a}$ b) $\sqrt{a+1}$
c) $\sqrt{a^2}$ d) $\sqrt{a^2+1}$
e) $\sqrt{a^2-4}$ f) $\sqrt{\frac{1}{a}}$

3 Quadrate und Wurzeln mit einer Tabellenkalkulation berechnen
Mit einem Tabellenkalkulationsprogramm kann man schnell und übersichtlich Wertetabellen für Quadratzahlen und Quadratwurzeln erstellen. Nutze für das Potenzieren die Taste ^ und zum Wurzelziehen die Funktion **WURZEL()**.
a) Welche Formel wurde in Zelle **B4** eingetragen?
b) Welche Formel wurde in Zelle **C4** eingetragen?
c) Lege ein Tabellenblatt an und erstelle für beliebige Zahlen Wertetabellen zu Quadratzahlen und Quadratwurzeln.

	A	B	C
1	Quadratzahlen und Quadratwurzeln		
2			
3	Zahl	Quadratzahl	Quadratwurzel
4	5	25	2,236067977
5	55	3025	7,416198487
6	5,5	30,25	2,34520788
7	0,5	0,25	0,707106781

+4 Klammern auflösen
Schreibe als Summe oder als Differenz.
Beispiel $3(x-2y) = 3x-6y$
a) $2(x+y)$ b) $5(m-n)$
c) $-3(-a+b)$ d) $(3x+7y)\cdot 4$
e) $(2y+4)\cdot 2x$ f) $(7-5m)\cdot 4$

+4 Klammern auflösen
Schreibe als Summe oder als Differenz.
a) $-2x(a+3b)$ b) $3xy(-5x+2y)$
c) $0{,}5ab(14b-7a)$ d) $(4ab-3xy)(-2c)$
e) $(-2x-3y)\cdot(-4)xy$
f) $-(6x+5y)\cdot 1{,}2ax$

+5 Faktoren ausklammern
Klammere gemeinsame Faktoren aus.
Beispiel $4fg+6g = 2g(2f+3)$
a) $9x-12y$ b) $2x+2$
c) $3x^2-6xy$ d) $27ab-45b$

+5 Faktoren ausklammern
Faktorisiere.
a) $xy-4xz$ b) $21xy+6yz$
c) $-24ab-12bc$ d) $-25xz+125yz$
e) $16yz-12xy$ f) $-14x-35xy$

6 Lösungen prüfen
Überprüfe, ob die Zahlen -2; 2; 1 oder $\frac{1}{2}$ Lösungen der gegebenen Gleichungen sind. Beachte, dass es bei manchen Aufgaben mehrere Lösungen gibt. Woran liegt das?
a) $x-\frac{1}{2}x = 7-3x$ b) $x(x+2) = 0$
c) $x\cdot x-4 = 0$ d) $\frac{1}{x}+1{,}5 = 1$

6 Lösungen prüfen
Überprüfe, ob die Zahlen -2; 2; 1 oder $\frac{1}{2}$ Lösungen der gegebenen Gleichungen sind. Beachte, dass es bei manchen Aufgaben mehrere Lösungen gibt. Woran liegt das?
a) $2x+4\cdot x^2 = 2$ b) $(x+1)\cdot(x-1) = 3$
c) $\frac{(x+1)}{(x-1)} = \frac{1}{3}$; für $x \ne 1$ d) $x^2 = 2x$

Noch fit?

7 Gleichungen lösen
Löse die Gleichungen.
a) $2x + 5 = 25$
b) $8x - 7 = 73$
c) $-5x - 12 = -4$
d) $10 - 3x = 5x - 14$

+7 Gleichungen lösen
Löse die Gleichungen.
a) $-10x + 12 = 3x - 20{,}5$
b) $4(x - 5) = 2(x + 3)$
c) $10 - 7(x - 2) = 12x - 14$
d) $\frac{1}{2}(x - 8) = \frac{1}{4}(x - 12)$

8 Sachaufgaben lösen
Ein quadratisches Grundstück ist $240\,m^2$ groß.
a) Passt ein quadratisches Haus mit einer Seitenlänge von $16\,m$ auf das Grundstück?
b) Welchen Umfang hat das quadratische Grundstück?

8 Sachaufgaben lösen
Ein $5{,}0176\,m^2$ großes, quadratisches Bad wird mit 196 quadratischen Fliesen ausgelegt.
a) Welche Kantenlänge hat eine Fliese?
b) Wie viele Fliesen benötigt man für eine Fläche von $16\,m^2$?

9 Zeichnen nach der Geradengleichung
Zeichne die linearen Funktionen. Gib die Steigung und den y-Achsenabschnitt an.
a) $y = \frac{1}{2}x - 3$ b) $y = -3x + 4$

9 Zeichnen nach der Geradengleichung
Zeichne die linearen Funktionen. Gib die Steigung und den y-Achsenabschnitt an.
a) $y = 0{,}4x - 1{,}5$ b) $y = -2{,}5x + 6$

10 Lineare Funktionen

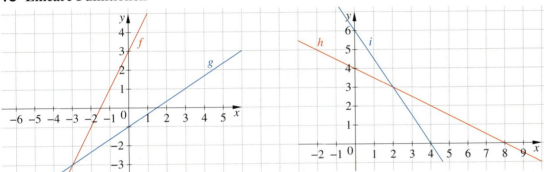

a) Bestimme die Steigung und gib die Funktionsgleichungen der vier Funktionen an.
b) Gib den y-Achsenabschnitt und die Nullstellen der Funktionen an.

11 Punkte auf einer Geraden
Überprüfe, welcher Punkt auf einer der Geraden mit folgenden Gleichungen liegt.
a) $y = 2x + 4$ b) $y = \frac{1}{2}x - 7$

$P(3{,}5\,|\,11)$ $Q(1\,|\,3)$ $R(6\,|\,-4)$
$S(-6\,|\,-8)$ $T(-2\,|\,0)$ $U(15\,|\,2{,}5)$

11 Punkte auf einer Geraden
Der Punkt P liegt auf der Geraden mit der Gleichung. Gib die x-Koordinate von P an.
a) $y = -x + 2$ $P(\ \ |\,10)$
b) $y = 4x - 3$ $P(\ \ |\,-13)$
c) $y = 4x - \frac{1}{4}$ $P(\ \ |\,17{,}75)$
d) $y = -\frac{1}{3}x + \frac{1}{2}$ $P(\ \ |\,-2)$

12 Lösungen von linearen Gleichungen mit zwei Variablen
Prüfe, ob die angegebenen Wertepaare Lösungen der linearen Gleichung sind.
a) $x + 2y = 3;\ (7\,|\,-2)$ b) $3x - y = 10;\ (8\,|\,12)$
c) $-2x + 4y = 2;\ (-3\,|\,-1)$

12 Lösungen von linearen Gleichungen mit zwei Variablen
Nenne jeweils drei Wertepaare, die Lösung der Gleichung sind.
a) $x - 4y = 10$ b) $8x = 2y - 4$
c) $-4x + 6y = 12$ d) $10 - 5x = -5y$

Weitere Übungen zur Wiederholung und Tipps findest du in „Kannst du das?" ab S. 205

+ Quadratische Funktionen und Gleichungen

+ Quadratische Funktionen

Entdecken

1 Funktionen zeichnen
a) Berechne die fehlenden Werte der Wertetabelle und zeichne die jeweiligen Graphen.
b) Welche der Funktionen sind linear? Woran erkennst du das?
c) Was fällt dir bei den anderen Funktionen auf? Beschreibe den Verlauf der Graphen.

	−3	−2	−1	0	1	2	3
$y = 2x + 1$							
$y = x \cdot x$							
$y = -0{,}5x - 1$							
$y = (x + 1)^2$							

2 Welche dieser Funktionsgleichungen gehört zum abgebildeten Graphen?

① $y = -0{,}5x - 4$ ② $y = x$
③ $y = x^2$ ④ $y = \frac{1}{x}$

Überlege zuerst alleine und begründe deine Vermutung.
Redet dann zu zweit darüber.

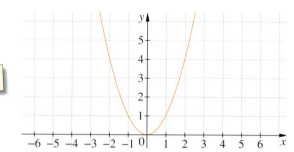

Verstehen

Wenn man mit dem Auto fährt und plötzlich bremsen muss, bleibt das Auto nicht sofort stehen.

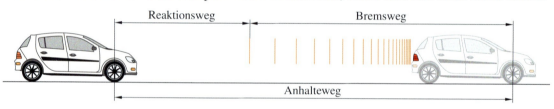

HINWEIS
Häufig findet man auch folgende Formel für den Bremsweg (s_B):
$s_B = \left(\frac{v}{10}\right)^2$
(v: Geschwindigkeit)

Beispiel 1

In der Fahrschule lernt man, den Bremsweg in Metern zu berechnen: „Quadriere die Tachoanzeige und teile das Ergebnis durch Hundert." Die Faustformel lässt sich durch die Funktion $y = \frac{1}{100} \cdot x^2$ beschreiben.

Trägt man die Werte mithilfe der Wertetabelle in ein Koordinatensystem ein, so erkennt man, dass der Graph der Funktion $y = \frac{1}{100} \cdot x^2$ eine Kurve beschreibt.

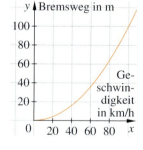

x (Geschwindigkeit in $\frac{km}{h}$)	0	20	40	60	80	100	120
y (Bremsweg in m)	0	4	16	36	64	100	144

Merke Eine Funktion, in der x^2 (und kein x mit höherem Exponenten) vorkommt, nennt man **quadratische Funktion**.
$y = ax^2$; $y = (x + e)^2 + f$; $y = ax^2 + bx + c$ sind verschiedene Formen quadratischer Funktionen.
Der Graph einer quadratischen Funktion ist immer eine **Parabel**.

Üben und anwenden

1 Wertetabellen

①
x	−3	−2	−1	0	1	2	3
y	9	4	1	0	1	4	9

②
x	−3	−2	−1	0	1	2	3
y	−4,5	−3	−1,5	0	1,5	3	4,5

a) Zeichne aus den Wertetabellen die Graphen.
b) Entscheide, welcher Graph zu einer linearen und welcher zu einer quadratischen Funktion gehört. Begründe.

1 Zeichne jeweils den Graphen und gib an, ob es sich um eine quadratische Funktion handelt. Begründe jeweils.

a)
x	−3	−2	−1	0	1	2	3
y	−5	−3	−1	1	3	5	7

b)
x	−3	−2	−1	0	1	2	3
y	8	3	0	−1	0	3	8

c)
x	−3	−2	−1	0	1	2	3
y	−9	−4	−1	0	1	4	9

HINWEIS
Verwende zum Zeichnen quadratischer Funktionen am besten Millimeterpapier.

2 Entscheide und begründe, welche Graphen zu einer linearen und welche zu einer quadratischen Funktion gehören. Ergänze anschließend die Wertetabelle zu Graph f_1 im Heft.

x	−2	−1	0	1	2
y					

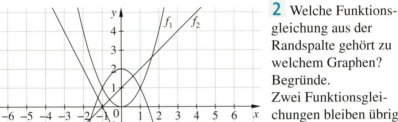

2 Welche Funktionsgleichung aus der Randspalte gehört zu welchem Graphen? Begründe.
Zwei Funktionsgleichungen bleiben übrig. Erstelle für alle quadratischen Funktionen eine Wertetabelle im Bereich $-2 < x < 2$.

Ⓐ $y = x + 1$
Ⓑ $y = x + 2$
Ⓒ $y = -2x - 2$
Ⓓ $y = x^2$
Ⓔ $y = x^2 - 2$
Ⓕ $y = -x^2 + 2$

3 Welche dieser Funktionsgleichungen gehören zu einer quadratischen Funktion?
a) $y = x^2 + 4x - 13$ b) $y = 3x + 2$
c) $y = 14x^2 - 105$ d) $y = 245 + 443$
e) $y = 8 + 2,5x^2 - x$ f) $y = x^3 + 4x^2 + 8x$

3 Welche dieser Funktionsgleichungen gehören zu einer quadratischen Funktion?
a) $y = -1,5x + 2$ b) $y = -1,5x^2 + 2$
c) $y = (x - 2) \cdot x + 2$ d) $y = 0x^2 - 1,5$
e) $3x^2 + y = 8x + 3x^2$ f) $y = x(2x + 0,5x^2)$

4 Der Bremsweg s_B eines Autos lässt sich mit einer Faustformel durch die Funktion $s_B = \left(\frac{v}{10}\right)^2$ beschreiben.

a) Ergänze die Tabelle.

v (km/h)	15	35	50	75	110	135
s_B (m)						

b) Erstelle eine ähnliche Tabelle für den Reaktionsweg s_R, der mit der Funktion $s_R = v \cdot \frac{3}{10}$ beschrieben werden kann. Vergleiche mit dem Bremsweg. Beschreibe Unterschiede und Gemeinsamkeiten.
c) Wodurch kann die Länge des Reaktionsweges noch beeinflusst werden?
d) Berechne für die Geschwindigkeiten 30; 50; 70; 100 und 130 km/h jeweils den Anhalteweg s eines Autos ($s = s_R + s_B$).

5 Arbeitet zu zweit.
Mit der Gleichung $y = \pi r^2$ lässt sich der Flächeninhalt eines Kreises in Abhängigkeit von seinem Radius beschreiben.
a) Erstellt eine Wertetabelle für $0 \leq r \leq 5$ mit einer Schrittweite von 1 und zeichnet den Graphen.
b) Können y und r auch negativ sein? Begründet.

+ Quadratische Funktionen und Gleichungen

+ Die Normalparabel

Entdecken

1 Berechne den Flächeninhalt von Quadraten mit den Seitenlängen 1 cm; 2 cm; …; 8 cm. Erfasse die Zahlenpaare dieser Zuordnung *Seitenlänge → Flächeninhalt* in einer Tabelle. Wie lautet die zugehörige Funktionsgleichung?

2 Ergänze die Wertetabelle der Funktion $y = x^2$ und zeichne den Graphen. Welche Eigenschaften hat der Graph? Welche besondere Lage hat er im Koordinatensystem?

x	−4	−3	−2	−1	0	1	2	3	4
$y = x^2$					0				

3 Stelle jeweils Wertetabellen zu den Funktionsgleichungen quadratischer Funktionen auf. Zeichne alle drei Parabeln in ein Koordinatensystem und vergleiche sie miteinander.
① $y = x^2$ ② $y = x^2 + 1$ ③ $y = x^2 − 3$

Verstehen

Die einfachste quadratische Funktion ist die Funktion mit der Gleichung $y = x^2$.

HINWEIS
Der **Scheitelpunkt** ist der tiefste Punkt einer nach oben geöffneten Parabel.

Beispiel 1 Normalparabel
Funktionsgleichung ①
$y = x^2$
Wertetabelle ①

x	−3	−2	−1	0	1	2	3
y	9	4	1	0	1	4	9

Graph ①

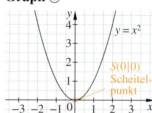

Der Graph der Funktion $y = x^2$ heißt **Normalparabel**. Er liegt symmetrisch zur y-Achse und ist nach oben geöffnet.
Der Scheitelpunkt ist der Punkt $S(0|0)$.

> **Merke** Die Funktion $y = x^2$ ist eine quadratische Funktion. Ihr Graph ist eine Parabel mit dem Scheitelpunkt $S(0|0)$. Diese Parabel nennt man **Normalparabel**.

Beispiel 2 Nach oben oder unten verschobene Normalparabel
Funktionsgleichung ②
$y = x^2 + 2$
Wertetabelle ②

x	−3	−2	−1	0	1	2	3
y	11	6	3	2	3	6	11

Graph ①, ②, ③

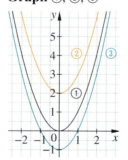

Funktionsgleichung ③
$y = x^2 − 1$
Wertetabelle ③

x	−3	−2	−1	0	1	2
y	8	3	0	−1	0	3

Der Graph ist eine Normalparabel, die um zwei Einheiten **nach oben verschoben** wurde.
Der Scheitelpunkt ist $S(0|2)$.

Der Graph ist eine Normalparabel, die um eine Einheit **nach unten verschoben** wurde.
Der Scheitelpunkt ist $S(0|−1)$.

> **Merke** Der Graph der Funktion $y = x^2 + f$ ist eine Normalparabel, die nach oben ($f > 0$) oder nach unten ($f < 0$) verschoben ist.

Üben und anwenden

1 Zeichne auf Millimeterpapier die Parabel $y = x^2$ im Bereich $-4 \leq x \leq 4$.
a) Lies die y-Werte möglichst genau ab für $x = 1{,}5$; $x = 1{,}1$; $x = -2{,}5$; $x = -\frac{1}{2}$.
b) Berechne die y-Werte aus a) und vergleiche sie mit den abgelesenen Werten.
c) Bestimme aus dem Graphen die x-Werte, die zu den y-Werten 0,5; 1,5; 9; 2,3; 9,6; 7,8; 2,9; 12,2 und 15,8 gehören. Überprüfe deine abgelesenen Werte mit dem Taschenrechner.

2 Welche Punkte liegen auf der Normalparabel $y = x^2$, welche nicht?
Beispiel $P(7|28)$ liegt nicht auf der Normalparabel, denn $7^2 = 49 \neq 28$
a) $(0|0)$ b) $(-1|1)$ c) $\left(-\frac{1}{2}\big|\frac{1}{4}\right)$
d) $(1|-1)$ e) $(-4|-16)$ f) $(0{,}4|1{,}6)$

2 Ergänze so, dass die Punkte auf der Normalparabel liegen. Bei welchen Punkten ist dies nicht möglich?
a) $(12|\blacksquare)$ b) $(-5|\blacksquare)$ c) $\left(\frac{2}{3}\big|\blacksquare\right)$
d) $(\blacksquare|196)$ e) $(\blacksquare|289)$ f) $(\blacksquare|-36)$
g) $(-2{,}1|\blacksquare)$ h) $(\blacksquare|-0{,}9)$ i) $(\blacksquare|2{,}89)$

3 Verschobene Normalparabeln zeichnen
a) Zeichne die verschobenen Normalparabeln $y = x^2 + 3$ und $y = x^2 - 1{,}5$. Gib jeweils den Scheitelpunkt an.
b) Zeichne die verschobenen Normalparabeln mit den Scheitelpunkten $S_1(0|3{,}5)$; $S_2(0|-4)$. Gib jeweils die Gleichung an.
c) Gib zu jeder Parabel aus a) und b) drei Punkte an, die auf ihr liegen.

3 Zeichne jeweils die verschobene Normalparabel und ergänze die gesuchten Punkte bzw. Funktionsgleichungen.
a) $y = x^2 + 2{,}5$ $\quad S(0|\blacksquare); A(-2|\blacksquare)$
b) $y = x^2 - 5$ $\quad S(0|\blacksquare); B(2|\blacksquare)$
c) $y = x^2 - 3{,}5$ $\quad S(0|\blacksquare); C(\blacksquare|12{,}5)$
d) $S(0|-1)$ $\quad y = \blacksquare; D(3|\blacksquare)$
e) $S(0|4{,}5)$ $\quad y = \blacksquare; E(\blacksquare|10{,}75)$
f) $S(0|-4{,}5)$ $\quad y = \blacksquare; F(\blacksquare|-2{,}25)$

4 Zeichne jeweils mit einer Parabelschablone den Graphen der verschobenen Normalparabel in das gleiche Koordinatensystem.
a) $y = x^2 + 5$ b) $y = x^2 - 0{,}5$
c) $y = x^2 - 2{,}5$ d) $y = x^2 + 1{,}5$

4 Zeichne jeweils die nach oben oder unten verschobene Normalparabel und gib die Funktionsgleichung an.
a) Der Graph läuft durch $A(1|-2)$.
b) Der Graph läuft durch $B(-2|0)$.

HINWEIS
zu Aufgabe 4: Parabelschablonen kann man selbst herstellen oder kaufen. Die Vorlage für eine Parabelschablone findest du unter ↻ 079-1.

5 Welche Funktionsgleichung gehört zu welcher Parabel? Begründe

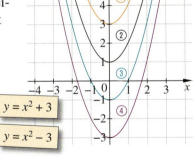

$y = x^2 + 1$
$y = x^2 + 3$
$y = x^2 - 1$
$y = x^2 - 3$

5 Lies aus der Zeichnung die Funktionsgleichungen der Parabeln ab.

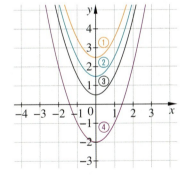

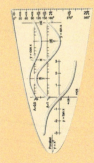

6 Die Funktion $y = -x^2$
a) Lege zur Funktion $y = -x^2$ eine Wertetabelle an und zeichne den Graphen. Vergleiche mit dem Graphen von $y = x^2$.
b) Kannst du den Graphen der Funktion $y = -x^2 + 1$ mit einer Parabelschablone zeichnen? Begründe.

6 Die Normalparabel $y = x^2$ wird an der x-Achse gespiegelt.
a) Welche Funktionsgleichung hat die nach der Spiegelung entstandene Funktion? Überprüfe deine Vermutung.
b) Zeichne die gespiegelte Parabel und nenne Eigenschaften dieser Parabel.

+ Quadratische Funktionen und Gleichungen

+ Die Parabel $y = a x^2$

Entdecken

ZUM WEITERARBEITEN
Sucht ähnliche Dinge, die Parabelform haben, und präsentiert sie.

1 Wenn man aufmerksam die Umgebung betrachtet, findet man manchmal Bögen, die die Form einer Parabel haben. Beschreibe den Verlauf der Bögen. Gibt es einen höchsten oder tiefsten Punkt? Welche Unterschiede findet ihr zum Aussehen einer Normalparabel?

①  ②  ③

2 Zeichne den Graphen der Funktion $y = x^2$ in ein Koordinatensystem.
a) Lege nun auch Wertetabellen für die folgenden Funktionen an und zeichne jeden Graphen in einer anderen Farbe in dasselbe Koordinatensystem.
  ① $y = 2x^2$ ② $y = 0{,}6x^2$ ③ $y = -2x^2$ ④ $y = -0{,}6x^2$
b) Beschreibe den Verlauf der vier Funktionsgraphen und vergleiche jeweils mit dem Verlauf des Graphen von $y = x^2$. Was bewirkt der Faktor a vor x^2?

Verstehen

Die Form einer Parabel kann durch einen Faktor a vor dem x^2 verändert werden. Ist a positiv, so ist die Parabel nach oben geöffnet. Der Scheitelpunkt ist der tiefste Punkt der Parabel. Ist a negativ, ist die Parabel nach unten geöffnet. Der Scheitelpunkt ist nun der höchste Punkt.

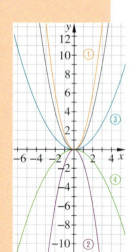

Beispiel 1 a ist positiv und größer als 1
Funktion ①: $y = 1{,}5x^2$

x	−3	−2	−1	0	1	2	3
y	13,5	6	1,5	0	1,5	6	13,5

Die Parabel $y = 1{,}5x^2$ ist **nach oben geöffnet** und **gestreckt**.

Beispiel 2 a ist negativ und größer als 1
Funktion ②: $y = -1{,}5x^2$

x	−3	−2	−1	0	1	2	3
y	−13,5	−6	−1,5	0	−1,5	−6	−13,5

Die Parabel $y = -1{,}5x^2$ ist **nach unten geöffnet** und **gestreckt**.

Beispiel 3 a ist positiv und kleiner als 1
Funktion ③: $y = 0{,}3x^2$

x	−3	−2	−1	0	1	2	3
y	2,7	1,2	0,3	0	0,3	1,2	2,7

Die Parabel $y = 0{,}3x^2$ ist **nach oben geöffnet** und **gestaucht**.

Beispiel 4 a ist negativ und kleiner als 1
Funktion ④: $y = -0{,}3x^2$

x	−3	−2	−1	0	1	2	3
y	−2,7	−1,2	−0,3	0	−0,3	−1,2	−2,7

Die Parabel $y = -0{,}3x^2$ ist **nach unten geöffnet** und **gestaucht**.

Merke Bei quadratischen Funktionen der Form **$y = a x^2$** $(a \neq 0)$ bestimmt a die Form und Öffnungsrichtung der Parabel.
Ist **a positiv** $(a > 0)$ ist die Parabel **nach oben** geöffnet. Es gilt:
– Für $a > 1$ ist die Parabel gestreckt.   – Für $0 < a < 1$ ist die Parabel gestaucht.
Ist **a negativ** $(a < 0)$ ist die Parabel **nach unten** geöffnet. Es gilt:
– Für $a < -1$ ist die Parabel gestreckt.   – Für $-1 < a < 0$ ist die Parabel gestaucht.

Üben und anwenden

1 Erstelle eine Wertetabelle für $-2 \leq x \leq 2$. Zeichne die Graphen.
a) $y = 0{,}2x^2$ b) $y = -0{,}2x^2$
c) $y = 3x^2$ d) $y = -3x^2$

1 Erstelle eine Wertetabelle und zeichne die Graphen.
a) $y = \frac{3}{4}x^2$ b) $y = 2{,}5x^2$
c) $y = -0{,}8x^2$ d) $y = -1\frac{1}{4}x^2$

2 Zeichne die Parabel $y = \frac{1}{2}x^2$ und vergleiche sie mit der Parabel $y = -\frac{1}{2}x^2$.

3 Ordne der Funktionsgleichung jeweils den entsprechenden Graphen zu.
Beispiel Funktion: $y = 4x^2$
Graph ① (schwarz)

3 Beschreibe den Graphen von $y = ax^2$. Was kannst du über den Faktor a sagen?

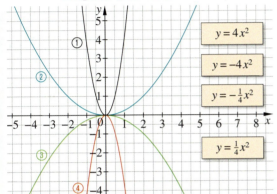
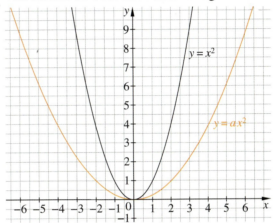

4 Ergänze im Heft.

	ge-staucht	ge-streckt	nach oben geöffnet	nach unten geöffnet
$y = -6x^2$		X		
$y = 0{,}8x^2$				
$y = -0{,}1x^2$				
$y = -0{,}75x^2$				

4 Löse, ohne zu zeichnen.
Welche Parabeln sind nach unten geöffnet? Welche Parabel ist am weitesten geöffnet? Begründe jeweils.

① $y = 0{,}14x^2$ ② $y = -2{,}5x^2$ ③ $y = \frac{6}{5}x^2$

Beschreibe die Eigenschaften der Funktionsgraphen jeweils in einem kurzen Steckbrief.

5 Welche der Punkte liegen auf der Parabel $y = 0{,}4x^2$?
a) $(-2|1{,}6)$ b) $(3|3{,}4)$ c) $(4{,}5|8{,}1)$
d) $(-5|10)$ e) $(-10|4)$ f) $(0{,}1|0{,}004)$

5 Ergänze so, dass der Punkt auf der Parabel von $y = -0{,}5x^2$ liegt. Ist das überall möglich?
a) $(3|\blacksquare)$ b) $(-4|\blacksquare)$ c) $(-0{,}5|\blacksquare)$
d) $(\blacksquare|-0{,}5)$ e) $(\blacksquare|12{,}5)$ f) $(\blacksquare|-2)$

6 Gib jeweils drei Punkte an, die auf dem Graphen der Funktion liegen.
a) $y = 5x^2$ b) $y = 3{,}5x^2$ c) $y = -3{,}5x^2$ d) $y = -\frac{1}{4}x^2$

7 Gegeben sind die Funktionen
① $y = 2x^2 - 1$ und ② $y = -0{,}5x^2 + 2$.
a) Erstelle jeweils eine Wertetabelle und zeichne die Graphen.
b) Beschreibe Form und Lage der Graphen.
c) Gib jeweils den Scheitelpunkt an.
d) Gib die Schnittpunkte mit der x-Achse an.

7 Beschreibe Verlauf und Form der zugehörigen Graphen. Verwende die Begriffe: *Steigung, Schnittpunkt mit der y-Achse, Schnittpunkt mit der x-Achse, Scheitelpunkt und Öffnungsrichtung.*
a) $y = 1{,}5x^2 + 3$ b) $y = 1{,}5x^2 - 3$
c) $y = -0{,}8x^2 - 5$ d) $y = -0{,}8x^2 + 5$

+ Quadratische Funktionen und Gleichungen

+ ## Die Normalparabel verschieben

Entdecken

1 Ordne die Graphen den richtigen Gleichungen zu.
a) Setze dazu für x verschiedene Werte ein und prüfe, wann der y-Wert zum Graphen passt.
① $y = (x - 1)^2 + 2$ ② $y = (x - 2)^2 - 2$ ③ $y = (x + 3)^2 - 1{,}5$
b) Wie lauten die Scheitelpunkte der Parabeln? Was fällt dabei auf?

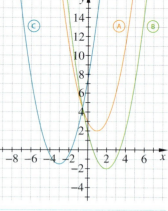

2 Arbeitet zu zweit oder in kleinen Gruppen. Zeichnet mithilfe eines Funktionenplotters den Graphen der Funktion $y = x^2$.
Zeichnet in das gleiche Koordinatensystem verschiedene quadratische Funktionen der Form $y = (x + e)^2 + f$.
Beschreibt die neu entstandenen Funktionsgraphen. Welche Regelmäßigkeiten stellt ihr fest? Präsentiert eure Ergebnisse in der Klasse.

HINWEIS ⟳ 082-1 Unter dem Webcode gibt es Links zu verschiedenen Funktionenplottern.

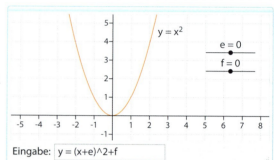

Verstehen

Leon möchte die Funktion $y = (x - 2)^2$ zeichnen. Er besitzt eine Parabelschablone, mit der er den Graphen einer Normalparabel zeichnen kann.
Der Graph der Funktion $y = (x - 2)^2$ entsteht durch Verschiebung der Normalparabel.
Um die Schablone richtig anzulegen, muss Leon wissen, wo sich der Scheitelpunkt der Funktion befindet.

Beispiel 1

Funktionsgleichung ①
$y = (x - 2)^2$

Der Graph ist eine Normalparabel, die um zwei Einheiten **nach rechts verschoben** wurde.
Der Scheitelpunkt ist $S(2|0)$.

Graphen

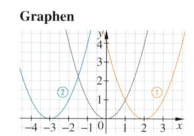

Funktionsgleichung ②
$y = (x + 3)^2$

Der Graph ist eine Normalparabel, die um drei Einheiten **nach links verschoben** wurde.
Der Scheitelpunkt ist $S(-3|0)$.

Beispiel 2

Wie lautet die Funktionsgleichung einer Parabel, die nach unten geöffnet ist, um 2 Einheiten nach links und um 3 Einheiten nach unten verschoben ist?

$y = -(x + 2)^2 - 3$

nach unten geöffnet | um zwei Einheiten nach links verschoben | um 3 Einheiten nach unten verschoben

HINWEIS Da man die Koordinaten des Scheitelpunkts aus der Funktionsgleichung ablesen kann, wird die Form $y = (x + e)^2 + f$ **Scheitelpunktform** genannt.

> **Merke** Der Graph einer quadratischen Funktion der Form $y = (x + e)^2 + f$ ist eine verschobene Normalparabel mit dem **Scheitelpunkt** $S(-e|f)$.
> e gibt die Verschiebung in Richtung der x-**Achse** an,
> f gibt die Verschiebung in Richtung der y-**Achse** an.

+ Die Normalparabel verschieben

Üben und anwenden

1 Notiere die Funktionsgleichungen der verschobenen Normalparabeln.

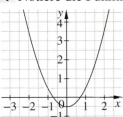 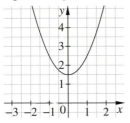 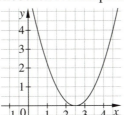 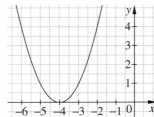

2 Verschobene Normalparabel
a) Gib den Scheitelpunkt der Parabel an.
b) Welche Funktionsgleichung gehört zu der Parabel? Begründe.
① $y = (x - 3)^2$ ② $y = (x + 3)^2 + 2$
③ $y = (x - 3)^2 + 2$ ④ $y = (x - 2)^2 + 3$

2 Hier siehst du ein Muster aus Parabeln.
a) Wie ist das Muster entstanden? Nenne zu jeder Parabel den Scheitelpunkt und die Funktionsgleichung.
b) Zeichne selbst Muster aus Parabeln.

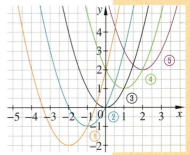

3 Erstelle Wertetabellen und zeichne die Parabeln. Gib jeweils den Scheitelpunkt an.
a) $y = (x - 1)^2$ b) $y = (x + 2)^2$
c) $y = (x + 4)^2 + 1$ d) $y = -(x - 2{,}5)^2 - 2$
e) $y = (x - 1)^2 + 3$ f) $y = 3(x + 1{,}5)^2 + 4$

3 Zeichne die Parabeln. Für welche Werte von x steigt jeweils der Graph der Funktion?
a) $y = (x - 3{,}5)^2$ b) $y = -(x + 1{,}5)^2$
c) $y = (x + 2)^2 + 3$ d) $y = -(x - 3)^2 + 4$
e) $y = -0{,}5x^2 + 3$ f) $y = -2(x + 1)^2$

HINWEIS
zu Aufgabe 3 (türkis)
Graphen können steigen und fallen, z. B. fällt der Graph von $y = x^2$ für $x < 0$ und steigt für $x > 0$.

4 Arbeitet zu zweit oder in kleinen Gruppen.
Wie kann eine Normalparabel in einem Koordinatensystem verschoben werden? Erstellt eine Präsentation. Wählt die Medien zur Darstellung selbst aus (Folien, Plakat, dynamische Geometriesoftware).

5 Bestimme jeweils mithilfe des angegebenen Scheitelpunkts die Funktionsgleichungen in der Form $y = (x + e)^2 + f$.
a) $S_1(-4|0)$ b) $S_2(0|4)$ c) $S_3(3|3)$
d) $S_4(-2|2)$ e) $S_5(0|0)$ f) $S_6(2|-4)$

5 Bestimme jeweils die Funktionsgleichung der nach oben (nach unten) geöffneten Normalparabel mit folgendem Scheitelpunkt.
a) $S_1(1|5)$ b) $S_2(1|-3)$
c) $S_3(2{,}4|-1{,}5)$ d) $S_4(-2{,}5|-1)$

6 Der Bogen der Brücke kann mit der Funktionsgleichung $y = -0{,}01x^2 + 10$ beschrieben werden (1 Einheit ≙ 1 m).

a) Erstelle eine Wertetabelle und zeichne die Brücke im Koordinatensystem.
b) Wie hoch ist der Brückenbogen?
c) Welche Länge überspannt der Bogen?

6 Der Verlauf eines Wasserstrahls in dem Brunnen hat die Form einer Parabel.
Die Funktionsgleichung zu diesem Wasserstrahl lautet: $y = -1{,}25(x - 2)^2 + 2{,}2$.
a) Zeichne die Parabel.
b) Wie kann man die maximale Wasserhöhe ablesen?
(1 Einheit ≙ 1 m)
c) Wie groß ist der Abstand von der Wasserquelle zum Auftreffpunkt des Wasserstrahls?

+ Quadratische Funktionen und Gleichungen

+ Die binomischen Formeln

Entdecken

1 Arbeitet zu zweit oder in kleinen Gruppen.

	30	8	
20	600	160	760
7	210	56	266
			1026

a) Findet heraus, welche Rechenaufgabe in der Tabelle gelöst wurde, und erläutert den Rechenweg.
b) Erstellt eigene Aufgaben wie in a) und löst sie gegenseitig.
c) Erstellt eine Rechentabelle für die Aufgabe $(a + 5) \cdot (a + 4)$. Vergleicht eure Lösungen.
d) Formuliert eine Regel für die Multiplikation von zwei Summen.

2 Multipliziere die Summen. Vergleiche jeweils:
Bei welchen Aufgaben kann man die Ergebnisse leicht zusammenfassen und warum?
a) $(x + 4) \cdot (x + 5)$ und $(x + 4) \cdot (x + 4)$ b) $(x - 8) \cdot (x - 3)$ und $(x - 8) \cdot (x - 8)$
c) $(x + 9) \cdot (x - 9)$ und $(x + 9) \cdot (x - 4)$

3 Multipliziere die Terme aus und vergleiche die Ergebnisse aus a) und b).
a) ① $(x + 3)^2$ ② $(a - 5)^2$ ③ $(x + 4)(x - 4)$
b) ① $(a + b)^2$ ② $(a - b)^2$ ③ $(a + b)(a - b)$

Verstehen

Die drei Rechtecke sind gleich groß. Für ihre Flächeninhalte gilt:

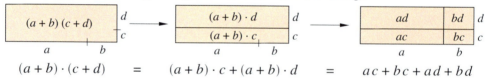

$(a + b) \cdot (c + d) \quad = \quad (a + b) \cdot c + (a + b) \cdot d \quad = \quad ac + bc + ad + bd$

> **Merke** Man **multipliziert zwei Summen**, indem man jeden Summanden der einen Summe mit jedem Summanden der anderen Summe multipliziert und die Teilprodukte addiert.

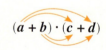

HINWEIS
Achte beim Ausmultiplizieren auf die Vorzeichen.

Beispiel 1
a) $(a - 4) \cdot (b + 6) = a \cdot b + a \cdot 6 - 4 \cdot b - 4 \cdot 6 = ab + 6a - 4b - 24$
b) $(2 + 7c) \cdot (3a + 4b) = 2 \cdot 3a + 2 \cdot 4b + 7c \cdot 3a + 7c \cdot 4b = 6a + 8b + 21ac + 28bc$

Bei der Multiplikation von Summen gibt es drei Sonderfälle, bei denen sich die Ergebnisse leicht zusammenfassen lassen. Man nennt sie die **binomischen Formeln**.

> **Merke Binomische Formeln**
> 1. binomische Formel: $(a + b)^2 = a^2 + 2ab + b^2$ Plus-Formel
> 2. binomische Formel: $(a - b)^2 = a^2 - 2ab + b^2$ Minus-Formel
> 3. binomische Formel: $(a + b) \cdot (a - b) = a^2 - b^2$ Plus-Minus-Formel

Beispiel 2
a) $(x + 4)^2 = x^2 + 2 \cdot 4x + 4^2 = x^2 + 8x + 16$ b) $(y - 5)^2 = y^2 - 2 \cdot 5y + 5^2 = y^2 - 10y + 25$
c) $(y + 3) \cdot (y - 3) = y^2 - 3^2 = y^2 - 9$ d) $(2x + y)^2 = (2x)^2 + 2 \cdot 2xy + y^2 = 4x^2 + 4xy + y^2$

+ Die binomischen Formeln

Üben und anwenden

1 Multipliziere aus und fasse zusammen.
a) $(x + 4) \cdot (3 + a)$
b) $(x + 2) \cdot (y - 10)$
c) $(b - 3) \cdot (c - 5)$
d) $(2d - 8) \cdot (9 + d)$
e) $(b - 7) \cdot (-c - 16)$

1 Multipliziere aus und fasse zusammen.
a) $(5a - 4) \cdot (6 + 3a)$
b) $(-4d + 2) \cdot (8d + 12)$
c) $(6c + 4d) \cdot (3c - 17 + 4d)$
d) $7b - (2b + 5) \cdot (3b - 8)$
e) $20d + (9d - 6d) \cdot (2d - 3d)$

2 Wo steckt der Fehler?
a) $(x + 3)(x + 4)$
$= x + 4x + 3x + 12$
$= 8x + 12$
b) $(x + 18)(x - 2)$
$= x^2 + 2x + 18x + 36$
$= x^2 + 20x + 36$

2 Gleichungen lösen.
a) Erkläre die Rechnung und setze sie fort.
$(x - 5)(x + 2) = (x - 3)(x + 1)$
$x^2 + 2x - 5x - 10 = x^2 + x - 3x - 3$
$-3x - 10 = -2x - 3$
b) Löse die Gleichung.
$(y + 1)(4y - 25) = (2y - 5)(2y - 8)$

HINWEIS
Den Malpunkt zwischen zwei Klammern kann man weglassen:
$(x + 3) \cdot (x + 4)$
$= (x + 3)(x + 4)$.

3 Löse die Klammern auf.
Nutze die binomischen Formeln.
a) $(y + 3)^2$
b) $(x - 4)^2$
c) $(a - 5)(a + 5)$
d) $(3 - c)^2$
e) $(a - 6)^2$
f) $(a - 9)^2$
g) $(x + 5)^2$
h) $(x + 9)(x - 9)$

3 Wende die binomischen Formeln an.
Schreibe ohne Klammern.
a) $(2x + 3)^2$
b) $(3x - 2)^2$
c) $(4x - 3)^2$
d) $(3x - 1)(3x + 1)$
e) $(5 + 2x)(5 - 2x)$
f) $(6x - 9)(6x + 9)$
g) $(6x + 7)^2$
h) $(10x - 5)^2$

4 Berechne wie im Beispiel. Erkläre den Rechenweg.
Beispiel $57 \cdot 63 = (60 - 3)(60 + 3) = 3600 - 9 = 3591$
a) $39 \cdot 21$
b) $66 \cdot 54$
c) $28 \cdot 12$
d) $98 \cdot 102$
e) $221 \cdot 179$

5 Ergänze die Lücken im Heft.
a) $u^2 + 2uv + v^2 = (u + \square)^2$
b) $4 + 4b + b^2 = (\square + b)^2$
c) $4 - 9x^2 = (2 + \square)(2 - \square)$

5 Ergänze die Lücken im Heft.
a) $25a^2 + 30ab + 9b^2 = (5a + \square)^2$
b) $16d^2 - 4e^2 = (\square + \square)(\square - \square)$
c) $x^2 - 6xy + \square = (\square - \square)^2$

NACHGEDACHT
Gilt die dritte binomische Formel auch für
$(a + b) \cdot (-b + a)$?
Begründe.

6 Schreibe die Summe als Produkt.
a) $a^2 + 2a + 1$
b) $x^2 + 4x + 4$
c) $b^2 - 16b + 64$
d) $c^2 + 4cd + 4d^2$
e) $r^2 - 10r + 25$
f) $a^2 - 18ab + 81b^2$

6 Schreibe die Summe als Produkt und löse die Gleichung.
a) $x^2 - 12x + 36 = 0$
b) $x^2 + 10x + 25 = 25$
c) $x^2 + 2x + 1 = 64$
d) $x^2 - 144 = 0$

7 Bei einem Quadrat werden zwei Seiten verlängert und die anderen beiden Seiten um die gleiche Strecke verkürzt. Bleibt der Flächeninhalt gleich? Probiere an verschiedenen Beispielen. Begründe dein Ergebnis mithilfe einer binomischen Formel und präsentiere es.

8 Welche Funktionsgleichungen gehören zu welchem Graphen?

$y_1 = (x - 4)^2$
$y_2 = (x + 4)^2$
$y_3 = x^2 - 2x - 1$
$y_4 = x^2 + 8x + 16$
$y_5 = -x^2 - 4x - 4$
$y_6 = -(x + 2)^2$
$y_7 = x^2 - 8x + 16$
$y_8 = (x - 1)^2 - 2$

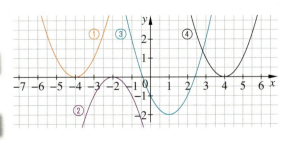

+ Quadratische Funktionen und Gleichungen

+ Quadratische Gleichungen

Entdecken

1 Welche beiden Lösungen hat die Gleichung $x^2 = 64$? Begründe.
Stelle selbst ähnliche Gleichungen auf und löse sie.

2 In welchen Punkten schneidet der Graph der Funktion $y = -2x^2 + 6$ die x-Achse?
a) Zeichne den Graphen mithilfe einer Wertetabelle und lies die Schnittpunkte ab.
b) Anna hat die Schnittpunkte berechnet. Erkläre ihren Rechenweg.
c) Erkläre Zusammenhänge zwischen der zeichnerischen und rechnerischen Lösung. Nenne Vor- und Nachteile beider Lösungswege.
d) Bestimme die Schnittpunkte mit der x-Achse für $y = 0,4 x^2 - 4$.

> Annas Rechenweg:
> $y = -2x^2 + 6$ | für $y = 0$ einsetzen
> $0 = -2x^2 + 6$ | -6
> $-6 = -2x^2$ | $:(-2)$
> $3 = x^2$ | $\pm\sqrt{}$
> $x_1 \approx 1{,}73$ und $x_2 \approx -1{,}73$
>
> Die Parabel schneidet die x-Achse bei $(1{,}73 | 0)$ und $(-1{,}73 | 0)$.

ERINNERE DICH
Ein Graph schneidet die x-Achse im Punkt $(x|0)$. x heißt dann **Nullstelle** der Funktion.

3 Wie viele Schnittpunkte haben die Parabeln jeweils mit der x-Achse?
a) Lies jeweils die Schnittpunkte ab.

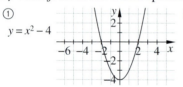
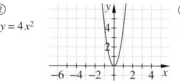
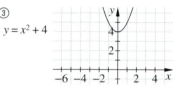

b) Prüfe die Schnittpunkte aus Aufgabenteil a) rechnerisch.
c) Bestimme für die folgenden Funktionen die Anzahl der Schnittpunkte mit der x-Achse.
① $y = 2x^2 - 4$ ② $y = -x^2 - 4$ ③ $y = -x^2 + 4$ ④ $y = -2x^2 - 4$ ⑤ $y = 3 - x^2 - 4$

Verstehen

Der Graph einer **quadratischen Funktion** ist eine Parabel. Die dazugehörige Funktionsgleichung lautet
$y = ax^2 + bx + c$.
Als Lösung erhält man ein Zahlenpaar $(x|y)$, das einen Punkt auf der Parabel darstellt.

Beispiel 1 $y = 2x^2 + 3x - 7$
Der Punkt $(1|-2)$ liegt auf der Parabel, da $-2 = 2 \cdot 1^2 + 3 \cdot 1 - 7$ wahr ist.

Eine **quadratische Gleichung** lässt sich darstellen als $ax^2 + bx + c = d$. Die Lösung ist eine Zahl.

Beispiel 2 $2x^2 + 3x - 7 = 20$
Eine Lösung ist $x = 3$.
Probe: $2 \cdot 3^2 + 3 \cdot 3 - 7 = 20$

HINWEIS
Die Wurzel aus 4 ($\sqrt{4}$) ist 2. Das Ergebnis der Gleichung $x^2 = 4$, kann sowohl 2 als auch -2 sein. Daher wird bei den Äquivalenzumformungen vor die Wurzel das Zeichen $\pm$ gesetzt.

> **Merke** **Quadratische Gleichungen** können zwei, eine oder keine Lösungen haben.

Beispiel 3
a) $2x^2 = 288$ | $:2$
$x^2 = 144$ | $\pm\sqrt{}$
$x_1 = 12$ und $x_2 = -12$
Probe: $2 \cdot \mathbf{12}^2 = 288$ (wahr)
$2 \cdot (\mathbf{-12})^2 = 288$ (wahr)

b) $x^2 + 12 = 12$ | -12
$x^2 = 0$ | $\pm\sqrt{}$
$x = 0$
Probe: $\mathbf{0}^2 + 12 = 12$ (wahr)

c) $x^2 = -64$
Die Gleichung hat **keine Lösung**, denn x^2 ist immer größer oder gleich 0.

+ Quadratische Gleichungen

Üben und anwenden

1 Gib, ohne zu rechnen, die Anzahl der Lösungen der Gleichungen an.
a) $x^2 = 1$ b) $x^2 = -6$
c) $x^2 = 2{,}5$ d) $x^2 = 0$
e) $x^2 - 25 = 0$ f) $x^2 + 9 = 0$

1 Wie viele Lösungen hat jeweils die Gleichung? Begründe.
a) $x^2 - 3 = 0$ b) $x^2 + 2 = 0$
c) $-x^2 + 8 = 0$ d) $x^2 + 6 = 0$
e) $-x^2 = 0$ f) $x^2 - 5 = 0$

2 Löse die Gleichungen. Führe eine Probe durch.
a) $x^2 = 36$ b) $x^2 = 0{,}25$
c) $2x^2 = 50$ d) $3x^2 = 48$
e) $x^2 + 18 = 99$ f) $x^2 + 252 = 877$
g) $2x^2 + 13 = 31$ h) $3x^2 - 25 = 50$

2 Löse die Gleichungen. Führe eine Probe durch.
a) $\frac{3}{4}x^2 = 36{,}75$ b) $\frac{7}{6}x^2 = 42$
c) $-5x^2 = 4x^2 - 81$ d) $8 = 2x^2 + 1$
e) $1{,}5x^2 + 12 = 36$ f) $7x^2 - 120{,}5 = 222{,}5$
g) $4x^2 + 16{,}3 = 41{,}3$ h) $0{,}25x^2 + 3 = 67$

3 Ein Reitparcours für Pferde ist quadratisch. Der Flächeninhalt beträgt 121 m².
a) Welche Seitenlänge x hat der Reitplatz?
b) Der Reitplatz kann nur eine positive Seitenlänge haben, keine negative. In der Realität verwendet man also oft nur die positive Lösung einer quadratischen Gleichung. In der Mathematik hat die Gleichung $x^2 = 121$ zwei Lösungen, welche?

4 Stelle zu jedem Zahlenrätsel eine quadratische Gleichung auf und löse sie.
a) Addiert man 15 zum Quadrat einer Zahl, so erhält man 240.
b) Multipliziert man eine Zahl mit sich selbst und addiert 65, so erhält man 690.

4 Löse die Zahlenrätsel.
a) Subtrahiert man 17 vom Vierfachen des Quadrats einer Zahl, so erhält man 239.
b) Dividiert man das Dreifache des Quadrats einer Zahl durch 12 und subtrahiert 24, so erhält man 57.

5 Ordne den Gleichungen die richtige Lösung zu. Warum ist bei zwei Aufgaben nur eine Lösung möglich?

$x(x+2)=0$	$x(x-2)=0$	$x_1 = 0; x_2 = -2$
$(x-2) \cdot (x-2) = 0$	$x = 2$	$x = -2$
$(x+2) \cdot (x+2) = 0$	$x_1 = 0; x_2 = 2$

5 Handelt es sich bei folgenden Gleichungen um quadratische Gleichungen? Begründe. Gib die Lösungen der Gleichungen an.
a) $x(x + 1{,}5) = 0$ b) $(x - 4) \cdot x = 0$
c) $(x - 3)(x - 5) = 0$ d) $(x - 7)(x + 6) = 0$
e) $(x + 4)(x + 8) = 0$ f) $(x + 3)(x - 3) = 0$
g) $(x - 9)(x - 9) = 0$ h) $(x + 1)(x + 1) = 0$

6 Nina hat die Nullstellen der Parabel $y = (x - 5)^2 - 4$ berechnet.
a) Erkläre den Rechenweg.
b) Prüfe die Lösung mithilfe einer Zeichnung.
c) Berechne die Nullstellen der Funktionen
① $y = (x + 3)^2 - 1$ und ② $y = (x - 4)^2 - 9$

7 Bringe die Gleichungen in die Form $(x + b)^2 = 0$ oder $(x - b)^2 = 0$ und löse sie.
a) $x^2 + 6x + 9 = 0$ b) $x^2 + 8x + 16 = 0$
c) $9x^2 - 12x + 4 = 0$ d) $0{,}25x^2 + x + 1 = 0$

7 Schreibe mithilfe der binomischen Formeln als Produkt und löse die Gleichung.
a) $4x^2 - 20x + 25 = 0$ b) $16x^2 + 48x = -36$
c) $x^2 - 20{,}25 = 0$ d) $0{,}49x^2 - 49 = 0$

+ Quadratische Funktionen und Gleichungen

+ Allgemeinquadratische Gleichungen lösen

Entdecken

1 Löse die Gleichungen. Beschreibe deinen Lösungsweg.
a) $(x-2)^2 = 13 - 4x$
b) $(x+2)^2 = 4x + 5$
c) $(x+5)(x-5) = 24$

2 Arbeitet zu zweit.
Die Gleichung $x^2 + 8x = 65$ ist nicht so einfach zu lösen. Was ist hier anders?
Erklärt jeden Schritt des dargestellten Lösungswegs.

$$x^2 + 8x = 65$$
$$x^2 + 8x + 16 = 65 + 16$$
$$(x+4)^2 = 81$$
$$x + 4 = \pm 9$$
$$x_1 = 9 - 4 = 5; \quad x_2 = -9 - 4 = -13$$

Verstehen

Miriam hat entlang der Hauswand einen Auslauf für ihre Kaninchen gebaut. Zur Berechnung der Seitenlänge x stellt sie folgende Gleichung auf: $x \cdot (24 - 2x) = 64$

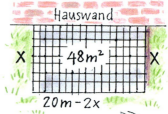

Merke Quadratische Gleichungen lassen sich in die **Normalform** $x^2 + px + q = 0$ umformen.

Beispiel 1
$$x \cdot (24 - 2x) = 64$$
$$24x - 2x^2 = 64 \qquad |-64$$
$$24x - 2x^2 - 64 = 0$$
$$-2x^2 + 24x - 64 = 0 \qquad |:(-2)$$
$$x^2 - 12x + 32 = 0 \qquad (p = -12;\ q = 32)$$

Merke Um quadratische Gleichungen in Normalform zu lösen, kann man sie mithilfe der **quadratischen Ergänzung** $\left(\frac{p}{2}\right)^2$ auf eine binomische Formel zurückführen.

Beispiel 2 Lösung mithilfe der quadratischen Ergänzung
$$x^2 - 12x + 32 = 0 \qquad |-32$$
$$x^2 - 12x = -32 \qquad |\text{quadratische Ergänzung: } \left(\tfrac{p}{2}\right)^2 = 6^2$$
$$\qquad\qquad\qquad\qquad \text{auf beiden Seiten addieren}$$
$$x^2 - 12x + 6^2 = -32 + 6^2 \qquad |\text{2. binomische Formel anwenden } \left(x - \tfrac{p}{2}\right)^2$$
$$(x - 6)^2 = 4 \qquad |\pm\sqrt{}$$
$$x - 6 = \pm 2 \qquad |+6$$
$$x_1 = 2 + 6 = 8 \quad \text{und} \quad x_2 = -2 + 6 = 4$$

Merke Quadratische Gleichungen in Normalform
$x^2 + px + q = 0$,
kann man mit der **p-q-Formel** lösen:
$$x_1 = -\tfrac{p}{2} + \sqrt{\left(\tfrac{p}{2}\right)^2 - q}$$
$$x_2 = -\tfrac{p}{2} - \sqrt{\left(\tfrac{p}{2}\right)^2 - q}$$

Beispiel 3 Lösung mithilfe der *p-q*-Formel
$x^2 - 12x + 32 = 0$, also $p = -12;\ q = 32$

$x_1 = -\tfrac{-12}{2} + \sqrt{\left(\tfrac{-12}{2}\right)^2 - 32}$ $\qquad x_2 = -\tfrac{-12}{2} - \sqrt{\left(\tfrac{-12}{2}\right)^2 - 32}$

$x_1 = 6 + \sqrt{36 - 32}$ $\qquad\qquad\qquad x_2 = 6 - \sqrt{36 - 32}$

$x_1 = 6 + \sqrt{4}$ $\qquad\qquad\qquad\qquad\ \ x_2 = 6 - \sqrt{4}$

$x_1 = 6 + 2$ $\qquad\qquad\qquad\qquad\qquad x_2 = 6 - 2$

$x_1 = 8$ $\qquad\qquad\qquad\qquad\qquad\qquad x_2 = 4$

HINWEIS
Führe eine **Probe** durch, indem du die Ergebnisse in die Ausgangsgleichung einsetzt.

Die Lösungen sind $x_1 = 8$ und $x_2 = 4$. Der Auslauf ist 8 m breit und 8 m lang oder 4 m breit und 16 m lang. In beiden Fällen beträgt der Flächeninhalt 64 m².

Üben und anwenden

1 Ergänze die Gleichung so, dass links vom Gleichheitszeichen ein Binom steht. Löse dann die Gleichung und rechne die Probe.
a) $x^2 + 14x + \square = 15 + \square$
b) $x^2 - 6x + \square = 72 + \square$
c) $x^2 - 8x + \square = 9 + \square$
d) $x^2 + 7x + \square = 8 + \square$
e) $x^2 - 22x + \square = 48 + \square$
f) $x^2 - x + \square = 0{,}75 + \square$

1 Forme um und löse die Gleichung mithilfe der quadratischen Ergänzung. Überprüfe deine Lösungen mit einer Probe.
a) $x^2 + 12x + 36 = 121$
b) $x^2 - 16x + 64 = 225$
c) $x^2 + 36x + 324 = 361$
d) $x^2 - 17x + 72{,}25 = 144$
e) $x^2 + 28x + 196 = 324$
f) $x^2 + 1{,}8 + 0{,}81 = 1{,}96$

2 Löse mithilfe der quadratischen Ergänzung. Rechne jeweils die Probe.
a) $x^2 + 6x = 16$ b) $x^2 + 3x = 10$
c) $x^2 + 2x = 15$ d) $x^2 + x = 20$
e) $x^2 - 1{,}2x = 5{,}4$ f) $x^2 - 3x + 2 = 0$

2 Forme die Gleichung zunächst geeignet um und löse sie dann.
a) $-4x^2 - 16x = -308$ b) $-x(12x - 72) = 60$
c) $-36x - 3x^2 = -255$ d) $0{,}5x^2 - 0{,}6x = 1{,}02$
e) $0{,}75x^2 + 4{,}5x = 12$ f) $0{,}1x^2 - 1{,}4x = -1{,}3$

3 Forme die Gleichungen in die Normalform um. Gib jeweils p und q an.
a) $(x+2)^2 + 4 = 0$ b) $(x-5)^2 + 12 = 0$
c) $(x-7)^2 = 196$ d) $(x+8)^2 = 225$
e) $(2x+5)^2 - 1 = 0$ f) $(4x-6)^2 + 12 = 0$

3 Forme die Gleichungen in die Normalform um. Gib jeweils p und q an.
a) $(x-1)^2 + 35 = 179$
b) $(17+x)^2 + 16 = 33 - 17$
c) $\left(\frac{1}{2}x + 29\right)^2 - 42 = 102$

4 Wandle folgende Gleichungen in die Normalform um und löse sie mit der p-q-Formel. Mache die Probe.
a) $3x^2 - 9x + 6 = 0$ b) $2x^2 + 4x + 3 = 9$
c) $6x^2 + 18x = 24$ d) $-2x^2 - 6x = -24$
e) $2{,}5x^2 + 15x = 30$ f) $4x^2 - 40x - 44 = 0$

4 Löse die Gleichungen mit der p-q-Formel.
a) $\frac{1}{2}x^2 - 18x = -17$
b) $0{,}2x^2 - 34x + 0{,}8 = -145$
c) $x(x+38) = 39$
d) $3x^2 - 12x + 20 = 2x^2 - 26x$
e) $x^2 - 7x = 2{,}5x - 17{,}5$

5 Ein oben offener, zylinderförmiger Wasserbehälter hat einen Oberflächeninhalt von $8{,}042\,\text{m}^2$. Die Höhe des Behälters beträgt $1{,}2\,\text{m}$. Wie groß ist der Radius des Behälters? Erkläre jeden Schritt zur Lösung der Textaufgabe.

1. gegeben: $O = 8{,}042\,\text{m}^2;\ h_K = 1{,}2\,\text{m}$ *2. gesucht:* Radius $r = x$

3. Gleichung aufstellen:
$\pi \cdot x^2 + 2 \cdot \pi \cdot x \cdot 1{,}2 = 8{,}042 \quad |:\pi$
$x^2 + 2{,}4x = 2{,}56 \quad |\text{Normalform}$
$x^2 + 2{,}4x - 2{,}56 = 0 \quad p = 2{,}4;\ q = -2{,}56$

4. in p-q-Formel einsetzen:
$x = -\frac{2{,}4}{2} \pm \sqrt{\left(\frac{2{,}4}{2}\right)^2 - (-2{,}56)}$
$x = -1{,}2 \pm \sqrt{1{,}44 + 2{,}56}$
$x_1 = -1{,}2 + 2 = 0{,}8 \quad \text{und} \quad x_2 = -1{,}2 - 2 = -3{,}2$

5. Ergebnis formulieren: Der Radius kann nur positiv sein. Also ist die Lösung $r = 0{,}8\,\text{m}$.

6. Antwortsatz schreiben: Der Radius des Behälters beträgt $0{,}8\,\text{m}$.

6 Ein oben offener, zylinderförmiger Wasserbehälter hat einen Oberflächeninhalt von $8{,}836\,\text{m}^2$ und eine Höhe von $1{,}50\,\text{m}$. Wie groß ist sein Volumen?

6 Eine rechteckige Terrasse ist dreimal so lang wie breit. Sie wird mit 210 quadratischen Platten (Kantenlänge $40\,\text{cm}$) ausgelegt. Welche Abmessungen hat die Terrasse?

+ Quadratische Funktionen und Gleichungen

+ Methode Allgemeinquadratische Funktionen mit einer Tabellenkalkulation zeichnen

Die Tabellenkalkulation vereinfacht die Berechnung von Funktionen. Wenn man erst einmal ein Tabellenblatt wie im Beispiel angelegt hat, kann man die Werte der Variablen einfach verändern. Der Computer berechnet dann die neuen Werte und zeichnet die Graphen.

Hier wird eine quadratische Funktion der Form $y = x^2 + b \cdot x + c$ eingegeben, im Beispiel ist es $y = x^2 + 2x + 1{,}5$.
In der Wertetabelle werden verschiedene Werte für x eingetragen.
Die Werte für y kann der Computer dann berechnen.

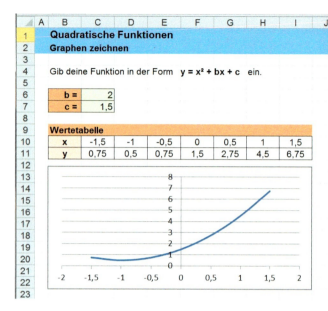

Üben und anwenden

1 Öffne ein Tabellenkalkulationsprogramm.
a) Erstelle selbst ein Tabellenblatt:
   1. Übertrage das Tabellenblatt von Zeile 1 bis Zeile 10 in dein Tabellenblatt.
   2. Gib in Zelle C11 die Formel =C10^2+$C$6*C10+$C$7 ein.
   3. Kopiere diese Formel bis I11.
b) Erkläre die Formel in Zelle C11.
c) Prüfe die Ergebnisse des Programms.

2 Zeichne einen Graphen zu der Funktion.
1. Markiere die Zellen C10 bis I11.
2. Wähle unter „Einfügen" den Diagrammtyp „Punkt" und dort den Diagrammuntertyp „Punkte mit interpolierten Linien ohne Datenpunkte".

3 Verändere auf deinem Tabellenblatt die Werte in Zelle C6 und C7.
Was verändert sich und warum?

4 Erstelle mit dem Computer für diese Funktionen Wertetabellen und Graphen. Was fällt dir auf?
a) $y = x^2 + 8{,}5x + 5$ b) $y = x^2 + 1{,}5x - 2$
c) $y = x^2 - 0{,}2x - 4$

5 Gib jeweils eine passende Funktionsgleichung an und prüfe mit deinem Tabellenblatt.
a) Der Scheitelpunkt liegt auf der y-Achse.
b) Der Scheitelpunkt liegt auf der x-Achse.
c) Der Graph schneidet die x-Achse in zwei Punkten.
d) Der Graph schneidet die y-Achse in $(0|-3)$.

6 Erstelle ein neues Tabellenblatt, mit dem du für eine dieser Funktionen Wertetabellen und Graphen erzeugen lassen kannst.
Präsentiere deine Lösung.

① $y = 3x^2$ ② $y = -9{,}5x^2$
③ $y = 1{,}5x^2 + 7$ ④ $y = -x^2 + 3 + 4$
⑤ $y = (x - 1{,}5)^2 + 2$ ⑥ $y = -2(x + 1)^2 + 3$

7 Zeichne jeweils mithilfe einer Tabellenkalkulation eine quadratische Funktion, deren Scheitelpunkt ...
a) im Punkt $(0|5)$ liegt.
b) im Punkt $(-5|-3)$ liegt.
c) im Punkt $(7|4)$ liegt und die nach unten geöffnet ist.

HINWEIS
Das $-Zeichen in der Formel verhindert, dass sich der Zellbezug (Spalten- und Zeilenbezug) beim Kopieren der Formel automatisch ändert. Im Beispiel bleibt „$C$6" immer „$C$6".

+ Thema Quadratische Funktionen im Beruf

Svenja absolviert eine Ausbildung als **Assistentin – Innenarchitektur**.

Sie erzählt: „In der 10. Klasse wusste ich noch nicht, was ich werden wollte. Mit einem Online-Test habe ich meine Interessen und Fähigkeiten ausgewertet und bin so auf meine Ausbildung aufmerksam geworden. Ich arbeite bei einer Innenarchitektin und bin unter anderem dafür zuständig, ihre Planungen am Computer zu zeichnen. Vor der Planung eines Zimmers rede ich mit den Kunden. Auf dieser Basis schlage ich Materialien und Farben vor und berücksichtige Platz für die Beleuchtung oder technische Geräte. Zuletzt haben wir ein Reisebüro ausgestattet. Da musste ich vorher genau planen, wo die Kataloge untergebracht werden, wo die Kunden sitzen und wie das Büro ausgestattet werden soll. Das Ergebnis kann sich sehen lassen."

Berufsbezeichnung	Assistent/-in – Innenarchitektur
Häufige Tätigkeiten	– Aufteilen und Einrichten von Büros und Privaträumen – Pläne mit Computersoftware zeichnen – Ausführung der Pläne prüfen
Dauer der Ausbildung	2 bis 3 Jahre
Voraussetzung	– in der Regel mittlerer Schulabschluss – Gespür für Farben – Teamfähigkeit

1 Der Flächeninhalt eines quadratischen Wohnzimmers beträgt 20,25 m^2.
a) Wie groß sind die Seitenlängen des Raumes?
b) Wie viel m Fußbodenleiste muss Svenja für den Raum bestellen, wenn die Tür 1,10 m breit ist?

2 Ein quadratisches Wohnzimmer mit 6 m Seitenlänge soll mit einem Bodenbelag ausgestattet werden. Svenja hat sich in Absprache mit den Kunden für einen Teppich entschieden und hat zwei quadratische Teppichstücke mit einer Seitenlänge von 3 m. Kann sie damit den Raum auslegen?

3 Svenja darf ein Badezimmer gestalten. Die Kunden wünschen sich ein orientalisches Badezimmer. Svenja schlägt vor, eine Wand mit hübschen Fliesen auszustatten. Die Wand ist 1,5-mal so hoch wie breit. Sie wird mit 150 quadratischen Fliesen ausgelegt. Jede Fliese hat eine Kantenlänge von 25 cm. Welche Maße hat die Wand?

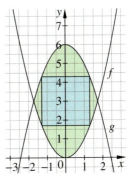

4 Eine Mathematiklehrerin wünscht sich ein Schmuckmotiv für eine Wand in der Küche. Svenja liefert einen Vorschlag.
a) Bestimme die Funktionsgleichungen der beiden Parabeln.
b) Entwirf selbst ein Schmuckmotiv für die Küchenwand mit Parabeln.

5 Svenja hat einen Online-Test verwendet, um einen Ausbildungsberuf zu finden, der zu ihr passt. Suche im Internet nach geeigneten Tests und probiere aus. Passen die Ergebnisse zu deinen Vorstellungen?

6 Könntest du dir vorstellen, Assistentin Innenarchitektur oder Assistent Innenarchitektur zu werden? Was spricht dafür, was dagegen? Recherchiere mit Hilfe des Webcodes im Internet.

HINWEIS
↻ 091-1
Hier erfährst du mehr über den Ausbildungsberuf „Assistent/-in Innenarchitektur".

+ Quadratische Funktionen und Gleichungen

Klar so weit?

→ Seite 76

+ **Quadratische Funktionen**

1 Der Bremsweg (s) eines ICE wird nach folgender Formel berechnet: $s = 0{,}0771 \cdot v^2$.

a) Erstelle eine Wertetabelle in Schritten von $50\,\frac{km}{h}$ für die Geschwindigkeit (v) von 0 bis $250\,\frac{km}{h}$ und zeichne einen geeigneten Graphen.
b) Lies andere Werte für s und v aus dem Graphen ab.
c) Bei einer Vollbremsung beträgt die Formel $s = 0{,}0368 \cdot v^2$. Vergleiche.

1 Den Bogen der Brücke kann man als nach unten geöffnete Parabel darstellen.

a) Die Spannweite des großen Bogens beträgt 170 m. Der Scheitelpunkt liegt 73,3 m über dem Boden. Zeichne ein Koordinatensystem und skizziere darin die Brücke. Die x-Achse ist der Boden, der Scheitelpunkt liegt auf der y-Achse.
b) Erstelle eine Wertetabelle und prüfe, ob die Funktionsgleichung der Parabel $y = -0{,}0084\,x^2 + 73{,}3$ lauten kann.

→ Seite 78

+ **Die Normalparabel**

2 Untersuche die drei Parabeln.
a) Notiere die Koordinaten der Scheitelpunkte S_1, S_2 und S_3.
b) Gib die Funktionsgleichung in der Form $y = x^2 + f$ für die drei Graphen an.
c) Übertrage die Wertetabelle ins Heft und ergänze sie.

x	−5	−4	−3	−2	−1	0	1	2	3	4	5
y_1											
y_2											
y_3											

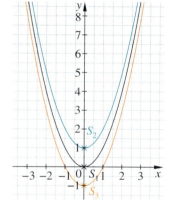

→ Seite 80

+ **Die Parabel $y = a \cdot x^2$**

3 Nenne Form (gestreckt oder gestaucht) und Öffnungsrichtung der Parabeln $y = a\,x^2$.
a) $y = 2x^2$ b) $y = -7x^2$ c) $y = 1{,}1x^2$
d) $y = -2x^2$ e) $y = 0{,}7x^2$ f) $y = -\frac{1}{3}x^2$

3 Nenne Form (gestreckt oder gestaucht) und Öffnungsrichtung der Parabeln $y = a\,x^2$.
a) $a = 2{,}5$ b) $a = \frac{2}{5}$ c) $a = -\frac{1}{7}$
d) $a = -3{,}2$ e) $a = \frac{5}{3}$ f) $a = -0{,}1$

4 Untersuche die Funktion $y = 0{,}6\,x^2$.
a) Berechne jeweils die fehlende Koordinate der folgenden Punkte.
   $A_1(\ \ |0{,}6)$ und $A_2(\ \ |0{,}6)$ $B_1(\ \ |2{,}4)$ und $B_2(\ \ |2{,}4)$
   $C_1(2{,}2|\ \ )$ und $C_2(-2{,}2|\ \ )$ $D_1(\ \ |12{,}15)$ und $D_2(\ \ |12{,}15)$
b) Erstelle eine Wertetabelle von −5 bis 5. Zeichne den Graphen.
c) Überprüfe anhand des Graphen deine Lösung zu Aufgabe a).

Klar so weit?

+ Die Normalparabel verschieben
→ Seite 82

5 Notiere jeweils den Scheitelpunkt und gib die Funktionsgleichung an.
a) 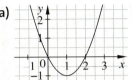 b)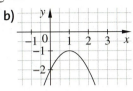

5 Gegeben sind die Scheitelpunkte $S_1(0|2)$, $S_2(2|0)$, $S_3(2|2)$ und $S_4(-2|-2)$.
a) Gib die Funktionsgleichungen der nach oben (nach unten) geöffneten Normalparabeln an, die durch diese Scheitelpunkte verlaufen.
b) Zeichne die Funktionsgraphen.

6 Gib jeweils den Scheitelpunkt an und zeichne die Parabeln.
a) $y = (x - 1{,}5)^2$ b) $y = (x + 1{,}5)^2$
c) $y = -\left(x + \tfrac{1}{2}\right)^2 - 2$ d) $y = \left(x - \tfrac{1}{2}\right)^2 + 1$

6 Die verschobene Normalparabel hat den Scheitelpunkt $S(0|2)$. Bestimme die fehlende Koordinate der Parabelpunkte.
a) $A(3|\blacksquare)$ b) $B(-3|\blacksquare)$ c) $C(\blacksquare|18)$

+ Die binomischen Formeln
→ Seite 84

7 Wende die binomischen Formeln an. Schreibe ohne Klammern.
a) $(a - 12)^2$ b) $(x + 15)^2$
c) $(16 - x)^2$ d) $(m - 14)(m + 14)$
e) $(x + 25)^2$ f) $(a + 13)(a - 13)$

7 Wende die binomischen Formeln an. Schreibe ohne Klammern.
a) $(-d + 15)^2$ b) $(x - 18)^2$
c) $(12 - 3b)^2$ d) $(8p - 20)(8p + 20)$
e) $(17x + 9{,}5)^2$ f) $(5{,}5 + 0{,}5y)(5{,}5 - 0{,}5y)$

8 Vervollständige im Heft.
a) $a^2 + 6a + 9 = (a + \blacksquare)^2$
b) $16 + 8b + b^2 = (\blacksquare + b)^2$
c) $36 - 25c^2 = (6 + \blacksquare)(6 - \blacksquare)$

8 Schreibe die Summe als Produkt.
a) $x^2 - 4x + 4$ b) $x^2 + 12x + 36$
c) $4b^2 - 36b + 81$ d) $c^2 + 6cd + 9d^2$
e) $49r^2 - 0{,}25$ f) $324a^2 - 121b^2$

+ Quadratische Gleichungen
→ Seite 86

9 Löse die Gleichungen. Mache die Probe.
a) $x^2 = 289$ b) $x^2 = -25$
c) $m^2 - 9{,}61 = 0$ d) $-4a^2 = -784$
e) $(a + 2{,}5)^2 = 100$ f) $(y - 19)^2 = 225$

9 Löse die Gleichungen. Mache die Probe
a) $\tfrac{9}{121} - x^2 = 0$ b) $7a^2 = 475{,}26 - a^2$
c) $-b^2 + 3{,}2 = 82{,}5$ d) $-3{,}5a^2 = -2{,}24$
e) $(m - 1)^2 + 35 = 179$ f) $(0{,}25u - 12)^2 = 0$

+ Allgemeinquadratische Gleichungen lösen
→ Seite 88

10 Löse jeweils mit der quadratischen Ergänzung oder der p-q-Formel. Mache die Probe.
a) $x^2 + 8x = 48$ b) $x^2 - 10x = -9$
c) $x^2 - x - 6 = 0$ d) $x^2 + 3x + 2{,}25 = 0$
e) $2x^2 + 4x - 30 = 0$ f) $9x^2 + 3x = 20$

10 Löse jeweils mit der quadratischen Ergänzung oder der p-q-Formel. Mache die Probe.
a) $x^2 - x = 8{,}75$ b) $9x^2 + 16x = -60$
c) $x^2 - x - 3{,}75 = 0$ d) $x^2 + 0{,}4x = 5{,}25$
e) $3x^2 - 15x = -15{,}75$ f) $0{,}48x^2 = 9{,}6x$

11 Karina ist vier Jahre jünger als Tom. Multipliziert man das Alter der beiden miteinander, so erhält man 357. Wie alt sind die beiden?

11 Verlängert man den Radius eines Kreises um 15 cm, so verdoppelt sich der Flächeninhalt. Wie lang war der ursprüngliche Radius?

+ Quadratische Funktionen und Gleichungen

+ Vermischte Übungen

ZUM WEITERARBEITEN
Zeichne die Graphen der Funktionen $y = 0{,}5x^2 + 3$ und $y = 0{,}5x + 3$ in ein gemeinsames Koordinatensystem. Benenne Gemeinsamkeiten und Unterschiede der Graphen.

1 Mache Aussagen über jeden einzelnen Graphen.

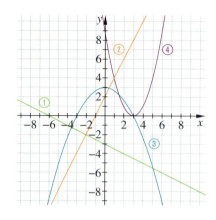

1 Funktionen

x	−3	−2	−1	0	1	2	3
$y = x^2$							
$y = x$							
$y = \frac{1}{x}$							

a) Ergänze die Tabelle im Heft.
b) Zeichne die Graphen der Funktionen.
c) Beschreibe den Verlauf der Graphen. Welcher Graph gehört zu einer antiproportionalen Zuordnung? Begründe.

2 Welche Aussagen zur Parabel der quadratischen Funktion $y = (x − 2)^2 − 4$ sind falsch? Begründe jeweils.
① Sie hat den Scheitelpunkt S bei (2|−4).
② Sie ist gestreckt.
③ Sie hat keinen Schnittpunkt mit der x-Achse.
④ Sie ist nach unten geöffnet.
⑤ Der Punkt $P(5|5)$ liegt auf der Parabel.

2 Untersuche die Funktionen und beantworte jeweils die Fragen. Begründe jeweils.
a) Ist der Graph gestreckt oder gestaucht?
b) In welche Richtung ist die Parabel geöffnet?
c) Wie viele Nullstellen hat die Funktion?

$y_1 = −0{,}08 x^2$
$y_2 = 2{,}7 x^2 − 4$
$y_3 = −(x − 2)^2$
$y_4 = 2(x + 3)^2$
$y_5 = 0{,}5(x + 2)^2 − 1$

3 Welcher Punkt liegt auf der Parabel mit der Funktionsgleichung $y = (x − 3)^2 + 1{,}5$?
a) (−4,5|20,5) b) (−3|−9) c) (3|9)
d) (−1,5|1) e) (2,5|6,5) f) (4,3|3,19)

3 Vervollständige die Koordinatenpunkte der Funktion $y = (x + 3{,}5)^2 − 2{,}5$.
a) (−4,5|) b) (1,5|) c) (5|)
d) (|6,5) e) (|33,5) f) (|−2,25)

4 Nenne jeweils drei Funktionsgleichungen von Parabeln, die zwei, einen, keine Schnittpunkte mit der x-Achse haben.

5 Forme mithilfe der binomischen Formeln in die Form $y = (x + e)^2$ um.
Gib jeweils den Scheitelpunkt an.
a) $y = x^2 + 3x + 2{,}25$ b) $y = x^2 − 24x + 144$
c) $y = x^2 + 44x + 484$ d) $y = x^2 − 62x + 961$

5 Forme mithilfe der binomischen Formeln in die Form $y = (x + e)^2 + f$ um.
Gib jeweils den Scheitelpunkt an.
a) $y = x^2 − 6x + 12$ b) $y = x^2 + 12x − 2$
c) $y = x^2 + 7x + 11{,}25$ d) $y = x^2 − 8x − 18$

6 Nenne jeweils drei quadratische Gleichungen, die keine, eine, zwei Lösungen haben. Gibt es auch eine quadratische Gleichung mit drei Lösungen? Begründe.

7 Löse die quadratischen Gleichungen.
a) $x^2 = 506{,}25$ b) $5x^2 = 217{,}8$
c) $x^2 + 67 = 409{,}25$ d) $4x^2 − 11 = 7{,}49$
e) $5 − 2x = (x − 1)^2$ f) $x^2 + 15 = 2x^2 − 1$
g) $(x + 3)^2 = 6x + 73$ h) $0{,}08 x^2 = 0{,}032$

7 Löse die Gleichungen. Begründe, warum manche Gleichungen keine Lösung haben.
a) $5x^2 − 45 = 0$ b) $2{,}5 x^2 = −100$
c) $−x^2 + 122 = 1$ d) $(x − 3)(x + 3) = −5$
e) $(x + 2)^2 = (x − 2)^2$ f) $(x + 1)(x − 1) = −1$

8 Die Gleichung $x^2 + 5x = 50$ soll mithilfe der quadratischen Ergänzung gelöst werden. Julian meint: „Um die quadratische Ergänzung zu finden, muss ich den Faktor vor x durch 2 teilen." Wie geht er weiter vor?

+ Vermischte Übungen

9 Beschreibe, wo beim Rechnen mit der p-q-Formel Fehler gemacht wurden.
Löse die Aufgaben neu im Heft.

$x^2 + 4x - 2 = 0 \quad \rightarrow p = 4 \quad q = -2$
$x_{1,2} = -\frac{4}{2} \pm \sqrt{\left(\frac{4}{2}\right)^2 - 2}$
$x_1 = -2 + 1{,}41 = 0{,}59$
$x_2 = -2 - 1{,}41 = -3{,}41$

$x^2 - 10x - 8 = 0 \quad \rightarrow p = 10 \quad q = 8$
$x_{1,2} = -\frac{10}{2} \pm \sqrt{\left(\frac{10}{2}\right)^2 - 8}$
$x_1 = -5 + 4{,}12 = 0{,}88$
$x_2 = -5 - 4{,}12 = -9{,}12$

9 Ergänze im Heft die fehlenden Stellen zur Herleitung der p-q-Formel.
Erkläre jeden einzelnen Schritt.

$x^2 + px + q = 0$
$x^2 + px = -\blacksquare$
$x^2 + 2 \cdot \frac{p}{2}x = -q$
$x^2 + 2 \cdot \frac{p}{2}x + \left(\frac{p}{2}\right)^2 = -q + \blacksquare$
$(x + \blacksquare)^2 = -q + \left(\frac{p}{2}\right)^2$
$x + \frac{p}{2} = \pm\sqrt{-q + \left(\frac{p}{2}\right)^2}$
$x_1 = \blacksquare \frac{p}{2} + \sqrt{-q + \left(\frac{p}{2}\right)^2} \quad x_2 = -\frac{p}{2} - \sqrt{-q + \left(\frac{p}{2}\right)^2}$

10 Löse die quadratischen Gleichungen.
Rechne zu jeder Aufgabe die Probe.
a) $x^2 + 8x = 20$ b) $x^2 - 12x = 45$
c) $x^2 - 2x - 3 = 0$ d) $x^2 - 6x + 9 = 0$
e) $x^2 + 2x - 48 = 0$ f) $x^2 + 0{,}4x = 5{,}25$

10 Löse die quadratischen Gleichungen.
Rechne zu jeder Aufgabe die Probe.
a) $x^2 + 14x = 176$ b) $x^2 - 14x = -49$
c) $x^2 + 7{,}4x = -5{,}85$ d) $1{,}5x^2 + 9x = -13{,}5$
e) $2x^2 + 8x - 10 = 0$ f) $3x^2 - 24x = -48$

11 Der Punkt $P(-5|2{,}5)$ liegt auf der Parabel der Funktion $y = ax^2$. Ermittle a.
Marc schreibt dazu folgende Formel auf: $a = \frac{y}{x^2}$.
In diese Formel setzt er den x- und y-Wert des Punktes ein und berechnet so a.
a) Berechne a.
b) Erkläre das Verfahren und überprüfe es an einem selbst gewählten Beispiel.
c) Lies aus den Graphen mithilfe eines Koordinatenpunktes die Funktionsgleichungen der Form $y = ax^2$ ab.

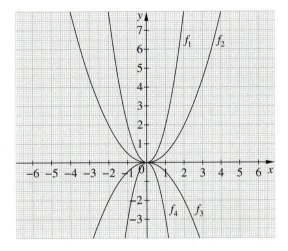

12 Folgende Punkte liegen auf einer Parabel der Form $y = ax^2$.
Ermittle jeweils die Funktionsgleichung.
a) $(1|-1)$ b) $(3|18)$ c) $(-2|6)$

12 Folgende Punkte liegen auf einer Parabel der Form $y = ax^2 - a$.
Ermittle jeweils die Funktionsgleichung.
a) $(2|36)$ b) $(-3|48)$ c) $(-1{,}5|2{,}5)$

13 Gib zu jeder Aussage eine mögliche Funktionsgleichung an.
a) Die lineare Funktion geht durch den Nullpunkt und durch den Punkt $(6|3)$.
b) Die quadratische Funktion geht durch $(0|0)$ und durch den Punkt $(2|2)$.
c) Die Funktion ist die an der y-Achse gespiegelte Normalparabel.
d) Die Funktion ist die Parabel $y = (x - 2{,}5)^2$ gespiegelt an der y-Achse.

13 Der Graph der Funktion wird an der y-Achse gespiegelt. Wie lautet die zugehörige Funktionsgleichung?
a) $y = -4x + 5$
b) $y = (x - 3)^2$
c) $y = -(x + 4)^2$
d) $y = -(x + 2)^2 - 3$
e) $y = (x - 2{,}5)^2 + 3$
f) $y = (x - 1)^2 + 0{,}5$
g) $y = -(x - 1)^2 - 1$

+ Quadratische Funktionen und Gleichungen

14 Bei diesen Funktionsgleichungen kann man auch ohne Rechnung erkennen, ob der Graph zwei, eine oder keine Nullstelle hat. Stelle dir ihren Verlauf im Koordinatensystem vor.
a) $y = x^2$
b) $y = x^2 + 1$
c) $y = x^2 - 2$
d) $y = -x^2 + 2$
e) $y = (x + 4)^2$
f) $y = -(x - 2)^2$
g) $y = -(x + 3)^2$
h) $y = (x - 2)^2 - 1$
i) $y = (x - 7)^2 + 11$
j) $y = (x + 0,5)^2 - 3$

14 Um die Schnittpunkte einer Parabel mit der x-Achse (Nullstellen) bzw. der y-Achse zu berechnen, setzt man in die Funktionsgleichung für y bzw. x den Wert 0 ein.
a) Berechne die Nullstellen und den Schnittpunkt mit der y-Achse der Funktion $y = (x + 1)^2 - 4$ und erkläre die Rechenschritte.
b) Berechne die Achsenschnittpunkte der quadratischen Funktion $y = (x - 2,5)^2 - 4$.

15 Schnittpunkte von Parabeln
a) Wie viele Schnittpunkte können zwei Parabeln miteinander haben? Begründe deine Meinung.
b) Zeichne für jeden der gefundenen Fälle ein Beispiel und erläutere es.
c) Wie viele Schnittpunkte haben die beiden Parabeln $y = (x - 2)^2$ und $y = -(x - 2)^2$ miteinander?
d) Wie viele Schnittpunkte haben die beiden Parabeln $y = x^2$ und $y = 0,5 x^2$ miteinander?

15 Mithilfe des Gleichsetzungsverfahrens, das du von den linearen Gleichungssystemen bereits kennst, lassen sich auch die Schnittpunkte zweier Parabeln berechnen. Berechne die Schnittpunkte der beiden Parabeln und überprüfe die Rechnung durch Zeichnen der beiden Graphen.
a) ① $y = x^2$; ② $y = -x^2 + 2$
b) ① $y = (x + 2)^2 - 2$; ② $y = (x - 3)^2 + 3$
c) Zeige an Beispielen, wie viele Schnittpunkte zwei Parabeln haben können.

16 Die Flugbahn eines Golfballs kann durch die abgebildete Parabel beschrieben werden.
a) Wie hoch fliegt der Golfball maximal?
b) Wie weit fliegt der Golfball?
c) Welche Funktionsgleichung gehört zu der dargestellten Parabel? Begründe.

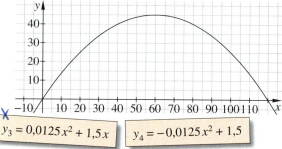

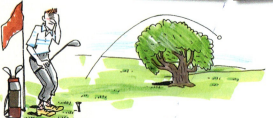

$y_1 = -0,0125 x^2$ 　 $y_2 = -0,0125 x^2 + 1,5 x$ 　 $y_3 = 0,0125 x^2 + 1,5 x$ 　 $y_4 = -0,0125 x^2 + 1,5$

d) Ein 8 m hoher Baum steht 10 m vom Abschlag entfernt. In welcher Höhe fliegt der Golfball über den Baum?
e) Die Flugbahn eines zweiten Golfballs kann mit der Funktionsgleichung $y = -0,008 x^2 + x$ beschrieben werden. Kommt der zweite Golfball über den Baum? Begründe.
f) Berechne, wie weit der zweite Golfball fliegt. Beschreibe deinen Lösungsweg.

17 Der Kraftstoffverbrauch nimmt bei Autos etwa quadratisch mit der Geschwindigkeit zu. Für ein Auto wurde folgende Funktion ermittelt:
$y = 0,002 x^2 - 0,18 x + 8,55$ 　 (für $x > 40$);
x ist die Geschwindigkeit in $\frac{km}{h}$, y ist der Benzinverbrauch in l pro 100 km.
a) Wie viel l Benzin verbraucht das Auto etwa auf 100 km, wenn es im Schnitt mit 50 $\frac{km}{h}$ (70 $\frac{km}{h}$; 100 $\frac{km}{h}$) gefahren wird?
b) 1 l Benzin verbrennt zu 2,33 kg CO_2. Erstelle eine Wertetabelle mit dem CO_2-Ausstoß für eine Durchschnittsgeschwindigkeit von 40; 50; …100 $\frac{km}{h}$.
c) Ist die Zuordnung *Durchschnittsgeschwindigkeit* → *CO_2-Ausstoß* linear, quadratisch oder keines von beidem?

HINWEIS
CO_2 (Kohlenstoffdioxid) ist ein Treibhausgas, das ungünstige Auswirkungen auf das Klima hat.

+ Vermischte Übungen

18 Zahlenrätsel
a) Das Quadrat einer Zahl ist 289.
b) Das Quadrat einer Zahl vermindert um 25 ergibt 999.
c) Das Doppelte des Quadrats einer Zahl ist um 250 größer als 1000.

18 Zahlenrätsel
a) Die Summe aus dem Quadrat einer Zahl und dem Quadrat des Doppelten dieser Zahl ist 245.
b) Das Produkt aus dem Quadrat einer Zahl und 7 ist 2023.

19 Der Italiener Galileo Galilei entdeckte das Fallgesetz. Die Strecke s in Metern (m), die ein Körper in der Zeit t in Sekunden zurücklegt, beträgt ungefähr $s = 5t^2$.
Er überprüfte sein Gesetz durch Fallversuche am schiefen Turm von Pisa (54 m).
a) Wie lange fällt ein Stein von oben bis zum Boden?
b) Aus welcher Höhe muss ein Stein fallen, damit er in 2 Sekunden am Boden ist?
c) Wie lange würde ein Stein vom Kölner Dom (157 m) fallen?
d) Erstelle eine Wertetabelle von 1 s bis 20 s und zeichne den Graphen.

20 Ein Fichtenstamm hat den Durchmesser 40 cm.
Daraus soll ein Balken mit möglichst großem quadratischem Querschnitt geschnitten werden.
Welche Kantenlänge x hat der Querschnitt?

20 Rechtwinklige Dreiecke
a) Die Hypotenuse in einem rechtwinkligen, gleichschenkligen Dreieck ist 5,4 cm lang. Berechne die Länge der Katheten des Dreiecks.
b) In einem rechtwinkligen Dreieck ist das Hypotenusenquadrat 400 cm² groß. Eine Kathete ist 4 cm kürzer als die andere. Berechne die Längen der Katheten.

21 Ein Stein wird mit einer Anfangsgeschwindigkeit von $30 \frac{m}{s}$ senkrecht nach oben geworfen.
Seine Flughöhe lässt sich näherungsweise durch $y = -15x^2 + 30x$ berechnen (x: Zeit in Sekunden; y: Höhe in Metern).
a) Berechne die Höhe des Steins nach 0,5 s; 1 s und 2 s.
b) Bestimme den Zeitpunkt, an dem der Stein seine maximale Höhe erreicht hat. In welcher Höhe befindet er sich dann?

21 Die Flugbahnen der Kugeln von zwei Kugelstoßern wurden beim Training analysiert. Der eine Kugelstoßer stößt die Kugel aus einer Höhe von 1,70 m ab.
Die parabelförmige Flugbahn seiner Kugel lässt sich mit der Gleichung
$y_1 = -\frac{5}{98}x^2 + x + 1{,}7$ beschreiben,
die Flugbahn der Kugel des anderen Kugelstoßers durch $y_2 = -\frac{5}{72}x^2 + x + 1{,}8$.
a) Welche Kugel fliegt weiter?
b) Welche Kugel fliegt höher?

Lerncheck

1 Wandle in die in Klammern angegebene Einheit um und schreibe das Ergebnis als Zehnerpotenz.
a) 15 m (cm) b) 4,5 m² (cm²)
c) 43 kg (g) d) 27 kg (t)

2 Eine Getränkedose (0,33 l) hat die gleiche Breite wie Höhe. Welche Maße hat sie?

3 Die Füße einer Klappleiter stehen 1,2 m auseinander. Die Leiter reicht 3 m hoch.

4 Die Oberfläche eines Würfels beträgt 433,5 cm². Berechne sein Volumen.

5 Ein Baugelände von 25 845 m² soll unter vier Erben aufgeteilt werden.
– B erhält das Doppelte von A,
– C die Hälfte der Summe von A und B
– D so viel wie A und B zusammen
Wie groß sind die Grundstücke?

6 Berechne 15 % Rabatt auf 19,90 €.

+ Quadratische Funktionen und Gleichungen

Checkliste
C 098-1

+ **Teste dich!**

(6 Punkte) **1** Welche der Punkte liegen auf der Normalparabel $y = x^2$, welche auf der Parabel $y = -2x^2$?

A(3|9)   B(2|−8)   C(−3|−18)   D(0|0)   E(0,5|0,25)   F(1,5|−4,5)

(6 Punkte) **2** Bestimme die Funktionsgleichungen der verschobenen Normalparabeln.

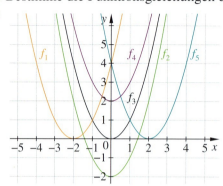
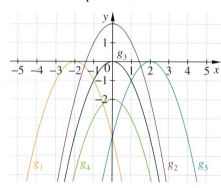

(6 Punkte) **3** Eine Funktion hat die Gleichung $y = (x + 0,5)^2 - 1$.

a) Ergänze die Wertetabelle.

x	−2	−1,5	−1	−0,5	0	0,5	1	1,5	2
$y = (x+0,5)^2 - 1$									

b) Zeichne den Graphen der Parabel.

(6 Punkte) **4** Bestimme jeweils den Scheitelpunkt der Parabeln.
a) $y = -3x^2$
b) $y = (x - 1,5)^2 + 2,5$
c) $y = x^2 - 10x + 25$

(6 Punkte) **5** Verschobene Normalparabeln zeichnen
a) Zeichne mithilfe der Schablone für Normalparabeln verschiedene Funktionsgraphen so in ein Koordinatensystem, dass der Graph die x-Achse …
① gar nicht schneidet,
② in einem Punkt schneidet oder
③ in zwei Punkten schneidet.
b) Notiere die Funktionsgleichungen $y = (x + e)^2 + f$ zu den Parabeln.
c) Wie kann man an der Funktionsgleichung erkennen, wie viele Schnittpunkte der Funktionsgraph mit der x-Achse hat?

(12 Punkte) **6** Übertrage die Tabelle ins Heft und beschreibe die Graphen der Funktionen.

	Funktionsgleichung	Scheitelpunkt	Öffnungsrichtung	Form	Anzahl der Nullstellen
a)	$y = (x - 3)^2 + 2$			normal	
b)	$y = (x + 2)^2$				
c)	$y = -x^2 + 4$				
d)	$y = -(x + 1,5)^2 + 1$				
e)	$y = 2x^2 - 5$				
f)	$y = \frac{3}{4}(x - 2)^2 + 3$				

+ Teste dich!

7 Überprüfe, ob es sich bei x_1 und x_2 um Nullstellen der Funktion handelt. (8 Punkte)
a) $y = (x - 3)^2$; $x_1 = 3$; $x_2 = -3$
b) $y = (x + 2)^2 + 5$; $x_1 = 2$; $x_2 = -2$
c) $y = (x - 4)(x + 2)$; $x_1 = 4$; $x_2 = 2$
d) $y = x^2 + x - 6$; $x_1 = 2$; $x_2 = -3$

8 Eine verschobene Normalparabel hat den Scheitelpunkt $S(2|-1)$. (6 Punkte)
a) Bestimme die Funktionsgleichung.
b) Berechne die Nullstellen.

9 Für den Stadtgarten wird eine kleine Jump-Ramp geplant. (6 Punkte)
Die Krümmung des Skatingbodens soll aus 56,25 cm Höhe über eine Strecke von 150 cm verlaufen. Die Träger werden im Abstand von 25 cm aufgestellt.
a) Bestimme die Funktionsgleichung in der Form $y = ax^2$ und berechne die Höhen der einzelnen Träger.
b) Skizziere die Jump-Ramp im Maßstab 1 : 10.

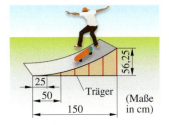

10 Ein Werkstück hat einen parabelförmigen Querschnitt. Die Form des Werkstücks kann annähernd durch die Funktionsgleichung $y = -0{,}156\,25\,x^2 + 3{,}6$ beschrieben werden. Schätze zuerst anhand der Zeichnung und überprüfe dein Ergebnis durch eine Rechnung. (8 Punkte)
a) Wie breit ist das Werkstück?
b) Wie hoch ist das Werkstück?

11 Löse die quadratischen Gleichungen. (6 Punkte)
a) $x^2 = 9801$
b) $5a^2 = 217{,}8$
c) $y^2 + 67 = 409{,}25$
d) $-11 + 4y^2 = 7{,}49$
e) $x^2 + 15 = 2x^2 - 1$
f) $0{,}08\,x^2 = 0{,}032$

12 Gib jeweils eine quadratische Gleichung an, die folgende Lösung hat. (4 Punkte)
a) $x_1 = 5$ und $x_2 = -5$
b) $x = 0$

13 Löse die quadratischen Gleichungen mithilfe der p-q-Formel oder der quadratischen Ergänzung. (8 Punkte)
a) $x^2 + 9x = 52$
b) $x^2 + x = 56$
c) $x^2 + 21{,}5x - 102 = 0$
d) $x^2 + 0{,}75x - \frac{1}{4} = 0$
e) $x^2 - 12{,}5x = 0$
f) $3x^2 - 1{,}5x = 0$
g) $2x^2 + 4x = 30$
h) $28x - 12 = -5x^2$

14 Die Diagonale in einem Quadrat ist 98 cm lang. Bestimme den Umfang des Quadrats. (4 Punkte)

15 Eine rechteckige Wiese wird durch einen 400 m langen Zaun begrenzt. (4 Punkte)
Läuft man von einer Ecke zur diagonal gegenüberliegenden Ecke, so legt man 143 m zurück. Wie lang und wie breit ist die Wiese?

16 Die Hypotenuse eines rechtwinkligen Dreiecks ist 15 cm lang. (4 Punkte)
Die Katheten unterscheiden sich um 3 cm.
a) Wie lang sind die Katheten?
b) Berechne den Flächeninhalt des Dreiecks.

Gold: 94–100 Punkte, Silber: 77–93 Punkte, Bronze: 60–76 Punkte

+ Quadratische Funktionen und Gleichungen

Zusammenfassung

+ **Quadratische Funktionen, Die Normalparabel**

→ Seite 76, 78

Eine Funktion, in der x^2 (und kein x mit höherem Exponenten) vorkommt, nennt man **quadratische Funktion**.
Der Graph einer quadratischen Funktion ist eine **Parabel**.

① $y = x^2$
② $y = x^2 + 2$
③ $y = x^2 - 1$

Der Graph der Funktion $y = x^2$ ist die **Normalparabel**.
Der Scheitelpunkt ist $S(0|0)$.

Die Funktion $y = x^2 + f$ ist eine Normalparabel, die nach oben ($f > 0$) oder nach unten ($f < 0$) verschoben ist.

+ **Die Parabel $y = ax^2$**

→ Seite 80

Bei quadratischen Funktionen der Form $y = ax^2$ ($a \neq 0$) bestimmt a die Form und Öffnungsrichtung der Parabel.
Ist a **positiv** ($a > 0$) ist die Parabel **nach oben** geöffnet.
 – Für $a > 1$ ist die Parabel gestreckt.
 – Für $0 < a < 1$ ist die Parabel gestaucht.
Ist a **negativ** ($a < 0$) ist die Parabel **nach unten** geöffnet.
 – Für $a < -1$ ist die Parabel gestreckt.
 – Für $-1 < a < 0$ ist die Parabel gestaucht.

① $y = 1,5x^2$
② $y = -1,5x^2$
③ $y = 0,3x^2$
④ $y = -0,3x^2$

grau: $y = x^2$
und
$y = -x^2$

+ **Die Normalparabel verschieben**

→ Seite 82

Der Graph einer quadratischen Funktion der Form
$y = (x + e)^2 + f$ ist eine verschobene Normalparabel mit dem **Scheitelpunkt** $S(-e|f)$.
e gibt die Verschiebung in Richtung der x-Achse an,
f gibt die Verschiebung in Richtung der y-Achse an.

um zwei Einheiten nach links verschoben

$y = -(x + 2)^2 - 3$

nach unten geöffnet — um 3 Einheiten nach unten verschoben

+ **Die binomischen Formeln**

→ Seite 84

Summen multiplizieren: $(a + b) \cdot (c + d)$
Binomische Formeln:
① $(a + b)^2 = a^2 + 2ab + b^2$ ② $(a - b)^2 = a^2 - 2ab + b^2$ ③ $(a + b) \cdot (a - b) = a^2 - b^2$

+ **Quadratische Gleichungen, Allgemeinquadratische Gleichungen lösen**

→ Seite 86, 88

Quadratische Gleichungen können zwei, eine oder keine Lösungen haben.
Quadratische Gleichungen in **Normalform** $x^2 + px + q = 0$, kann man mithilfe der **quadratischen Ergänzung** oder der p-q-**Formel** lösen.

Lösung mithilfe der quadratischen Ergänzung:

$x^2 - 12x + 32 = 0 \qquad |-32$
$\qquad x^2 - 12x = -32 \qquad |\left(\tfrac{p}{2}\right)^2$
$x^2 - 12x + \left(\tfrac{12}{2}\right)^2 = -32 + \left(\tfrac{12}{2}\right)^2 \quad$ |2. binom. Formel
$\qquad\qquad (x - 6)^2 = 4 \qquad |\pm\sqrt{}$
$\qquad\qquad x - 6 = \pm 2 \qquad |+6$
$x_1 = 2 + 6 = 8 \quad$ und $\quad x_2 = -2 + 6 = 4$

Lösung mithilfe der p-q-Formel:

$x^2 - 12x + 32 = 0$,
also $p = -12;\ q = 32$
$x_{1,2} = -\left(\tfrac{-12}{2}\right) \pm \sqrt{\left(\tfrac{-12}{2}\right)^2 - 32}$
$x_{1,2} = 6 \pm \sqrt{36 - 32}$
$x_{1,2} = 6 \pm \sqrt{4}$
$x_1 = 6 + 2 = 8 \quad$ und $\quad x_2 = 6 - 2 = 4$

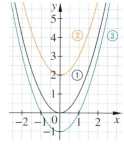
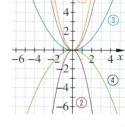

Prozent- und Zinsrechnung

Banken investieren Geld und geben Kredite.
Dabei spielt der Faktor Zeit eine wichtige Rolle.
Wer sein Geld für mehrere Jahre anlegt, erhält in der
Regel mehr Zinsen als bei der Anlage für nur ein Jahr.
Auch bei Krediten spielt es eine große Rolle,
wie schnell das Geld zurückbezahlt werden kann.
Je länger es geliehen wird,
desto höher werden üblicherweise die Kreditzinsen.

Prozent- und Zinsrechnung

Noch fit?

Einstieg

ERINNERE DICH
$p\% = \frac{p}{100}$

1 Schreibweisen von Prozentzahlen
Übertrage und ergänze die Tabelle im Heft.

	Bsp.:	a)	b)	c)
Bruch	$\frac{1}{4}$	$\frac{3}{4}$		
Dezimalzahl	0,25			0,5
Prozent	25%		30%	

2 Grundbegriffe der Prozentrechnung
Welche Angabe ist der Prozentwert W, Grundwert G und Prozentsatz p%? Ordne zu.
a) Von den 32 Fußballspielern des Kaders sind 10 verletzt. Das sind 31,25%.
b) Auf den Preis von 38,95 € entfallen noch 19% Mehrwertsteuer. Das sind 7,40 €.
c) In einer Schule mögen 90% der 70 Lehrer Kaffee. Das sind 63.

3 Prozentwerte berechnen
Berechne den Prozentwert W mit dem Dreisatz oder mit der Formel $W = \frac{G \cdot p}{100}$.
a) 10% von 50 €
b) 20% von 120 mm
c) 5% von 75 cm
d) 15% von 660 km

4 Grundwerte berechnen
Berechne den Grundwert G.
a) 75% sind 225 kg
b) 11% sind 154 €
c) 43% sind 73,1 ml
d) 64% sind 72 mg

HINWEIS
zu den Aufgaben 5 und 6:
Wie du Größen umrechnest, kannst du in der Formelsammlung (S. 238–241) nachlesen.

5 Prozentsätze berechnen
Berechne den Prozentsatz.
Achte bei c) und d) auf die Einheiten.
a) 26 kg von 50 kg
b) 510 l von 17 000 l
c) 65 Cent von 1 €
d) 150 g von 3 kg

6 Prozentuale Anteile bestimmen
Angegeben ist die Menge an Vitamin C, die in 100 g enthalten sind.

| Brokkoli 95 mg | Paprika 140 mg | Sanddorn 450 mg | Hagebutte 1250 mg |

a) Berechne jeweils den prozentualen Anteil an Vitamin C.
b) 1 kg Äpfel enthalten rund 0,02% Vitamin C. Vergleiche mit deinen Ergebnissen aus a).

7 Grundbegriffe der Zinsrechnung
Welche Begriffe entsprechen einander?

Prozentrechnung		Zinsrechnung
Grundwert G		Zinssatz p%
Prozentwert W		Zinsen Z
Prozentsatz p%		Kapital K

Aufstieg

1 Schreibweisen von Prozentzahlen
Übertrage und ergänze die Tabelle im Heft.

	a)	b)	c)	d)
Bruch	$\frac{1}{5}$			$\frac{1}{8}$
Dezimalzahl		0,4		
Prozent			12%	

3 Prozentwerte berechnen
Berechne den Prozentwert.
a) 3% von 27 m²
b) 12% von 12 l
c) 16% von 120 €
d) 35% von 816 cm
e) 2,2% von 101 kg
f) 1,8% von 72 s

4 Grundwerte berechnen
Berechne den Grundwert G.
a) 16% sind 1120 g
b) 82% sind 246 m³
c) 55% sind 132 ha
d) drei Viertel sind 8 l

5 Prozentsätze berechnen
Berechne den Prozentsatz.
Achte auf die Einheiten.
a) 33 m von 300 m
b) 6 cm von 4 m
c) 12 min von 3 h
d) 4 s von 4 min

7 Grundbegriffe der Zinsrechnung
In der Zinsrechnung spricht man von Kapital K, Zinsen Z und Zinssatz p%.
a) Welchen Begriffen der Prozentrechnung entsprechen sie jeweils?
b) Wie sieht die Formel der Zinsrechnung aus, entsprechend zu $W = \frac{G \cdot p}{100}$?

Noch fit?

8 Jahreszinsen berechnen
Die Jahreszinsen werden mit der Formel berechnet: $Z = \frac{K \cdot p}{100}$
Berechne jeweils die Jahreszinsen.
a) $K = 200\,€$; $p\% = 3\%$
b) $K = 283\,€$; $p\% = 4\%$
c) $K = 385\,€$; $p\% = 12{,}5\%$

8 Jahreszinsen berechnen
Die Jahreszinsen werden mit der Formel berechnet: $Z = \frac{K \cdot p}{100}$
Berechne jeweils die Jahreszinsen.
a) $K = 165{,}75\,€$; $p\% = 8{,}5\%$
b) $K = 950\,€$; $p\% = 2{,}58\%$
c) $K = 637{,}52\,€$; $p\% = 18{,}95\%$

9 Anlagedauern vergleichen
In der Zinsrechnung rechnet man mit:
1 Jahr = 360 Tage, 1 Monat = 30 Tage
Ordne die Anlagedauer nach der Größe.

9 Anlagedauern vergleichen
In der Zinsrechnung rechnet man mit:
1 Jahr = 360 Tage, 1 Monat = 30 Tage
Wie viele Zinstage haben die Zeiträume?
a) 7 Monate
b) 3 Monate und 10 Tage
c) 1 Jahr und 2 Monate
d) 1 Jahr, 4 Monate und 3 Tage
e) 1. Oktober bis 1. November
f) 1. Juli bis 1. September

10 Kip-Formel für Tageszinsen anwenden
Die Tageszinsen kann man mit der Kip-Formel berechnen: $Z = \frac{K \cdot i \cdot p}{100 \cdot 360}$
Übertrage und ergänze die Tabelle im Heft.

	a)	b)	c)
K	100 €	9000 €	400 €
p%	6 %	4 %	3 %
i	30 Tage	100 Tage	150 Tage
Z			

10 Kip-Formel für Tageszinsen anwenden
Die Tageszinsen kann man mit der Kip-Formel berechnen: $Z = \frac{K \cdot i \cdot p}{100 \cdot 360}$
Übertrage und ergänze die Tabelle im Heft.

	a)	b)	c)
K	750 €	1234 €	444 €
p%	5 %	4,5 %	1,55 %
i	25 Tage	95 Tage	134 Tage
Z			

11 Formeln umstellen
Welche der Formeln passen zu der Formel $V = \frac{\pi \cdot r^2 \cdot h}{3}$? Begründe.

$\frac{V}{\pi \cdot r^2} = \frac{h}{3}$ $r^2 \cdot h = \frac{V}{\pi}$ $\frac{\pi \cdot r^2 \cdot h}{V} = \frac{1}{3}$ $3 = \frac{\pi \cdot r^2 \cdot h}{V}$ $\frac{\pi \cdot V}{h} = \frac{r^2}{3}$ $\frac{3 \cdot V}{h} = \pi \cdot r^2$

12 Potenzen berechnen
Berechne mit dem Taschenrechner.
Runde auf zwei Stellen nach dem Komma.
a) 3^2 b) 2^3
c) 19^5 d) $2{,}5^6$
e) 2^{11} f) $1{,}7^8$
g) $1{,}12^9$ h) $1{,}64^{23}$
i) $3 \cdot 10^5$ j) $500 \cdot 2^3$

12 Potenzen berechnen
Berechne mit dem Taschenrechner.
Runde auf zwei Stellen nach dem Komma.
a) $1{,}5^n$ für $n = 3$ ($n = 5$)
b) $1{,}3^n$ für $n = 10$ ($n = 30$)
c) $1{,}115^n$ für $n = 4$ ($n = 15$)
d) $3 \cdot 8^n$ für $n = 2$ ($n = 5$)
e) $4 \cdot 6^n$ für $n = 3$ ($n = 6$)

Weitere Übungen zur Wiederholung und Tipps findest du in „Kannst du das?" ab S. 205

Prozent- und Zinsrechnung

Prozentrechnung mit Formeln

Entdecken

1 Ein Bus ist 30 km gefahren. Das sind 35 % der Strecke.
Wie weit fährt der Bus insgesamt?

Jan rechnet so:

Anteil (in %)	Strecke (in km)
35	30
1	$\frac{30}{35}$
100	$\frac{100 \cdot 30}{35} \approx 85{,}7$

(: 35, · 100)

Cem rechnet so:

$W = \frac{G \cdot p}{100}$
$30 = \frac{G \cdot 35}{100}$ | · 100
$30 \cdot 100 = G \cdot 35$ | : 35
$\frac{30 \cdot 100}{35} = G$ | Seitentausch
$G = \frac{30 \cdot 100}{35} \approx 85{,}7 \text{ km}$

Mia rechnet so:

$W = \frac{G \cdot p}{100}$ | · 100
$W \cdot 100 = G \cdot p$ | : p
$\frac{W \cdot 100}{p} = G$ | Seitentausch
$G = \frac{W \cdot 100}{p}$
$G = \frac{30 \cdot 100}{35} \approx 85{,}7 \text{ km}$

a) Vergleiche die drei Lösungswege. Wie würdest du rechnen? Begründe.
b) Berechne jeweils den Grundwert.
   ① $W = 20$; $p\% = 40\%$ ② $W = 48$; $p\% = 12\%$ ③ $W = 24$; $p\% = 60\%$
c) Wie hast du in b) gerechnet? Vergleiche mit deinem Sitznachbarn.

HINWEIS
Zu den Geschäftskosten gehören Miete der Geschäftsräume, Strom, Gehälter, Werbung, usw.

2 Ein Händler kauft ein Paar Turnschuhe vom Hersteller zu einem Einkaufspreis von 35,00 €.
Auf den Einkaufspreis rechnet er 15,75 € Geschäftskosten hinzu.
Wie viel Prozent des Einkaufspreises plant er als Geschäftskosten ein? Beschreibe deinen Lösungsweg.

Verstehen

Bei der Kalkulation von Kosten und Preisen wendet man die Prozentrechnung an.
Bei wiederholter Berechnung ist es sinnvoll, die Formel vor dem Rechnen einmal umzustellen.

Beispiel 1
Eine Firma verkauft ein Produkt für 90 €.
Ohne Steuern und Kosten bleiben ihr 40 €.
Welcher Anteil vom Preis bleibt der Firma?
gegeben: $G = 90$ €; $W = 40$ €
gesucht: Prozentsatz $p\%$
Rechnung: $W = \frac{G \cdot p}{100}$ | · 100
$W \cdot 100 = G \cdot p$ | : G
$\frac{W \cdot 100}{G} = p$ | Seitentausch
$p = \frac{W \cdot 100}{G}$
$p = \frac{40 \cdot 100}{90} \approx 44{,}44$

Antwort: Der Firma bleiben etwa 44,44 %.

Beispiel 2
Ein Händler plant 8 % der Selbstkosten als Gewinn ein. Der Gewinn beträgt 4,06 €.
Wie hoch sind die Selbstkosten?
gegeben: $p\% = 8\%$; $W = 4{,}06$ €
gesucht: Grundwert G
Rechnung: $W = \frac{G \cdot p}{100}$ | · 100
$W \cdot 100 = G \cdot p$ | : p
$\frac{W \cdot 100}{p} = G$ | Seitentausch
$G = \frac{W \cdot 100}{p}$
$G = \frac{4{,}06 \cdot 100}{8} = 50{,}75$

Antwort: Die Selbstkosten betragen 50,75 €.

> **Merke** Den **Prozentwert** W berechnet man mit der Formel: $W = \frac{G \cdot p}{100}$
>
> Für den **Prozentsatz** $p\%$ erhält man nach Umstellen der Formel: $p = \frac{W \cdot 100}{G}$
>
> Für den **Grundwert** G erhält man nach Umstellen der Formel: $G = \frac{W \cdot 100}{p}$

Prozentrechnung mit Formeln

Üben und anwenden

1 Stelle passende Fragen und beantworte sie.
a) Von einem Kredit sind 5% die Bearbeitungsgebühr. Das sind 50 €.
b) Der 42-jährige Michael hat 14 Jahre seines Lebens in den USA gewohnt.
c) Ein Geschäft kauft einen alten Schrank für 35 € und verkauft ihn für 59,99 €.

2 Was ist jeweils gesucht? Berechne im Kopf.
a) 25% von 40 t
b) 10% sind 15 km
c) 25% sind 50 €
d) 4 € von 20 €

2 Was ist jeweils gesucht? Berechne im Kopf.
a) 75% von 24 m
b) 75% sind 300 kg
c) 40% sind 1,6 t
d) 75 Cent von 3 €

3 Übertrage und ergänze die Tabelle im Heft.

	a)	b)	c)	d)	e)
G	6 l	50 €	4 kg		
W		20 €	30 g	4 t	1,5 s
p%	20%			25%	12%

3 Übertrage und ergänze die Tabelle im Heft.

	a)	b)	c)	d)	e)
G	18 €		2,5 l	4 min	
W	15 €	1,4 t		30 s	2,5 h
p%		32%	58%		3%

4 Gegeben ist der Nettopreis und die Mehrwertsteuer. Berechne den Bruttopreis.

a) 7%; 18 €

b) 19%; 15 000 €

4 Informiere dich, wie viel Mehrwertsteuer jeweils gezahlt werden muss. Berechne aus dem gegebenen Nettopreis den Bruttopreis.

a) Nettopreis: 399,99 €

b) Nettopreis: 3,49 €

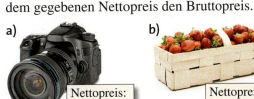

5 Aus dem Berufsleben

So bestimmen Händler den Endpreis einer Ware aus dem Einkaufspreis:

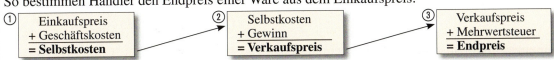

① Einkaufspreis + Geschäftskosten = **Selbstkosten**
② Selbstkosten + Gewinn = **Verkaufspreis**
③ Verkaufspreis + Mehrwertsteuer = **Endpreis**

Beispiel *gegeben*: Einkaufspreis: 35 €; Geschäftskosten: 45%; Gewinn: 8%; MwSt.: 19%
① 35 € + $\frac{45}{100}$ · 35 € = 50,75 € (Selbstkosten)
② 50,75 € + $\frac{8}{100}$ · 50,75 € = 54,81 € (Verkaufspreis)
③ 54,81 € + $\frac{19}{100}$ · 54,81 € = 65,22 € (Endpreis)

Arbeitet zu zweit.
a) Erklärt die Begriffe Selbstkosten, Verkaufspreis und Endpreis mit eigenen Worten.
b) Beschreibt, wie im Beispiel gerechnet wurde.
c) Übertragt und ergänzt die Tabelle im Heft.

	Handy	Rasierer	LCD-TV
Einkaufspreis	62 €	49,30 €	99,10 €
Geschäftskosten	40%	45%	45%
Selbstkosten			
Gewinn	40%	30%	55%
Verkaufspreis			
Mehrwertsteuer	19%	19%	19%
Endpreis			

ZUM WEITERARBEITEN zu Aufgabe 5: Wie viel Prozent des Endpreises ist jeweils der Einkaufspreis?

6 Der Selbstkostenpreis einer Lampe beträgt 14,30 €. Der Gewinn beträgt 30% der Selbstkosten, die Mehrwertsteuer 19%.

6 Der Selbstkostenpreis eines Fernsehers beträgt 540 €. Der Endpreis beträgt 658,80 €. Wie hoch ist der Gewinn in %?

Prozent- und Zinsrechnung

Vermehrter und verminderter Grundwert

Entdecken

1 Immer drei Angaben gehören zusammen. Erkläre, wie du vorgehst.

Pullover, neuer Preis: 9,96 €	reduziert um 40 %	alter Preis: 19,50 €
Bluse, neuer Preis 13,65 €	reduziert um 60 %	alter Preis: 14,90 €
T-Shirt, neuer Preis: 8,94 €	reduziert um 30 %	alter Preis: 24,90 €

2 Arbeitet zu zweit.
Denkt euch drei verschiedene Fragestellungen zu den Bildern aus und beantwortet sie.
Vergleicht anschließend eure Lösungswege.
Benennt Gemeinsamkeiten und Unterschiede bei eurem Vorgehen.

Verstehen

Herr Jul bekommt ein Gehalt von 2850 €.
Im Dezember bekommt er dazu ein Weihnachtsgeld in Höhe von 60 % seines Gehalts.
Wie viel Gehalt erhält Herr Jul im Dezember?

HINWEIS
zu Beispiel 1:
Das Gehalt wächst mit dem Prozentfaktor 1,6
($160\% = \frac{160}{100} = 1{,}6$).
Rechnung:
2850 € · 1,6 = 4560 €

Beispiel 1
gegeben: Vermehrung auf 100 % + 60 % = 160 %
Grundwert G = 2850 €
gesucht: vermehrter Grundwert
Ansatz: 100 % sind 2850 €.
160 % sind ■ €.

Rechnung mit dem Dreisatz:

Anteil (in %)	Gehalt in €
100	2850
1	$\frac{2850}{100} = 28{,}5$
160	160 · 28,5 = 4560

: 100, · 160 ; : 100, · 160

Antwort: Herr Jul erhält im Dezember ein Gehalt von 4560 €.

Beispiel 2
Im Schreibwarenladen wurden im September 24 % weniger Bleistifte verkauft als im August.
Es konnten nur 266 Stifte verkauft werden.
Wie viele Bleistifte wurden im August verkauft?

gegeben: Verminderung auf 100 % − 24 % = 76 %
verminderter Grundwert: 266 Bleistifte
gesucht: Grundwert G
Ansatz: 76 % sind 266 Bleistifte.
100 % sind ■ Bleistifte.

Rechnung mit dem Dreisatz:

Anteil (in %)	Anzahl Stifte
76	266
1	$\frac{266}{76}$
100	$\frac{266 \cdot 100}{76} = 350$

: 76, · 100 ; : 76, · 100

Antwort: Im August wurden 350 Bleistifte verkauft.

Merke Der **vermehrte Grundwert** ist der Grundwert addiert zum Prozentwert: (100 + p) %
Der **verminderte Grundwert** ist die Differenz aus Grundwert und Prozentwert: (100 − p) %

Vermehrter und verminderter Grundwert

Üben und anwenden

1 Auf wie viel Prozent wird der Grundwert vermehrt bzw. vermindert? Begründe.
a) Der Preis für einen Liter Diesel liegt heute 4% über dem Preis der letzten Woche.
b) Familie Siebert konnte ihren Stromverbrauch um 11% senken.
c) Ein Modeladen reduziert alle Preise um 30%.
d) Frau Grün erhält eine Lohnerhöhung von 3,5%.

2 Gegeben ist jeweils der Nettopreis. Der Bruttopreis ist 119% vom Nettopreis. Wie hoch ist jeweils der Bruttopreis?

DVD-Recorder 200€ | Spiel 41€ | MP3-Player 37,80€

2 Die Mehrwertsteuer in Höhe von 19% ist noch nicht enthalten. Wie hoch ist jeweils der Bruttopreis?

Zahncreme 1,64€ | Haarspray 1,08€ | Waschmittel 4,16€

3 Jan soll Preise unter 200€ um 15% senken und Preise über 200€ um 22% senken. Überprüfe seine Ergebnisse.

3 Bei einem Räumungsverkauf werden viele Preise herabgesetzt. Übertrage und ergänze die Tabelle im Heft.

	a)	b)	c)	d)
alter Preis	350€	79€	14,99€	99,99€
Rabatt	20%	30%	15%	9,9%
neuer Preis				

4 Nach einer Preiserhöhung um 6% kostet ein Laptop 760€. Wie viel kostete er vorher?
Ansatz: 106% sind 760€.
100% sind ▇?

4 Im Februar kauft Markus einen Schal für 3,40€. Der Schal ist um 60% reduziert. Markus meint: „Der Schal hat also vorher 8,50€ gekostet." Wie kommt er darauf?

5 Wie hoch war der Vorjahresumsatz?
a) Der Umsatz der Bäckerei wurde dieses Jahr um 9% auf 135 000€ gesteigert. Dies sind also 109% des Vorjahresumsatzes.
b) Der Umsatz einer Parfümerie konnte in einem Jahr um 11% auf 113 406€ gesteigert werden.

5 Mitgliederzahlen
a) Ein Umweltverband hat aktuell 370 656 Mitglieder.
Das sind 4% mehr als im Vorjahr.
b) Eine Gewerkschaft hat in diesem Jahr 244 975 Mitglieder.
Das sind 2,5% weniger als im Vorjahr.

6 In einem Mietshaus wurde die monatliche Miete um 4% erhöht.
Wie viel Miete wurde vorher gezahlt?
a) Die neue Miete beträgt 380€.
b) Die neue Miete beträgt 475€.

6 Ein Zimmer hat Dachschrägen. Daher werden nur 85% der Fläche des Zimmers zur Wohnfläche gerechnet. Die angerechnete Fläche beträgt 17 m². Welche Fläche hat das Zimmer eigentlich?

7 Stelle erst eine Vermutung auf, überprüfe dann: Denk dir einen Preis. Erhöhe ihn um 30%. Reduziere den erhaltenen Preis um 30%. Ist das Ergebnis größer, kleiner oder gleich dem Preis, mit dem du gestartet bist?

7 Ein Bauer will im nächsten Jahr 5% mehr ernten. Nach einem Jahr stellt er fest: „Letztes Jahr habe ich 5% weniger geerntet." Hat er sein Ziel erreicht? Begründe deine Antwort.

Prozent- und Zinsrechnung

Zinsrechnung

Entdecken

1 Yvonne bekommt zum Schulabschluss von ihren Eltern 500 € geschenkt.
a) Was kann Yvonne mit dem Geld machen? Diskutiert in der Klasse.
b) Yvonne hat sich entschieden, für den Führerschein zu sparen.
 Daher legt sie das Geld auf einem Konto an. Recherchiere aktuelle Zinssätze.
 Berechne für verschiedene Zinssätze, wie viel Zinsen Yvonne nach einem Jahr erhält.

2 Auf einem Tagesgeldkonto mit 2,4 % Jahreszinsen werden 1000 € angelegt. Wie kannst du herausfinden, wie hoch die Zinsen nach einem Monat sind?

Verstehen

Moritz hat auf seinem Sparbuch 542 € Guthaben. Er erhält jährlich 1,5 % Zinsen. Wie hoch sind seine Zinsen nach einem Jahr?

HINWEIS
zu Beispiel 1:
Das Guthaben wächst mit dem Zinsfaktor 1,015
(101,5 % = $\frac{101,5}{100}$ = 1,015).
Rechnung:
542 € · 1,015 = 550,13 €

Beispiel 1
gegeben: Kapital $K = 542$ €; Zinssatz $p\% = 1,5\%$
gesucht: Zinsen Z
Rechnung mit dem Dreisatz:
100 % sind 542 €.
1 % sind $\frac{542}{100}$ €.
1,5 % sind $\frac{542 \cdot 1,5}{100}$ € = 8,13 €.

Zinssatz (in %)	Zinsen (in €)
100	542
1	$\frac{542}{100}$
1,5	$\frac{542 \cdot 1,5}{100}$ = 8,13

(: 100, · 1,5)

Antwort: Nach einem Jahr erhält Moritz 8,13 € Zinsen.

> **Merke**
> **Formeln der Zinsrechnung**
>
> **Jahreszinsen** $Z = \frac{K \cdot p}{100}$
> **Monatszinsen** $Z = \frac{K \cdot i \cdot p}{100 \cdot 12}$
> **Tageszinsen** $Z = \frac{K \cdot i \cdot p}{100 \cdot 360}$
>
> Banken rechnen ein Jahr mit 360 Tagen und jeden Monat mit 30 Tagen.

Beispiel 2
Ehepaar Schur nimmt einen Kredit über 2000 € für 50 Tage zu einem Zinssatz von 8 % auf. Wie viel Geld müssen sie zurückzahlen?

gegeben: $K = 2000$ €; $i = 50$ Tage; $p\% = 8\%$
gesucht: Kapital K + Zinsen Z
Formel: $Z = \frac{K \cdot i \cdot p}{100 \cdot 360}$
Rechnung: $Z = \frac{2000 \cdot 50 \cdot 8}{100 \cdot 360} \approx 22,22$ €
 2000 € + 22,22 € = 2022,22 €
Antwort: Ehepaar Schur muss 2022,22 € zurückzahlen.

Üben und anwenden

1 Berechne jeweils die Jahreszinsen.
a) $K = 10\,800\,€;\ p\% = 3\%$
b) $K = 17\,400\,€;\ p\% = 2\%$

2 Familie Beck hat einen Kredit über 8000 € aufgenommen. Der Kredit läuft über ein Jahr zu einem Zinssatz von 9 %.
Wie viel muss die Familie zurückzahlen?

1 Berechne jeweils die Jahreszinsen.
a) $K = 51\,151\,€;\ p\% = 1,5\%$
b) $K = 4444\,€;\ p\% = 4,4\%$

2 Mascha hat auf ihrem Sparkonto ein Guthaben von 274,87 €.
Sie erhält jährlich 1,25 % Zinsen.
Wie hoch ist ihr Guthaben nach einem Jahr?

3 Herr Neumann legt 1500 € zu einem Zinssatz von 2,5 % an.
Ordne Anlagedauer und daraus entstandenes Kapital einander zu. Erkläre, wie du vorgehst.

| 50 Tage | 1512,50 € | 4 Monate | 80 Tage | 1505,21 € | 1508,33 € |

4 Berechne jeweils die Höhe der Zinsen.

	Kapital K	Zinssatz p %	Laufzeit i
a)	7000 €	1 %	6 Monate
b)	14 000 €	2 %	3 Monate
c)	35 000 €	2 %	95 Tage
d)	100 500 €	1,7 %	7 Tage

4 Berechne jeweils die Höhe der Zinsen.

	Kapital K	Zinssatz p %	Laufzeit i
a)	147,50 €	2 %	7 Monate
b)	25 000 €	4,5 %	100 Tage
c)	183 700 €	1,75 %	3 Monate
d)	543 210 €	1,99 %	65 Tage

5 Familie Herder hat für den Verkauf ihres Autos 4600 € erhalten.
Sie legt das Geld auf einem Festgeldkonto mit 2,7 % Zinsen p. a. für 42 Tage an.

5 Alev hat auf ihrem Sparkonto ein Guthaben von 743,58 €. Sie erhält 2,1 % Zinsen p. a.
a) Wie hoch ist ihr Guthaben nach 36 Tagen?
b) Wie hoch ist ihr Guthaben nach 72 Tagen?

6 Überlege, ohne zu rechnen.
Was bringt mehr Zinsen?
a) $K = 780\,€;\ p\% = 1,5\%;\ i = 1$ Jahr *oder*
  $K = 780\,€;\ p\% = 1,5\%;\ i = 6$ Monate
b) $K = 5000\,€;\ p\% = 2\%;\ i = 1$ Jahr *oder*
  $K = 5000\,€;\ p\% = 6\%;\ i = 6$ Monate

6 Überlege, ohne zu rechnen.
Ergeben sich bei der Anlage von ①, ② und ③ gleich hohe Zinsen? Begründe deine Antwort.
① $K = 3000\,€;\ p\% = 2\%;\ i = 1$ Jahr
② $K = 3000\,€;\ p\% = 4\%;\ i = 6$ Monate
③ $K = 3000\,€;\ p\% = 8\%;\ i = 90$ Tage

7 Stelle die Zinsformel $Z = \frac{K \cdot p}{100}$ einmal nach K um und einmal nach p um.

7 Stelle die Formel $Z = \frac{K \cdot i \cdot p}{100 \cdot 360}$ nach K, nach p und nach i um.

8 Übertrage und ergänze die Tabelle im Heft.

	Kapital K (in €)	Zinssatz p %	Jahreszinsen Z (in €)
a)		2 %	120
b)		5 %	4500
c)		4 %	1320
d)	200 700		4014
e)	340 000		8500
f)	45 970		1379

8 Übertrage und ergänze die Tabelle im Heft.

	Kapital K (in €)	Zinssatz p %	Laufzeit i	Zinsen Z (in €)
a)		2 %	100 Tage	200
b)	9000		10 Tage	2,50
c)	100 000	3,5 %		1750
d)		4 %	125 Tage	100
e)	3150		56 Tage	14,70
f)	125	4,5 %		5

HINWEIS
zu Aufgabe
5 (lila) und
5 (türkis)
p. a. steht für
„per anno"
und bedeutet
„jährlich".

Prozent- und Zinsrechnung

Zinseszins berechnen

Entdecken

1 In der 8. Jahrgangsstufe hat eine Klasse einen Wettbewerb zum Thema „Flugzeugmodelle" gewonnen und erhielt 1000 € für die Klassenkasse.
Die Klassenlehrerin legte das Geld auf einem Konto an. Jetzt sind die Schülerinnen und Schüler in der 10. Klasse und heben das Geld ab, um davon ihre Abschlussfeier zu bezahlen. Erkläre den Kontoauszug.

```
Festgeldkonto: 3,0% p.a.
Auszug 1              Umsatz in €
Einzahlung             + 1000,00
Zinsen 1.Jahr            + 30,00
Zinsen 2.Jahr            + 30,90
Auszahlung             - 1060,90
```

2 Welche Geldanlage bringt mehr Zinsen? Diskutiert untereinander.
① $K = 4000\,€$; $p\% = 1{,}5\%$; $i = 1$ Jahr
② $K = 2000\,€$; $p\% = 1{,}5\%$; $i = 2$ Jahre

Verstehen

Herr Heine legt 1500 € mit einer Laufzeit von 2 Jahren zu einem Zinssatz von 4 % pro Jahr an. In den zwei Jahren hebt er kein Geld ab und zahlt auch nichts ein.

Beispiel 1
Wie hoch ist das Kapital von Herrn Heine nach 2 Jahren?

1. Jahr:

Anteil (in %)	Zinsen (in €)
100	1500
1	$\frac{1500}{100} = 15$
4	$4 \cdot 15 = 60$

Nach dem 1. Jahr hat Herr Heine
1500 € + 60 € = 1560 €.

2. Jahr:

Anteil (in %)	Zinsen (in €)
100	1560
1	$\frac{1560}{100} = 15{,}6$
4	$4 \cdot 15{,}6 = 62{,}40$

Nach dem 2. Jahr hat Herr Heine
1560 € + 62,40 € = 1622,40 €.

Beispiel 2
Natascha möchte in zwei Jahren nach London reisen.
Sie hat 368,71 € auf einem Konto, das mit 3 % pro Jahr verzinst wird.
Reicht ihr Geld nach zwei Jahren für die 390 € teure Reise?

1. Jahr:

Anteil (in %)	Zinsen (in €)
100	368,71
1	$\frac{368{,}71}{100}$
3	$\frac{368{,}71 \cdot 3}{100} \approx 11{,}06$

Nach dem 1. Jahr hat Natascha
368,71 € + 11,06 € = 379,77 €.

2. Jahr

Anteil (in %)	Zinsen (in €)
100	379,77
1	$\frac{379{,}77}{100}$
3	$\frac{379{,}77 \cdot 3}{100} \approx 11{,}39$

Nach dem 2. Jahr hat Natascha
379,77 € + 11,39 € = 391,16 €.
Ihr Geld reicht für die Reise.

Merke Angelegtes Kapital bringt am Jahresende Zinsen.
Diese Zinsen werden zum jeweiligen Kapital addiert und im nächsten Jahr mitverzinst.
Die aus den Zinsen entstehenden Zinsen nennt man dann **Zinseszinsen**.

Zinseszins berechnen

Üben und anwenden

1 Frau König hat 7800 € geerbt.
Sie legt es mit einer Laufzeit von 2 Jahren zu einem Zinssatz von 3% p.a. an.
In den 2 Jahren hebt Sie kein Geld ab und zahlt auch nichts ein.
Wie hoch ist ihr Kapital nach 2 Jahren? Ergänze die Tabellen und Antwortsätze im Heft.

1. Jahr:

Prozent	Zinsen (in €)
100%	7800
1%	$\frac{7800}{100}$
3%	▪

Nach dem 1. Jahr hat Frau König …

2. Jahr:

Prozent	Zinsen (in €)
100%	▪
1%	▪
3%	▪

Nach dem 2. Jahr hat Frau König …

2 Berechne jeweils die Höhe des Kapitals nach zwei Jahren.
a) $K = 10000 €$; $p\% = 4\%$
b) $K = 4900 €$; $p\% = 2\%$
c) $K = 37100 €$; $p\% = 3\%$
d) $K = 780 €$; $p\% = 2,5\%$

2 Berechne jeweils die Höhe des Kapitals nach zwei Jahren.
a) $K = 12300 €$; $p\% = 1,8\%$
b) $K = 1283000 €$; $p\% = 3,3\%$
c) $K = 375362 €$; $p\% = 1,25\%$
d) $K = 714,68 €$; $p\% = 1,55\%$

3 Eine Bank bietet verschiedene Kredite an. Wie viel Geld muss bei den angegebenen Kreditsummen und Zinssätzen jeweils nach 2 Jahren zurückgezahlt werden?

5000 € — 9%   10000 € — 10%   15000 € — 11%

3 Eine Bank bietet verschiedene Kredite an. Wie viel Geld muss bei den angegebenen Kreditsummen und Zinssätzen jeweils nach 2 Jahren zurückgezahlt werden?

30000 € — 18,3%   25000 € — 14,3%   40000 € — 21,08%

4 Bei Krediten wirkt sich der Zinseszinseffekt ungünstig aus.
Finde selbst ein Beispiel, indem du eine Kreditsumme festlegst und einen der Kreditzinssätze auswählst:

8%   10,9%   13,9%   14,2%

Berechne dann, wie viel Geld nach 2 Jahren zurückgezahlt werden muss.

5 Übertrage und ergänze die Tabelle im Heft. Der Zinssatz beträgt 2% p.a.

Zeit nach …	1 Jahr	2 Jahren	3 Jahren
Anfangskapital	4000 €	4080 €	
Zinsen	80 €		
Endkapital	4080 €		

5 Dilara bekommt zu ihrem 16. Geburtstag folgendes Geschenk: ein Festgeldkonto mit 500 € Guthaben.
Das Festgeld verzinst sich jährlich mit 2,4%.
Sie kann das Guthaben entweder an ihrem 18. oder 21. Geburtstag ausgezahlt bekommen.
Wie viel würde sie jeweils bekommen?

6 Zu ihrer Hochzeit haben Anja und Micha insgesamt 4320 € geschenkt bekommen.
Sie legen das Geld zu einem Zinssatz von 3,2% p.a. an.
Wie hoch ist ihr Kapital nach drei Jahren?

6 Familie Jansen legt 9000 € zu einem Zinssatz von 3% an.
Nach wie vielen Jahren ist das Kapital größer als 10000 €?
Beschreibe deinen Lösungsweg.

Prozent- und Zinsrechnung

Der Zinsfaktor

Entdecken

1 Frau Jacobs legt 2000 € für fünf Jahre zu einem Zinssatz von 7% fest an.
Am Ende des 1. Jahres beträgt das Kapital 107% des Anfangskapitals. Man kann auch sagen:
Das Kapital wächst mit dem Zinsfaktor 1,07. Erkläre folgende Rechnung.

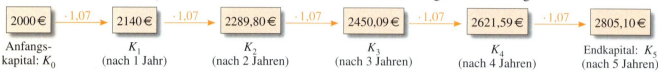

2 10 € werden ein Jahr zu einem Zinssatz von 3% angelegt.
Wie viel Geld ist nach einem Jahr auf dem Konto?
Alina sagt: „Ich multipliziere das Anfangskapital mit 103%, also $\frac{103}{100}$."
Kolja sagt: „Ich multipliziere die 10 € mit $1 + \frac{3}{100}$, also mit 1,03."
a) Erkläre, wie Alina und Kolja rechnen. Welchen Rechenweg findest du besser?
b) Welcher Geldbetrag müsste nach drei Jahren gezeigt werden?

Anfangskapital: nach einem Jahr: nach zwei Jahren:

3 Ein Kapital von 5000 € wird für 3 Jahre angelegt. Der Zinssatz $p\%$ beträgt 4%.
a) Berechne und erkläre. Kapital nach 3 Jahren: $K_3 = 5000 \cdot 1{,}04 \cdot 1{,}04 \cdot 1{,}04$
b) Begründe, ob man auch schreiben darf: Kapital nach 3 Jahren: $K_3 = 5000 \cdot (1{,}04)^3$

Verstehen

Ein Kapital von 7000 € wird zu einem Zinssatz von 2,5% angelegt.
Wie hoch ist das Kapital nach 5 Jahren?

Beispiel 1
gegeben: Anfangskapital $K_0 = 7000$ €; $p\% = 2{,}5\%$; Zeit in Jahren $n = 5$
gesucht: Endkapital K_5
Rechnung: Zinsfaktor $100\% + 2{,}5\% = 1 + \frac{2{,}5}{100} = 1{,}025$
$K_5 = 7000 \cdot 1{,}025 \cdot 1{,}025 \cdot 1{,}025 \cdot 1{,}025 \cdot 1{,}025$
$= 7000 \cdot (1{,}025)^5 \approx 7919{,}86$
Antwort: Nach fünf Jahren beträgt das Kapital 7919,86 €.

> **Merke** Mit dem **Zinsfaktor** $\left(1 + \frac{p}{100}\right)$
> kann man bei gegebenem Anfangskapital K_0
> und Zinssatz $p\%$ das Endkapital K_n nach
> n Jahren berechnen.
>
> **Kapital nach n Jahren:** $K_n = K_0 \cdot \left(1 + \frac{p}{100}\right)^n$

Beispiel 2
gegeben: $K_0 = 400$ €; $p\% = 3\%$; $n = 15$
gesucht: K_{15}
Formel: $K_n = K_0 \cdot \left(1 + \frac{p}{100}\right)^n$
Rechnung: $K_{15} = 400 \cdot \left(1 + \frac{3}{100}\right)^{15} \approx 623{,}19\ [\text{€}]$

Der Zinsfaktor

Üben und anwenden

1 Gib den Zinsfaktor an.
a) Der Zinssatz $p\%$ beträgt 5%.
b) Der Zinssatz $p\%$ beträgt 2,2%.

2 Berechne jeweils das Endkapital.
a) Ein Kapital von 8000 € wird für 3 Jahre angelegt. Der Zinssatz $p\%$ beträgt 2%.
$K_3 = 8000 \cdot (1{,}02)^3$
b) Ein Kapital von 44 000 € wird für 4 Jahre angelegt. Der Zinssatz $p\%$ beträgt 3%.
$K_4 = 44\,000 \cdot (1{,}03)^4$

3 Berechne das Endkapital.

	Kapital K_0	Zinssatz $p\%$	Laufzeit n
a)	6000 €	2%	7 Jahre
b)	20 000 €	4%	5 Jahre
c)	17 400 €	3%	3 Jahre
d)	9830 €	1,5%	10 Jahre

1 Gib den Zinsfaktor an.
a) Der Zinssatz $p\%$ beträgt 9,8%.
b) Der Zinssatz $p\%$ beträgt 0,7%.

2 Berechne jeweils das Endkapital.
a) Ein Kapital von 2130 € wird für 2 Jahre angelegt. Der Zinssatz $p\%$ beträgt 2,5%.
b) Ein Kapital von 16 000 € wird für 5 Jahre angelegt. Der Zinssatz $p\%$ beträgt 2,75%.
c) Ein Kapital von 111 855 € wird für 7 Jahre angelegt. Der Zinssatz $p\%$ beträgt 3,25%.

3 Berechne das Endkapital.

	Kapital K_0	Zinssatz $p\%$	Laufzeit n
a)	12 380 €	1,75%	4 Jahre
b)	48 170 €	2,1%	15 Jahre
c)	53 895 €	3,3%	12 Jahre
d)	45 861 €	2,25%	1 Jahr

4 Wähle jeweils eine Kreditsumme, einen Zinssatz und eine Laufzeit.
Schreibe mindestens drei verschiedene Aufgaben und rechne sie aus.

Kreditsumme	
77 000 €	35 000 €
100 000 €	200 000 €

Zinssatz	
10,2%	11,9%
11,11%	8,76%

Laufzeit	
3 Jahre	5 Jahre
12 Jahre	15 Jahre

5 Ein Anfangskapital von 10 000 € wird zu einem festen Zinssatz angelegt.
Bei welcher Anlageform wird das Kapital größer?
① $p\% = 2\%$; Laufzeit in Jahren: $n = 3$
② $p\% = 3\%$; Laufzeit in Jahren: $n = 2$

5 Wähle verschiedene Werte für das Anfangskapital.
Bei welcher Anlageform wird das Kapital größer? Was fällt dir auf?
① $p\% = 3\%$; Laufzeit in Jahren: $n = 4$
② $p\% = 4\%$; Laufzeit in Jahren: $n = 3$

6 Herr Roth hat einen Gartenteich.
Für einen besonders schönen Koi-Karpfen benötigt er 500 €. Er legt 450 € zu einem Zinssatz von 2,5% an.
Hat er nach vier Jahren genügend Geld für den Koi?

6 Herr Mayrhofer kauft sich alle 7 Jahre ein neues Auto. Wenn er ein neues Auto gekauft hat, legt er gleich wieder 7777 € zu einem Zinssatz von 3,75% an.
Kann er sich damit ein neues Auto für 9999 € leisten?

Prozent- und Zinsrechnung

Methode Zinsrechnung mit einer Tabellenkalkulation

Um das Endkapital von verschiedenen Geldanlagen schnell zu berechnen, kann man eine Tabellenkalkulation nutzen.
Eine solche Tabelle kann zum Beispiel so aussehen:

	A	B	C	D	E
1		**Zinsrechnung mit einer Tabellenkalkulation**			
2					
3					
4		Gib deine Werte für das Anfangskapital K_0, den Jahreszinssatz p und die Anlagedauer n in Jahren ein.			
5					
6		Anfangskapital K_0	0,01	€	
7		Jahreszinssatz p	10		
8		Anlagedauer n	100	Jahre	
9					
10		Zinsfaktor	1,1		
11		Endkapital K_n	137,81	€	
12					

In dieser Tabelle kann man als Variablen das Anfangskapital K_0, den Jahreszinssatz p und die Anlagedauer n in Jahren eingeben.

– Zelle **C10**:
  Der Zinsfaktor berechnet sich mit $1 + \frac{p}{100}$.

– Zelle **C11**:
  Mit der Zinsformel
  $K_n = K_0 \cdot \left(1 + \frac{p}{100}\right)^n$ kann man das Endkapital K_n berechnen. Der Zinsfaktor wird mit der Anzahl der Anlagejahre n potenziert und mit dem Anfangskapital K_0 multipliziert.

Üben und anwenden

1 Welche dieser Formeln steht in Zelle **C10**? Begründe.

| = 1 + 10 | | = 1 + C7/100 | | = 1 + 10/100 | | = C7/100 | | 1 + C7/100 |

2 In Zelle **C11** steht die Formel =C6*C10^C8.
Das Zeichen ^ bedeutet „potenziert mit".
Erkläre den Zusammenhang mit der Zinsformel $K_n = K_0 \cdot \left(1 + \frac{p}{100}\right)^n$.

3 Die Einträge welcher Zellen der Tabelle ändern sich, wenn der Eintrag …
a) der Zelle **C6** verändert wird?
b) der Zelle **C7** verändert wird?

4 Erstelle selbst eine Tabelle wie oben und berechne den gesuchten Wert.
a) $K_0 = 5000\,€;\ p = 3{,}5;\ n = 5;\ K_n = ?$
b) $K_0 = 38\,000\,€;\ p = 2{,}25;\ n = 12;\ K_n = ?$

5 Probiere aus:
Wie hoch muss das Anfangskapital K_0 sein, um bei einem Zinssatz $p\%$ von 3,5 % und einer Anlagedauer von 5 Jahren ein Endkapital K_n von möglichst genau 100 000 € zu erhalten?
Präsentiere deine Vorgehensweise und dein Ergebnis in der Klasse.

6 Probiere aus:
Wie lange muss man 500 € zu einem Zinssatz von 2 % anlegen, um ein doppelt so hohes Endkapital zu erhalten?
Ist das Ergebnis von der Höhe des Startkapitals abhängig? Begründe.

Thema Prozent- und Zinsrechnung im Beruf

Miriam hat sich für eine Ausbildung bei der Bahn entschieden. Sie wird **Lokführerin**.
„Schon als Kind habe ich stundenlang mit meiner Eisenbahn gespielt.
Jetzt bin ich im 2. Ausbildungsjahr.
Seit ich die Zwischenprüfung geschafft habe, darf ich selbst Züge steuern. Ein erfahrener Lokführer ist aber immer dabei.
Es ist sehr aufregend, so eine Kraft unter den Pedalen zu spüren und den schweren Zug im Bahnhof zu bremsen.
Anstrengend ist in meinem Beruf, dass ich oft auch nachts oder am Wochenende fahren muss. Schließlich sind Züge rund um die Uhr unterwegs."

1 Die Deutsche Bahn AG hat 306 919 Mitarbeiterinnen und Mitarbeiter, davon 195 912 in Deutschland.
Wie viel Prozent der Mitarbeiterinnen und Mitarbeiter sind in Deutschland beschäftigt?

2 Tim möchte mit dem Zug von Köln nach Wolfsburg fahren.
Er hat folgendes recherchiert.

Fahrzeit	Züge	Normal-preis	Spar-preis
3:15	ICE	81 €	59 €
4:43	IC	73 €	55 €
5:22	RE	56 €	44 €
4:34	IC, RE	73 €	49 €

a) Welche Verbindung würdest du wählen? Begründe.
b) Wie viel Prozent spart man jeweils beim Sparpreis zum Normalpreis?
c) Recherchiere im Internet.
Lohnt sich eine Bahncard 25 für Tim (16 Jahre) für diese Fahrt?
Würde sich dies auch für Tims 45-jährigen Vater oder 72-jährigen Opa lohnen?

3 Wegen eines Streiks fallen an drei Tagen im Juni 54 600 Züge im Nahverkehr aus. Das sind 70 % der in dieser Zeit fahrenden Züge.
Wie viele Züge fahren normalerweise im Juni im Nahverkehr?

Berufsbezeichnung	Eisenbahner/-in im Betriebs-dienst, Fachrichtung Lokführer und Transport
Häufige Tätigkeiten	• Rangierfahrten und Zugbildung • Wagen- und Bremsenprüfung • Zugfahrten
Dauer der Ausbildung	3 Jahre, nach 18 Monaten Zwischenprüfung
Voraussetzungen	• Haupt- oder Realschulabschluss • technisches Verständnis • Interesse an Weiterbildungen • Verantwortungsgefühl • nicht farbenblind

4 Monatlich fahren etwa 20 000 Züge im Fernverkehr. Ein Zug ist pünktlich, wenn er nicht später als 5 Minuten nach seiner planmäßigen Ankunftszeit ankommt.
Im Jahr 2013 waren 73,9 % der Züge im Fernverkehr pünktlich.
Wie viele Züge waren das?

5 Könntest du dir vorstellen, Lokführerin oder Lokführer zu werden?
Was spricht dafür, was dagegen? Recherchiere mithilfe des Webcodes im Internet.

HINWEIS
↻ 115-1
Hier erfährst du mehr über den Ausbildungsberuf „Lokführer/-in".

Prozent- und Zinsrechnung

Klar so weit?

→ Seite 104

Prozentrechnung mit Formeln

1 Ordne jeweils die Begriffe Grundwert G, Prozentsatz p, Prozentwert W zu.
Berechne die fehlende Größe.
a) Die Cola kostet 2,50 €. Davon sind 20 % Gewinn des Verkäufers.
b) Die Pizzeria verkauft eine Pizza für 8 €. Die Zutaten haben 1,60 € gekostet.
c) Für die Miete seiner Praxis bezahlt ein Arzt 1300 €. Das sind 65 % seiner Kosten.

2 Berechne die fehlende Größe.

	Grundwert	Prozentwert	Prozentsatz
a)	10 000		1,5 %
b)	5000	100	
c)		80	2 %

2 Berechne die fehlende Größe.

	Grundwert	Prozentwert	Prozentsatz
a)	14 800 l		2 %
b)	6800 m	85 m	
c)		170 g	2,5 %

→ Seite 106

Vermehrter und verminderter Grundwert

3 Ein Elektronikhändler will die Preise um 12 % erhöhen. Wie lauten die neuen Preise? Sie entsprechen 112 % des alten Preises.
a) Fernseher: alter Preis 120 €
b) DVD-Player: alter Preis 84 €
c) Waschmaschine: alter Preis 540 €

3 Berechne die neuen Mitgliederzahlen.
a) Ein Schwimmverein hatte letztes Jahr 2560 Mitglieder. Jetzt sind es 2,4 % mehr.
b) Ein Fitnesscenter hatte letztes Jahr 3088 Mitglieder. Jetzt sind es 3,5 % mehr.
c) Ein Chor hatte 9 Sänger, jetzt 11 % mehr.

4 Ein Händler reduzierte die Preise um 20 %. Wie viel haben die Waren vorher gekostet?
Beispiel 80 % sind 40 €
100 % sind ■.

- Handtasche jetzt 40 € ①
- Seidenschal jetzt 24 € ②
- Krawatte jetzt 16 € ③

4 Sommerware wurde um 45 % reduziert. Wie viel haben die Waren vorher gekostet?

- Kleid jetzt 32,45 € ①
- Flip-Flops jetzt 5,28 € ②
- Strandmatte jetzt 1,65 € ③
- Sonnenbrille jetzt 6,60 € ④

→ Seite 108

Zinsrechnung

5 Übertrage und ergänze die Tabelle im Heft.

	Kapital	Jahreszinsen	Zinssatz
a)	50 €		2 %
b)	2400 €	60 €	
c)		36 €	3 %

5 Übertrage und ergänze die Tabelle im Heft.

	Kapital	Jahreszinsen	Zinssatz
a)	700 €		1,5 %
b)	11 500 €	460,50 €	
c)		11,11 €	2,75 %

6 Leyla legt 300 € zu einem Zinssatz von 2,5 % p. a. für 4 Monate an.
Ron legt 300 € zu einem Zinssatz von 3,5 % für 72 Tage an.
Wer bekommt mehr Zinsen für seine Anlage?

6 Deniz legt 275 € für 5 Monate zu einem Zinssatz von 2,75 % p. a. an.
Svea legt 265 € zu einem Zinssatz von 5,65 % p. a. für 315 Tage an.
Wer hat am Ende der Laufzeiten mehr Geld?

Zinseszins berechnen

→ Seite 110

7 Übertrage und ergänze die Tabelle im Heft.

	a)	b)	c)	d)	e)
Kapital K	200 €	190 €	320 €	570 €	60 €
Zinssatz p %	4 %	1,5 %	2,2 %	3 %	
Zinsen für das 1. Jahr					1,50 €
Kapital zu Beginn des 2. Jahres	208 €				
Zinsen für das 2. Jahr					
Kapital nach 2 Jahren					

8 Familie Nowak legt 15 000 € zu einem Zinssatz von 2 % an.
Wie hoch ist ihr Kapital nach 2 Jahren?

8 Familie Wysocki eröffnet ein Konto mit 1,75 % Zinsen p. a. und zahlt 14 915 € ein.
Wie hoch ist der Kontostand nach 2 Jahren?

9 Tina möchte 1000 € für 2 Jahre anlegen.
Für welche Bank sollte sie sich entscheiden?

9 Hans möchte 1500 € für 3 Jahre anlegen.
Für welche Bank sollte er sich entscheiden?

Bank A
Zinsen 4 % p. a.

Bank B
Zinsen 5 % p. a.
Nach 2 Jahren sind 30 € Gebühr zu zahlen.

Bank A
Zinsen 1,5 % p. a.

Bank B
Zinsen
im 1. Jahr: 1,4 %
im 2. Jahr: 1,5 %
im 3. Jahr: 1,6 %

Der Zinsfaktor

→ Seite 112

10 Es werden 7500 € für 5 Jahre angelegt.
Gib zunächst den Zinsfaktor an.
Berechne dann das Endkapital K_5.
a) $p\% = 9\%$ b) $p\% = 7\%$
c) $p\% = 5,5\%$ d) $p\% = 1,6\%$

10 Es werden 9404 € für 7 Jahre angelegt.
Berechne das Endkapital.
a) $p\% = 3\%$ b) $p\% = 11\%$
c) $p\% = 9,7\%$ d) $p\% = 4,6\%$
e) $p\% = 5,55\%$ f) $p\% = 1,11\%$

11 Herr Breuer ist 42 Jahre alt und legt bei einer Bank ein Anfangskapital in Höhe von 1400 € an.
Der Zinssatz beträgt 4 % pro Jahr.
a) Wie hoch ist der Zinsfaktor?
b) Wie hoch ist das Endkapital nach 10 Jahren (nach 15 Jahren)?
c) Wie viele Zinsen bekommt Herr Breuer in den 10 Jahren (15 Jahren)?
Erkläre deine Rechnung.

11 Frau Waas findet überraschend ein Sparbuch aus dem Jahr 1990.
Darauf sind noch 600 DM.
a) Wie viel € sind auf dem Sparbuch?
(1 DM = 0,51129 €)
b) Auf dem Sparbuch gab es in der ganzen Zeit 1,7 % Zinsen p. a.
Wie hoch ist das Guthaben jetzt in €?
c) Probiere mit dem Taschenrechner: In welchem Jahr ist das Sparbuch 600 € wert?

Prozent- und Zinsrechnung

Vermischte Übungen

1 Übertrage und ergänze die Tabelle im Heft.

	a)	b)	c)	d)	e)
G	75		1650	112	
W	15	22		14	22,5
p %		5 %	2 %		4 %

1 Übertrage und ergänze die Tabelle im Heft.

	a)	b)	c)	d)	e)
G	208 t		2,5 h	13 g	
W	13 t	8 km		11 g	1,5 l
p %		7 %	14 %		13 %

2 In einem Geschäft wurden die Preise reduziert.
Bilde mit den Kärtchen drei Aufgaben und berechne jeweils den neuen Preis.

2 In einem Geschäft wurden die Preise reduziert. Die Schilder sind dabei durcheinander geraten. Wie viel muss man mindestens (höchstens) bezahlen?

ZUM WEITERARBEITEN
Statt Verkaufspreis kann man auch Nettoverkaufspreis sagen, statt Endpreis Bruttoverkaufspreis.
Wann spricht man von brutto, wann von netto? Präsentiere deine Ergebnisse.

3 Aus dem Berufsleben
Ergänze die Kalkulation im Heft.

	Tablet	Kamera	Router
Einkaufspreis	400 €	129 €	99 €
Geschäftskosten	50 %	45 %	30 %
Selbstkosten			
Gewinn	30 %	25 %	45 %
Verkaufspreis			
Mehrwertsteuer	19 %	19 %	19 %
Endpreis			

3 Aus dem Berufsleben
Eine Streichholzschachtel hat einen Einkaufspreis von 3 Cent. Die Geschäftskosten betragen 1 Cent und der Gewinn 75 %.
a) Wie hoch ist der Verkaufspreis?
b) Die Mehrwertsteuer beträgt 19 %. Wie hoch ist der Endpreis?
c) Findest du 75 % Gewinn in diesem Fall gerechtfertigt?
d) Wie viel Prozent des Endpreises macht der Einkaufspreis aus?

4 Im Schreibwarenladen wurden im Februar 6 % weniger Füller verkauft als im Januar. Es konnten nur 246 Füller verkauft werden. Wie viele Füller wurden im Januar verkauft? Prüfe Tabeas Rechnung.

Prozent	Füller
6 %	246
1 %	$\frac{246}{6}$
100 %	$\frac{246 \cdot 100}{6} = 4100$

: 6 und · 100

Antwort: 4100 Füller wurden verkauft.

5 Am 1. Mai liegt der Wasserstand (Pegel) der Mosel bei 320 cm.
Das ist um 20 % niedriger als am 1. April.

5 Nach dem Waschen ist eine Hose um 7 % eingelaufen. Die Hosenbeine sind jetzt nur noch 66 cm lang.

6 Stelle mindestens drei verschiedene Menüs zusammen und berechne jeweils die Höhe der Mehrwertsteuer.

Restaurant „Zur Post"

Tomatensüppchen	3,50 €	Forelle „Müllerin"	9,50 €
Kleiner gemischter Salat	4,60 €	Sauerbraten vom Rind	11,00 €
Bretonische Fischsuppe	5,80 €	Entenbrust mit Bandnudeln	12,50 €
Italienischer Salat	6,80 €	Gemüselasagne	8,50 €
		Ofenkartoffel mit Pilzen	8,90 €

19 % Mehrwertsteuer enthalten.

Vermischte Übungen

7 Was meinst du dazu?
a) Jannik hat 135 € gespart. Er meint: „Bei der Bank kriege ich auf dem Tagesgeldkonto eh nur 2,5 % Zinsen p. a. Auf das bisschen Geld kann ich verzichten. Schließlich will ich in einem Monat die neue Spielkonsole kaufen."
b) Welche dieser Beträge würdest du zur Bank bringen, welche zu Hause aufbewahren?
10 €; 50 €; 100 €; 150 €; 200 €; 250 €; 300 €; 500 €; 750 €; 1000 €; 1500 €; 10 000 €
c) Welche Gründe sprechen dafür, Geld zur Bank zu bringen?
d) Eine Bank wirbt mit dem Slogan: „Lassen Sie Ihr Geld für Sie arbeiten."
Was ist damit gemeint?

8 James hat auf seinem Sparkonto ein Guthaben von 400 €.
Der Zinssatz beträgt 4 % p. a.
Wie hoch sind seine Zinsen nach …
a) 10 Tagen?   b) 20 Tagen?
c) 30 Tagen?   d) 60 Tagen?
e) Erkläre, wie man diese Aufgabe ganz einfach lösen kann.
Präsentiere deine Vorgehensweise.

8 David hat am 1. Juli auf seinem Sparkonto ein Guthaben von 2600 €. Der Zinssatz beträgt 2,2 % p. a. Wie hoch sind seine Zinsen im selben Jahr am …
a) 8. Juli?   b) 1. September?
c) 8. September?   d) 8. November?
e) Erkläre, wie man diese Aufgabe ganz einfach lösen kann.
Präsentiere deine Vorgehensweise.

9 Frau Krall hat im Lotto 10 000 € gewonnen.
Bei welcher Anlageform erhält sie die meisten Zinsen?
Schätze zuerst und berechne dann:

① Festgeld zu 1,5 % p. a., Laufzeit 1 Jahr

② Pfandbrief zu 5 % p. a., Laufzeit 3 Monate

③ Festgeld zu 2,5 % p. a., Laufzeit 200 Tage

9 Ein Kapital von 10 485 € wird zu einem festen Zinssatz angelegt.
Vergleiche die drei Anlageformen.

① Tagesgeldkonto, Zinssatz 3 % p. a.

② Sparbrief, Ausschüttung 50 € nach 3 Monaten

③ Festgeld zu 5 % p. a., Laufzeit 150 Tage

10 Auf einem Tagesgeldkonto werden 999 000 € zu einem Zinssatz von 2,5 % p. a. angelegt.
Finde mit dem Taschenrechner heraus, nach wie vielen Tagen das Guthaben 1 000 000 € übersteigt.

10 Julia legt 800 € für 3 Monate an.
Sie erhält 5 € Zinsen.
a) Wie hoch ist der Zinssatz?
b) Nach wie vielen Tagen betrugen Julias Zinsen 1,50 €?
Erkläre deinen Lösungsweg.

11 Auf einem Konto werden 2500 € zu einem Zinssatz von 2 % p. a. für zwei Jahre angelegt.
a) Berechne die Zinsen im 1. Jahr.
b) Berechne die Zinsen im 2. Jahr.

11 Auf einem Konto werden 1911 € zu einem Zinssatz von 8,9 % p. a. für 2 Jahre angelegt.
Wie hoch ist der Anteil der Zinsen im 1. Jahr an den Gesamtzinsen?

12 Vergleiche die verschiedenen Angebote für die Anlage von Festgeld.
a) Wie viele Zinsen erhält man jeweils für ein Startkapital von 4000 €?
b) Welches Angebot würdest du wählen? Begründe.
c) Worauf muss man achten, wenn man Geld über einen langen Zeitraum anlegt?

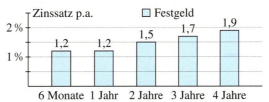

Prozent- und Zinsrechnung

13 Gina hat 530 €, die sie gerne für 2 Jahre zu einem Zinssatz von 5% anlegen möchte. Sie meint:
„Naja, die 30 € sind ja nicht viel, ich lege nur 500 € an, das ist eine runde Summe."
a) Wie viele Zinsen bekommt Gina für 500 €?
b) Wie viele Zinsen würde Gina bekommen, wenn sie 530 € anlegt?

13 Gino möchte 815 € zu 6,5% p. a. für 3 Jahre anlegen. Auf dem Weg zur Bank kauft er von dem Geld noch für 8,95 € ein Buch und legt nur den Rest an.
Wie viele Zinsen entgehen ihm durch den Buchkauf?
Finde mehrere Lösungswege.
Welcher ist am einfachsten?

14 Auf ein Konto werden 5600 € eingezahlt. Der Zinssatz beträgt 4% p. a.
Übertrage und ergänze die Tabelle im Heft. Runde jeweils sinnvoll.

Zeit	Kontostand
am Anfang	5600 €
nach 1 Jahr	5824 €
nach 2 Jahren	
nach 3 Jahren	
nach 4 Jahren	

14 Auf ein Konto werden 5075 € eingezahlt.
a) Lies die Anzeige. Mit welchem Zinssatz wird das Geld verzinst?

Bank des Vertrauens		
Zinsen abhängig vom Anfangskapital		
bei bis zu 5000 €: 2,75% p. a.	bei 5000 € bis 10 000 €: 3,5% p. a.	bei über 10 000 €: 5% p. a.

b) Wie groß ist das Kapital nach 5 Jahren?

15 Bei der Landesbank können Pfandbriefe gekauft werden.
Im Jahr 2010 wurde ein Pfandbrief mit einem Anfangswert von 100 € zu einem jährlichen Zinssatz von 4,5% festgelegt.
Welchen Betrag erhält man nach zehn (nach 20) Jahren?

15 Für den Bau eines Hauses nimmt Familie Kramer einen Kredit über 95 000 € auf. Der Kredit verzinst sich mit 9,7% p. a.
a) Wie hoch wäre die Kreditsumme nach fünf Jahren, wenn zwischenzeitlich kein Geld zurückgezahlt wurde?
b) Wann verdoppelt sich die Kreditsumme?

16 Nico will pro Jahr 600 € in eine private Rentenversicherung einzahlen. Der Vertrag läuft über 45 Jahre.
a) Wie viel Geld muss Nico insgesamt einzahlen?
b) Ermittle, wie hoch das Guthaben nach 45 Jahren mindestens sein wird.
Nutze dazu eine Tabellenkalkulation.
c) Bei gutem Geschäftsverlauf kann der Zinssatz auch bei durchschnittlich 3,1% liegen. Wie wirkt sich dies auf das Guthaben nach 45 Jahren aus?

> **Ω-Rentenversicherung**
> Garantiezins: 1,3% p. a.
> zusätzlich erhalten Sie einen Zins-Überschussanteil

NACHGEDACHT
zu Aufgabe 17:
Die Formel für K_n lautet:
$K_n = K_0 \cdot 0{,}98^n$
Wie entsteht die Formel aus der schrittweisen Berechnung?
Berechne K_{20}.

17 Pro Jahr verliert unser Geld etwas von seinem Wert. Das nennt man Inflation (Geldentwertung). Dadurch verringert sich der Einkaufswert eines Einkommens, wenn es als Ausgleich keine Lohnerhöhungen gibt.
Gehe von einer Inflationsrate von 2% pro Jahr aus. Ergänze die Tabelle zur Entwicklung des Einkaufswerts im Heft.
Ansatz: 100% − 2% = 98% = 0,98
$K_1 = K_0 \cdot 0{,}98$
$K_2 = K_1 \cdot 0{,}98;$ $K_3 = K_2 \cdot 0{,}98;$ $K_4 = K_3 \cdot 0{,}98$

Einkaufswert	Einkommen (K_0) in €		
	1200	1500	2400
K_1 (nach 1 Jahr)			
K_2 (nach 2 Jahren)			
K_3 (nach 3 Jahren)			
K_4 (nach 4 Jahren)			

120

Thema Vorsicht! Schuldenfalle

Wenn Menschen so viele Schulden haben, dass sie auf absehbare Zeit nicht in der Lage sind, diese abzubauen, spricht man von Überschuldung. Gründe für Überschuldung sind:

unwirtschaftliche Haushaltsführung/ Erfahrungsmangel
Süchte
gescheiterte Selbstständigkeit
Unfall/Krankheit
Trennung/Scheidung
Arbeitslosigkeit
Unterhaltsverpflichtungen

bei Jugendlichen insbesondere:
- Mobiltelefon/Smartphone
- Kleidung
- Kosten für Versandhandel
- zu lockerer Umgang mit dem Dispo
- verursachte Schäden, wogegen sie nicht versichert sind

ZUM WEITERARBEITEN
Informiert euch über Ursachen und Statistiken zur Verschuldung von Jugendlichen und stellt die Ergebnisse übersichtlich auf einem Plakat dar.

Dennis hat vor zwei Jahren die Schule abgeschlossen. Er ist 18 Jahre alt, in der Ausbildung zum Elektriker und hätte gern ein Auto.
Bei einem Gespräch mit einer Schuldnerberaterin wird ihm erklärt, dass ein Kredit bei seinen finanziellen Verhältnissen nicht möglich sei. Er solle zunächst über ein halbes Jahr alle Einnahmen und Ausgaben aufschreiben und danach entscheiden, ob monatlich genügend Geld für ein Auto übrig bleibt. Was würdest du Dennis raten?

1 Arbeitet in kleinen Gruppen.
Was kann man tun, um nicht in die Schuldenfalle zu geraten? Präsentiert eure Ergebnisse.

2 Was meinst du zu solchen Angeboten?

Geniales Kreditangebot!
Sie brauchen zwei Jahre lang nichts zurückzuzahlen! Leben Sie sorglos!
Supergünstiger Zinssatz: nur 11,9 % p.a.

IHRE CHANCE!!
Ihr Kredit über 30 000, 40 000 oder sogar 50 000 €!
So einfach!
Rufen Sie jetzt an: 0 23 34-5 73 34 84 24
Günstige 1,4 % Zinsen im Monat

3 Jana schließt einen Dispokredit über 1000 € ab. Sie zahlt dafür Zinsen von 1 % pro Monat. Ab dem nächsten Monat will sie 200 € jeden Monat zurückzahlen.
Ist sie nach fünf Monaten schuldenfrei? Erweitere die Tabelle bis zum 5. Monat im Heft.

Monat	Restschuld	Zinsen	Restschuld + Zinsen	Tilgungsrate	Restschuld nach Tilgung
1	1000	10	1010	200	810
2	810				

4 Die 19-jährige Helen verdient als Auszubildende monatlich 511 €.
Für ein Auto nimmt sie einen Kredit über 5000 € auf.
Der Kredit läuft über zwei Jahre mit einem Zinssatz von 11,6 % pro Jahr.
a) Helen muss die Schulden monatlich in 24 gleich hohen Raten zurückzahlen.
   Wie viel Geld ist das etwa im Monat?
b) Helen braucht für das Auto monatlich Geld für Benzin und Versicherungen.
   Außerdem möchte sie manchmal ausgehen und würde gern bei ihren Eltern ausziehen.
   Was meinst du zu ihrer Situation?

Prozent- und Zinsrechnung

Teste dich!

(8 Punkte)

1 Berechne im Heft.

	Grundwert G	Prozentwert W	Prozentsatz p%
a)	15 t		20%
b)	120 g		7%
c)		1750 €	2%
d)		14 700 l	7%
e)	75 m	16,5 m	
f)	2 h	24 min	

(6 Punkte)

2 Aus dem Berufsleben
Der Selbstkostenpreis eines Fahrradhelms beträgt 38 €.
Dazu kommt der Gewinn, der 32% der Selbstkosten beträgt.
Außerdem entfallen noch 19% Mehrwertsteuer auf Selbstkosten plus Gewinn.
Wie hoch ist der Endpreis?

(8 Punkte)

3 Aus dem Berufsleben
Ein Antiquitätenhändler kauft Möbel an, restauriert sie und verkauft sie mit 65% Aufschlag gegenüber dem Einkaufspreis. Wie hoch ist der Verkaufspreis?
a) Ein Schrank wurde für 52 € eingekauft.
b) Ein Sekretär wurde für 351 € eingekauft.
c) Eine Holzfigur wurde für 74,25 € eingekauft.
d) Eine Standuhr wurde für 69,30 € eingekauft.

(5 Punkte)

4 Ein Pullover ist nach dem Waschen um 10% eingelaufen.
Die Ärmel sind nur noch 45 cm lang.
Wie lang waren sie vor dem Waschen?

(12 Punkte)

5 Die Mehrwertsteuer in Höhe von 19% ist in diesen Produkten im Baumarkt enthalten.
Wie hoch ist die Mehrwertsteuer in €?
a) Ein Rauchmelder kostet 2,95 €.
b) Ein Tresor kostet 39,00 €.
c) Ein Werkzeugkoffer kostet 48,95 €.
d) Ein Akku-Schrauber kostet 59,00 €.

(6 Punkte)

6 Wie hoch sind die Zinsen nach einem Jahr?
a) Moritz hat auf seinem Sparbuch 542 € Guthaben.
   Er erhält jährlich 1,5% Zinsen.
b) Ivana hat auf ihrem Konto 1042,70 €.
   Der Zinssatz beträgt 1,25% p.a.
c) Mete hat auf seinem Festgeldkonto 780 € Guthaben.
   Der Zinssatz beträgt 2,25% p.a.

Teste dich!

7 Berechne jeweils die Höhe der Zinsen nach der angegebenen Laufzeit. *(12 Punkte)*

	Kapital K	Zinssatz p %	Laufzeit i
a)	190 €	2 %	11 Monate
b)	17 000 €	2,5 %	5 Monate
c)	384 200 €	4,3 %	222 Tage
d)	27 382 €	1,25 %	70 Tage

8 Jakob hat im März 5682 € geerbt. *(9 Punkte)*
Er möchte mit dem Geld im Juli eine Reise in die USA bezahlen.
Wie sollte er sein Geld am besten anlegen und warum?

① Tagesgeldkonto, jederzeit verfügbar, Zinssatz 1,25 % p. a.

② Festgeld für 3 Monate, in der Zeit nicht verfügbar, Zinssatz 3,5 % p. a.

③ Festgeld für 6 Monate, in der Zeit nicht verfügbar, Zinssatz 4,0 % p. a.

9 Für den Bau eines Hauses nimmt Familie Schäfer einen Kredit über 120 000 € auf. Der Kredit verzinst sich mit 5,5 % p. a. Wie hoch ist die Kreditsumme nach zwei Jahren? *(6 Punkte)*

10 Übertrage und ergänze die Tabelle im Heft. *(16 Punkte)*

	Kreditsumme	Zinssatz	Laufzeit	Kreditsumme am Ende der Laufzeit
a)	5000 €	10 %	2 Jahre	
b)	10 000 €	12 %	3 Jahre	
c)	50 000 €	9 %	5 Jahre	
d)	75 000 €	13 %	10 Jahre	

11 Zur Geburt ihrer Tochter legen Boris und Eva 2000 € zu einem Zinssatz von 2,5 % p. a. an. *(12 Punkte)*
a) Wie hoch ist das Guthaben am 1. Geburtstag?
b) Wie hoch ist das Guthaben am 2. Geburtstag?
c) Wie hoch ist das Guthaben am 18. Geburtstag?
d) Um wie viel Euro wäre das Guthaben am 18. Geburtstag höher, wenn der Zinssatz 2,75 % p. a. betragen hätte?

Gold: 94–100 Punkte, Silber: 77–93 Punkte, Bronze: 60–76 Punkte

Prozent- und Zinsrechnung

Zusammenfassung

→ Seite 104

Prozentrechnung mit Formeln

Den Prozentwert W, den Grundwert G und den Prozentsatz p kann man mit Formeln berechnen:
Prozentwert: $W = \frac{G \cdot p}{100}$

Grundwert: $G = \frac{W \cdot 100}{p}$

Prozentsatz: $p = \frac{W \cdot 100}{G}$

28 der Sänger waren Bässe, das waren 7%.
gegeben: $W = 28$; $p\% = 7\%$ gesucht: G
Rechnung: $G = \frac{28 \cdot 100}{7} = 400$
Insgesamt gab es 400 Sänger.

→ Seite 106

Vermehrter und verminderter Grundwert

Der **vermehrte Grundwert** ist die Summe aus Grundwert und Prozentwert:
$100\% + p\%$

Der **verminderte Grundwert** ist die Differenz aus Grundwert und Prozentwert:
$100\% - p\%$

Ein Hammer kostet 20 €. Wie viel kostet er nach einer Preisreduzierung um 8%?

Der neue Preis entspricht $100\% - 8\% = 92\%$
Rechnung: 100% sind 20 €.
92% sind 18,40 €.
Antwort: Der neue Preis beträgt 18,40 €.

→ Seite 108

Zinsrechnung

Bei Kapital K, Zinssatz $p\%$ und Laufzeit i kann man die Zinsen mit einer Formel berechnen:

Jahreszinsen
$Z = \frac{K \cdot p}{100}$

Monatszinsen
$Z = \frac{K \cdot i \cdot p}{100 \cdot 12}$

Tageszinsen
$Z = \frac{K \cdot i \cdot p}{100 \cdot 360}$

→ Seite 110

Zinseszins berechnen

Die aus den Zinsen entstehenden Zinsen nennt man **Zinseszinsen**.

Herr Heine legt 1500 € mit einer Laufzeit von 2 Jahren zu einem Zinssatz von 4% pro Jahr an.
1. Jahr: 2. Jahr

Anteil (in %)	Zinsen (in €)
100	1500
1	$\frac{1500}{100} = 15$
4	$4 \cdot 15 = 60$

Anteil (in %)	Zinsen (in €)
100	1560
1	$\frac{1560}{100} = 15{,}6$
4	$4 \cdot 15{,}6 = 62{,}40$

Nach 1 Jahr: 1500 € + 60 € = 1560 €   Nach 2 Jahren: 1560 € + 62,40 € = 1622,40 €

→ Seite 112

Der Zinsfaktor

Mit dem **Zinsfaktor** $\left(1 + \frac{p}{100}\right)$ kann man bei gegebenem Anfangskapital K_0 und Zinssatz $p\%$ das Endkapital K_n nach n Jahren berechnen.
Kapital nach n Jahren: $K_n = K_0 \cdot \left(1 + \frac{p}{100}\right)^n$

400 € werden für 15 Jahre zu 3% verzinst.
gegeben: $K_0 = 400$ €; $p\% = 3\%$; $n = 15$
gesucht: K_{15}
Rechnung: $K_{15} = 400 \cdot \left(1 + \frac{3}{100}\right)^{15}$
$\approx 623{,}19\,[€]$

+ **Wachstum**

Jedes Leben beginnt mit einer einzigen Zelle,
die sich nach und nach immer wieder teilt.
Beim Menschen beginnt die Zellteilung sofort
nach der Befruchtung der Eizelle.
Nach ca. 30 Stunden ist die erste Teilung abgeschlossen.
Aus den zwei Zellen entstehen vier,
nach ca. drei Tagen sind es bereits 16 Zellen.
So wächst das neu entstandene Leben immer weiter …

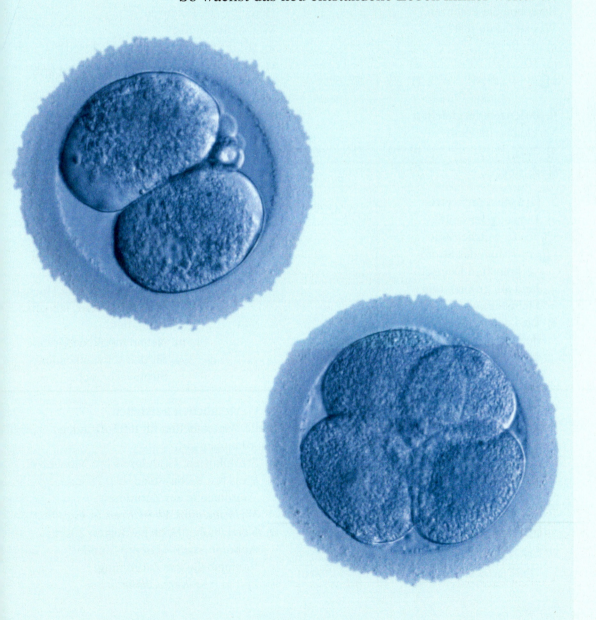

+ Wachstum

Noch fit?

Einstieg

Aufstieg

1 Quadratzahlen und Kubikzahlen
a) Berechne die Quadrate der Zahlen 11 bis 20.
b) Welches Volumen haben Würfel mit einer Kantenlänge von 1 cm; 2 cm; 3 cm; …; 10 cm?

ERINNERE DICH
$4^3 = 4 \cdot 4 \cdot 4$

2 Potenzen berechnen
Berechne.
a) 5^2 b) 30^2 c) $0{,}8^2$
d) 4^3 e) 10^3 f) $0{,}6^3$
g) 2^5 h) 3^4 i) 10^6

2 Potenzen berechnen
Berechne.
a) 16^2 b) 35^2 c) $0{,}75^2$
d) 8^3 e) $(-8)^3$ f) $0{,}2^3$
g) 4^5 h) $(-2)^4$ i) 12^5

3 Besondere Potenzen
Berechne die Potenzen.
Was stellst du fest?
a) $0^2; 0^3; 0^4$ b) $1^2; 1^3; 1^4$
c) $10^2; 10^3; 10^4$ d) $(-1)^2; (-1)^3; (-1)^4$
e) $3^1; 4^1; 5^1; 6^1$ f) $3^0; 4^0; 5^0; 6^0$

+3 Besondere Potenzen
Berechne die Potenzen.
Was stellst du fest?
a) $0^1; 0^2; 0^3; 0^4$ b) $1^{-2}; 1^{-1}; 1^0; 1^1; 1^2$
c) $2^2; 2^1; 2^0; 2^{-1}; 2^{-2}$ d) $(-1)^{-1}; (-1)^0; (-1)^1$
e) $(-3)^2; (-3)^1; (-3)^0; (-3)^{-1}; (-3)^{-2}$

4 Potenzen vergleichen
Vergleiche im Heft.
a) 5^2 ▢ 2^5 b) 10^3 ▢ 3^{10}
c) 3^0 ▢ 0^3 d) 5^4 ▢ 4^5

+4 Potenzen vergleichen
Vergleiche im Heft.
a) 3^6 ▢ 6^3 b) 8^4 ▢ $(-8)^4$
c) 8^5 ▢ $(-8)^5$ d) 5^4 ▢ $(0{,}2)^{-8}$

5 Graphen auswerten
a) Lies aus der Grafik ab, zu welcher Zeit am 7. Juni der Stromverbrauch in Deutschland am größten (am kleinsten) war.
b) Lies den größten und den kleinsten Stromverbrauch in Gigawatt (GW) ab.

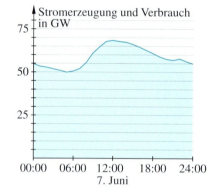

5 Graphen auswerten
a) Beschreibe den Verlauf des Graphen zum Stromverbrauch am 7. Juni in Deutschland.
Nutze die Begriffe Höchstwert, Tiefstwert, steigen und fallen.
b) Nenne mögliche Gründe für den schwankenden Stromverbrauch.

6 Wertetabellen aufstellen
Ergänze die Wertetabellen für proportionale Zuordnungen.

a)
Einkauf (in g)	100	200	250	300	500
Preis (in €)					6,95

b)
Benzin (in l)	1	5	10	24	38
Preis (in €)			16,90		

c)
Preis (in €)	10,00	25,00	50,00	60,00	80,00
Preis (in US-$)					90,01

6 Wertetabellen aufstellen
Stelle Wertetabellen für die folgenden Zuordnungen auf.
a) Stromkosten: Grundpreis pro Monat 8 €; Preis pro Kilowattstunde 0,25 €;
Wertetabelle zur Zuordnung:
Verbrauch in kWh → Preis in €
b) Kerzenhöhe: Höhe zu Beginn 20 cm; Abbrennen um 4 cm pro Stunde;
Wertetabelle zur Zuordnung:
Zeit in h → Kerzenhöhe in cm

Noch fit?

7 Lineare Funktionen

a) Lies zu jeder Funktion den Schnittpunkt mit der y-Achse ab (den Schnittpunkt mit der x-Achse).
b) Lies zu jeder Funktion zwei weitere Punkte ab, durch die der Graph verläuft.
Beispiel zu ①: (−1|5); (1|1); (2|−1); (2,5|−2)

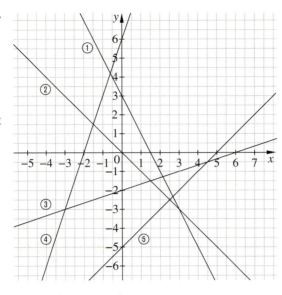

7 Lineare Funktionen

a) Gib an, welche Graphen steigen und welche fallen.
b) Gib an, welcher Graph die größte Steigung hat.
c) Lies die y-Achsenabschnitte der Funktionen ab.
d) Stelle mithilfe der Steigung und der y-Achsenabschnitte die Funktionsgleichungen auf.

ERINNERE DICH
Die Gleichung einer linearen Funktion hat immer die Form $y = mx + b$.
m ist die Steigung.
b ist der y-Achsenabschnitt.

8 Lineare Funktionen zeichnen

Stelle eine Wertetabelle zur Funktion mit der Gleichung $y = 2x - 1$ auf. Zeichne dann den Graphen in ein Koordinatensystem. Lies die Schnittpunkte mit den Koordinatenachsen ab.

8 Lineare Funktionen zeichnen

Zeichne die Graphen der Funktionen mit den Gleichungen $y = 2x - 1$ und $y = -0,5x + 4$ in ein Koordinatensystem.
Lies den Schnittpunkt der Graphen ab.

9 Schreibweisen für Bruchteile

Schreibe als Prozentsatz, Bruch und Dezimalbruch.

	Beispiel	a)	b)	c)	d)	e)	f)	g)	h)
Prozentsatz	50 %	75 %				200 %			
gekürzter Bruch	$\frac{1}{2}$		$\frac{3}{10}$				$\frac{6}{5}$		
Hundertstel-Bruch	$\frac{50}{100}$			$\frac{95}{100}$				$\frac{104}{100}$	
Dezimalbruch	0,50				1,1				0,88

10 Prozentrechnung

Die Winterkollektion wird im Februar 30 % billiger angeboten. Berechne die reduzierten Preise. Die ursprünglichen Preise waren:
a) Jacke: 98 €   b) Mantel: 189 €
c) Skianzug: 235 €   d) Handschuhe: 8 €

10 Prozentrechnung

Beim Kauf eines Neuwagens erhält der Käufer 4 000 € Preisnachlass. Berechne den Preisnachlass in Prozent. Die alten Preise waren:
a) Kombi: 28 500 €   b) Van: 32 400 €
c) Cabrio: 31 700 €

11 Zinsrechnung

Übertrage die Tabelle ins Heft und ergänze. Die Anlagedauer beträgt ein Jahr.

	Kapital K	Zinssatz p %	Zinsen Z
a)	612 €	9,5 %	
b)	1 080 €		378 €
c)		3,6 %	75,78 €

11 Zinsrechnung

Ergänze die Tabelle im Heft.

	Zinssatz p %	Kapital K (alt)	Jahreszinsen Z	Kapital K (neu)
a)	3,5 %	41,50 €		
b)		6 600 €	165 €	
c)	12 %		236,40 €	

Weitere Übungen zur Wiederholung und Tipps findest du in „Kannst du das?" ab S. 205.

+ Wachstum

Positives und negatives Wachstum

Entdecken

1 In der Grafik ist die Entwicklung des SMS-Versands in Deutschland für die Jahre 2003 bis 2013 dargestellt.
a) In welchem Jahr wurde der bislang höchste Wert erreicht?
b) In welchen Jahren nahm die Anzahl gegenüber dem Vorjahr zu?
c) In welchen Jahren nahm die Anzahl gegenüber dem Vorjahr ab?
d) Wie könnte die Entwicklung weitergehen?

Anzahl der in Deutschland pro Jahr versendeten SMS (in Mrd.)

2 Die Tabelle enthält Daten zur Bevölkerungsentwicklung zwischen 2011 und 2013.
a) Sind folgende Aussagen richtig oder falsch? Begründe.
   ① Die Bevölkerungszahl in Deutschland ist zwischen 2011 und 2013 gewachsen.
   ② Die Bevölkerungszahl in Thüringen ist zwischen 2011 und 2013 gesunken.
   ③ In Berlin gab es 2011 genau so viele Einwohner wie 2013.
   ④ In Nordrhein-Westfalen gab es 2012 mehr Einwohner als 2011.
b) Mache eigene Aussagen zur Tabelle.

Jahr	2011	2012	2013
Deutschland	80,33 Mio.	80,52 Mio.	80,77 Mio.
Nordrhein-Westfalen	17,84 Mio.	17,85 Mio.	17,57 Mio.
Berlin	3,33 Mio.	3,38 Mio.	3,42 Mio.
Thüringen	2,18 Mio.	2,17 Mio.	2,16 Mio.

Verstehen

Eine Firma stellt ihre Jahresumsätze in einem Diagramm dar. Sie interessiert, wann es Zuwächse, also positives Wachstum, und wann es Abnahmen, also negatives Wachstum, gab.

> **Merke** Die Zunahme einer Größe nennt man **positives Wachstum**.
> Die Abnahme einer Größe nennt man **negatives Wachstum**.

HINWEIS
In vielen Situationen wechseln sich Phasen mit positivem und negativem Wachstum ab.

Im Diagramm wurden die absoluten Umsätze und damit das absolute Wachstum dargestellt. Das prozentuale Wachstum kann in diesem Fall aus den absoluten Werten berechnet werden.

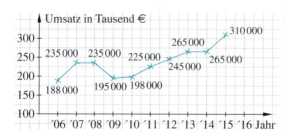

Beispiel 1

2006 bis 2007:
Zunahme um
47 000 €;
47 000 € von
188 000 € = 25 %
positives Wachstum

2008 bis 2009:
Abnahme um
40 000 €;
40 000 € von
235 000 € ≈ 17 %
negatives Wachstum

128

Positives und negatives Wachstum

Üben und anwenden

1 Beschreibe das abgebildete Diagramm.

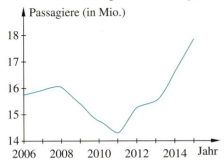

a) Gib das Jahr mit der höchsten (niedrigsten) Passagierzahl an.
b) Gib die Zeiträume mit positivem Wachstum an (mit negativem Wachstum).

2 Die Tabelle zeigt die Entwicklung des Kontostands bei einer Bank.

Datum	1.5.	1.6.	1.7.	1.8.	1.9.
Kontostand (€)	1380	1250	782	490	1350

a) Zeichne zur Wertetabelle eine grafische Darstellung.
b) Gib den Bereich mit positivem Wachstum (mit negativem Wachstum) an.

3 Aus dem Berufsleben
Ein Friseur hat seinen Umsatz notiert (siehe Tabelle).

Monat	Umsatz
Januar	8320 €
Februar	8160 €
März	7890 €
April	8240 €
Mai	8310 €
Juni	8260 €

a) Gib an, in welchen Monaten das Wachstum zum Vormonat positiv war (negativ war).
b) Berechne den Unterschied zwischen dem Umsatz im Juni und im März.
c) Um wie viel Prozent stieg der Umsatz vom April zum Mai?

4 Die Zahl der Abgänger einer Schule wurde in einer Tabelle für den Zeitraum von 2011 bis 2015 erfasst.

Jahr	2011	2012	2013	2014	2015
Abgänger	156	163	121	170	156

a) Stelle die Daten grafisch dar.
b) Für welche Zeitabschnitte liegt positives bzw. negatives Wachstum vor? Begründe.

---

1 Beschreibe das abgebildete Diagramm.

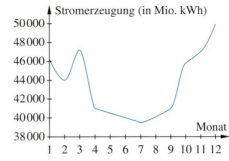

a) Gib die Zeiträume mit positivem Wachstum (mit negativem Wachstum) an.
b) Finde mögliche Ursachen für den Anstieg bzw. die Abnahme der Stromerzeugung.

2 Darius hatte am 31. Mai einen Kontostand von 500 Euro.
Immer am 1. Tag eines Monat hebt Darius 300 Euro ab und er erhält 750 Euro Ausbildungsentgelt auf sein Konto überwiesen.
Stelle eine Wertetabelle für den Zeitraum 1.6. bis 1.10. auf. Beschreibe die Entwicklung des Kontostands mit den Begriffen positives und negatives Wachstum.

3 Aus dem Berufsleben
Ein Friseur hat seinen Umsatz notiert (siehe Tabelle).
a) Gib an, in welchen Monaten das Wachstum zum Vormonat positiv war (negativ war).
b) Berechne jeweils die prozentuale Veränderung des Umsatzes zum Vormonat.
c) Stelle die Entwicklung des Umsatzes grafisch dar.

4 In der Tabelle sind die Mitgliederzahlen eines Sportvereins pro Jahr für den Zeitraum von 2009 bis 2015 erfasst.

Jahr	2009	2010	2011	2012	2013	2014	2015
Mitglieder	355	401	432	410	456	456	472

a) Stelle die Daten grafisch dar.
b) Beschreibe die Entwicklung der Mitgliederzahlen und welches Wachstum vorliegt. Begründe.

Lineares Wachstum

Entdecken

1 Tropfsteine bilden sich in Höhlen aus den Ablagerungen des Tropfwassers.
Ihr Wachstum beträgt 1 mm in zehn Jahren.
a) Vervollständige dazu die Wertetabelle.
b) Zeichne einen Graphen.

Zeit (Jahre)	0	20	40	60	80	100
Länge (mm)	0	2				

c) Wachsen die Tropfsteine in gleichen Zeitspannen immer um die gleiche Länge? Begründe.
d) Ermittle die Länge eines 20 000 Jahre alten und eines 35 000 Jahre alten Tropfsteins.

2 Eine Kerze wird abgebrannt. Zu Beginn um 10 Uhr ist sie 18 cm lang.
30 Minuten später ist die Kerze noch 15 cm lang, um 11 Uhr noch 12 cm.
a) Stelle dazu eine Wertetabelle auf (10 Uhr bis 13 Uhr) und zeichne den Graphen.
b) Nimmt die Höhe in gleichen Zeitspannen immer um den gleichen Betrag ab? Begründe.

Verstehen

Das Befüllen und das Entleeren eines zylinderförmigen Pools sind Vorgänge, die durch lineare Funktionen beschrieben werden können.

Beispiel 1
Im Pool steht das Wasser 20 cm hoch.
Es wird Wasser gleichmäßig aufgefüllt:
Zeit x (in min) → Höhe y des Wassers (in cm)

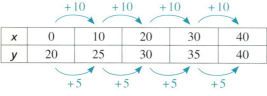
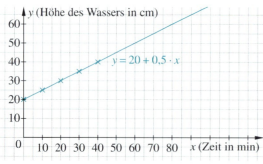

Beispiel 2
Im Pool steht das Wasser 60 cm hoch.
Es wird gleichmäßig abgelassen:
Zeit x (in min) → Höhe y des Wassers (in cm)

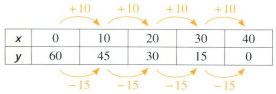
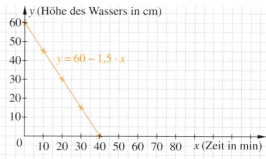

Merke Lineares Wachstum lässt sich mit einer *linearen Funktion* der Form $y = mx + b$ beschreiben. Dabei ist b der Wert zu Beginn der Beobachtung.
Lineares positives Wachstum heißt: Eine Größe nimmt in gleichen Zeitspannen immer um den gleichen Betrag zu. Dabei ist m positiv.
Lineares negatives Wachstum heißt: Eine Größe nimmt in gleichen Zeitspannen immer um den gleichen Betrag ab. Dabei ist m negativ.

ERINNERE DICH
Stellt man eine lineare Funktion grafisch dar, liegen alle Punkte auf einer Geraden.

Üben und anwenden

1 Die Tabelle stellt Einwohnerzahlen dar.

Jahr	2011	2012	2013	2014	2015
Einwohner	4120	4160	4200	4240	4280

a) Ermittle jeweils die Veränderung zum Vorjahr (Anstieg um … oder Rückgang um …).
b) Gib an, ob die Veränderung zum Vorjahr immer gleich ist.
c) Gib an, ob positives oder negatives lineares Wachstum vorliegt.

1 Die Tabelle stellt die Entwicklung einer Wohnungsmiete pro Monat dar.

Jahr	2011	2012	2013	2014	2015
Miete (in €)	450	463	492	537	560

a) Ermittle jeweils die Veränderung zum Vorjahr (Anstieg um … oder Rückgang um …).
b) Gib an, ob die Veränderung zum Vorjahr immer gleich ist.
c) Gib an, welche Art Wachstum vorliegt.

2 Herr Mattern tankt (siehe Diagramm).
a) Lies ab: Wie lange braucht er, bis 45 Liter im Tank sind?
b) Wie viel Liter waren zu Beginn im Tank?
c) Gib an, ob es sich um lineares Wachstum handelt. Begründe.

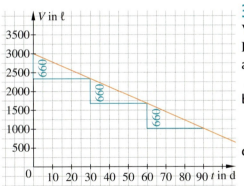

2 Herr Mattern tankt pro Sekunde 0,8 Liter Benzin.
a) Erkläre, was die Punkte (0|5) und (77|67) beim Tankvorgang bedeuten.
b) Stelle eine Funktionsgleichung auf.
c) Gib an, ob es sich um lineares Wachstum handelt. Begründe.

3 Das Diagramm zeigt die Vorräte im Heizöltank eines Hauses.
a) Wie viel Liter waren zu Beginn im Tank?
b) Wie viel Liter werden pro Monat verbraucht?
c) Gib an, ob es sich um lineares Wachstum handelt. Begründe.

3 Das Diagramm zeigt die Vorräte im Heizöltank eines Hauses.
a) Stelle eine Funktionsgleichung auf.
b) Ermittle, nach wie vielen Tagen der Tank leer sein wird.
c) Gib an, ob es sich um lineares Wachstum handelt. Begründe.

4 Prüfe, welche Art Wachstum bei den Zuordnungen vorliegt. Begründe jeweils.
a) *Anzahl Wochen → Anzahl Tage*
b) *Zeit auf dem Schulweg → Entfernung von der Schule*
c) *Zeit auf dem Schulweg → Entfernung von zu Hause*
d) *Anzahl 1-Euro-Münzen → Masse in g*
e) *Seite a eines Quadrats → Umfang des Quadrats*
f) *Fahrzeit → gefahrene Strecke*
g) *Fahrstrecke → Tankinhalt*

4 Prüfe, welche Art Wachstum bei den Zuordnungen vorliegt. Begründe jeweils.
a) *Arbeitsstunden → Arbeitslohn*
b) *Anzahl Hühner → Platz pro Huhn in einem 2000 m² großen Stall*
c) *Anzahl Druckseiten → Inhalt Tintenpatrone*
d) *Radius r eines Kreises → Flächeninhalt des Kreises*
e) *Seite b eines 20 cm² großen Rechtecks → Seite a eines 20 cm² großen Rechtecks*
f) *Stromverbrauch → Stromkosten*
g) *Kreditsumme in € → Zinsen in €*

HINWEIS
Arten von Wachstum, die du bereits kennst:
– positives Wachstum
– negatives Wachstum
– lineares positives Wachstum
– lineares negatives Wachstum

+ Wachstum

+ Exponentielles Wachstum

Entdecken

HINWEIS
Ein Schachbrett hat 64 Felder.

1 Der Erfinder des Schachspiels hatte der Legende nach bei einem indischen Fürsten einen Wunsch frei.
Er wünschte sich für das 1. Feld des Schachbretts 1 Reiskorn.
Auf jedem weiteren Feld sollte die doppelte Anzahl Körner liegen wie auf dem vorangegangenen Feld.

a) Vervollständige die Wertetabelle.
b) Prüfe, ob mit jedem Schritt gleich viele Reiskörner dazu kommen.

Feld	1	2	3	4	5	6	7	8
Anzahl Reiskörner als Zahl	1	2	4					
Anzahl Reiskörner als Potenz	2^0	2^1						

c) Wie viele Reiskörner müssten auf dem 15. Feld liegen? Erläutere deine Lösungsidee.

Verstehen

Wenn eine Größe in gleichen Zeitspannen immer verdoppelt, verdreifacht … (halbiert, gedrittelt …) wird, dann liegt **exponentielles Wachstum** vor. Solche Wachstumsprozesse liegen auch vor, wenn sich die Größe in gleichen Zeitspannen immer um den gleichen Prozentsatz ändert.

> **Merke** Exponentielles Wachstum lässt sich mit der **Wachstumsformel** $w_n = w_0 \cdot q^n$ beschreiben.
> Dabei ist q der **Wachstumsfaktor**. n ist die Zahl der gleichen Zeitspannen.
> w_0 ist der Wert zum Beginn der Beobachtung. w_n ist der Wert zum Zeitpunkt n.

Beispiel 1

Eine Probe enthält 500 Bakterien. Die Anzahl Bakterien wächst um 100 % pro Stunde:
Zeit n (in h) → *Anzahl Bakterien*.

gegeben: $w_0 = 500$ Bakterien
Bestimmung des Wachstumsfaktors q:
$q = 1 + \frac{p}{100} = 1 + \frac{100}{100} = 2$

Wertetabelle

Zeit (in Stunden)	0	1	2	3	4
Anzahl der Bakterien	500	1000	2000	4000	8000

Graph

Berechnung des Werts nach $n = 5$ Stunden:
$w_5 = 500 \cdot 2^5 = 500 \cdot 32 = 16\,000$

HINWEIS
Wachstumsfaktor bei positivem Wachstum:
$q = 1 + \frac{p}{100}$
Wachstumsfaktor bei negativem Wachstum:
$q = 1 - \frac{p}{100}$

> **Merke** **Exponentielles positives Wachstum** heißt: Eine Größe nimmt in gleichen Zeitspannen immer um den gleichen Faktor q zu. Dabei ist $q > 1$.
> **Exponentielles negatives Wachstum** heißt: Eine Größe nimmt in gleichen Zeitspannen immer um den gleichen Faktor q ab. Dabei ist $0 < q < 1$.

+ Exponentielles Wachstum

Beispiel 2
Ein Tier hat 30 g eines Medikaments bekommen. Davon werden pro Tag 50% abgebaut:
Zeit n (in Tagen) → Medikament (in g).

gegeben: $w_0 = 30$ g
Bestimmung des Wachstumsfaktors q:
$q = 1 - \frac{p}{100} = 1 - \frac{50}{100} = 0{,}5$

Graph

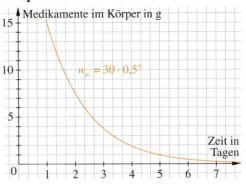

HINWEIS
Negatives Wachstum nennt man auch *Zerfall*.

Wertetabelle

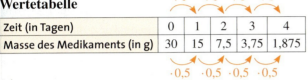

Zeit (in Tagen)	0	1	2	3	4
Masse des Medikaments (in g)	30	15	7,5	3,75	1,875

Berechnung des Werts nach $n = 6$ Tagen:
$w_6 = 30 \cdot 0{,}5^6 \approx 30 \cdot 0{,}0156 \approx 0{,}468$ [g]

Üben und anwenden

1 Starte bei fünf und verdopple fünfmal hintereinander.

a) Welche Zielzahl wird erreicht?
b) Trage die Werte der einzelnen Schritte in ein Koordinatensystem ein und beschreibe den Kurvenverlauf.
c) Welche Art von Wachstum liegt vor?

2 Starte bei drei und halbiere fünfmal hintereinander.
a) Welche Zielzahl wird erreicht?
b) Trage die Werte der einzelnen Schritte in ein Koordinatensystem ein und beschreibe den Kurvenverlauf.
c) Welche Art von Wachstum liegt vor?

3 Ermittle jeweils den Wachstumsfaktor q.
Beispiel Zunahme um 5% (= $p\%$)
$q = 1 + \frac{p}{100} = 1 + \frac{5}{100} = 1{,}05$
a) Zunahme 7%   b) Zunahme 12%
c) Zunahme 2,4%   d) Zunahme 150%

4 Eine Bank zahlt für ein Guthaben von 3000 € pro Jahr 2% Zinsen.
a) Berechne die Zinsen in € für das 1. Jahr.
b) Die Zinsen werden jeweils am Ende des Jahres dem Sparkonto gutgeschrieben. Berechne das Guthaben nach 1 Jahr (nach 2 Jahren; nach 3 Jahren; nach 5 Jahren).

1 Falte ein Blatt Papier (DIN A4) fünfmal in der Mitte zusammen.
a) Wie viele Schichten Papier liegen übereinander?
b) Wie lang ist die längere Kante des zusammengefalteten Papiers in cm?
c) Wie groß ist das zusammengefaltete Papier in cm²?
d) Gib jeweils die Art des Wachstums an.

2 Die Tabelle enthält DIN-Papiermaße.

Format	A0	A1	A2	A3	A4
lange Seite (mm)	1189	841	594	420	297

a) Stelle die Werte grafisch dar.
b) Welche Art Wachstum liegt vor?
c) Setze die Tabelle für DIN A5 bis A7 fort.

3 Vervollständige die Tabelle im Heft.

Zunahme um ...	6%	3,2%	2,85%	120%	
q					1,90

4 Eine Bank zahlt für ein Guthaben von 2800 € pro Jahr 1,5% Zinsen. Die Zinsen werden dem Sparkonto gutgeschrieben.
a) Berechne das Guthaben nach 1 Jahr (nach 2 Jahren, nach 3 Jahren, nach 5 Jahren).
b) Vergleiche die Zinsen für das 1. Jahr, das 3. Jahr und das 5. Jahr.

HINWEIS
zu Aufg. 1 *(türkis)*
Maße DIN A4:
21cm x 29,7cm

+ Wachstum

5 Ermittle jeweils den Wachstumsfaktor q.
Beispiel Abnahme um 4 % (= p %)
$q = 1 - \frac{p}{100} = 1 - \frac{4}{100} = 0{,}96$
a) Abnahme 10 %   b) Abnahme 6 %
c) Abnahme 3,8 %   d) Abnahme 1,2 %

5 Vervollständige die Tabellen im Heft.

Abnahme um ...	7 %	4,8 %	25 %		
q				0,1	0,85

6 In einer Stadt lebten im Jahr 2015 rund 50 000 Menschen.
Pro Jahr nimmt die Bevölkerung um 0,6 % ab.
a) Gib den Wachstumsfaktor q an.
b) Berechne die Bevölkerung in den Jahren 2016, 2017 und 2018.
c) Ermittle die Unterschiede der Einwohnerzahl zwischen 2015 und 2016 (zwischen 2016 und 2017; zwischen 2017 und 2018).

6 In einem Land lebten im Jahr 2015 rund 64,2 Mio. Menschen.
Pro Jahr nimmt die Bevölkerung um 0,4 % ab.
a) Gib den Wachstumsfaktor q an.
b) Berechne die Bevölkerung im Jahr 2016.
c) Stelle für die Jahre 2015 bis 2021 eine Wertetabelle auf.
d) Ermittle die Bevölkerung im Jahr 2014.
e) Schätze, wann 60 Mio. erreicht werden. Begründe deine Schätzung.

7 Durch die Inflation verliert Geld an Kaufkraft.

Jahr	2015	2016	2017	2018	2019
Kaufkraft (in €)	1000	980	960,40	941,19	922,37

a) Ermittle den Verlust an Kaufkraft pro Jahr in %.
b) Stelle die Daten grafisch dar.
c) Berechne jeweils die Verluste an Kaufkraft zum Vorjahr in Euro.
d) Gib an, welche Art Wachstum vorliegt.

7 Durch die Inflation verliert Geld an Kaufkraft. Frau Müller verdiente im Jahr 2014 pro Monat 2250 €.
Die Inflationsrate betrug 1,4 % pro Jahr.
a) Stell dir vor, der Lohn von Frau Müller bleibt zwischen den Jahren 2014 und 2021 unverändert. Stelle eine Wertetabelle zur Entwicklung der Kaufkraft auf.
b) Stelle die Daten grafisch dar.
c) Berechne jeweils die Verluste an Kaufkraft zum Vorjahr in Euro.
d) Gib an, welche Art Wachstum vorliegt.

8 In einer Bakterienkultur werden 200 Organismen gezählt. Pro Stunde vergrößert sich ihre Zahl um 50 %.
a) Stelle eine Wertetabelle zur Entwicklung der Bakterienzahl innerhalb von acht Stunden auf.
b) Stelle die Entwicklung grafisch dar.
c) Berechne, wie viele Bakterien es nach 24 Stunden gibt.

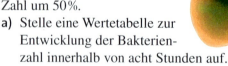

8 In einer Bakterienkultur werden 480 Organismen gezählt.
Alle 30 Minuten vergrößert sich ihre Zahl um 62 %.
a) Stelle eine Wertetabelle zur Entwicklung der Bakterienzahl innerhalb von fünf Stunden auf.
b) Stelle die Entwicklung grafisch dar.
c) Ermittle, nach welcher Zeit es 10 000 (20 000) Bakterien in der Kultur gab.

9 Nach ihrer Ausbildung als Krankenschwester erhält Claudia ein monatliches Gehalt in Höhe von 1200 €.
Ihr Arbeitgeber sichert ihr eine jährliche Lohnerhöhung von 4,6 % zu.
a) Stelle einen Term zur Berechnung auf.
b) Nach wie viel Jahren wird ihr Gehalt 1500 € übersteigen?

9 In einem Gewässer sind pro Liter Wasser 200 mg eines Schadstoffs enthalten.
Pro Monat werden 15 % des Schadstoffs abgebaut.
a) Stelle eine Wertetabelle zur Entwicklung der Schadstoffmengen in einem Jahr auf.
b) Ermittle, nach welcher Zeit der Grenzwert von 50 mg/l unterschritten wird.

134

Methode Wachstum mit einer Tabellenkalkulation beschreiben

Berechnung von Zinsen mithilfe eines Tabellenkalkulationsprogramms

Lege wie im Beispiel rechts eine Tabelle mit den Spalten Laufzeit in Jahren, Kapital am Jahresanfang, Zinsen und Kapital am Jahresende an.

Damit Zinsen und Kapital vom Programm berechnet werden können, muss in den entsprechenden Zellen eine Formel angegeben werden. In diesem Beispiel wird in Zelle **C10** die Formel **=B10*$B$5/100** eingegeben.
In Zelle **D10** werden das Kapital am Jahresanfang und die Zinsen addiert.

Der Wert aus Zelle **D10** wird als Kapital zu Jahresbeginn des Folgejahres in Zelle **B11** übertragen.
Durch Kopieren lassen sich nun die Formeln auf die darunterliegenden Zeilen übertragen.

HINWEIS
Mit der Eingabe $B$5 bleibt der Bezug zu Zelle B5 fest.

Üben und anwenden

1 Ein Sparkonto hat ein Guthaben von 4500 €. Für das Konto gibt es 1,25 % Zinsen pro Jahr. Erstelle ein Arbeitsblatt in einer Tabellenkalkulation, mit dem die Zinsen in Euro und die Entwicklung des Kapitals innerhalb von 15 Jahren dargestellt werden. Beachte das Beispiel oben.

2 Sieh dir noch einmal die Legende von der Erfindung des Schachspiels an (S. 132, Nr. 1).
a) Erstelle dazu ein Arbeitsblatt in einer Tabellenkalkulation wie im Bild.

b) Ordne den Feldern **B11**, **C11**, **D11** und **E11** die passenden Formeln zu:
=C11/$A$3   =B10*2   =C10+B11   =C11*$A$4
c) Vervollständige die Tabelle bis zum 64. Feld. Kopiere dazu jeweils die Formeln.
d) Beantworte mithilfe der Tabelle die folgenden Fragen:
   – Wie viele Reiskörner liegen auf dem 64. Feld? Wie viele Tonnen Reis sind das?
   – Wie viele Reiskörner liegen auf dem 1. bis 32. Feld zusammen?
   – Wie viele Tonnen Reis liegen auf dem 1. bis 32. Feld zusammen?
   – Wie viele Tonnen Reis liegen insgesamt auf dem Schachbrett?

+ Wachstum

+ Thema Wachstum im Beruf

Clara hat ihre Ausbildung zur **Radiologieassistentin** schon abgeschlossen. „Nach der Schule habe ich zunächst ein Freiwilliges Soziales Jahr (FSJ) im Gesundheitswesen gemacht. Dabei habe ich gemerkt, dass ich gerne einen Beruf lernen möchte, in dem ich kranken Menschen helfen kann. Jetzt arbeite ich in der Klinik, an die auch meine Berufsfachschule angegliedert war. Für krebskranke Patienten organisiere ich Strahlentherapien und führe sie durch. Dabei habe ich viel mit computergesteuerten Bestrahlungsgeräten zu tun. Das bringt natürlich auch eine große Verantwortung mit sich."

1 Kennst du dieses Warnzeichen? Was bedeutet es und wo kann man es sehen?

2 Beim radioaktiven Zerfall wandeln sich Elemente in andere Elemente um, wobei Strahlung abgegeben wird. Bei einem Experiment zum Zerfall wurde gemessen, wie sich drei Gramm radioaktives Jod 131 innerhalb von 50 Tagen verändert haben.

Tag	0	2	4	6	8	10
Masse in g	3,00	2,52	2,12	1,78	1,50	1,26

Berufsbezeichnung	Medizinisch-technische/r Radiologieassistent/-in
Häufige Tätigkeiten	– Röntgenaufnahmen, Bestrahlungen und Untersuchungen planen, vorbereiten und durchführen
Dauer der Ausbildung	3 Jahre
Voraussetzung	– mittlerer Schulabschluss – Einfühlungsvermögen in Patienten – Verantwortungsbewusstsein

a) Erstelle eine grafische Darstellung.
b) Gib an, nach welcher Zeit nur noch die Hälfte der ursprünglichen Menge vorhanden ist (**Halbwertszeit**).
c) Gib mithilfe der Wertetabelle an, um welchen Faktor (um wie viel Prozent) sich die Menge an Jod 131 alle zwei Tage verändert.
d) Zeige, dass sich der Zerfall von Jod 131 mit der Gleichung $w_n = w_0 \cdot 0{,}917^n$ berechnen lässt. Die Variable n steht darin für die Zeit in Tagen.
e) Wie viel Milligramm des Jods sind nach 16 Tagen (24 Tagen; 32 Tagen) noch vorhanden?

3 Clara verwendet für eine Untersuchung 2000 Milligramm radioaktives Jod 123 (Halbwertszeit 12 Stunden).
a) Berechne: Wie viel Milligramm Jod 123 sind nach 12 Stunden (nach 24 Stunden; 36 Stunden; 48 Stunden; 60 Stunden) noch vorhanden? Stelle damit eine Wertetabelle auf.
b) Schätze die Zeit, nach der noch 800 Milligramm Jod 123 vorhanden sind.
c) Vergleiche die Halbwertszeiten von Jod 131 und Jod 123.

4 Könntest du dir vorstellen, Radiologieassistentin oder Radiologieassistent zu werden? Was spricht dafür, was dagegen? Recherchiere mithilfe des Webcodes im Internet.

HINWEIS
↻ 136-1
Hier erfährst du mehr über den Ausbildungsberuf Radiologieassistent/-in.

Thema Wachstum im Beruf

Sara und Maik machen eine Ausbildung als **Biologielaboranten**.
Maik erzählt: „Wir lernen viel über Untersuchungen an lebenden Organismen, also Pflanzen, Tieren und Menschen. Gerade untersuchen wir im Zellkulturlabor die Auswirkung von verschiedenen Nährböden auf das Wachstum von Zellen."
Sara sagt: „Wir arbeiten auch mit Versuchstieren. Ich beobachte zum Beispiel, welchen Einfluss ein Arzneimittel auf Ratten hat. Die Versuchsreihe werte ich dann am Computer aus."

1 Salmonellen sind Bakterien, die bei Menschen Krankheiten verursachen können. Sie können in Lebensmitteln vorkommen.
Daher werden immer wieder Proben aus Lebensmitteln entnommen und untersucht.

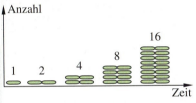

Berufsbezeichnung	Biologielaborant/-in
Häufige Tätigkeiten	– Vorbereiten, Durchführen und Auswerten von Untersuchungen und Versuchen an Tieren, Pflanzen und Zellen
Dauer der Ausbildung	3,5 Jahre
Voraussetzung	– in der Regel mittlerer Schulabschluss – gute Noten in den Naturwissenschaften

a) Maik und Sara lernen, dass sich die Anzahl von Salmonellen alle 20 Minuten verdoppelt. Liegt lineares oder exponentielles Wachstum vor? Begründe.
b) Wie viel Zeit ist vergangen, bis aus anfänglich 10 Salmonellen 160 Salmonellen geworden sind?
c) In einer Probe befinden sich 90 Salmonellen. Erstelle eine Tabelle und ein Diagramm zum Wachstum der Salmonellenanzahl für die nächsten zwei Stunden.

2 Das Bakterium Escherichia coli kommt von Natur aus im Darm des Menschen vor. Im Labor verdoppelt es sich nach 30 Minuten. Maik und Sara untersuchen eine Probe Escherichia coli mit dem Mikroskop. Sie ermitteln nach drei Stunden 16 000 Bakterien in der Probe.
a) Wie viele Bakterien werden es zwei Stunden später sein?
b) Wie viele Bakterien waren nach 2 h 30 min in der Probe?
c) Wie viele Bakterien waren zu Untersuchungsbeginn in der Probe?
d) Gib die Veränderung der Bakterienzahl pro 30 Minuten in Prozent an.

3 Viele Bakterien sind nützlich für den Menschen. In Joghurt oder Käse sind Milchsäurebakterien zu finden, die für die Haltbarkeit sorgen.
a) Die Anzahl von Milchsäurebakterien vervierfacht sich in zwei Stunden. Ermittle durch gezieltes Probieren, wann aus einem Bakterium rund 1000 Bakterien geworden sind.
b) Gib die Veränderung der Bakterienzahl pro 2 Stunden (pro Stunde) in Prozent an.

4 Könntest du dir vorstellen, Biologielaborantin oder Biologielaborant zu werden? Was spricht dafür, was dagegen? Recherchiere mithilfe des Webcodes im Internet.

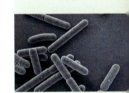

HINWEIS
↻137-1
Hier erfährst du mehr über den Ausbildungsberuf Biologielaborant/-in.

+ Wachstum

Klar so weit?

→ Seite 128

Positives und negatives Wachstum

1 Für ihren Enkel legt Frau Ernemann jede Woche 5 € in die Spardose.
Ist das Wachstum des Geldbetrags in der Spardose positiv oder negativ?
Begründe.

1 An einer Schule melden sich zum neuen Schuljahr rund vier Prozent weniger Schülerinnen und Schüler an als im Vorjahr.
Liegt positives oder negatives Wachstum vor?
Begründe.

2 Ein Leuchtenhersteller notiert jährlich seinen Umsatz.
Liegt positives oder negatives Wachstum vor?

Jahr	Umsatz
2012	441 700 €
2013	441 900 €
2014	442 800 €
2015	443 100 €

2 Ein Unternehmen hat seine Umsätze erfasst.
Liegt positives oder negatives Wachstum vor? Erkläre.

Monat	Umsatz
April	60 210 €
Mai	64 890 €
Juni	65 020 €
Juli	58 680 €

3 Herr Schneider macht eine Diät.
a) Lies das Körpergewicht zu Beginn der Diät und am Ende der Diät ab. Berechne den Unterschied.
b) Gib an, ob positives oder negatives Wachstum vorliegt.

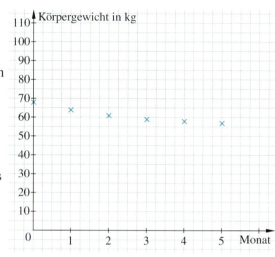

3 Herr Schneider macht eine Diät.
a) Gib an, ob positives oder negatives Wachstum vorliegt.
b) Erstelle zu den Daten eine Wertetabelle.
c) Hat sich das Körpergewicht jeden Monat um den gleichen Wert verändert? Begründe.

→ Seite 130

Lineares Wachstum

4 Die Tabelle zeigt den Preis für Daten bei einem Handytarif.

Daten (in GB)	1	2	3	4	5
Preis (in €)	2,90	5,80	8,70	11,60	14,50

Liegt lineares Wachstum vor?
Begründe.

4 Die Tabelle zeigt den Preis für Heizgas in Abhängigkeit vom Verbrauch.

Verbrauch in m³	0	500	1000	1500	2000
Preis (in €)	9,30	37,30	65,30	93,30	121,30

Liegt lineares Wachstum vor?
Begründe.

5 Jede Woche verwendet Familie Schuster acht Spülmaschinentabs.
In einer Packung sind 56 Tabs enthalten.
a) Liegt bei der Zahl der Tabs in der Packung lineare Zunahme oder Abnahme vor?
b) Wie lange reicht die Packung?

5 In einer Zahnpastatube sind 100 ml Zahnpasta enthalten. Jeden Tag entnimmt Familie Müller insgesamt 5 ml.
a) Liegt lineare Zu- oder Abnahme vor?
b) Notiere die Funktionsgleichung.
c) Berechne, wie lange die Tube reicht.

Exponentielles Wachstum

→ Seite 132

6 Die Grafik zeigt, welche Seefläche von einer Algenart bedeckt ist.
a) Lies die Fläche nach 10 Wochen ab.
b) Nach welcher Zeit waren 750 m² Fläche bedeckt?
c) Gib den Wachstumsfaktor q an.
d) Gib an, welche Fläche zu Beginn der Beobachtung mit Algen bedeckt war.

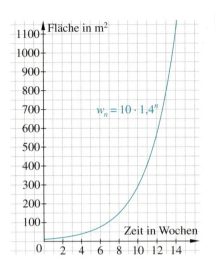

$w_n = 10 \cdot 1{,}4^n$

6 Die Grafik zeigt, welche Seefläche von einer Algenart bedeckt ist.
a) Lies aus der Formel den Wachstumsfaktor q und den Startwert w_0 ab.
b) Begründe, dass der Graph exponentielles Wachstum zeigt.
c) Berechne die Fläche, die voraussichtlich nach 16 Wochen (nach 20 Wochen) von den Algen bedeckt sein wird.

7 Im Jahr 2015 lebten in Münster rund 300 000 Menschen.
Die Wachstumsrate betrug 1 % pro Jahr.
a) Gib den Wachstumsfaktor q an.
b) Berechne die Einwohnerzahlen für die Jahre 2016, 2017 und 2018, wenn sich die Wachstumsrate nicht verändert.

7 Im Jahr 2015 lebten auf der Erde rund 7,3 Mrd. Menschen. Die Wachstumsrate weltweit betrug ca. 1,1 % pro Jahr.
a) Wie viele Menschen werden 2016, 2020 und 2022 auf der Erde leben?
b) Ermittle die Bevölkerungszahl im Jahr 2014.

8 Eine Schildkrötenart ist vom Aussterben bedroht. Es gab im Jahr 2015 weltweit noch 1500 Exemplare.
Ihre Zahl geht pro Jahr um 10 % zurück.
a) Gib den Wachstumsfaktor q an.
b) Berechne die Anzahl für die Jahre 2016, 2017 und 2018.

8 In einem Land gab es 2015 noch 2,4 Mio. ha Wald.
Die Fläche geht pro Jahr um 6,4 % zurück.
a) Stelle eine Wertetabelle für die Jahre 2015 bis 2022 auf.
b) Stelle die Entwicklung der Waldfläche für die Jahre 2015 bis 2022 grafisch dar.

9 Ein Kapital von 5 000 € wird mit 3 % p. a. verzinst. Jährlich werden die Zinsen gutgeschrieben und verbleiben auf dem Konto.

	Zinsen	Kapital
zu Beginn	0 €	5000 €
nach 1 Jahr	150 €	5150 €
nach 2 Jahren		
nach 3 Jahren		
nach 4 Jahren		
nach 5 Jahren		

a) Vervollständige die Tabelle im Heft.
b) Wie viele Zinsen wurden gezahlt?
c) Stelle die *Zuordnung Jahr → Zinsen in Euro* als Säulendiagramm grafisch dar.

9 Ein Guthaben von 4200 € wird mit 1,85 % Zinsen pro Jahr verzinst. Die Zinsen werden jährlich dem Konto gutgeschrieben.
a) Erstelle eine Tabelle zu den Zinsen und dem Guthaben für die ersten sechs Jahre.
b) Stelle die Zuordnung *Jahr → Zinsen in Euro* als Säulendiagramm grafisch dar.
c) Gib die Höhe der insgesamt gezahlten Zinsen an.
d) Ermittle durch gezieltes Probieren, in welchem Jahr das Guthaben den Wert von 5000 € überschreitet.
e) Ermittle die Zinsen in Euro, wenn die Zinsen jährlich ausgezahlt worden wären, statt sie dem Konto gutzuschreiben.

+ Wachstum

Vermischte Übungen

1 Aus dem Berufsleben
Sandor macht eine Ausbildung zum Altenpfleger.
Er soll einem Arzt telefonisch den Verlauf der Fieberkurve einer Patientin beschreiben. Wie kann er das mithilfe der Begriffe des mathematischen Wachstums ausdrücken?

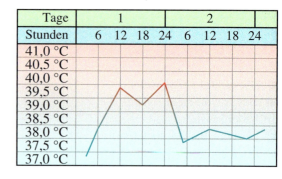

2 Ermittle jeweils die Zielzahl.
a) Startzahl 4;
drei Verdopplungen nacheinander
b) Startzahl 1000;
vier Halbierungen nacheinander
c) Startzahl 10;
fünf Verzehnfachungen nacheinander

2 Welche Startzahl erfüllt die folgenden Bedingungen?
a) Nach 4 Verdopplungen wird 100 erreicht.
b) Nach nur drei Verdopplungen wird die Million um eins überschritten.
c) Nach fünf Halbierungen wird die 30 erreicht.

+3 Welche Art von Wachstum liegt vor? Übertrage und ergänze die Tabelle im Heft.

	Wert zu Beginn	Wachstumsfaktor	Zahl der Jahre	Wert am Ende
a)	15 m²	1,03	5	
b)	8 m²	1,05	10	
c)	4 m²	1,08	8	

+3 Welche Art von Wachstum liegt vor? Übertrage und ergänze die Tabelle im Heft.

	Anfangskapital K_0	Zinssatz $p\%$	Laufzeit n in Jahren	Endkapital
a)	9 000 €	3 %	5	
b)	35 000 €	4 %	6	
c)	6 800 €	2,5 %	2	

+4 Ein Kapital wurde zu einem Zinssatz von 4 % angelegt. Nach 4 Jahren sind 2000 € auf dem Konto. Wie hoch war das Startkapital?
a) Beschreibe Elifs Lösungsweg.
gegeben: $w_n = 2000€$; $q = 1,04$; $n = 4$
gesucht: w_0
$w_n = w_0 \cdot q^n$
$2000€ = w_0 \cdot 1,04^4$
$2000€ \approx w_0 \cdot 1,16986$ $\;|:1,16986$
$w_0 \approx 1709,61€$
b) Berechne jeweils den Anfangswert w_0.
① $w_n = 4000€$; $q = 1,15$; $n = 4$
② $w_n = 30000€$; $q = 1,08$; $n = 10$
③ $w_n = 912€$; Zunahme um 15 %; $n = 3$
④ $w_n = 1500€$; Abnahme um 10 %; $n = 3$

+4 Auf einem Konto wurden 2000 € angelegt. Nach vier Jahren sind 2431 € auf dem Konto. Wie hoch war der Zinssatz?
a) Erkläre Laras Lösungsweg.
gegeben: $w_n = 2431€$; $w_0 = 2000€$; $n = 4$
gesucht: q; Wachstum um ... %
$2431€ = 2000 \cdot q^4$ $\;|:2000$
$1,2155 = q^4$ $\;|\sqrt[4]{\;}$
$q = \sqrt[4]{1,2115}$
$q \approx 1,05 \rightarrow$ Wachstum um 5 %
b) Berechne jeweils den Zinssatz.
① $w_n = 24943,57€$; $w_0 = 20000€$; $n = 6$
② $w_n = 2278,51€$; $w_0 = 1590€$; $n = 8$
③ $w_n = 6753,70€$; $w_0 = 3531€$; $n = 10$
④ $w_n = 25055,48€$; $w_0 = 21490€$; $n = 3$

+5 Ermittle durch Einsetzen in die Formel $w_n = w_0 \cdot q^n$ den passenden Wert für n.
a) $w_n = 2396,56€$; $w_0 = 1000€$; $q = 1,06$
$n = 10$; $n = 15$ oder $n = 30$?
b) $w_n = 20480$ g; $w_0 = 20$ g; $q = 2$
$n = 8$; $n = 10$ oder $n = 12$?

+5 Es liegt exponentielles Wachstum vor. Ermittle durch gezieltes Probieren die Anzahl Zeiträume n.
a) $w_n = 262,16€$; $w_0 = 200€$; $q = 1,07$
b) $w_n = 2375,37€$; $w_0 = 2000€$; $q = 1,035$
c) $w_n = 4373,77€$; $w_0 = 4000€$; $p\% = 1,5\%$

Vermischte Übungen

6 Ein Kaninchen bekommt täglich 20 g Trockenfutter. Im Futtersack sind 1 kg Trockenfutter enthalten.
a) Wie lange reicht ein Futtersack?
b) Welche Art von Wachstum liegt vor?
c) Stelle die Funktionsgleichung auf.
d) Zeichne ein Diagramm zu der Situation.

+6 Ein quaderförmiges Schwimmbecken wird geleert. Der Wasserstand beträgt am Anfang 2,80 m. Er sinkt pro Stunde um 19 cm.
a) Gib die Art des Wachstums an.
b) Stelle eine Funktionsgleichung und eine Wertetabelle zur Situation auf.
c) Zeichne den Graphen zur Funktion.
d) Stell dir vor, der Wasserstand sinkt schneller als um 19 cm pro Stunde. Skizziere einen passenden Graphen in das Bild aus c).

7 Auf einer Bank werden 400 € zu einem Zinssatz von 1,5 % angelegt.
a) Wie hoch ist der Betrag inklusive Zinsen nach einem Jahr?
b) Fünf Jahre lang wird weder etwas abgehoben noch eingezahlt. Wie hoch ist der Betrag inklusive Zinsen und Zinseszinsen nach fünf Jahren?
c) Ist das Wachstum positiv oder negativ? Begründe.
d) Kam jedes Jahr gleich viel Geld dazu?
e) Gib an, ob lineares oder exponentielles Wachstum vorliegt. Begründe.

+7 Ein Tagesgeldkonto ist ein verzinstes Konto.
Es gibt keine Kündigungsfrist, der Kontoinhaber kann also täglich über sein Guthaben verfügen.
Es werden 60 000 € von einer Erbengemeinschaft auf einem Tagesgeldkonto angelegt. Der Zinssatz beträgt 1,2 % p. a.
a) Wie hoch sind die Zinsen, wenn das Geld für drei Jahre (fünf Jahre) auf dem Tagesgeldkonto bleibt?
b) Das Geld wird nach zehn Monaten abgehoben. Berechne die Zinsen.

8 Aus dem Berufsleben

Die Kosten für einen Altenheimplatz sind abhängig vom Grad der Pflegebedürftigkeit der Bewohner. In Deutschland werden drei Pflegestufen unterschieden.

Stand 2014	Kosten pro Monat
Pflegeklasse I (erheblich pflegebedürftig)	2365 €
Pflegeklasse II (schwer pflegebedürftig)	2795 €
Pflegeklasse III (schwerst pflegebedürftig)	3252 €

Wie hoch sind die voraussichtlichen Pflegekosten je Pflegeklasse in den Jahren 2015, 2020 und 2030, wenn sich die Kosten pro Jahr um 2 % erhöhen (Inflationsrate).

Lerncheck

1 Ergänze die Tabelle zu den Größen im Dreieck in deinem Heft.

	α	β	γ	a	b	c
a)			90°		7,2 cm	8,3 cm
b)			90°	4,1 cm		11 cm
c)			90°	6,3 dm		15 dm
d)		90°			9,4 cm	4,5 cm
e)			90°	24 cm	16,4 cm	
f)	90°			24 dm		17 dm
g)	90°			7,6 cm		3,4 cm
h)		90°		18 dm	22 dm	

2 Trage im Heft < oder > ein.
a) 4^2 ■ $4 \cdot 2$
b) 10^{-3} ■ 10^{-4}
c) 5^2 ■ 2^5
d) $3 \cdot 8$ ■ 3^8

3 Ein Glücksrad: Auf zwölf Feldern gewinnt man einen Rosenquarz, auf $\frac{1}{4}$ der Felder einen Rubin und auf einem Feld einen ungeschliffenen Diamanten. Die restlichen fünf Felder sind ohne Gewinn.
a) Skizziere das Glücksrad.
b) Wie hoch ist die Wahrscheinlichkeit, einen Diamanten zu gewinnen?

+ Wachstum

+9 Beim Bergsteigen kann man feststellen, dass die Temperatur abnimmt, je höher man kommt.
Der Wert für diese Abnahme beträgt etwa 0,6 °C pro 100 Höhenmeter.
Hauptursache für die Temperaturabnahme ist die Entfernung von der Erdoberfläche, die Wärme speichert und dann wieder ausstrahlt.

a) Stelle die Abnahme der Temperatur im Koordinatensystem bis 1000 m Höhe dar, wenn die Temperatur auf Meereshöhe 20 °C beträgt.
b) Um welche Art von Wachstum handelt es sich? Begründe.
c) Gib eine passende Funktionsgleichung an.
d) Auf dem Berggipfel (1500 m Höhe) werden 7 °C gemessen. Wie viel Grad sind es dann im Tal (650 m Höhe)?

+10 Atomkerne von ^{13}N, einem Stickstoffisotop, zerfallen nach zehn Minuten.
Liegt hier lineares oder exponentielles Wachstum vor?

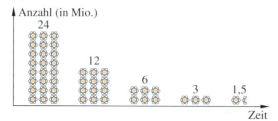

+11 In einer Thermoskanne befindet sich 90 °C heißer Kaffee.
Stündlich nimmt die Temperatur um 10 % ab.
Stelle die Entwicklung der Kaffeetemperatur für den Zeitraum von fünf Stunden als Tabelle und als Grafik dar.

+9 Am 26. April 1986 ereignete sich in Tschernobyl bei Kiew ein schwerer Unfall in einem Atomkraftwerk.
Dabei gelangten große Mengen radioaktiver Stoffe in die Luft.
Eine unsichtbare, radioaktive Wolke erreichte mit dem Wind weite Teile Europas.

a) In der radioaktiven Wolke war vor allem Cäsium-137 vorhanden. Es hat eine Halbwertszeit von etwa 30 Jahren.
Das bedeutet: nach 30 Jahren ist von 20 g Cäsium-137 noch die Hälfte (10 g) vorhanden.
Ergänze die Wertetabelle im Heft und zeichne einen Graphen.

Jahr	Menge an Cäsium-137
1986	2000 kg
2016	
2046	
2076	
2106	

b) Die auch heute noch unbewohnbare Zone rund um Tschernobyl ist mit Plutonium verseucht. Plutonium-239 hat eine Halbwertszeit von 24 110 Jahren.
In welchem Jahr ist nur noch $\frac{1}{4}$ so viel Plutonium in der Gegend um Tschernobyl zu finden wie im Jahr 1986?

+10 In den letzten 30 Jahren ist aufgrund des Klimawandels die Fläche der Arktis, die von Eis bedeckt ist, auf eine Größe von 4,7 Mio. km² zurückgegangen.
Der durchschnittliche jährliche Schwund beträgt 1,7 %.
a) Wie groß wird die Eisfläche in 10 Jahren sein, wenn die jährliche Veränderungsrate unverändert bleibt?
b) Wie groß war die Eisfläche noch vor 30 Jahren?

+11 Aus dem Berufsleben
Ein Stahlzylinder wurde zur Bearbeitung auf eine Temperatur von 950 °C erhitzt. Die Temperatur des Zylinders nimmt pro Stunde um etwa 18 % ab.
Welche Temperatur besitzt der Zylinder noch nach acht Stunden?

Vermischte Übungen

12 Die Grafik zeigt die Entwicklung der Weltbevölkerung seit dem Jahr 1650.
a) In welchem Jahr lebten etwa 1 Mrd. Menschen? Wie lange dauerte es, bis sich diese Zahl verdoppelte?
b) Wann wurden die Grenzen zu 2; 3; 4 … Mrd. überschritten? Wie lange dauerte die Verdopplung von 2 Mrd. auf 4 Mrd. bzw. von 3 Mrd. auf 6 Mrd. Menschen? Vergleiche mit dem Ergebnis von a).
c) Erstelle eine Prognose für den Zeitraum von 2000 bis 2050. Vergleiche mit deinen Nachbarn und diskutiert darüber, wie zuverlässig solche Prognosen sein können.

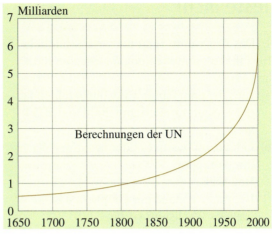

13 Herr Bremer muss bis zur Rente noch 20 Jahre arbeiten. Als Altersvorsorge hat er heute ein Sparkonto mit 15 000 €.
a) Für sein Sparkonto bekommt Herr Bremer 1,25 % Zinsen. Wie viel Geld ist in 20 Jahren auf dem Konto, wenn Herr Bremer nichts abhebt und nichts einzahlt?
b) Durch Inflation verliert Geld an Kaufkraft. Rechne mit einer Inflationsrate von 2,1 % pro Jahr. Welche Kaufkraft hat ein Guthaben von 15 000 € nach 20 Jahren noch?
c) Vergleiche die Ergebnisse aus a) und b). Beurteile damit: Zu welchem Zeitpunkt ist die Kaufkraft des Guthabens von Herrn Bremer höher: heute oder in 20 Jahren?

+13 Frau Neman muss bis zur Rente noch 20 Jahre arbeiten. Sie hat heute ein Sparkonto mit 15 000 €. Das Geld wird mit 1,25 % Zinsen p. a. verzinst.
Frau Neman zahlt immer zum Jahresende 600 € auf das Konto ein.
a) Ermittle mit einer Tabellenkalkulation, wie groß das Guthaben von Frau Neman nach 20 Jahren ist.
b) Durch Inflation verliert Geld an Kaufkraft. Rechne mit einer Inflationsrate von 2,1 % pro Jahr.
Zu welchem Zeitpunkt ist die Kaufkraft des Guthabens von Frau Neman höher: heute oder in 20 Jahren?

HINWEIS zu Aufgabe 13 (*lila* und *türkis*): Die Zinsen werden dem Konto jeweils am Jahresende gutgeschrieben.

14 Bei Fieber oder akuten Schmerzen hilft ein Medikament mit dem Wirkstoff Paracetamol. Der Wirkstoff aus einer Tablette gelangt schnell ins Blut. Von dort wird er nach und nach in die einzelnen Zellen abgegeben, so dass die Wirkstoffkonzentration im Blut langsam absinkt. Nach jeweils einer Stunde sinkt die Konzentration auf ca. 80 % des vorherigen Wertes.
a) Ergänze die Tabelle im Heft. Stelle die Wirkstoffkonzentration im Blut in einem Diagramm dar.

Zeit nach der Einnahme in h	1	2	3	…
Wirkstoffkonzentration im Blut in %	80	64	…	…

b) Finde eine allgemeine Gleichung zur Berechnung des Werts nach n Stunden.
c) Die Konzentration im Blut beträgt 30 % des ursprünglichen Werts. Wie hoch war die Konzentration eine Stunde vorher?

+15 Neben linearem und exponentiellem Wachstum gibt es auch quadratisches Wachstum.

Seitenlänge des Quadrats in cm	1	2	3	…	12
Flächeninhalt des Quadrats in cm²	1				

a) Vervollständige die Wertetabelle im Heft.
b) Begründe, warum es sich nicht um lineares oder exponentielles Wachstum handelt.

+ Wachstum

Teste dich!

(9 Punkte) **1** Das Diagramm zeigt die voraussichtliche Bevölkerungsentwicklung der Staaten Indien und China.
a) Lies die ungefähren Einwohnerzahlen beider Staaten für die Jahre 2000 und 2050 ab.
b) Gib an, ob positives oder negatives Wachstum vorliegt. Begründe.
c) Begründe anhand der Graphen, dass kein lineares Wachstum vorliegt.

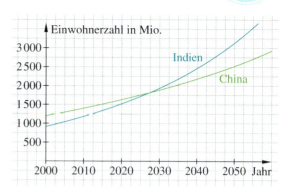

(7 Punkte) **2** Das Diagramm zeigt die Entwicklung der Umsätze einer Firma.
a) Lies das Jahr mit dem höchsten Umsatz ab.
b) Gib ein Beispiel für eine Phase mit positivem Wachstum an.
c) Gib ein Beispiel für eine Phase mit negativem Wachstum an.

(7 Punkte) **3** Im Tank eines Autos sind noch vier Liter Benzin. Frau Huber tankt pro Sekunde 0,6 l nach.
a) Liegt positives oder negatives Wachstum vor?
b) Stelle eine Funktionsgleichung auf.
c) Der Tank fasst insgesamt 65 Liter. Wann ist der Tank voll?

(12 Punkte) **4** Ein Hamster bekommt jeden Tag 10 g Futter. In einer Packung Futter sind 500 g enthalten.
a) Wie lange reicht eine Packung Futter?
b) Ist das Wachstum des Packungsinhalts positiv oder negativ?
c) Liegt lineares Wachstum vor? Begründe.
d) Stelle die Funktionsgleichung auf.
e) Zeichne ein Diagramm zu der Situation.

(4 Punkte) **+5** Gib den Wachstumsfaktor an.
a) $p\% = 5\%$
b) $p\% = 54\%$
c) $p\% = -12\%$
d) $p\% = 0{,}75\%$

(9 Punkte) **+6** Brasilien hatte im Jahr 2014 etwa 202 Mio. Einwohner und eine Wachstumsrate der Bevölkerung von 0,9 % pro Jahr.
a) Gib den Wachstumsfaktor q an.
b) Berechne die Einwohnerzahlen der Jahre 2015, 2016 und 2020.
c) Begründe, dass hier exponentielles Wachstum vorliegt.

Teste dich!

7 Berechne jeweils w_n. (6 Punkte)

	Anfangskapital K_0	Zinssatz $p\%$	Laufzeit n in Jahren	Endkapital w_n
a)	77 400 €	3,3 %	4	
b)	27 500 €	2,25 %	2	
c)	1 000 €	2 %	18	

8 Die Grafik zeigt, wie viele E-Mails in Deutschland pro Jahr verschickt wurden. (14 Punkte)
a) Gib an, ob positives oder negatives Wachstum vorliegt.
b) Berechne die Veränderung von 2009 zu 2010 in % (die Veränderung von 2013 zu 2014).
c) Beurteile mit den Ergebnissen aus b), ob exponentielles Wachstum vorliegt.

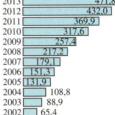

E-Mails pro Jahr in Deutschland in Mrd.

Jahr	Mrd.
2014	504,4
2013	471,8
2012	432,0
2011	369,9
2010	317,6
2009	257,4
2008	217,2
2007	179,1
2006	151,3
2005	131,9
2004	108,8
2003	88,9
2002	65,4

9 Der aus Nordamerika stammende Waschbär wurde bei uns anfangs nur in Zuchtanlagen gehalten. Ausgesetzte oder entkommene Tiere leben inzwischen wild und haben sich stark verbreitet. Im Jahr 2015 lebten in Deutschland mindestens 600 000 Exemplare. Trotz intensiver Bejagung vermehrt sich ihr Bestand jährlich um etwa 8 %. (8 Punkte)
a) Gib den Wachstumsfaktor q an.
b) Berechne den voraussichtlichen Bestand in den Jahren 2016 und 2020.

10 Ein Kapital von 1000 € wird zu einem Zinssatz von 2 % für fünf Jahre angelegt. Die Zinsen werden immer am Jahresende dem Konto gutgeschrieben. (14 Punkte)
a) Gib den Wachstumsfaktor q an.
b) Berechne die Höhe des Guthabens nach einem, zwei, drei, vier und fünf Jahren.
c) Prüfe, ob die Veränderung in Euro zum Guthaben im vorigen Jahr immer gleich ist.
d) Beschreibe den Verlauf des Graphen.

11 In einem See nimmt die Lichtintensität pro Tiefenmeter um 20 % ab. (10 Punkte)
a) Lege eine Tabelle an und berechne die prozentuale Lichtmenge bis 10 m Tiefe.
b) Zeichne dazu eine Grafik.

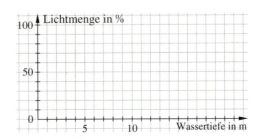

Gold: 94–100 Punkte, Silber: 77–93 Punkte, Bronze: 60–76 Punkte

+ Wachstum

Zusammenfassung

→ Seite 128

Positives und negatives Wachstum

Die Zunahme einer Größe nennt man **positives Wachstum**.

Trauben (in kg)	0,5	1,0	1,5	2,0
Preis (in €)	3,20	6,40	9,60	12,80

Die Abnahme einer Größe nennt man **negatives Wachstum**.

Fahrzeit (in h)	1	2	3	4
Entfernung vom Ziel (in km)	500	420	320	280

→ Seite 130

Lineares Wachstum

Lineares Wachstum lässt sich mit einer linearen Funktion der Form $y = mx + b$ beschreiben. Dabei ist b der Wert zu Beginn der Beobachtung.

Lineares positives Wachstum heißt:
Eine Größe nimmt in gleichen Zeitspannen immer um den gleichen Betrag zu.
Dabei ist m positiv.

Anzahl Drucke	0	200	400	600
Druckerkosten (in €)	100,00	106,00	112,00	118,00

Lineares negatives Wachstum heißt:
Eine Größe nimmt in gleichen Zeitspannen immer um den gleichen Betrag ab.
Dabei ist m negativ.

Anzahl Drucke	0	500	1000	1500
Tintenmenge in der Patrone (in ml)	50	40	30	20

→ Seite 132

+ Exponentielles Wachstum

Exponentielles Wachstum lässt sich mit der **Wachstumsformel** $w_n = w_0 \cdot q^n$ beschreiben. Dabei ist q der **Wachstumsfaktor**. n ist die Zahl der gleichen Zeitspannen. w_0 ist der Wert zum Beginn der Beobachtung. w_n ist der Wert zum Zeitpunkt n.

Exponentielles positives Wachstum heißt:
Eine Größe nimmt in gleichen Zeitspannen immer um den gleichen Faktor q zu.
Dabei ist $q > 1$.

$w_0 = 500$; $q = 2$

Zeit (in Stunden)	0	1	2	3
Anzahl der Bakterien	500	1000	2000	4000

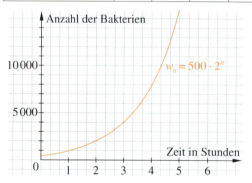

w_5 mit Wachstumsformel berechnen:
$w_5 = 500 \cdot 2^5 = 500 \cdot 32 = 16\,000$

Exponentielles negatives Wachstum heißt:
Eine Größe nimmt in gleichen Zeitspannen immer um den gleichen Faktor q ab.
Dabei ist $0 < q < 1$.

$w_0 = 30$; $q = 0,5$

Zeit (in Tagen)	0	1	2	3
Masse des Medikaments (in g)	30	15	7,5	3,75

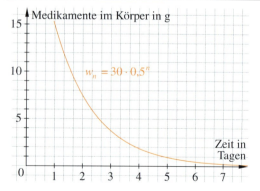

w_6 mit Wachstumsformel berechnen:
$w_6 = 30 \cdot 0,5^6 \approx 30 \cdot 0,0156 \approx 0,468$

+ Trigonometrie

Im Mittelalter zogen Seefahrer aus, um die Welt zu entdecken. Sie orientierten sich an den Sternen und bestimmten durch Winkelberechnungen ihre Position auf See.

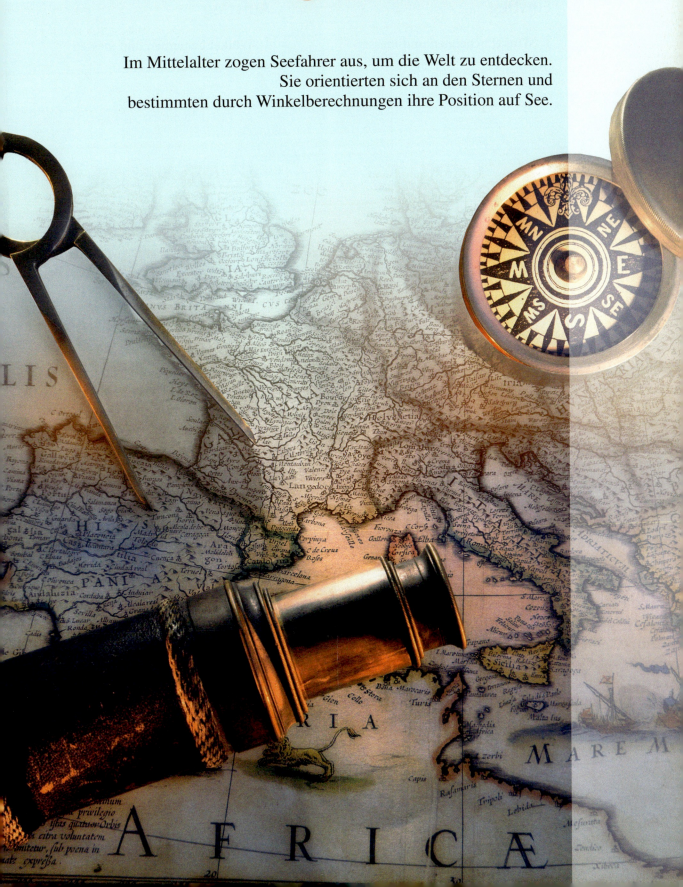

+ Trigonometrie

Noch fit?

Einstieg

1 Winkel benennen und messen

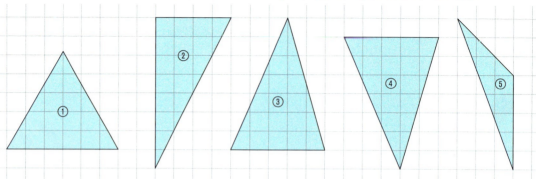

a) Zeichne die oben abgebildeten Dreiecke auf Karopapier.
b) Markiere in deiner Zeichnung alle …
   – spitzen Winkel grün,
   – alle rechten Winkel rot,
   – alle stumpfen Winkel blau.
c) Miss die Innenwinkel der Dreiecke. Schreibe in deiner Zeichnung aus a) jeweils die Größen an die Winkel.

2 Winkel zeichnen
Zeichne die Winkel.
a) $\alpha = 60°$ b) $\beta = 33°$
c) $\gamma = 85°$ d) $\delta = 115°$

3 Winkelsumme im Dreieck
Ermittle die Größe des fehlenden Winkels im Dreieck ABC.
a) $\alpha = 53°; \gamma = 90°; \beta = ?$
b) $\beta = 18°; \gamma = 74°; \alpha = ?$
c) $\alpha = 74°; \beta = 59°; \gamma = ?$

4 Sätze vervollständigen
Ergänze im Heft zu wahren Aussagen.
a) Die Winkelsumme in einem Dreieck ABC beträgt _____ .
b) Im Dreieck ABC liegt die Seite a dem Winkel _____ gegenüber.
c) Im Dreieck ABC liegt der Winkel β der Seite _____ gegenüber.
d) Wenn in einem Dreieck ABC alle drei Winkel gleich groß sind, dann beträgt ihre Größe jeweils _____°.

ERINNERE DICH
Die drei Innenwinkel im Dreieck sind zusammen immer 180° groß.

Aufstieg

1 Winkel benennen und messen

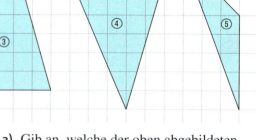

a) Gib an, welche der oben abgebildeten Dreiecke …
   – spitzwinklig,
   – rechtwinklig,
   – stumpfwinklig sind.
b) Miss die Innenwinkel der Dreiecke und notiere sie im Heft.
Berechne zur Kontrolle für jedes Dreieck die Summe der Innenwinkel.

2 Winkel zeichnen
Zeichne den Winkel α und gib den Unterschied zu 180° an.
a) $\alpha = 69°$ b) $\alpha = 116°$ c) $\alpha = 155°$

3 Winkelsumme im Dreieck
Ermittle die Größe des fehlenden Winkels im Dreieck ABC.
a) $\alpha = 53°; \gamma = \alpha; \beta = ?$
b) $\beta = 18°; \gamma = 2 \cdot \beta; \alpha = ?$
c) $\alpha = 74°; \beta = 0{,}5 \cdot \alpha; \gamma = ?$

4 Sätze vervollständigen
Ergänze im Heft zu wahren Aussagen.
a) In einem Dreieck ABC ist der Punkt _____ der Scheitelpunkt des Winkels β.
b) Ein Dreieck ABC kann mehrere _____ Winkel haben.
c) Ein Dreieck ABC kann höchstens einen _____ oder einen _____ Winkel haben.
d) In einem gleichschenkligen Dreieck sind mindestens _____ Seiten gleich lang und mindestens _____ Winkel gleich groß.

Noch fit?

5 Dreiecke konstruieren
Fertige eine Planskizze an und konstruiere die Dreiecke ABC.
a) $a = 6{,}5$ cm; $b = 5{,}5$ cm; $c = 10{,}5$ cm
b) $a = 5$ cm; $\beta = \gamma = 60°$

5 Dreiecke konstruieren
Fertige eine Planskizze an und konstruiere die Dreiecke ABC.
a) $b = 4{,}5$ cm; $c = 8{,}5$ cm; $\alpha = 70°$
b) $a = 3$ cm; $c = 5$ cm; $\beta = 45°$

ERINNERE DICH
Konstruieren von Dreiecken nach:
– Seite – Seite – Seite (sss)
– Seite – Winkel – Seite (sws)
– Winkel – Seite – Winkel (wsw)

6 Katheten und Hypotenusen

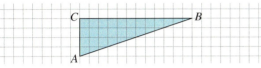

a) Zeichne das rechtwinklige Dreieck auf Karopapier ab.
b) Markiere den rechten Winkel.
c) Beschrifte die Katheten (die Hypotenuse).

6 Katheten und Hypotenusen
a) Zeichne ein rechtwinkliges Dreieck ABC mit $a = 6$ cm; $\gamma = 90°$ und $b = 4$ cm.
b) Beschrifte die Katheten und die Hypotenuse im Dreieck aus a).
c) Zeichne ein rechtwinkliges Dreieck, das auch gleichschenklig ist.
Welche Eigenschaft haben die Katheten in diesem Dreieck?

7 Satz des Pythagoras
Berechne die gesuchte Seitenlänge in einem rechtwinkligen Dreieck ABC ($\gamma = 90°$).
a) $a = 6$ cm; $b = 5$ cm; $c = ?$
b) $c = 12$ cm; $b = 8$ cm; $a = ?$
c) $c = 10$ cm; $a = 3$ cm; $b = ?$

7 Satz des Pythagoras
Berechne die fehlende Seitenlänge in einem rechtwinkligen Dreieck ABC ($\gamma = 90°$).
a) $a = 6{,}3$ cm; $c = 9{,}5$ cm
b) $a = 34$ mm; $b = 5{,}8$ cm
c) $c = 12{,}4$ km; $b = 9100$ m

ERINNERE DICH
In einem rechtwinkligen Dreieck ABC mit $\gamma = 90°$ gilt:
$a^2 + b^2 = c^2$
(Satz des Pythagoras).

8 Satz des Pythagoras
Berechne die Länge der Strecke x.
a)  b)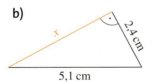

8 Satz des Pythagoras
Berechne die Länge der Strecke x.
a) 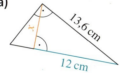 b)

9 Den Satz des Pythagoras anwenden
Berechne die Höhe des Drachens über dem Boden.

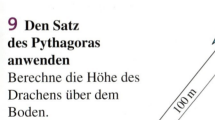

9 Den Satz des Pythagoras anwenden
a) Berechne die Höhe des Funkturms.
b) Wie lang sind die Abspannseile, wenn der Funkturm 20 m niedriger ist als in Aufgabe a)?

10 Rechtwinkligkeit prüfen
Ist das Dreieck rechtwinklig? Überprüfe rechnerisch.
a) $a = 3$ cm; $b = 4$ cm; $c = 5$ cm
b) $a = 4$ cm; $b = 6{,}5$ cm; $c = 7$ cm
c) $a = 11{,}7$ cm; $b = 8$ cm; $c = 7$ cm

10 Rechtwinkligkeit prüfen
Ist das Dreieck rechtwinklig? Beschreibe, wie du vorgehst.
a) $a = 3{,}5$ cm; $b = 2$ cm; $c = 4$ cm
b) $a = 2{,}4$ m; $b = 6{,}4$ m; $c = 5$ m
c) $a = 10{,}9$ cm; $b = 91$ mm; $c = 6{,}0$ cm

Weitere Übungen zur Wiederholung und Tipps findest du in „Kannst du das?" ab S. 205.

+ Trigonometrie

+ Die Steigung in rechtwinkligen Dreiecken

Entdecken

1 Bestimmt hast du solche Schilder auch schon einmal gesehen.
Erkläre anhand der Zeichnung, was das Schild bedeutet.

2 Für einen Werbespot ist das Auto eine Skisprungschanze im finnischen Ort Kaipola mit etwa 60 km/h hinaufgefahren.
Auf dem letzten Abschnitt hat die Schanze eine Steigung von fast 80%.
a) Erkläre den Begriff Steigung.
  Verwende die Begriffe Höhenunterschied und Horizontalunterschied.
b) Was bedeutet 80% Steigung? Zeichne ein Dreieck wie in Aufgabe 1.

3 Ein Streckenabschnitt einer Fahrradtour steigt auf 100 m Strecke um 6 m an.
a) Zeichne ein maßstabsgetreues Dreieck wie in Aufgabe 1.
b) Gib die Steigung in Prozent an.

Verstehen

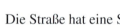

Die Straße hat eine Steigung von 10%.
Das bedeutet: Sie steigt auf 100 m horizontaler Strecke um 10 m an.

Merke In rechtwinkligen Dreiecken ermittelt man die **Steigung m** aus dem Quotienten von **Höhenunterschied** durch **Horizontalunterschied**:

Steigung $m = \frac{\text{Höhenunterschied}}{\text{Horizontalunterschied}}$

Jeder Steigung m ist genau ein Steigungswinkel α zugeordnet.

Beispiel 1
Ein Steigungsdreieck mit der Steigung 10% kann man so zeichnen:
Horizontalunterschied: 10 cm; Höhenunterschied: 1 cm

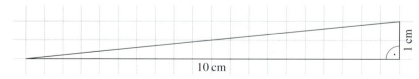

Die Steigung beträgt
$\frac{1}{10} = 0{,}1 = 10\%$.

Beispiel 2
Ein Wanderweg steigt auf 150 m Strecke um 12 m an. Welche Steigung hat der Wanderweg?
Der Höhenunterschied beträgt 12 m, der Horizontalunterschied beträgt 150 m.
Die Steigung beträgt $\frac{12}{150} = 0{,}08 = 8\%$.

+ Die Steigung in rechtwinkligen Dreiecken

Üben und anwenden

1 Zeichne jeweils ein Steigungsdreieck mit der angegebenen Steigung.
a) 8%
b) 20%
c) 45%
d) 34%
e) 70%
f) 3%

1 Große Steigungen
a) Zeichne eine Steigung von 90%.
b) Kann es eine Steigung von 100% geben? Wie sieht die Zeichnung dazu aus? Welche besondere Dreiecksform liegt vor?

2 Ermittle die Steigungen in Prozent.
a)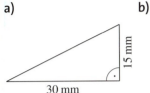
b)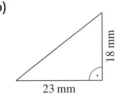

2 Ermittle die Steigungen in Prozent.
a)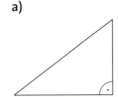
b)

3 Übertrage und ergänze die Tabelle im Heft. Beachte den Hinweis in der Randspalte.

	Höhen-unterschied	Horizontal-unterschied	Steigung
a)	1200 m	4000 m	
b)	3 cm	10 cm	
c)		100 m	5%
d)		5000 m	9%
e)		2000 m	23%
f)		780 m	6%
g)	84 m		12%

3 Welchen Höhen- bzw. Horizontalunterschied überwinden diese Straßen?
a)  auf 8 km
b)  auf 5 km
c) Höhenunterschied: 18 m; Steigung: 6%
d) Höhenunterschied: 4 km; Steigung: 16%

HINWEIS zu 3 c) (lila): Lösungsansatz
$5\% = \frac{x}{100}$
$0{,}05 \cdot 100 = x$

4 Steigungsdreiecke
a) Zeichne ein rechtwinkliges Steigungsdreieck mit 6 cm Höhenunterschied und 6 cm Horizontalunterschied. Berechne die Steigung in Prozent.
b) Zeichne dann eine Strecke mit 5 cm Höhenunterschied und 5 cm Horizontalunterschied. Ist die Steigung so groß wie im ersten Beispiel? Begründe deine Antwort.

4 Ein Weg steigt auf 500 m Strecke um 4%, dann auf 250 m Strecke um 7% und zuletzt auf 350 m um 15%.
a) Zeichne dazu ein Schaubild im Maßstab 1 : 10 000.
b) Wie groß ist die durchschnittliche Steigung des Weges?
c) Begründe, warum man zum Beispiel bei Wanderwegen von der durchschnittlichen Steigung spricht.

5 Ein Skigebiet wird mit Höhenlinien und Maßstab auf einer Karte dargestellt.
a) Ermittle jeweils die horizontale Entfernung zwischen der Talstation und der Bergstation der drei Lifte.
b) Lies den Höhenunterschied ab.
c) Berechne jeweils die durchschnittliche Steigung der Lifte in Prozent.

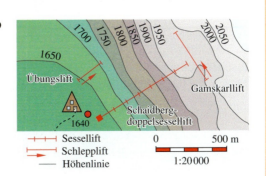

151

+ Trigonometrie

+ # Der Tangens eines Winkels

Entdecken

1 Seitenverhältnisse
a) Konstruiere drei verschiedene Dreiecke mit $\alpha = 33°$ und $\beta = 90°$ im Heft.
b) Miss die Seitenlängen und berechne jeweils das Seitenverhältnis $\frac{a}{c}$. Was fällt dir auf?

2 Erkläre die Begriffe „Gegenkathete" und „Ankathete" des Winkels α in der Zeichnung.

HINWEIS
↻ 152-1
Hier findest du eine vorbereitete Datei zu Aufgabe **3**.

3 Unter dem Webcode ↻ 152-1 findest du die rechts abgebildete Datei.
– Vergrößere oder verkleinere das Dreieck durch Schieben des Vergrößerung-Reglers.
– Beobachte dabei die Größe von α sowie die Seitenlängen im rechtwinkligen Dreieck ABC und das Seitenverhältnis $a : b$.
– Was stellst du fest? Formuliere ein Ergebnis.

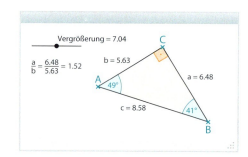

Verstehen

Ein Flugzeug startet in einem Steigungswinkel von 18 %. Für den Steigflug gelten die abgebildeten Werte. Die Steigung beträgt auch nach 400 m immer noch 18 %: $\frac{72}{400} = 0{,}18 = 18\,\%$.
Die Seitenverhältnisse sind also bei einem festen Steigungswinkel α immer gleich.

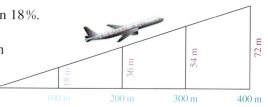

> **Merke** In einem rechtwinkligen Dreieck ABC ($\gamma = 90°$) bezeichnet man den Quotienten aus der Gegenkathete durch die Ankathete des Winkels α als **Tangens von α**, kurz **tan α**.
> $\tan \alpha = \frac{\text{Gegenkathete von } \alpha}{\text{Ankathete von } \alpha}$ $\tan \alpha = \frac{a}{b}$ $\tan \beta = \frac{b}{a}$

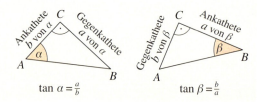

ZUM WEITERARBEITEN
Wie berechnest du den Tangens mit deinem Taschenrechner? Probiere aus.

Beispiel 1
So berechnet man tan 75° mit dem Taschenrechner:
75 [tan] [=] `3.732050808` oder
[tan] 75 [=] `3.732050808`

Beispiel 2
So berechnet man β, wenn $\tan \beta = 1{,}4826$ ist:
[shift] [tan] 1,4826 [=] `56.00069928` oder
1,4826 [2nd] [tan] [=] `56.00069928`
Also ist $\beta \approx 56°$.

Beispiel 3
Ein Dreieck ABC hat die Maße $\gamma = 90°$, $a = 7{,}5$ cm und $b = 4$ cm. Wie groß ist α?
$\tan \alpha = \frac{a}{b} = \frac{7{,}5}{4} = 1{,}875$ Also ist $\alpha \approx 61{,}9°$.

Üben und anwenden

1 Bezeichnungen und Seitenverhältnisse

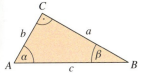

a) Wie heißt im Dreieck ABC …
  – die Gegenkathete von α?
  – die Ankathete von α?
  – die Hypotenuse?
  – die Ankathete von β?
  – die Gegenkathete von β?
b) Vervollständige im Heft:
  $\tan \alpha = \frac{\Box}{\Box}$
  $\tan \beta = \frac{\Box}{\Box}$

1 Bezeichnungen und Seitenverhältnisse

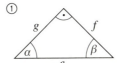

a) Gib für jedes Dreieck zu α und zu β die Gegenkathete und die Ankathete an. Wo ist das nicht möglich? Begründe.
b) Berechne, wenn möglich, den Tangens von α und β.

2 Prüfe, ob bei deinem Taschenrechner der Winkelmodus richtig eingestellt ist (siehe Randspalte). Du kannst zur Kontrolle die Beispiele 1 und 2 auf Seite 152 nachrechnen.

BEACHTE
Am Taschenrechner muss die MODE-Einstellung auf **DEG** (englisch: degree = Grad) stehen.

3 Berechne jeweils $\tan \alpha$ mit dem Taschenrechner. Runde auf vier Stellen nach dem Komma.
a) $\alpha = 45°$ b) $\alpha = 12°$ c) $\alpha = 35°$
d) $\alpha = 10°$ e) $\alpha = 74°$ f) $\alpha = 80°$

3 Berechne jeweils $\tan \alpha$ mit dem Taschenrechner. Was fällt dir auf?
a) $\alpha = 18°$ b) $\alpha = 36°$ c) $\alpha = 54°$
d) $\alpha = 72°$ e) $\alpha = 89°$ f) $\alpha = 89{,}9°$
g) Begründe: Tangens 90° ist nicht definiert.

4 Berechne jeweils α mit dem Taschenrechner. Runde auf eine Stelle nach dem Komma.
a) $\tan \alpha = 1$ b) $\tan \alpha = 2$
c) $\tan \alpha = 3$ d) $\tan \alpha = 4$

4 Berechne jeweils α mit dem Taschenrechner. Runde deine Ergebnisse.
a) $\tan \alpha = 0{,}95$ b) $\tan \alpha = 5{,}6$
c) $\tan \alpha = 0{,}855$ d) $\tan \alpha = 2{,}7474$

5 Berechne jeweils den markierten Winkel des Dreiecks.

a)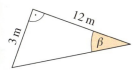

b)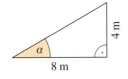

5 Berechne die Winkel α und β.

a)

b)

6 Berechne im Heft.

	Gegenkathete	Ankathete	$\tan \beta$	β
a)	4,6 cm	8 cm		
b)	5 cm	5 cm		
c)	6 cm	2 cm		
d)	120 mm	6,5 cm		

6 Berechne α und β.
$a = 6\,\text{cm};\ b = 2{,}8\,\text{cm};\ h = 5{,}2\,\text{cm}$.

a)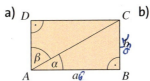

b)

+ Trigonometrie

+ ## Der Sinus eines Winkels

Entdecken

ZUM WEITERARBEITEN
Finde die Maße dreier weiterer Dreiecke mit α = 33°, die zu den Dreiecken ① bis ③ passen.

1 Ergänze die Tabelle zu den drei abgebildeten Dreiecken im Heft. Was fällt dir auf?

	α	a	b	$\frac{a}{b}$
①	33°	1,3 cm	2,4 cm	
②	33°	1,9 cm	3,5 cm	
③	33°	2,5 cm	4,6 cm	

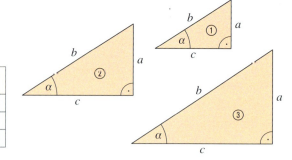

2 Erstelle eine Tabelle wie in Aufgabe 1 zum Winkel β, der Seitenlänge c, der Seitenlänge b und dem Seitenverhältnis $\frac{c}{b}$. Was stellst du fest?

HINWEIS
↻ 154-1
Hier findest du eine vorbereitete Datei zu Aufgabe ③.

3 Unter dem Webcode ↻ 154-1 findest du die rechts abgebildete Datei.
– Vergrößere oder verkleinere das Dreieck durch Schieben des Vergrößerung-Reglers.
– Beobachte dabei die Größe von α sowie die Seitenlängen im rechtwinkligen Dreieck ABC und das Seitenverhältnis $a : c$.
– Was stellst du fest? Formuliere ein Ergebnis.

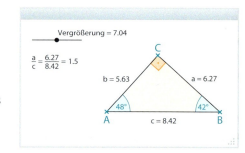

Verstehen

Die Seitenverhältnisse sind in rechtwinkligen Dreiecken bei einem festen Steigungswinkel α immer gleich. Dies ist Grundlage für die folgenden Festlegungen.

Merke In einem rechtwinkligen Dreieck ABC ($\gamma = 90°$) bezeichnet man den Quotienten aus der Gegenkathete des Winkels α durch die Hypotenuse als **Sinus von α**, kurz **sin α**.

$$\sin \alpha = \frac{\text{Gegenkathete von } \alpha}{\text{Hypotenuse}}$$

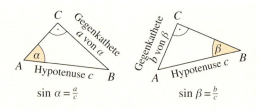

$\sin \alpha = \frac{a}{c}$ $\sin \beta = \frac{b}{c}$

HINWEIS
zu Beispiel 3:
Überlege zuerst:
1. **Wo** liegt der gesuchte Winkel?
2. Wie heißt die **Gegenkathete** dieses Winkels?
3. Wie heißt die **Hypotenuse** dieses Winkels?

Beispiel 1
So berechnet man $\sin 57°$ mit dem Taschenrechner:
57 [sin] [=] `0.838670567` oder
[sin] 57 [=] `0.838670567`

Beispiel 2
So berechnet man β, wenn $\sin \beta = 0{,}7547$ ist:
0,7547 [2nd] [sin] [=] `48.99916334` oder
[shift] [sin] 0,7547 [=] `48.99916334`
Also ist $\beta \approx 49°$.

Beispiel 3
Ein Dreieck ABC hat die Maße $\gamma = 90°$, $b = 5$ cm und $c = 12$ cm. Wie groß ist β?
$\sin \beta = \frac{b}{c} = \frac{5}{12} \approx 0{,}4167$ Also ist $\beta \approx 24{,}6°$.

Üben und anwenden

1 Gib die Gegenkathete von α an (von β). Notiere das Seitenverhältnis für sin α (sin β).

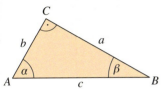

1 Notiere jeweils das Seitenverhältnis für sin α, sin γ bzw. sin β.

a) 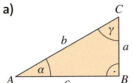   b)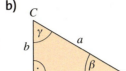

2 Berechne jeweils sin α mit dem Taschenrechner. Runde auf vier Stellen nach dem Komma.
a) α = 45° b) α = 20° c) α = 35°
d) α = 10° e) α = 8°   f) α = 75°

2 Vervollständige die Tabelle im Heft. Nutze den Taschenrechner. Liegt hier lineares Wachstum vor? Begründe.

α	0°	10°	20°	30°	…	80°
sin α						

3 Berechne jeweils α mit dem Taschenrechner. Runde auf eine Stelle nach dem Komma.
a) sin α = 0,368   b) sin α = 0,871
c) sin α = 0,05   d) sin α = 0,9

3 Vervollständige die Tabelle im Heft. Nutze den Taschenrechner.

α	15°			60°	
sin α		0,5	0,707		0,966

4 Berechne jeweils den markierten Winkel des Dreiecks.

a) 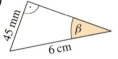   b)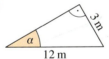

4 Berechne die Winkel β, γ bzw. α, γ.

a) 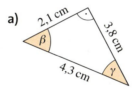   b)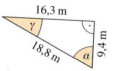

5 Berechne α für ein rechtwinkliges Dreieck mit γ = 90°.

	a	c	sin α	α
a)	4,5 cm	6,0 cm		
b)	1,9 cm	8,4 cm		
c)	4,0 cm	7,1 cm		

5 Ein Rechteck ABCD hat die Seitenlängen a = 6 cm und b = 4 cm.
a) Fertige eine Skizze an.
b) Berechne die Innenwinkel im Dreieck ABC.
c) Trage die Diagonalen in die Skizze ein. Ihr Schnittpunkt ist M. Ermittle die Größen der Innenwinkel im Dreieck ABM.

6 Aus dem Berufsleben
Rechts siehst du die Maße einer Holzkonstruktion.
a) Berechne die Winkel α und β.
b) Fertige eine Zeichnung der Konstruktion im Maßstab 1 : 100 an.

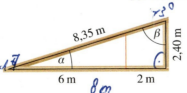

6 Aus dem Berufsleben
Links siehst du die Maße einer Holzkonstruktion.
a) Berechne α und β.
b) Zeichne die Konstruktion maßstabsgerecht.
c) Ermittle die Länge der orange markierten Strebe.

7 Begründe an Beispielen, warum der Sinuswert eines spitzen Winkels kleiner als 1 ist.

+ Trigonometrie

+ # Der Kosinus eines Winkels

Entdecken

1 Seitenverhältnisse
a) Konstruiere drei Dreiecke im Heft: der Winkel α soll immer gleich groß sein und $\beta = 90°$.
b) Betrachte die Tabelle. Was vermutest du? Überprüfe deine Vermutung durch Ausfüllen der Tabelle im Heft.

	a	b	c	$\frac{c}{b}$
①				
②				
③				

2 Seitenverhältnisse ermitteln
a) Miss in der Abbildung die Seitenlängen und die Winkel α der Dreiecke ① bis ③. Erstelle damit eine Tabelle wie in Aufgabe 1.
b) Was stellst du fest? Beschreibe deine Beobachtung.

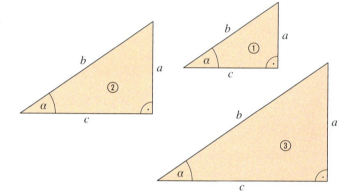

Verstehen

Die Seitenverhältnisse sind in rechtwinkligen Dreiecken bei einem festen Steigungswinkel α immer gleich. Dies ist Grundlage für die folgenden Festlegungen.

Merke In einem rechtwinkligen Dreieck ABC ($\gamma = 90°$) bezeichnet man den Quotienten aus der Ankathete des Winkels α durch die Hypotenuse als **Kosinus von α**, kurz $\cos \alpha$.

$\cos \alpha = \frac{\text{Ankathete von } \alpha}{\text{Hypotenuse}}$

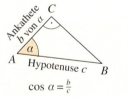

$\cos \alpha = \frac{b}{c}$

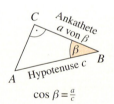

$\cos \beta = \frac{a}{c}$

Beispiel 1
So berechnet man $\cos 40°$ mit dem Taschenrechner:
40 $\boxed{\cos}$ $\boxed{=}$ `0.766044443` oder
$\boxed{\cos}$ 40 $\boxed{=}$ `0.766044443`

Beispiel 2
So berechnet man β, wenn $\cos \beta = 0{,}9063$ ist:
0,9063 $\boxed{\text{2nd}}$ $\boxed{\cos}$ $\boxed{=}$ `25.00105569` oder
$\boxed{\text{shift}}$ $\boxed{\cos}$ 0,9063 $\boxed{=}$ `25.00105569`
Also ist $\beta \approx 25°$.

Beispiel 3
Ein Dreieck ABC hat die Maße $\gamma = 90°$, $a = 3{,}1$ cm und $c = 4{,}2$ cm. Wie groß ist β?

Skizze:

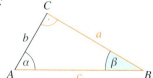

Rechnung: $\cos \beta = \frac{a}{c}$
$= \frac{3{,}1}{4{,}2}$
$\approx 0{,}7381$
Also ist $\beta \approx 42{,}4°$.

Üben und anwenden

1 Gib jeweils die Ankathete der markierten Winkel an. Notiere das Seitenverhältnis für den Kosinus der Winkel.

a) b)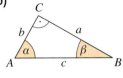

1 Notiere jeweils das Seitenverhältnis für den Kosinus der markierten Winkel.

a) 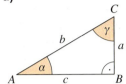 b)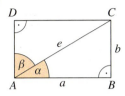

2 Berechne jeweils cos α mit dem Taschenrechner. Runde.
a) α = 10°   b) α = 82°   c) α = 70°
d) α = 45°   e) α = 57°   f) α = 87°

2 Vergleiche mithilfe des Taschenrechners.
a) cos 72° ▨ cos 12°   b) cos 45° ▨ cos 46°
c) cos 0,5° ▨ cos 50°   d) cos 1° ▨ cos 89°
e) cos 85° ▨ sin 85°   f) cos 5° ▨ sin 5°

3 Berechne jeweils α mit dem Taschenrechner. Runde jeweils.
a) cos α = 0,658   b) cos α = 0,751
c) cos α = 0,866   d) cos α = 0,5

3 Vervollständige die Tabelle im Heft. Nutze den Taschenrechner.

α	15°				60°		
cos α		0,866	0,707			0,259	0,017

4 Berechne jeweils den markierten Winkel des Dreiecks.

a) 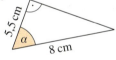 b)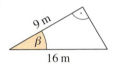

4 Berechne die Winkel α und β.

a)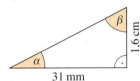

b) (27 mm Diagonale, 16 mm Basis, Winkel α und β)

5 Damit die Leiter sicher steht, sollte der Winkel α zwischen 65° und 75° groß sein.
a) Steht die Leiter im Bild sicher? Berechne α.
b) Fertige eine maßstäbliche Zeichnung zur Situation an.
c) Wie verändert sich der Anstellwinkel α, wenn der Abstand von 3 m auf 2 m verringert wird? Steht die Leiter noch sicher?
d) Wie verändert sich der Anstellwinkel α, wenn der Abstand von 3 m auf 4 m vergrößert wird? Steht die Leiter noch sicher?

5 Der Querschnitt eines Kanals hat die Form eines gleichschenkligen Trapezes.

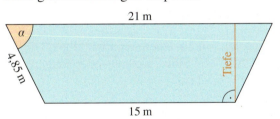

a) Wie kannst du den Winkel α mit dem Kosinus berechnen? Beschreibe deinen Lösungsweg.
b) Berechne den Winkel α.
c) Zeichne den Querschnitt maßstabgerecht und überprüfe anhand deiner Zeichnung dein Ergebnis aus b).
d) Bestimme die Tiefe des Kanals.

6 Begründe an Beispielen, warum der Kosinuswert eines spitzen Winkels kleiner als 1 ist.

+ Trigonometrie

+ # Streckenberechnungen am rechtwinkligen Dreieck

Entdecken

1 Eine Boeing 737-300 soll auf dem Düsseldorfer Flughafen landen. Der Landeanflug beginnt 17 km entfernt vom Aufsetzpunkt. Die Boeing gleitet im Landeanflug geradlinig mit einem Gleitwinkel von $\alpha = 3°$.
a) Kann es sein, dass der Landeanflug in ca. 890 m Höhe beginnt? Begründe.
b) Finde eine geeignete Möglichkeit, um die Höhe beim Landeanflug zu bestimmen.

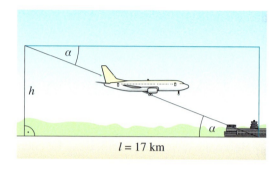

2 Die Abbildungen zeigen verschiedene rechtwinklige Dreiecke in unterschiedlichen Sachzusammenhängen.

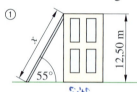 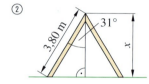 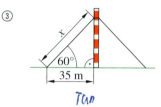

a) Beschreibe, was die Abbildungen darstellen.
b) Bisher kennst du die Möglichkeit, solche Aufgaben zeichnerisch zu lösen. Wie könnte man vorgehen, um x zu berechnen?
c) Vergleicht zu zweit eure Lösungen und Vorgehensweisen.

Verstehen

Bisher benötigte man für die Berechnung von Seitenlängen im rechtwinkligen Dreieck den Satz des Pythagoras und zwei Seitenlängen. Mit Tangens, Sinus und Kosinus ergeben sich weitere Möglichkeiten.

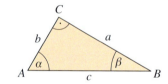

> **Merke** Sind in einem rechtwinkligen Dreieck eine Seite und ein Winkel gegeben, so können mithilfe von Sinus, Kosinus oder Tangens die beiden **anderen Seiten** berechnet werden.

Beispiel 1
gegeben: $\alpha = 62°$, $c = 42$ m   gesucht: h (in m)

$\tan \alpha = \frac{\text{Gegenkathete von } \alpha}{\text{Ankathete von } \alpha} = \frac{h}{c}$

$\tan \alpha = \frac{h}{c} \quad | \cdot c$

$\tan \alpha \cdot c = h$

$h = \tan \alpha \cdot c$
$h = \tan 62° \cdot 42$
$h \approx 1{,}8807 \cdot 42$
$h = 78{,}9894$
$h \approx 79{,}0$ [m]

Üben und anwenden

1 Berechne die markierten Strecken mit dem Tangens. (*Tipp* zu a): $\tan 42° = \frac{4}{b}$)

a)    b)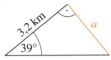

2 Vervollständige im Heft.

	Gegenkathete	Ankathete	tan β	β
a)		7,5 dm	0,7536	
b)	32,40 m			25,5°
c)	156,56 m			83,7°
d)		4,5 km	1,7321	
e)	1,2 km		0,5774	

3 Berechne die markierten Strecken mit dem Sinus. (*Tipp* zu a): $\sin 30° = \frac{9}{c}$)

a) 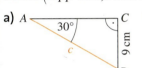   b)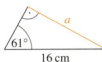

4 Berechne die Länge der Gegenkathete im rechtwinkligen Dreieck mit $\gamma = 90°$.
a) $\alpha = 42°;\ c = 18$ cm   b) $\alpha = 27°;\ c = 34$ cm
c) $\alpha = 73°;\ c = 4,6$ cm   d) $\alpha = 55°;\ c = 6$ cm

5 Berechne die markierten Strecken mit dem Kosinus. (*Tipp* zu a): $\cos 28° = \frac{a}{45}$)

a) 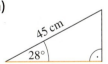   b)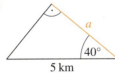

6 Berechne die Länge der Ankathete im rechtwinkligen Dreieck mit $\gamma = 90°$.
a) $c = 4$ cm; $\alpha = 60°$ b) $c = 8$ cm; $\alpha = 24°$
c) $c = 60$ mm; $\beta = 48°$ d) $c = 7,2$ m; $\beta = 77°$

7 Gegeben ist ein Dreieck ABC mit $\gamma = 90°$, $\beta = 61°$ und $b = 8$ cm.
a) Fertige eine Skizze an, in der die gegebenen Größen markiert sind.
b) Berechne α, a und c.

+ Streckenberechnungen am rechtwinkligen Dreieck

1 Berechne die markierten Strecken.

a) 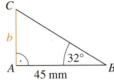   b)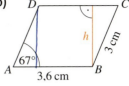

2 Berechne die gesuchten Größen im Dreieck ABC.
a) $\gamma = 90°$; $\alpha = 54°$; $b = 9$ cm; $a = ?$
b) $\gamma = 90°$; $\beta = 76°$; $b = 4,8$ cm; $a = ?$
c) $\beta = 90°$; $\gamma = 23,5°$; $c = 35$ mm; $a = ?$
d) $\beta = 90°$; $\alpha = 45°$; $a = 5,9$ cm; $c = ?$
e) $\alpha = 90°$; $\beta = 38,1°$; $b = 3,2$ km; $c = ?$
f) $\alpha = 90°$; $\gamma = 64,2°$; $c = 18,5$ cm; $b = ?$

HINWEIS zu Aufgabe 2 (türkis): Fertige zuerst eine Skizze an. Markiere darin die gegebenen und die gesuchten Größen.

3 Berechne die markierten Strecken.

a) 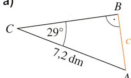   b)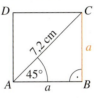

4 Berechne die Länge der Hypotenuse im Dreieck ABC.
a) $\beta = 90°$; $\gamma = 18°$; $a = 4$ cm
b) $\alpha = 90°$; $\gamma = 65°$; $c = 2,8$ m

5 Berechne die markierten Strecken.

a) 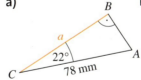   b)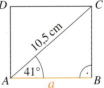

6 Berechne die gesuchten Größen im Dreieck ABC.
a) $\gamma = 90°$; $\alpha = 26°$; $c = 8$ cm; $a = ?$; $b = ?$
b) $\alpha = 90°$; $\beta = 58,2°$; $b = 4,9$ m; $a = ?$; $c = ?$

7 Gegeben ist ein Parallelogramm ABCD mit $\alpha = 60°$, $h_a = 3,5$ cm und $a = 1,5\,b$.
a) Fertige eine Skizze an, in der die gegebenen Größen markiert sind.
b) Berechne den Flächeninhalt des Parallelogramms.

+ Trigonometrie

8 Berechne die markierten Dreiecksseiten mithilfe von sin, cos oder tan.

a)
b)
c)
d)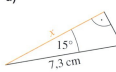

9 Ein Funk-Sendemast wird mit Abspannseilen gesichert, die fest im Boden verankert sind und mit diesem einen Winkel von 60° bilden. Einige Schülerinnen und Schüler schätzen die Höhe des Sendemastes.

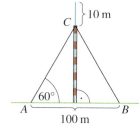

Inga: 60 m   Lukas: 100 m   Elena: 35 m   Martin: 80 m

Wer hat die beste Schätzung?
Begründe deine Aussage.

10 Die Spitze einer Tanne wird unter einem Winkel von 35° anvisiert.
Die Entfernung vom Fußpunkt der Tanne beträgt 24,7 m.
Wie hoch ist die Tanne?
Skizze:

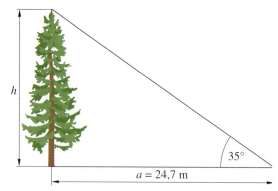

10 Segelflug

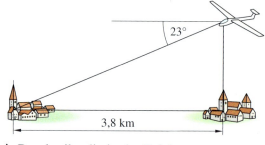

a) Beschreibe die in der Zeichnung dargestellte Situation.
b) In welcher Höhe fliegt der Segelflieger?
c) Wie groß ist die direkte Entfernung zwischen dem Flugzeug und dem Kirchturm im Dorf links?
Prüfe, ob es mehrere Lösungswege gibt.

11 Eine Dachkonstruktion soll aus Holz erstellt werden.

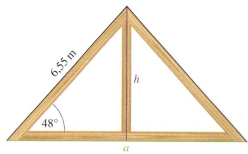

a) Berechne das Maß h mithilfe des Sinus.
b) Berechne das Maß a.
Erläutere deinen Lösungsweg.

11 Wie weit ist der Ballon vom Haus entfernt?

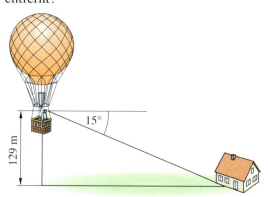

+ Methode Den Sinussatz entdecken und beweisen

Teilt euch in zwei Gruppen auf.
- In der einen Gruppe berechnen alle h_c mithilfe des grünen Dreiecks.
- In der anderen Gruppe berechnen alle h_c mithilfe des blauen Dreiecks.
- Vergleicht eure Ergebnisse.

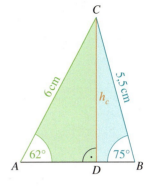

Unabhängig von der Dreiecksart gelten spezielle Verhältnisse zwischen Seiten und Sinuswerten von Winkeln.
Dies vereinfacht viele Berechnungen.

Sinussatz
In jedem Dreieck sind die Quotienten aus einer Seite und dem Sinuswert des gegenüberliegenden Winkels gleich groß.
$$\frac{a}{\sin\alpha} = \frac{b}{\sin\beta} = \frac{c}{\sin\gamma}$$

Beispiel 1
gegeben: $b = 1{,}40\,\text{m}$; $\alpha = 45°$; $\beta = 40°$
gesucht: a

$\frac{a}{\sin\alpha} = \frac{b}{\sin\beta}$

$\frac{a}{\sin 45°} = \frac{1{,}40}{\sin 40°}$ $\quad | \cdot \sin 45°$

$a = \frac{1{,}40 \cdot \sin 45°}{\sin 40°}$

$a \approx 1{,}54\,[\text{m}]$

Beweis des Sinussatzes
Jedes Dreieck lässt sich durch eine Höhe h in zwei rechtwinklige Teildreiecke zerlegen, im Bild oben in das Dreieck ADC mit $\sin\alpha = \frac{h_c}{b}$ und das Dreieck BCD mit $\sin\beta = \frac{h_c}{a}$.
Beide Gleichungen werden nach h_c aufgelöst, gleichgesetzt und umgeformt:

$a \cdot \sin\beta = b \cdot \sin\alpha \quad | :\sin\alpha$

$\frac{a}{\sin\alpha} \cdot \sin\beta = b \quad | :\sin\beta$

$\frac{a}{\sin\alpha} = \frac{b}{\sin\beta}$

Üben und anwenden

1 Beweise, dass in einem beliebigen Dreieck ABC gilt $\frac{a}{\sin\alpha} = \frac{c}{\sin\gamma}$.

2 Berechne die blau markierten Größen.

a)

b)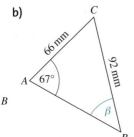

c), d), e)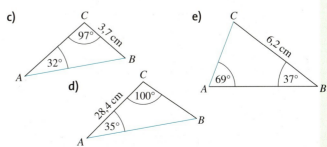

ERINNERE DICH
Die Winkelsumme in Dreiecken beträgt 180°.

+ Trigonometrie

+ # Die Sinusfunktion

Entdecken

1 In dem Diagramm ist die Bewegung einer Fahrgastgondel eines Sessellifts abgebildet.

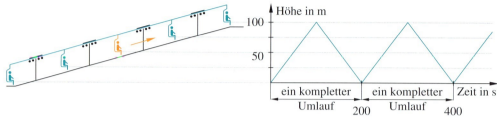

a) Beschreibe das Diagramm. Beantworte dabei folgende Fragen:
  – Welchen Höhenunterschied überwindet die Fahrgastgondel?
  – Nach wie viel Sekunden ist die Fahrgastgondel wieder am Startpunkt zurückgekehrt?
b) Übertrage das Diagramm in dein Heft und setze es fort.

2 Im Viertelkreis mit $r = 1$ sind drei rechtwinklige Dreiecke eingezeichnet.
a) Begründe, warum die Hypotenusen der drei Dreiecke alle gleich lang sind.
b) Zeichne einen ähnlichen Viertelkreis mit $r = 1$ dm und verschiedenen rechtwinkligen Dreiecken in dein Heft. Ergänze die Tabelle für deine Dreiecke. Was fällt dir auf?

	Winkel	Sinus des Winkels	dem Winkel gegenüberliegende Seite
①	$\alpha =$	$\sin \alpha =$	$a =$ dm
②			
...			

HINWEIS

↻ 162-1
Unter dem Webcode befindet sich eine Simulation zur Darstellung der Sinusfunktion.

3 Mithilfe einer dynamischen Geometrie-Software kannst du eine neue Funktion erforschen.
Nutze den Webcode in der Randspalte. Bewege den orangen Punkt P bei gedrückter Maustaste auf der Kreislinie gegen den Uhrzeigersinn. In dem zugehörigen Koordinatensystem entsteht ein Funktionsgraph. Auf der x-Achse werden Winkel abgetragen.

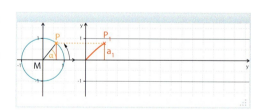

a) Welche Größen ändern sich, wenn P bewegt wird? Was stellt die rote Linie a_1 dar?
b) Matthias behauptet, dass die Länge der Strecke a dem Sinus des zugehörigen Winkels α entspricht. Überprüfe, ob seine Behauptung richtig ist. Begründe deine Meinung.

Verstehen

Es gibt regelmäßig sich wiederholende Abläufe, wie z. B. das Auf- und Abfahren einer Fahrgastgondel. Diese Abläufe bezeichnet man als periodisch.

Merke Eine Funktion, die einen wiederkehrenden Prozess beschreibt, heißt **periodische Funktion**. Die Länge des Intervalls, in dem genau ein Prozess stattfindet, heißt **Periode**.

+ Die Sinusfunktion

Beispiel 1

Das Modell-Riesenrad hat einen Radius von 1 dm.
Die Gondel bewegt sich auf einer Kreisbahn. Die Höhe der Gondel ändert sich bei gleichmäßiger Drehung periodisch. Wird das Rad um 360° gedreht, hat die Gondel ihren Ausgangspunkt erreicht.

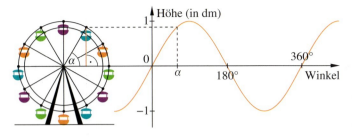

Merke Ein Kreis mit dem Radius 1 heißt **Einheitskreis**. Die Hypotenuse der Dreiecke im Einheitskreis ist daher gleich 1. Im Einheitskreis gilt:

$\sin \alpha = \frac{\text{Gegenkathete}}{\text{Hypotenuse}} = \frac{\text{Gegenkathete}}{1} = \text{Gegenkathete}$.

Daher kann man mit dem Einheitskreis jedem Winkel x (in Grad) den Wert $\sin x$ eindeutig zuordnen. Diese Zuordnung nennt man **Sinusfunktion** $y = \sin(x)$.

Beispiel 2

Die Sinusfunktion wird für den Bereich zwischen 0° und 450° grafisch dargestellt.

Wertetabelle:

x	0°	45°	90°	135°	180°	225°	270°	315°	360°	405°	450°
y = sin x	0	0,71	1	0,71	0	−0,71	−1	−0,71	0	0,71	1

Graph:

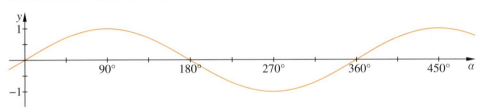

Üben und anwenden

1 Ein Elektrokardiogramm (EKG) zeigt die elektrischen Ströme am Herzen an.
Vergleiche die folgenden EKG-Aufnahmen. Nenne Gemeinsamkeiten und Unterschiede.

①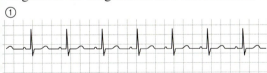

②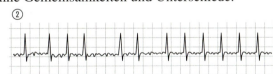

2 Beschreibe den Verlauf der periodischen Graphen.
Gib jeweils die Länge einer Periode an.

2 Handelt es sich bei den Funktionen um periodische Funktionen? Begründe jeweils.
Gib gegebenenfalls die Periodenlänge an.

a)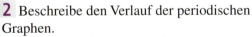

b)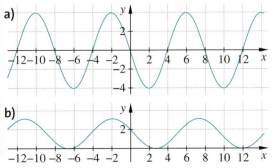

a)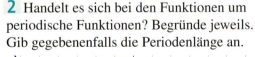

b)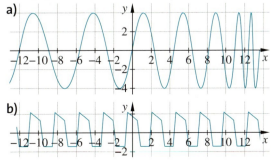

HINWEIS
Beispiel zu 3 (lila und türkis)

α = 120°
Wir lesen ab:
sin α = sin 120°
≈ 0,87

+ Trigonometrie

3 Zeichne einen Einheitskreis auf Millimeterpapier und miss die Werte (Radius 1 dm). Kontrolliere mit dem Taschenrechner.
a) sin 40° b) sin 80° c) sin 130°
d) sin 210° e) sin 260° f) sin 300°

3 Zeichne einen Einheitskreis auf Millimeterpapier und miss die Werte. Kontrolliere mit dem Taschenrechner.
a) sin 110° b) sin 74° c) sin 180°
d) sin 261° e) sin 270° f) sin 135°

4 Übertrage die Wertetabelle ins Heft und führe sie bis 360° fort.
Berechne die zugehörigen Funktionswerte der Sinusfunktion.

α	0°	15°	30°	45°	60°	75°	90°	105°	120°	135°	150°	…°
sin(α)												

Zeichne danach den Graphen der Sinusfunktion.
Wähle dazu auf der x-Achse ein Rechenkästchen für je 15° und auf der y-Achse einen Wert von 0,25 je Rechenkästchen.
a) Beschreibe den Verlauf des Graphen.
   Verwende dazu die Begriffe „steigen", „fallen", „Nullstelle", „Hochpunkt" und „Tiefpunkt".
b) In welchem Intervall ist sin(α) größer als null, in welchem kleiner als null?
c) In welchen Intervallen steigt der Graph von sin(α), in welchen Intervallen fällt der Graph?

5 Beantworte mithilfe des Graphen der Sinusfunktion.
a) Gib zwei x-Werte an, für die die Sinusfunktion den Wert y = 0 hat.
b) Gib zwei x-Werte an, für die die Sinusfunktion den Wert y = 1 hat.
c) Gib zwei x-Werte an, für die die Sinusfunktion den Wert y = –1 hat.

5 Löse mithilfe des Graphen der Sinusfunktion.
a) Gib eine Regel an für die x-Werte, für die die Sinusfunktion den Wert y = 0 hat.
b) Gib eine Regel an für die x-Werte, für die die Sinusfunktion den Wert y = 1 hat.
c) Gib eine Regel an für die x-Werte, für die die Sinusfunktion den Wert y = –1 hat.

6 Gib jeweils die Werte an, ohne den Taschenrechner zu benutzen.
a) sin 0° b) sin 90°
c) sin –90° d) sin 180°
e) sin –180° f) sin 270°
g) sin 360° h) sin 450°
i) sin 540° j) sin 630°

6 Welche Winkel haben denselben Sinuswert? Begründe.

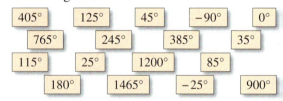

7 Entscheide, welcher Graph einen Ausschnitt der Sinusfunktion darstellt.

①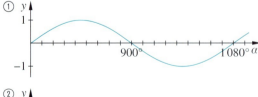

②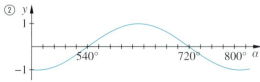

7 Welcher Graph ist ein Ausschnitt der Sinusfunktion? Begründe.

①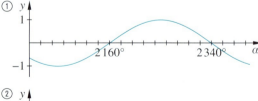

②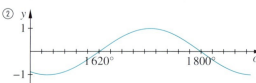

Thema Trigonometrie im Beruf

Ron macht eine Ausbildung zum **Vermessungstechniker**.
„Ich arbeite im Vermessungsamt.
Hier lerne ich gerade, wie man eine Straße für einen neuen Autobahnabschnitt vermisst. Wir sorgen dafür, dass das Gelände richtig vermessen wird und Landkarten exakt sind. An meinem Beruf mag ich besonders die Abwechslung: oft packen wir für zwei, drei Tage unsere Messgeräte und Karten ein, gehen nach draußen und messen. Zurück im Büro werden die Daten dann ausgewertet. Jetzt kann ich richtig gut Karten lesen."

1 Ron sollte zu Beginn seiner Ausbildung die Höhe seines Berufsschulgebäudes bestimmen. Er stellte sich 20 m vom Schulgebäude entfernt auf und sah die Oberkante des Gebäudes unter einem Winkel von 42°.
Ron ist 1,78 m groß.
a) Fertige eine Skizze zur Situation an.
b) Berechne die Höhe des Gebäudes.

Berufsbezeichnung	Vermessungstechniker/in
Häufige Tätigkeiten	– Lage von Flächen berechnen – Karten erstellen und auswerten – Messinstrumente bedienen – Luftbilder auswerten
Dauer der Ausbildung	3 Jahre
Voraussetzung	– in der Regel Mittlere Reife – Sorgfalt – Verantwortungsgefühl – Teamfähigkeit – technisches Verständnis

2 Der Nordturm des Kölner Doms ist 157,38 m hoch. Ron (1,78 m) ist mit einem Messtrupp in Köln unterwegs und sieht die Spitze des Nordturms unter einem Winkel von 83°. Wie weit ist Rons Messtrupp vom Fuß des Nordturms entfernt?
Tipp: Fertige zuerst eine Skizze zur Situation an.

3 Wie breit ist der Fluss? Drei Teams (orange, grün und blau) haben gemessen und ihre Daten eingetragen. Haben sie alle das gleiche Ergebnis?

4 Könntest du dir vorstellen, Vermessungstechnikerin oder Vermessungstechniker zu werden?
Was spricht dafür, was dagegen?
Recherchiere mithilfe des Webcodes im Internet.

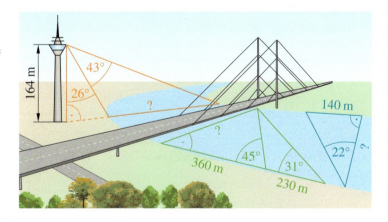

HINWEIS
↻ 165-1
Hier erfährst du mehr über den Ausbildungsberuf Vermessungstechniker/in.

+ Trigonometrie

Klar so weit?

→ Seite 150

+ **Die Steigung in rechtwinkligen Dreiecken**

1 Ergänze die Tabelle im Heft.

	Höhen-unterschied	Horizontal-unterschied	Steigung
a)	2800 m	8000 m	
b)		2000 m	23 %
c)	525 m		15 %

1 Berechne die fehlenden Größen.
Ordne dann die Straßen nach ihrer Steigung.
a) Höhenunterschied 99 m; Steigung 9 %
b) Horizontalunterschied 780 m; Steigung 6 %
c) Horizontalunterschied 2700 m; Höhenunterschied 34 m

2 Ein Weg steigt auf 200 m um 8 m an.
a) Gib den Höhenunterschied und den Horizontalunterschied an.
b) Wie groß ist die durchschnittliche Steigung in Prozent?

2 Eine Straße steigt auf 100 m um 6,5 m an.
a) Wie groß ist die durchschnittliche Steigung in Prozent?
b) Warum spricht man bei Straßen in der Regel von der durchschnittlichen Steigung?

→ Seite 152

+ **Der Tangens eines Winkels**

3 Berechne mit dem Taschenrechner.
a) $\tan 64° = ?$ b) $\tan \alpha = 0{,}86; \alpha = ?$
c) $\tan 22{,}5° = ?$ d) $\tan \alpha = 2{,}5; \alpha = ?$

3 Vervollständige die Tabelle im Heft.

α	0°		38°		152°
$\tan \alpha$		0,22		11,43	

4 Berechne die fehlenden Werte im Heft.

	Gegenkathete	Ankathete	$\tan \alpha$	α
a)	3,8 cm	4,0 cm		
b)	2,5 cm	4,7 cm		
c)	12,6 m	83 cm		

4 Berechne die gesuchten Größen in rechtwinkligen Dreiecken ABC.
a) $\gamma = 90°; a = 6$ cm; $b = 10{,}5$ cm
gesucht: α, β
b) $\alpha = 90°; b = 4{,}2$ cm; $c = 75$ mm
gesucht: β, γ

→ Seite 154

+ **Der Sinus eines Winkels**

5 Nenne die Gegenkathete zu α (zu γ).
Gib dann $\sin \alpha$ ($\sin \gamma$) als Seitenverhältnis an.

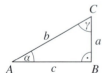

5 Gib $\sin \alpha$ und $\sin \beta$ bzw. $\sin \beta$ und $\sin \gamma$ als Seitenverhältnis an.

a) 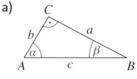 b)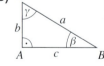

6 Berechne $\sin \alpha$ und α für ein rechtwinkliges Dreieck mit $\gamma = 90°$.

	a	c	$\frac{a}{c} = \sin \alpha$	α
a)	34 cm	92 cm		
b)	4,2 cm	7,1 cm		

6 Berechne die gesuchten Größen in rechtwinkligen Dreiecken ABC.
a) $\gamma = 90°; a = 4{,}1$ cm; $c = 9{,}2$ cm
gesucht: α
b) $\beta = 90°; b = 4{,}2$ cm; $c = 3{,}5$ cm
gesucht: γ

Klar so weit?

➕ Der Kosinus eines Winkels
→ Seite 156

7 Bestimme mit den Größen aus der Skizze.
a) cos α
b) cos γ

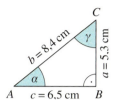

7 Berechne die gesuchten Größen in rechtwinkligen Dreiecken ABC.
a) $β = 90°$; $a = 8$ cm; $b = 15$ cm
gesucht: $γ$
b) $α = 90°$; $a = 119$ mm; $b = 6{,}6$ cm
gesucht: $γ$

8 Gegeben ist das rechtwinklige Dreieck ABC mit $γ = 90°$; $a = 4$ cm; $c = 5$ cm. Fertige eine Skizze an und berechne den Winkel $β$.

8 Berechne im rechtwinkligen Dreieck ABC ($γ = 90°$; $a = 54$ mm; $c = 87$ mm) die Winkel $α$ und $β$.

➕ Streckenberechnungen am rechtwinkligen Dreieck
→ Seite 158

9 Berechne die markierten Strecken.
a) 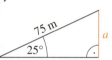 b)

9 Berechne die markierten Strecken.
a) 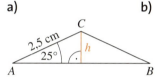 b)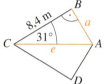

10 Berechne die Länge der Gegenkathete zu $α$ im rechtwinkligen Dreieck mit $γ = 90°$.
a) $α = 35°$; $c = 21$ cm b) $β = 34°$; $c = 6{,}2$ cm

10 Berechne die Länge der Hypotenuse im rechtwinkligen Dreieck mit $γ = 90°$.
a) $α = 41°$; $a = 28$ cm b) $β = 49°$; $a = 4{,}2$ cm

11 Ein Azubi soll ein 3,80 m langes Abflussrohr mit 6° Gefälle verlegen.
a) Fertige eine Skizze an.
b) Welcher Höhenunterschied (in cm) entsteht?

11 Salma lässt ihren Drachen an einer 35 m langen Schnur steigen. Die Schnur ist straff gespannt und bildet mit dem Erdboden einen Winkel von 35°.
Wie hoch ist der Drachen in der Luft?

➕ Die Sinusfunktion
→ Seite 162

12 Erstelle eine Wertetabelle für $y = \sin x$ im Bereich $0° ≤ x ≤ 360°$ und zeichne den Graphen in ein Koordinatensystem.

12 Erstelle eine Wertetabelle für $y = \sin x$ im Bereich $-180° ≤ x ≤ 180°$ und zeichne den Graphen in ein Koordinatensystem.

13 Gib an, welcher der folgenden Graphen die Sinusfunktion zeigt. Begründe.

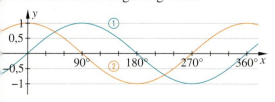

13 Gib an, welcher der Graphen einen Ausschnitt der Sinusfunktion zeigt. Begründe.

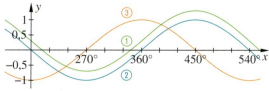

+ Trigonometrie

+ Vermischte Übungen

1 Ein Weg steigt auf 400 m um 80 m an.
a) Wie groß ist die durchschnittliche Steigung in Prozent?
b) Stelle die Steigung zeichnerisch dar.

1 Eine Straße steigt mit durchschnittlich 20 % an. Gib dazu den Steigungswinkel an. Berechne den Horizontal- und den Höhenunterschied für ein 700 m langes Straßenstück.

2 Für welche der Dreiecke ① bis ③ stimmt die Aussage jeweils?
a) c ist die Ankathete von α.
b) c ist die Hypotenuse des Dreiecks.
c) a ist die Ankathete von β.
d) c ist die Gegenkathete von γ.
e) a ist die Gegenkathete von α.
f) b ist die Ankathete von γ.
g) Findet weitere Aussagen zu den Dreiecken und ordnet sie gegenseitig zu.

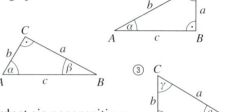

3 Gib jeweils an, ob es sich um den Sinus, Kosinus oder Tangens handelt.

a)
① $\frac{b}{d}$ ② $\frac{c}{d}$

b)
① $\frac{b}{c}$ ② $\frac{a}{b}$

c)
① $\frac{f}{d}$ ② $\frac{e}{d}$

d)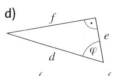
① $\frac{f}{d}$ ② $\frac{f}{e}$

3 Gib Sinus, Kosinus oder Tangens als Seitenverhältnis an.

a)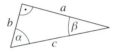
① $\sin \alpha$ ② $\cos \beta$

b)
① $\cos \alpha$ ② $\tan \beta$

c)
① $\sin \varepsilon$ ② $\tan \varepsilon$

d)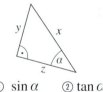
① $\sin \alpha$ ② $\tan \alpha$

4 Berechne die Winkel α, β, γ bzw. δ.

a)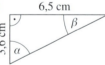
b)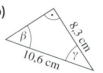
c) 4,8 m / 5,6 m
d) 36 mm / 29 mm

5 Familie Schuster lässt eine Treppe bauen. Die Stufen haben eine Höhe von 20 cm und eine Tiefe von 32 cm.
a) Fertige die Zeichnung einer Stufe im Maßstab 1 : 4 an.
b) Wie groß wird der Neigungswinkel α des Treppengeländers sein?
Miss seine Größe in der Zeichnung. Kontrolliere, indem du den Neigungswinkel mit dem Tangens berechnest.

5 An vielen Orten gibt es Straßen mit extremer Steigung.
Das Mittelgebirge Odenwald erstreckt sich über die Bundesländer Hessen, Bayern und Baden-Württemberg.
Dort gibt es eine Straße mit 27 % Steigung.
a) Fertige eine maßstabsgerechte Zeichnung an und miss den Steigungswinkel α.
b) Kontrolliere dein Ergebnis, indem du den Steigungswinkel berechnest.

+ Vermischte Übungen

6 Berechne die Länge der markierten Dreiecksseite.

a) 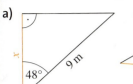 b) 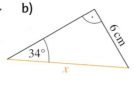 c) 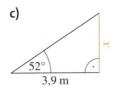 d)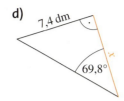

7 Berechne die Länge der Seite c und den Winkel β.

7 In einem rechtwinkligen Dreieck ist die Hypotenuse 8,3 cm und eine Kathete 6,7 cm lang.
Berechne die Winkel und die Länge der zweiten Kathete.

TIPP
Fertige immer zuerst eine Skizze an.

8 Zeichne jeweils eine Skizze und markiere die gegebenen Größen farbig. Berechne die fehlenden Größen.

	α	β	γ	a	b	c
a)	43°		90°		3,9 cm	
b)		47°	90°		4,1 cm	
c)	90°	32°			2,6 cm	
d)	71°	90°				6,6 cm
e)		90°	14°			5,2 cm
f)	90°		29°			3,8 cm
g)	26°		90°		6,7 cm	

8 Berechne die gesuchten Größen rechtwinkliger Dreiecke.
a) $a = 12{,}7$ cm; $\alpha = 24°$; $\gamma = 90°$
   gesucht: b, c, β, A
b) $b = 15{,}9$ dm; $\beta = 65°$; $\gamma = 90°$
   gesucht: a, c, α, u
c) $a = 2{,}9$ cm; $c = 6{,}3$ cm; $\beta = 90°$
   gesucht: b, α, γ, u
d) $b = 4{,}7$ cm; $a = 32$ mm; $\beta = 90°$
   gesucht: c, α, γ, A
e) $b = 4{,}1$ cm; $c = 7{,}3$ cm; $\alpha = 90°$
   gesucht: a, β, γ, u, A

9 In einem rechtwinkligen Dreieck ist $\sin \alpha = 0{,}5$.
a) Wie groß sind α, β und γ?
b) Notiere passende Maße für die Seitenlängen des Dreiecks. Gibt es mehrere Lösungen?

9 In einem rechtwinkligen Dreieck mit $\gamma = 90°$ wird der Winkel α verdoppelt. γ bleibt dabei 90°.
a) Wie ändert sich der Winkel β?
b) Verdoppeln sich auch $\sin \alpha$ ($\cos \alpha$; $\tan \alpha$)? Begründe.

10 In einem gleichschenkligen Dreieck ist $a = b = 3{,}5$ cm und $\alpha = 50°$. Wie lang ist die Seite c?
(*Hinweis:* Achte auf den rechten Winkel.)

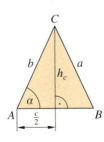

10 Das Rechteck $ABDE$ hat die Maße $a = 5$ cm; $e = 10{,}3$ cm; $\alpha = 52°$.
Berechne mithilfe von Sinus, Kosinus, Tangens und dem Satz des Pythagoras möglichst viele weitere Seitenlängen und Winkel.

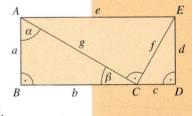

11 Die Mantellinie eines Kegels bildet mit der Grundfläche einen Winkel $\beta = 75°$. Die Grundfläche hat den Durchmesser $d = 10$ m.
a) Fertige eine Skizze mit den gegebenen Größen an.
b) Berechne die Höhe des Kegels.

11 Feuchter Sand lässt sich bis zu einem Schüttwinkel von etwa 42° aufschütten.
a) Wie hoch ist ein kegelförmiger Sandhaufen mit $d = 15$ m?
b) 20 m³ feuchter Sand sollen kegelförmig aufgeschüttet werden. Reicht dafür eine Bodenfläche mit $r = 3$ m aus?

+ Trigonometrie

12 Von einer Schule zum Aussichtsturm beträgt die horizontale Entfernung 7,2 km. Der Höhenunterschied beträgt 242 m. In welchem Winkel α steigt das Gelände von der Schule zum Aussichtsturm an?

12 Die Nebelhornbahn bei Oberstdorf hat eine Gesamtlänge von 4 840 m. Die Talstation liegt 828 m, die Bergstation 1 932 m hoch. Wie groß ist im Durchschnitt der Steigungswinkel?

TIPP
zu Aufgabe 13 (lila und türkis) Fertige im Heft eine Skizze des Giebeldreiecks an und zeichne die Höhe in das Dreieck ein. Markiere alle gegebenen Größen und rechten Winkel.

13 Rechts siehst du die Maße eines Hauses.
a) Wie hoch ist das Dach des Hauses h? Wie hoch ist das gesamte Haus?
b) Welche Fläche hat der Giebel des Hauses?

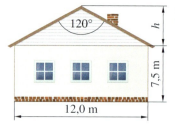

13 Ein Haus wird gebaut
a) Welche Fläche hat der Giebel des Hauses?
b) Ermittle die Neigung der beiden Dachschrägen und ihre Länge, wenn sie am Ende 40 cm überstehen.

14 Aus dem Berufsleben
Ein Theodolit ist ein Teleskop auf einem Stativ.
Das Teleskop ist mit einem Fadenkreuz und einem Winkelmesser ausgestattet.
Mithilfe eines Theodolits werden horizontale oder vertikale Winkel gemessen.

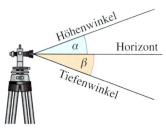 

Mit einem Theodolit soll die Höhe des Leuchtturms bestimmt werden. Die Instrumentenhöhe beträgt 1,45 m. Wie hoch ist der Leuchtturm?
Unterscheide folgende vier Fälle. Was stellst du fest?

① $\alpha = 12°$; $e = 18$ m   ② $\alpha = 24°$; $e = 18$ m   ③ $\alpha = 12°$; $e = 180$ m   ④ $\alpha = 24°$; $e = 180$ m

15 Aus dem Berufsleben
Von der 6,20 m hohen Plattform des Turms wird mit einem Theodolit (1,50 m hoch) ein Schiff angepeilt. Das Schiff erscheint unter einem Tiefenwinkel von 2,6°

a) Bestimme mithilfe des Textes die Werte für h_1, h_2 und β.
b) Wie weit ist das Schiff vom Turm entfernt? Berechne die Entfernung e.

15 Aus dem Berufsleben
Ein Vermessungstechniker bestimmt die Tiefe der Baugrube mithilfe des Theodoliten und einer Messlatte (rot).

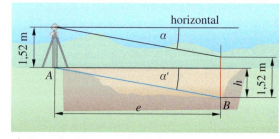

a) Beschreibe sein Vorgehen.
b) Berechne den Höhenunterschied h für folgende Messwerte: Tiefenwinkel $\alpha = 3{,}1°$; Peillänge $e = 20{,}5$ m

+ Vermischte Übungen

16 Berechne die Höhe des Baumes.

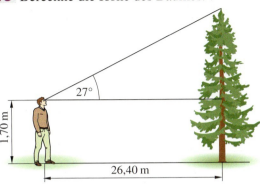

16 Murat (1,70 m groß) sieht den 43 m hohen Wasserturm in Emden unter einem Winkel von 37°.
Wie weit ist er vom Fuß des Turms entfernt?

17 Mira ist 1,60 m groß.
a) Wie weit muss Mira jeweils von dem Gebäude entfernt sein, damit sie es unter einem Winkel von 10° sieht?
b) Ordne die Gebäude einmal nach den Ergebnissen aus a) und ein weiteres Mal nach ihrer Höhe. Was stellst du fest?

> Höhe des Düsseldorfer Fernsehturms: 240,5 m

> Der „Lange Eugen", ein Hochhaus in Bonn, ist 114 m hoch.

> Das höchste Bauwerk der Welt ist der Burdsch Chalifa in den Vereinigten Arabischen Emiraten mit 828 m Höhe.

> Der Turm der Marktkirche in Hannover hat eine Höhe von 97 m.

17 Noah ist 1,85 m groß.
a) Wie weit muss er jeweils von dem Gebäude entfernt sein, damit er es unter einem Winkel von 12,5° sieht?
b) Unter welchem Winkel sieht er das Gebäude jeweils, wenn er genau einen Kilometer davon entfernt steht?

18 Der Graph zeigt die Höhe einer Bergbahn in Abhängigkeit von der Zeit.

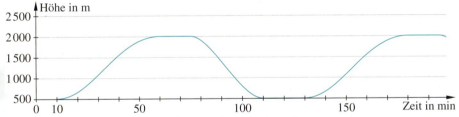

a) Welche Aussagen kannst du über die Strecke, die Dauer der Fahrten, die Haltezeiten und die Anzahl der dargestellten Fahrten machen?
b) Welche Informationen sind in der Grafik mehrfach vorhanden?
c) Benötigst du weitere Informationen, um die nächsten Fahrten der Bahn im Diagramm darstellen zu können?
Welche sind das gegebenenfalls?

19 Arbeite in einer dynamischen Geometriesoftware, einem Funktionenplotter oder erstelle eine Wertetabelle und zeichne per Hand.
a) Stelle die Graphen der Funktionen
$y = \sin(x)$; $y = 2 \cdot \sin(x)$ und
$y = 0{,}5 \cdot \sin(x)$ dar und vergleiche sie.
b) Wie wird vermutlich der Graph der Funktion $y = 5 \cdot \sin(x)$ verlaufen?
Überprüfe deine Vermutung.

19 Arbeite in einer dynamischen Geometriesoftware, einem Funktionenplotter oder erstelle eine Wertetabelle und zeichne per Hand.
a) Stelle die Graphen der Funktionen
$y = \sin(x)$; $y = \sin(2x)$ und $y = \sin(0{,}5x)$
dar und vergleiche sie.
b) Wie wird vermutlich der Graph der Funktion $y = \sin(5 \cdot x)$ verlaufen?
Überprüfe deine Vermutung.

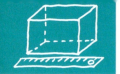

+ Trigonometrie

+ **Teste dich!**

(6 Punkte) **1** Steigung in rechtwinkligen Dreiecken
a) Zeichne das Beispiel für ein rechtwinkliges Dreieck, dass eine Steigung von 12% besitzt.
b) Wie groß ist die Steigung einer Straße bei drei Kilometern Horizontalunterschied und einem Höhenunterschied von 150 Metern?

(6 Punkte) **2** Übertrage und ergänze die Tabelle im Heft.

Höhenunterschied	3600 m		420 m
Horizontalunterschied	6000 m	2000 m	
Steigung		23 %	14 %

(3 Punkte) **3** Zeichne auf Karopapier ein rechtwinkliges Dreieck ABC mit $\alpha = 90°$. Markiere darin den rechten Winkel und β. Beschrifte die Seiten mit den Begriffen Hypotenuse, Ankathete von β und Gegenkathete von β.

(6 Punkte) **4** Berechne mit dem Taschenrechner. Runde deine Ergebnisse.
a) $\sin 24°$ b) $\sin 82°$ c) $\tan 65°$
d) $\sin \alpha = 0{,}615; \alpha = ?$ e) $\sin \alpha = 0{,}91; \alpha = ?$ f) $\tan \alpha = 0{,}766; \alpha = ?$

(6 Punkte) **5** Gib zu den markierten Winkeln im Bild rechts jeweils das Seitenverhältnis für Tangens, Sinus und Kosinus an.

a) 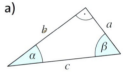   b)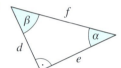

(6 Punkte) **6** Vervollständige die Tabelle im Heft.

	Gegenkathete	Ankathete	$\tan \alpha$	α
a)	7,3 m	8,1 m		
b)		19,5 dm	1,282	
c)	9,4 dm			62°

(8 Punkte) **7** Berechne jeweils $\sin \alpha$, $\sin \beta$, α und β.
a) $a = 1{,}1$ cm; $b = 6$ m; $c = 6{,}1$ cm
b) $a = 5{,}5$ cm; $b = 4{,}8$ m; $c = 7{,}3$ cm

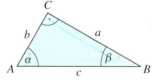

(4 Punkte) **8** Ein Dreieck hat die Maße $a = 4{,}1$ cm; $c = 6{,}7$ cm; $\gamma = 90°$.
a) Fertige eine Skizze an. Markiere darin die gegebenen Größen.
b) Berechne zuerst den Kosinus von β und dann den Winkel β.

(8 Punkte) **9** Berechne die markierten Winkel.

a) 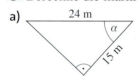   b) 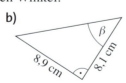   c) 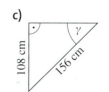   d)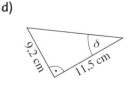

Teste dich!

10 Zeichne für das Dreieck ABC mit γ = 90° eine Planskizze. Berechne die fehlenden Größen. (12 Punkte)

	α	β	γ	a	b	c
a)	45°		90°		4 cm	
b)		38°	90°		3,5 cm	

11 Berechne in dem gleichseitigen Dreieck mit a = 9,8 cm (6 Punkte)
a) die Höhe h und
b) den Flächeninhalt A.

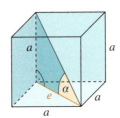

12 Gegeben ist ein Würfel mit a = 6 cm. (6 Punkte)
a) Berechne e mit dem Satz des Pythagoras.
b) Berechne den Winkel α mit dem Tangens.

13 Eine der größten Skiflugschanzen der Welt steht in Oberstdorf (Bayern). (6 Punkte)
a) Wie lang ist die Anlaufbahn der Schanze?
b) Berechne den Höhenunterschied.

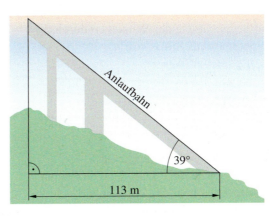

14 Berat ist 1,65 m groß. Er sieht die Spitze einer Pappel unter einem Winkel von 27°. Seine Entfernung vom Fußpunkt der Pappel beträgt 16 m. (8 Punkte)
a) Fertige eine Skizze an.
b) Wie hoch ist die Pappel? Beachte die Körpergröße von Berat.

15 Die Sinusfunktion (9 Punkte)

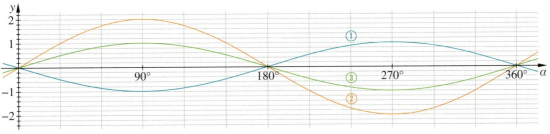

a) Beschreibe Gemeinsamkeiten und Unterschiede der drei Graphen. Welcher Graph gehört zur Sinusfunktion? Begründe.
b) Lies den y-Wert für α = 210° aus dem Graphen der Sinusfunktion ab.
c) Lies zwei verschiedene α-Werte für y = 0,7 aus dem Graphen der Sinusfunktion ab. Überprüfe mit dem Taschenrechner.

Gold: 94–100 Punkte, Silber: 77–93 Punkte, Bronze: 60–76 Punkte

+ Trigonometrie

Zusammenfassung

→ Seite 150

+ ### Die Steigung in rechtwinkligen Dreiecken

In rechtwinkligen Dreiecken ermittelt man die **Steigung m** aus dem Quotienten von **Höhenunterschied** durch **Horizontalunterschied**:

Steigung $m = \frac{\text{Höhenunterschied}}{\text{Horizontalunterschied}}$

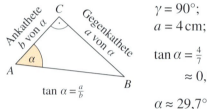

$\frac{18}{100} = 0{,}18 = 18\,\%$

Die Steigung m beträgt 18 %.

→ Seite 152

+ ### Der Tangens eines Winkels

In einem rechtwinkligen Dreieck ABC ($\gamma = 90°$) bezeichnet man den Quotienten aus der Gegenkathete durch die Ankathete des Winkels α als **Tangens von α**.

$\tan \alpha = \frac{\text{Gegenkathete von } \alpha}{\text{Ankathete von } \alpha}$

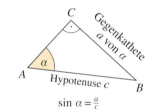

$\tan \alpha = \frac{a}{b}$

$\gamma = 90°$;
$a = 4\,\text{cm}; b = 7\,\text{cm}$

$\tan \alpha = \frac{4}{7}$

$\approx 0{,}571$

$\alpha \approx 29{,}7°$

→ Seite 154

+ ### Der Sinus eines Winkels

In einem rechtwinkligen Dreieck ABC ($\gamma = 90°$) bezeichnet man den Quotienten aus der Gegenkathete des Winkels α durch die Hypotenuse als **Sinus von α**.

$\sin \alpha = \frac{\text{Gegenkathete von } \alpha}{\text{Hypotenuse}}$

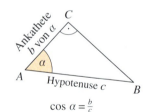

$\sin \alpha = \frac{a}{c}$

$\gamma = 90°$;
$a = 3\,\text{cm}; c = 6\,\text{cm}$

$\sin \alpha = \frac{3}{6}$

$\approx 0{,}5$

$\alpha \approx 30°$

→ Seite 156

+ ### Der Kosinus eines Winkels

In einem rechtwinkligen Dreieck ABC ($\gamma = 90°$) bezeichnet man den Quotienten aus der Ankathete des Winkels α durch die Hypotenuse als **Kosinus von α**.

$\cos \alpha = \frac{\text{Ankathete von } \alpha}{\text{Hypotenuse}}$

$\cos \alpha = \frac{b}{c}$

$\gamma = 90°$;
$b = 2\,\text{cm}; c = 5\,\text{cm}$

$\cos \alpha = \frac{2}{5}$

$\approx 0{,}4$

$\alpha \approx 66{,}4°$

→ Seite 158

+ ### Streckenberechnungen am rechtwinkligen Dreieck

Sind in einem rechtwinkligen Dreieck eine Seite und ein Winkel gegeben, so können mithilfe von Tangens, Sinus und Kosinus die beiden anderen Seiten berechnet werden.

→ Seite 162

+ ### Die Sinusfunktion

Die Sinusfunktion ordnet jedem Winkel x (in Grad) den Wert Sinus x eindeutig zu.

x	0°	90°	180°	270°	360°
$y = \sin x$	0	1	0	−1	0

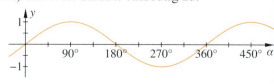

Statistische Darstellungen

Mit Umfragen und Beobachtungen kann man Daten erheben. Zum Beispiel:
- Wie lange scheint die Sonne pro Tag an einem Ort?
- Wie warm ist das Wasser dort?
- Wie viele Menschen machen dort Urlaub?

Kennwerte wie der Durchschnitt helfen, Daten auszuwerten.

Statistische Darstellungen

Noch fit?

Einstieg

1 Eine Häufigkeitstabelle erstellen
So kommen die Schülerinnen und Schüler der Klasse 10A zur Schule:

Verkehrsmittel	Strichliste	Häufigkeit
zu Fuß	III	
Fahrrad		6
Roller o. ä.	IIII	
Bus	IIII I	
Zug	IIII IIII	

a) Vervollständige die Tabelle im Heft.
b) Wie viele Schülerinnen und Schüler gehen in die 10A?

2 Strichliste und Häufigkeitstabelle

Die Sportlerinnen und Sportler einer Trainingsgruppe haben ihre Schuhgrößen notiert:
42; 40; 39; 41; 40; 40; 39; 43; 44; 42;
44; 40; 41; 41; 40; 39; 44; 42; 40; 44
a) Fertige eine Strichliste an.
b) Gib die absoluten Häufigkeiten der einzelnen Ergebnisse an.

HINWEIS
Eine ungeordnete Liste mit Daten nennt man **Urliste**.

ERINNERE DICH
Die **absolute Häufigkeit** gibt an, wie oft ein Ergebnis vorkommt.

3 Anzahlen ablesen
Eine Klasse hat eine Umfrage zum Konsumverhalten gemacht. Jeder Punkt entspricht einer Antwort.
a) Erstelle eine Tabelle mit den Häufigkeiten.
b) Prüfe die Aussagen:
Jan: „Computer wurde bei regelmäßigem Konsum häufiger genannt als Shoppen."
Lara: „Süßigkeiten wurden häufiger genannt als Shoppen."

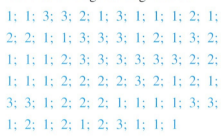

oranger Punkt: regelmäßiger Konsum
blauer Punkt: weniger als einmal pro Woche

Aufstieg

1 Eine Häufigkeitstabelle erstellen
Die Schülerinnen und Schüler der Klasse 10B kommen mit unterschiedlichen Verkehrsmitteln zur Schule:
Drei von ihnen werden mit dem Auto gefahren, elf kommen zu Fuß, sieben benutzen ihr Fahrrad, acht fahren mit dem Bus und ein Schüler kommt mit dem Zug.
a) Erstelle eine Tabelle mit den Häufigkeiten.
b) Wie viele Schülerinnen und Schüler gehen in die 10B?
c) Nenne Vorteile der Darstellung als Tabelle gegenüber dem Text.

2 Strichliste und Häufigkeitstabelle
Ein Glücksrad mit den möglichen Ergebnissen 1, 2 und 3 wurde 70-mal gedreht.

Die Urliste zeigt die Ergebnisse:

1; 1; 3; 3; 2; 1; 3; 1; 1; 1; 2; 1;
2; 2; 1; 1; 3; 3; 3; 1; 2; 1; 3; 2;
1; 1; 1; 2; 3; 3; 3; 3; 3; 2; 2;
1; 1; 1; 2; 2; 2; 2; 3; 2; 1; 2; 1;
3; 3; 1; 2; 2; 2; 1; 1; 1; 1; 3; 3;
1; 2; 1; 2; 1; 2; 3; 1; 1; 1

a) Fertige eine Strichliste an.
b) Gib die absoluten Häufigkeiten der einzelnen Ergebnisse an.

3 Anzahlen ablesen
Eine Klasse hat eine Umfrage zum Konsumverhalten gemacht. Jeder Punkt entspricht einer Antwort.
a) Erstelle eine Tabelle mit den Häufigkeiten.
b) Prüfe, ob die Schülerinnen und Schüler je genau eine Antwort oder mehrere Antworten geben konnten. Begründe.
c) Formuliere drei richtige Aussagen zu den Ergebnissen der Umfrage.

Noch fit?

4 Daten ordnen
Ordne der Größe nach.
Beginne mit dem kleinsten Wert.
a) 75 kg; 62 kg; 54 kg; 59 kg; 68 kg; 58 kg
b) 1,80 m; 1,90 m; 1,74 m; 1,67 m; 1,81 m; 1,61 m
c) 8,42 €; 14,69 €; 14,65 €; 15,58 €; 7,70 €; 11,60 €; 14,82 €; 8,57 €

4 Daten ordnen
Ordne der Größe nach.
a) 1,84 m; 1,76 m; 1,78 m; 1,77 m; 1,57 m; 1,86 m; 1,90 m; 1,67 m; 1,93 m; 1,78 m; 1,52 m; 1,85 m; 1,53 m
b) 14,78 €; 17,66 €; 12,84 €; 17,59 €; 10,02 €; 15,00 €; 16,35 €; 13,04 €; 15,41 €; 15,09 €; 14,98 €; 11,39 €

HINWEIS
*Eine der Größe nach geordnete Liste mit Daten nennt man **Rangliste**.*

5 Bruch, Dezimalzahl, Prozent
Vervollständige im Heft.

Bruch	$\frac{1}{2}$			$\frac{4}{5}$	
Dezimalzahl		0,25			0,6
Prozent			20%		

5 Bruch, Dezimalzahl, Prozent
Vervollständige im Heft.

Bruch	$\frac{2}{25}$			$\frac{2}{3}$	
Dezimalzahl			0,55		0,48
Prozent		37,5%			

6 Relative Häufigkeiten berechnen

Verkehrsmittel	absolute Häufigkeit	relative Häufigkeit
zu Fuß	50	$\frac{50}{200} = 0,25 = 25\%$
Fahrrad	60	
Roller o. ä.	25	
Bus	45	
Zug	20	
Gesamt	200	

a) Vervollständige die Tabelle im Heft.
b) Addiere die relativen Häufigkeiten in den grauen Feldern. Erkläre, wie du damit deine Ergebnisse kontrollieren kannst.

6 Relative Häufigkeiten berechnen
Die Tabelle enthält für die Jahre 2010 bis 2013 die Geburtenzahlen in Deutschland.

Jahr	Jungen	Mädchen
2010	347 200	330 700
2011	339 900	322 800
2012	345 600	327 900
2013	349 800	332 200

a) Berechne für jedes Jahr die Gesamtzahl an Geburten.
b) Berechne für jedes Jahr die relative Häufigkeit für die Geburt eines Jungen (für die Geburt eines Mädchens). Vergleiche.

ERINNERE DICH
relative **Häufigkeit** = $\frac{\text{absolute Häufigkeit}}{\text{Gesamtzahl}}$

7 Mit relativen Häufigkeiten rechnen
Eine Streichholzschachtel wurde wie ein Würfel geworfen.

Ergebnis	große Fläche	kleine Fläche	Reibfläche
Anzahl	124	28	48

a) Wie oft wurde die Schachtel geworfen?
b) Berechne die relativen Häufigkeiten der einzelnen Ergebnisse.

7 Mit relativen Häufigkeiten rechnen
Ergebnisse der Bundestagswahl 2013:

Wahlberechtigte	61 946 900
Gültige Stimmen	43 625 042
CDU	16 233 642
SPD	12 843 458
DIE LINKE	3 585 178
GRÜNE	3 180 299
CSU	3 544 079

a) Welcher Anteil der Wahlberechtigten hat eine gültige Stimme abgegeben?
b) Berechne die Anteile der Parteien an den gültigen Stimmen.
c) Wie viele Stimmen entfielen auf andere Parteien? Gib auch als Anteil in % an.

Weitere Übungen zur Wiederholung und Tipps findest du in „Kannst du das?" ab S. 205.

Statistische Darstellungen

Daten auswerten

Entdecken

1 In einem Berufskolleg wurden Schülerinnen und Schüler zu ihrer Ausbildung befragt.
a) Welche Informationen kannst du der Tabelle entnehmen?
b) Wie kann man die Daten auswerten? Überlegt in Gruppen und präsentiert eure Ergebnisse in der Klasse.
c) Fasse die Aussagen der Tabelle in einem kurzen Text zusammen.

Nr.	m/w	Alter	Wie lange brauchen Sie, um von Ihrer Wohnung zum Berufskolleg zu gelangen?	Wie zufrieden sind Sie mit Ihrer Ausbildung bisher? Bitte geben Sie Punkte, 1 ist sehr unzufrieden, 10 ist absolut zufrieden
1	m	17	45 min	3 Punkte
2	w	19	18 min	8 Punkte
3	m	24	20 min	6 Punkte
4	m	18	8 min	7 Punkte
5	w	16	33 min	9 Punkte
6	m	17	18 min	1 Punkt
7	w	16	30 min	4 Punkte
8	m	18	15 min	5 Punkte
9	m	18	42 min	7 Punkte
10	m	16	50 min	5 Punkte

Verstehen

Daten kann man nach verschiedenen Merkmalen ordnen. Um sie auszuwerten oder um Datenlisten miteinander zu vergleichen, werden statistische Kennwerte genutzt.

> **Merke** Der kleinste Wert einer Datenliste heißt **Minimum**, der größte Wert **Maximum**.
> In einer der Größe nach geordneten Reihe heißt der Wert in der Mitte **Median** oder **Zentralwert**.
> Den **Durchschnitt** (arithmetisches Mittel) einer Reihe von Daten berechnet man, indem man die Summe der Werte durch die Anzahl der Werte dividiert.

Beispiel 1
Körpergrößen von neun Schülerinnen als Rangliste:
1,60 m; 1,64 m; 1,68 m; 1,71 m; **1,72 m**; 1,72 m; 1,76 m; 1,78 m; **1,81 m**
Minimum   Median   Maximum

Beispiel 2
Berechnet wird der Durchschnitt der Körpergrößen der neun Schülerinnen aus Beispiel 1:
– Summe der Werte: 1,60 + 1,64 + 1,68 + 1,71 + 1,72 + 1,72 + 1,76 + 1,78 + 1,81 = 15,42
– Anzahl der Werte: 9
– Durchschnitt: 15,42 : 9 ≈ 1,71
Die Schülerinnen sind im Durchschnitt 1,71 m groß.

Beispiel 3
Bei einer **geraden Anzahl an Werten** liegen zwei Werte in der Mitte der Rangliste.
Der **Median** ist dann der Durchschnitt dieser beiden Werte.
5 €; 7,50 €; 12 €; 16 €; 25,50 €; 70 €   Median: (12 € + 16 €) : 2 = **14 €**

Üben und anwenden

1 Ein Veranstalter von Busreisen notiert die Teilnehmerzahlen seiner Reisen.
Belgien-Luxemburg: 40 Personen
Dänemark: 33 Personen
Frankreich: 42 Personen
Niederlande: 29 Personen
Polen: 39 Personen
Tschechien: 41 Personen
Gib das Minimum und das Maximum an und berechne den Durchschnitt.

2 In einem Museum wird notiert, wie viele Besucherinnen und Besucher an welchem Tag gekommen sind.
Montag: 298
Dienstag: 384   Mittwoch: 363
Donnerstag: 399   Freitag: 440
Samstag: 403   Sonntag: 459
a) Nenne Minimum und Maximum.
b) Gib den Median an.
c) Berechne den Durchschnitt.

3 Zum Alter der Mitglieder einer Trainingsgruppe wurden zwei Listen erstellt.
① 15; 15; 16; 16; 16; 16; 16; 17; 17; 17
② 15; 15; 16; 16; 16; 16; 16; 17; 17; 17; 58
a) Welche Liste umfasst auch den Trainer?
b) Ermittle jeweils Median und Durchschnitt der Listen. Vergleiche.

4 Klimatabellen
a) Finde die niedrigste und die höchste Monatstemperatur (den geringsten und den größten Monatsniederschlag).
b) Bestimme die mittlere Jahrestemperatur von Münster (den mittleren Jahresniederschlag von Douala).

1 Familie Schneider betreibt einen Bauernhof. Sie halten mehrere Katzen und notieren, wie viele Junge in jedem Wurf dabei waren:
4; 2; 6; 5; 5; 3; 8; 9; 5; 4; 7; 6
a) Erstelle eine Rangliste. Nenne Minimum und Maximum.
b) Berechne die Differenz zwischen Minimum und Maximum.
c) Gib den Median an.
d) Berechne den Durchschnitt.

2 An einer Hauptschule wird die Durchschnittsnote der 33 Entlassschüler notiert. Die Noten waren:
1,3; 1,5; 1,8; 2,0; 2,0; 2,1; 2,2; 2,4; 2,5; 2,5; 2,5; 2,8; 3,0; 3,1; 3,1; 3,2; 3,4; 3,4; 3,5; 3,6; 3,6; 3,7; 3,8; 3,8; 3,8; 3,8; 3,9; 3,9; 3,9; 4,0; 4,0; 4,0; 4,0
a) Berechne den Notendurchschnitt des Jahrgangs.
b) Gib den Median an.

3 Eine Molkerei schreibt auf ihrer Webseite: „Wir haben täglich 450 000 Liter Rohmilchanlieferung von 1100 Bauern mit 30 000 Kühen."
a) Wie viele Kühe hat jeder Bauer im Durchschnitt?
b) Wie viel Milch liefert jede Kuh im Durchschnitt?

4 Klimatabellen
a) Vergleiche das Klima von Münster und Helsinki mithilfe von Durchschnittswerten, Minima und Maxima.
b) Ordne die vier Orte nach ihrem durchschnittlichen Monatsniederschlag (nach ihrer mittleren Jahrestemperatur).

Klimastation		J	F	M	A	M	J	J	A	S	O	N	D
Helsinki/Finnland, 45 m (feuchtwinterkaltes Klima)	°C	−6,1	−6,6	−3,4	2,6	8,8	14,0	17,2	16,0	11,1	5,4	1,0	−2,6
	mm	57	42	36	44	41	51	68	72	71	73	68	66
Münster/Deutschland, 64 m (feuchtgemäßigtes Klima)	°C	1,2	1,6	4,8	8,6	12,8	15,8	17,4	17,1	14,2	9,7	5,7	2,6
	mm	66	56	42	50	50	60	87	76	58	57	60	56
Dakhla/Ägypten, 110 m (Wüstenklima)	°C	11,9	13,9	18,1	23,2	28,4	30,4	30,8	30,5	27,2	24,6	18,9	13,6
	mm	0	0,3	0	0	0,1	0	0	0	0	0	0	0,1
Douala/Kamerun, 11 m (tropisches Regenwaldklima)	°C	26,7	27,0	26,8	26,6	26,3	25,4	24,3	24,1	24,7	25,0	26,0	26,4
	mm	57	82	216	243	337	486	725	776	638	388	15	52

Statistische Darstellungen

Daten darstellen

Entdecken

1 Hier siehst du drei Darstellungen zur Entwicklung der Zahl neu abgeschlossener Ausbildungsverträge in Deutschland zwischen 2010 und 2014. Welche Darstellung zeigt die Entwicklung deiner Meinung nach am besten? Begründe, indem du Vorteile und Nachteile angibst.

Jahr	neue Ausbildungs-verträge	Veränderung zum Vorjahr	
		absolut	in %
2010	559 960	−4 347	−0,8 %
2011	569 380	+9 420	+1,7 %
2012	551 258	−18 122	−3,2 %
2013	529 542	−21 716	−3,9 %
2014	522 232	−7 310	−1,4 %

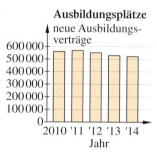

Verstehen

Die Schülerinnen und Schüler einer 10. Klasse notieren ihr Alter in einer Rangliste:
15; 15; 16; 16; 16; 16; 16; 16; 16; 16; 16; 17; 17; 17; 17; 17; 17; 17; 18; 18; 18; 18; 18

Um die Daten übersichtlich darzustellen, erstellen sie eine Häufigkeitstabelle und Diagramme.

Alter (Jahre)	15	16	17	18	Ges.
Anzahl	2	9	7	5	23
Prozent (%)	9	39	30	22	100

> **Merke** Häufig verwendete Diagrammarten, um Anzahlen (**absolute Häufigkeiten**) darzustellen, sind zum Beispiel Piktogramme, Säulendiagramme und Balkendiagramme.
> Häufig verwendete Diagrammarten, um Anteile in Prozent oder **relative Häufigkeiten** darzustellen, sind zum Beispiel Streifendiagramme und Kreisdiagramme.

Beispiel 1 Absolute Häufigkeiten in Diagrammen

a) Piktogramm:

b) Säulendiagramm:

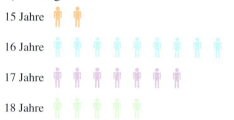

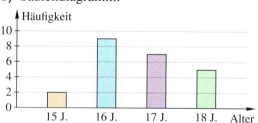

Beispiel 2 Relative Häufigkeiten in Diagrammen

a) Streifendiagramm:

b) Kreisdiagramm:

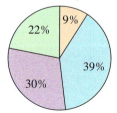

HINWEIS
Bei Streifendiagrammen wird häufig die Länge 10 cm gewählt. Dann entspricht 1 mm Länge 1 %.

Üben und anwenden

1 Das Alter der Mädchen aus der Klasse 10A ist hier dargestellt.

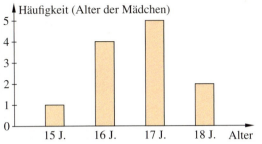

a) Lies ab, wie viele Mädchen 15; 16; 17; 18 Jahre alt sind.
b) Zeichne ein Säulendiagramm für die Altersverteilung in deiner Klasse.

2 Eine Jugendgruppe fährt in ein Feriencamp. Das Alter der 15 Teilnehmer wird in einer Rangliste notiert:
14; 14; 15; 15; 15; 15; 15; 15; 16; 16; 16; 16; 17; 17; 17
a) Ergänze die Tabelle im Heft.

Alter	14	15	16	17
Anzahl				
Prozent				

b) Zeichne ein 10 cm langes Streifendiagramm. 100 % entspricht 10 cm. Trage die Alter der Teilnehmer ein.
c) Stelle die Daten in einem Säulendiagramm dar.

1 Der durchschnittliche Wasserverbrauch am Tag pro Person hat sich zwischen 1990 und 2014 verändert.

Jahr	1990	1994	1998	2002
Verbrauch in l	147	133	129	128

Jahr	2006	2010	2014
Verbrauch in l	126	122	120

a) Stelle die Entwicklung des Wasserverbrauchs als Säulendiagramm dar.
b) Beschreibe die Entwicklung des Wasserverbrauchs in einem kurzen Text.
c) Gib eine andere Diagrammart an, die hier geeignet ist.

2 Nach den Wahlen zum Bundestag 2013 wurden die Sitze wie folgt vergeben:

CDU	255 Sitze
SPD	193 Sitze
DIE LINKE	64 Sitze
GRÜNE	63 Sitze
CSU	56 Sitze

a) Berechne die Anteile in Prozent.
b) Zeichne ein passendes Kreisdiagramm.
c) Häufig werden die Diagramme zur Sitzverteilung im Bundestag mit einem Halbkreis statt einem Kreis gezeigt.
Überlege, warum das so gemacht wird. Fertige eine solche Grafik an.

HINWEIS
zu Kreisdiagrammen:
Ein Kreis hat 360°.
360° entsprechen 100 %.
10 % entsprechen daher 36°.
1 % entspricht 3,6°.

3 Diagrammarten zu Situationen finden
a) Gib zu jeder Tabelle ① bis ④ zwei passende Diagrammarten an. Begründe jeweils.
b) Wähle eine Tabelle aus und zeichne dazu ein passendes Diagramm.

①
Monat	J	F	M	A	M	J	J	A	S	O	N	D
Durchschnittstemperatur (in °C)	7	8	10	10	16	22	21	23	18	12	11	4

②
Note	1	2	3	4	5	6
Anzahl	3	7	8	6	4	1

③
Handykosten (in €/Monat)	12	15	8	11	17	9
Schüler	Henrik	Lale	Katja	Sergej	Jan	Nina

④
Anzahl der Minuten	10	30	60	90	120	150
Kosten (in €)	7,50	12,10	19,00	25,90	32,80	39,70

Statistische Darstellungen

4 Die Grafik zeigt die Wasserabgabe eines Wasserwerks während eines Fußballspiels. 100% sind der Normalverbrauch.
Lies aus der Grafik ab: Um wie viel Uhr war die Wasserabgabe am höchsten (am niedrigsten)?

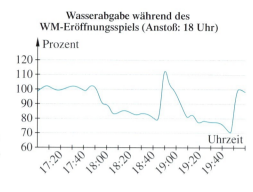

4 Die Grafik zeigt die Wasserabgabe eines Wasserwerks während eines Fußballspiels. 100% sind der Normalverbrauch.
Beschreibe die Entwicklung der Wasserabgabe vor, während und nach dem Fußballspiel.

5 Die Grafik zeigt den Ausgang einer Wahl.
a) Prüfe die Aussagen:
① „Die Partei A hat klar gewonnen."
② „Partei D hat schlechter abgeschnitten als Partei C."
③ „Die Parteien A und B haben zusammen eine Mehrheit."
④ „Partei A hat mehr Stimmen erhalten als die drei Parteien D, E und F zusammen."
b) Finde selbst drei richtige Aussagen zur Grafik.

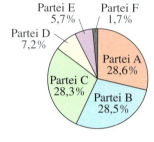

6 Die Infografik zeigt zwei Kreisdiagramme und ein Balkendiagramm.
a) Wie hättest du jeweils geantwortet? Gehörst du damit zur Mehrheit der Befragten?
b) Wie viel Prozent der Befragten schläft nach eigenem Gefühl zu wenig?
c) Wie viel Prozent der Befragten bekommt Kopfschmerzen von zu wenig Schlaf?
d) Wie viel Prozent der Befragten schläft sieben bis unter neun Stunden pro Nacht?

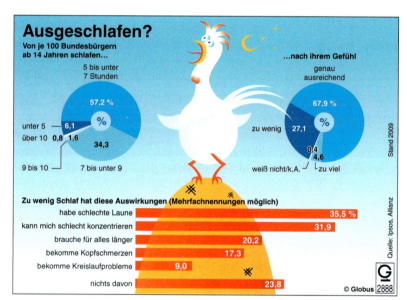

e) Findet zwei oder mehr eigene Fragen zur Infografik und stellt sie euch gegenseitig.

7 Welche Fragestellung könnte hinter den Diagrammen stehen? Nenne je drei Beispiele.

a)

b)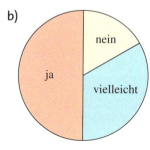

182

Daten darstellen

8 Führt in eurer Klasse eine Umfrage durch. Anregungen dazu findet ihr unten. Wertet die Umfrage aus und stellt eure Ergebnisse in Diagrammen dar.

Womit kommst du zur Schule?	Lieblingsessen	Kreuze an:	Wie viel Taschengeld bekommst du insgesamt im Monat? ___ €
❏ Bus	_____	❏ Junge	
❏ Fahrrad		❏ Mädchen	Ausgaben im Monat für
❏ Zug	Lieblingsband		Handy ___ €
❏ zu Fuß	_____	sportlich	Süßigkeiten ___ €
❏ Auto		❏ ja ❏ nein	Unternehmungen ___ €
	Lieblingssport	kreativ	Hobby ___ €
Wie viel Kilometer wohnst du von der Schule entfernt? ___	_____	❏ ja ❏ nein	Kleidung ___ €
	Lieblingstier	kontaktfreudig	Sonstiges ___ €
	_____	❏ ja ❏ nein	Insgesamt ___ €

9 Aus dem Berufsleben

a) Nenne die beiden wichtigsten Gründe bei der Berufswahl.

b) Darius sagt: „Ein guter Verdienst ist oft wichtiger als ein gutes Betriebsklima." Stimmt das?

Schülern ist bei der Berufswahl wichtig:
- sicherer Arbeitsplatz 76 %
- guter Verdienst 58 %
- interessante Arbeit 40 %
- gutes Betriebsklima 38 %
- selbstständiges Arbeiten 22 %

9 Aus dem Berufsleben

a) Warum ergibt die Addition der Anteile mehr als 100 %? Überlegt dafür, wie die Frage lautete.

b) Führt die Umfrage zu Gründen der Berufswahl in eurer Klasse durch. Wertet sie aus.

10 Aus dem Berufsleben
Erläutere die Aussagen der folgenden Diagramme. Sie zeigen die Schulabschlüsse von Azubis.

10 Aus dem Berufsleben
Erläutere die Aussagen des Diagramms. Es zeigt, wie sich Azubis während der Ausbildung finanzieren.

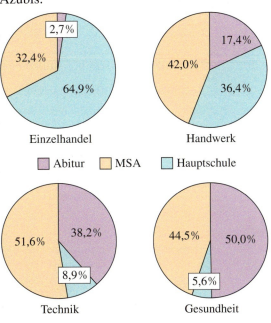

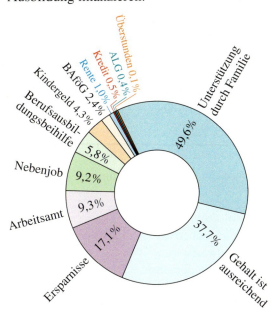

183

Statistische Darstellungen

+ Boxplots

Entdecken

1 Zoe vergleicht die Niederschläge in Chania (Griechenland) und Sylt (Deutschland).

Monat	J	F	M	A	M	J	J	A	S	O	N	D
Chania	142	112	81	32	13	5	1	2	19	80	73	94
Sylt	53	40	37	39	40	42	74	95	79	76	68	67

a) Ordne die Werte zu Chania der Größe nach.
b) Bestimme Minimum, Maximum und Median der Werte von Chania.
c) Bestimme den Median der 6 kleinsten Werte von Chania (der 6 größten Werte).
d) Zeige, wo die Werte aus b) und c) im Diagramm rechts liegen.
e) Arbeite wie in a) bis d) für Sylt.
f) Vergleiche die Niederschläge von Chania und Sylt anhand des Diagramms.

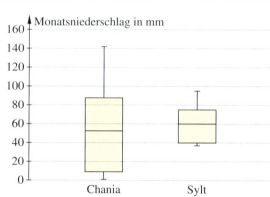

Verstehen

Boxplots sind spezielle Diagramme, die bestimmte Kennwerte und die Verteilung der Daten auf einen Blick zeigen. Mit ihnen können große Datenmengen dargestellt und verglichen werden.

> **Merke** Um einen **Boxplot** zu zeichnen, benötigt man fünf besondere Werte:
> – **Minimum**, **Maximum** und **Median**
> – Median der unteren Datenhälfte (**unterer Viertelwert** oder unteres Quartil)
> – Median der oberen Datenhälfte (**oberer Viertelwert** oder oberes Quartil)
> Zwischen unterem und oberem Viertelwert wird eine Box gezeichnet.

Beispiel 1

Zur Datenliste 8; 9; 10; 10; 12; 12; 14; 16; 16; 16; 20; 22; 23; 25 wird ein Boxplot erstellt.

1. Minimum, Maximum und Median bestimmen:

   8; 9; 10; 10; 12; 12; **14; 16**; 16; 16; 20; 22; 23; **25**
   Minimum Median = 15 Maximum

2. Unteren Viertelwert bestimmen:

   8; 9; 10; 10; 12; 12; 14; 16; 16; 16; 20; 22; 23; 25
   unterer Viertelwert

3. Oberen Viertelwert bestimmen:

   8; 9; 10; 10; 12; 12; 14; **16; 16; 16; 20; 22; 23; 25**
   oberer Viertelwert

4. Boxplot zeichnen:
   – Box zwischen oberem und unterem Viertelwert
   – Median in der Box
   – Maximum und Minimum
   – „Antennen"

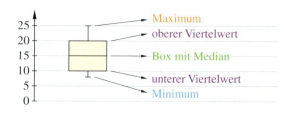

HINWEIS
Ist bei der Bestimmung der Viertelwerte die Anzahl der betrachteten Daten ungerade, dann zählt man den Median zur unteren und zur oberen Datenhälfte hinzu.
Beispiel: 1; 2; 3; 4; 5; 6; 7; 8; 9

Üben und anwenden

1 Der Boxplot zeigt die monatlichen Ausgaben für Hobbys der Schülerinnen und Schüler einer 10. Klasse.
Lies die Werte zu ① bis ⑤ ab und notiere sie im Heft.

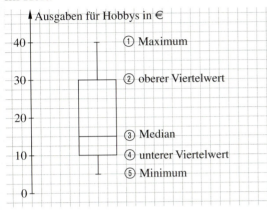

1 Der Boxplot zeigt die Ergebnisse einer Befragung zum Thema „Ausgaben für Kleidung pro Monat" unter Schülerinnen und Schülern.
Welche Kennwerte und Informationen kannst du der Darstellung entnehmen?

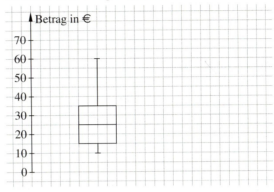

NACHGEDACHT
zu Aufgabe 1 (lila und türkis):
Kann man am Boxplot sehen, wie viele Personen befragt wurden?

2 Susi und Thomas haben mehrere Monate lang notiert, wie viel Taschengeld sie am Ende des Monats übrig hatten.
Daten dazu:
– *Susi:* Minimum 2 €; Maximum 18 €; oberer Viertelwert 13 €; unterer Viertelwert 6 €; Median 9 €
– *Thomas:* Minimum 9 €; Maximum 20 €; oberer Viertelwert 17 €; unterer Viertelwert: 15 €; Median 16 €
a) Zeichne die zwei zugehörigen Boxplots.
b) Vergleiche das verbleibende Taschengeld mithilfe der Boxplots.

2 Denise, Jacqueline und Kai testen ihre Reaktionszeit. Das Messgerät zeigt die Werte in Zehntelsekunden an.
Denise: 16; 12; 17; 2; 13; 6; 10; 10; 11; 10
Jacqueline: 11; 10; 6; 15; 7; 5; 7; 20; 14; 9
Kai: 14; 11; 18; 12; 16; 15; 15; 19; 17; 18
Zeichne die dazugehörigen Boxplots.
a) Bestimme für Denise, Jacqueline und Kai jeweils Minimum, Maximum, Median sowie oberen und unteren Viertelwert.
b) Zeichne die drei zugehörigen Boxplots.
c) Vergleiche die Reaktionszeiten mithilfe der Boxplots.

3 Von zwei Batterieherstellern wurden zehn Batterien auf ihre Haltbarkeit getestet.
Die Tabelle zeigt die Haltbarkeit in Stunden.

| Galvani | 15,5 | 14 | 14 | 24 | 19 | 16,5 | 15 | 11,4 | 16 | 15 |
| Volta | 18 | 14 | 16 | 9 | 12 | 16 | 20 | 16 | 13 | 15 |

a) Stelle für jede Firma die Daten in einem Boxplot dar.
b) Lies jeweils im Boxplot ab:
Wie groß ist die Spannweite der Haltbarkeit insgesamt?
In welchem Bereich liegt die Box?
c) Von welcher Firma würdest du deine Batterien kaufen? Begründe.

HINWEIS
zu Aufgabe 3:
Die Spannweite ist die Differenz aus Maximum und Minimum.

4 Eine Datenreihe hat das Minimum 1; Maximum 7; Median 4; unteren Viertelwert 2; oberen Viertelwert 6.
a) Zeichne einen passenden Boxplot.
b) Notiere zwei verschiedene mögliche Datenreihen.

Statistische Darstellungen

Manipulationen in Darstellungen

Entdecken

1 Hier siehst du drei Diagramme zur Entwicklung der Zahl neu abgeschlossener Ausbildungsverträge in Deutschland zwischen 2010 und 2014. Darin werden die gleichen Daten dargestellt.

①  ②  ③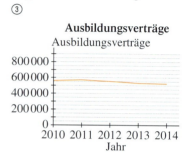

a) Ordne den Diagrammen die folgenden Sätze zu.
„Man hat den Eindruck, dass sich die Zahl der Verträge kaum verändert hat."
„Man hat den Eindruck, dass die Zahl der Verträge sehr stark gesunken ist."
„Man hat den Eindruck, dass die Zahl der Verträge deutlich zurückgegangen ist."

b) Diskutiert in Gruppen: Welches Diagramm stellt die Entwicklung am besten dar?

Verstehen

Vor einer Wahl wurden 107 Personen befragt, wen sie wählen würden.
Partei A erhielt 35 Stimmen, Partei B erhielt 40 Stimmen. Es gab 32 Enthaltungen.
Partei B hat die Umfrageergebnisse in Diagrammen dargestellt.

Beispiel 1

Darstellung Partei B:

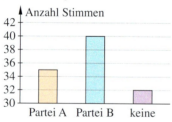

Jana behauptet: „Partei B hat ungefähr doppelt so viele Stimmen wie Partei A."

Das ist falsch, da die y-Achse nicht bei 0 beginnt.

richtige Darstellung:

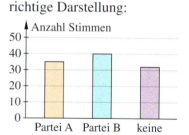

Darstellung Partei B:

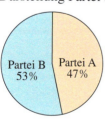

Erik behauptet: „Partei B hat über die Hälfte der Stimmen."

Das ist falsch, da die Umfrageergebnisse der Enthaltungen nicht dargestellt wurden.

richtige Darstellung:

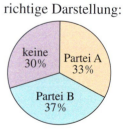

> **Merke** Grafische Darstellungen müssen oftmals kritisch hinterfragt werden, da sie fehlerhaft dargestellt sein können. Dadurch wird ein falscher Eindruck erweckt. Wenn dies beabsichtigt wurde, spricht man von **Manipulation**.

Manipulationen in Darstellungen

Üben und anwenden

1 Eine Firma stellt in ihrem Geschäftsbericht die Wertsteigerung ihrer Aktien dar.

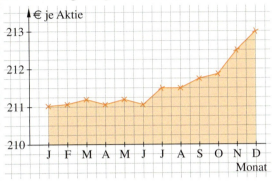

a) Um wie viel Prozent ist die Aktie von Januar bis Dezember gestiegen?
b) Welcher Trick wurde angewendet, um die Kursentwicklung besonders günstig erscheinen zu lassen?

2 Untersuche das Diagramm auf Fehler.

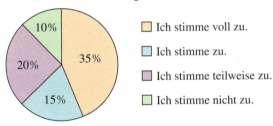

☐ Ich stimme voll zu.
☐ Ich stimme zu.
☐ Ich stimme teilweise zu.
☐ Ich stimme nicht zu.

1 Ein Fußballverein stellt ein Diagramm zu seiner Entwicklung bereit.

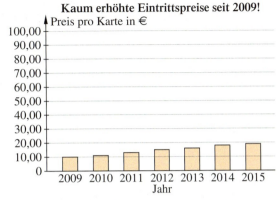

a) Beurteile das Diagramm mithilfe von Beispielrechnungen.
b) Zeichne ein Diagramm, das die tatsächliche Entwicklung besser darstellt.

2 Untersuche das Diagramm auf Fehler.

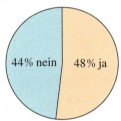

ja	96 Stimmen
nein	88 Stimmen
egal	16 Stimmen

ZUM WEITERARBEITEN
Erstelle eine Checkliste, worauf man bei der Auswertung von grafischen Darstellungen und Umfragen achten muss.

3 Ein Fahrzeughersteller präsentiert am Jahresende seine Jahresergebnisse.

Anzahl verkaufter Fahrzeuge / Umsatz in Mio. € / Gewinn in Mio. €

a) Beurteile die Darstellungen. Was will der Fahrzeughersteller jeweils mit der Darstellung bewirken?
b) Fertige, wenn nötig, sachlich richtige Darstellungen an.

4 Eine Schülergruppe hat zwölf Passanten auf der Straße zu dem Thema „Glasflaschen oder Plastikflaschen – was finden Sie besser?" befragt. Sie präsentieren ihr Ergebnis: 75% finden Plastikflaschen besser, nur 25% bevorzugen Glasflaschen.
Was meinst du zu der Umfrage?

4 Zehn Personen wurden mit folgendem Fragebogen befragt.
Ist die Umfrage manipuliert oder fair? Begründe.

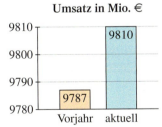
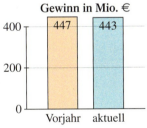

Was hältst du von Piercings?
Piercings stellen ein Hygienerisiko dar. Bei manchen Piercings gibt es die Gefahr, dass Nerven verletzt werden und dadurch Gesichtsmuskeln gelähmt werden.
Was hältst du von Piercings?
☐ Nichts für mich   ☐ Ist mir egal

Statistische Darstellungen

5 Die beiden Abbildungen zeigen den Kursverlauf einer Aktie.

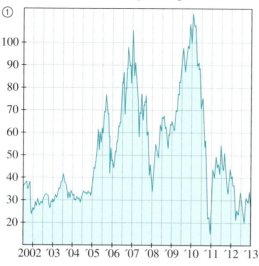
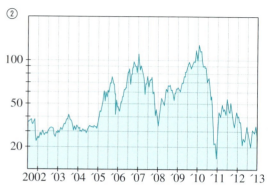

a) Woran erkennst du einen Manipulationsversuch?
b) Könntest du dir einen Grund vorstellen, welchen Zweck die manipulierte Darstellung erfüllen soll?

6 Maxi erhält im Monat 40 € Taschengeld, sein Freund Bernd erhält 50 €, also 25 % mehr. In diesem manipulierten Piktogramm wird der Unterschied besonders groß dargestellt.

a) Miss nach:
Bernds Schein ist um 25 % länger und um 25 % höher als Maxis Schein.
b) Um wie viel Prozent ist die Fläche von Bernds Schein größer als die von Maxis Schein?

6 In den Piktogrammen ist der folgende Sachverhalt dargestellt:
Stefan bekommt von seinen Eltern für den Führerschein 500 €, seine Freundin Carina bekommt von ihren Eltern 1000 €.

a) Was unterscheidet die beiden Darstellungsarten? Beschreibe.
b) Welche Darstellung ist korrekt?
c) Welche Darstellung sollte Stefan zu seinen Großeltern mitnehmen, in der Hoffnung, dass sie ihn auch mit Geld unterstützen?

7 Ein Unternehmen hat im Januar 20 000, im Februar 22 500 und im März 25 000 Verträge abgeschlossen.
Danach veröffentlicht es die folgende Grafik.
Was meinst du dazu?
Begründe deine Aussage.

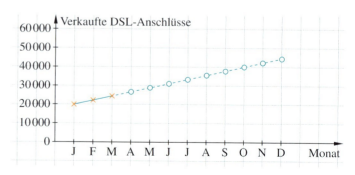

Thema Statistische Darstellungen im Beruf

Sina wird **Fachangestellte für Markt- und Sozialforschung**.
„An der Hauptschule habe ich meinen mittleren Schulabschluss geschafft. Als Azubi zur Fachangestellten für Markt- und Sozialforschung bin ich jetzt damit beschäftigt, Umfragen zu organisieren, durchzuführen und auszuwerten.

Hier siehst du einen Fragebogen zum Thema Schokoriegel, den Sina erstellt hat:

1. Wie viele Schokoriegel haben Sie im letzten Monat gegessen? _____ Stück
2. Welche Zutat mögen Sie besonders in Schokoriegeln?
   Wählen Sie bitte nur eine Antwort.
   ❏ Nüsse   ❏ Caramel   ❏ Kokos
   ❏ Keks   ❏ Waffel   ❏ Marzipan
3. Bitte nennen Sie Ihr Alter. _____ Jahre
4. Bitte nennen Sie Ihr Geschlecht.
   ❏ weiblich   ❏ männlich

Berufsbezeichnung	Fachangestellte/r für Markt- und Sozialforschung
Häufige Tätigkeiten	– Termine koordinieren – Fragebögen ausarbeiten – Daten auswerten – Präsentationen erstellen
Dauer der Ausbildung	3 Jahre
Voraussetzung	– mindestens Hauptschulabschluss – Organisationsgeschick – Teamfähigkeit

1 Die Antworten der ersten 20 Befragten sind in der Tabelle aufgeführt.
a) Bestimme Minimum, Maximum, Durchschnitt und Median der Antworten auf die Frage nach dem Alter.
b) Bestimme Minimum, Maximum, Durchschnitt und Median der Antworten auf die Frage nach der Anzahl der Schokoriegel im letzten Monat.
c) Berechne die durchschnittliche Anzahl der von Männern gegessenen Schokoriegel und der von Frauen gegessenen Schokoriegel. Vergleiche die Werte.
d) Stelle die Antworten auf die Fragen zur Lieblingszutat in einer geeigneten Liste oder einem Diagramm dar. Vergleicht eure Ergebnisse untereinander.
Welche Darstellung ist am übersichtlichsten?

2 Arbeitet in Gruppen.
Führt eine eigene Umfrage durch und stellt die Ergebnisse übersichtlich dar.

Nr.	m/w	Alter	Anzahl der im letzten Monat gegessenen Schokoriegel	Lieblingszutat
1	w	23	3	Nüsse
2	w	17	8	Kokos
3	m	14	0	Keks
4	w	15	5	Waffel
5	m	19	3	Nüsse
6	m	25	12	Marzipan
7	m	22	1	Nüsse
8	w	17	1	Kokos
9	w	23	2	Caramel
10	m	20	4	Marzipan
11	w	16	7	Kokos
12	w	18	2	Nüsse
13	m	25	2	Nüsse
14	m	24	0	Waffel
15	m	19	3	Marzipan
16	w	20	0	Caramel
17	m	16	0	Nüsse
18	m	16	4	Keks
19	m	21	3	Nüsse
20	m	20	2	Nüsse

HINWEIS
↻ 189-1
Hier erfährst du mehr über den Ausbildungsberuf „Fachangestellte/r für Markt- und Sozialforschung".

Statistische Darstellungen

Klar so weit?

→ Seite 178

Daten auswerten

1 Ein Molkereiwagen fährt übers Land und holt Frischmilch von den Bauernhöfen ab. Der Fahrer notiert, wie viel Liter Milch er von jedem Hof holt.
Berghof: 439 Liter Wiesenhof: 395 Liter
Waldhof: 452 Liter Müllerhof: 412 Liter
Bachhof: 523 Liter Feldhof: 463 Liter
Ermittle Minimum, Maximum, Median und Durchschnitt.

1 Ermittle jeweils Minimum, Maximum, Median und Durchschnitt.
a) Fernsehkonsum gestern in Minuten:
   0 min; 30 min; 30 min; 45 min; 60 min;
   90 min; 90 min; 100 min; 120 min; 120 min;
   180 min; 180 min; 220 min; 270 min;
   280 min; 300 min
b) Körpergröße in m:
   1,71 m; 1,63 m; 1,64 m; 1,58 m; 1,84 m;
   1,71 m; 1,64 m; 1,81 m; 1,64 m; 1,76 m

2 Ein Unternehmen betreibt 30 Kantinen. An einem Tag kamen insgesamt 24 384 Gäste.
Wie viele Gäste waren es pro Kantine im Durchschnitt?

2 Herr Weber ist Handelsvertreter und notiert seine täglichen Fahrstrecken in km.

	Mo	Di	Mi	Do	Fr
1. W.	447	380	677	512	320
2. W.	158	478	399	489	521
3. W.	468	329	377	698	241

Gib die Woche an, in der Herr Weber im Durchschnitt am weitesten gefahren ist. Berechne diesen Durchschnitt.

→ Seite 180

Daten darstellen

3 Die Grafik zeigt die Ausbildungsvergütungen pro Monat in Euro für Westdeutschland. Bestimme den durchschnittlichen Verdienst.
a) Beschreibe die Grafik.
b) Gib an, in welchen Bereichen die Vergütung über dem Durchschnitt liegt.

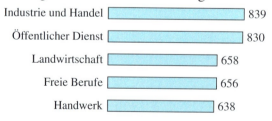

3 Beschreibe die Entwicklung der Ausbildungsvergütungen zwischen dem 1. und dem 4. Ausbildungsjahr. Gehe auch auf Unterschiede zwischen West- und Ostdeutschland ein.

4 Die Anzahl der Schülerinnen und Schüler pro Klasse einer Schule wurden notiert.
24; 25; 25; 25; 27; 27; 29; 29; 30; 30; 30
a) Stelle die Anzahl der Schülerinnen und Schüler pro Klasse in einer Tabelle dar.
b) Erstelle aus der Tabelle ein Säulendiagramm.

4 Die 28 Schülerinnen und Schüler einer 10. Klasse stimmen über das Ziel ihrer Abschlussfahrt ab.
Berlin: 13   Sauerland: 7   Borkum: 8
Stelle die prozentualen Anteile in einem geeigneten Diagramm dar.
Begründe deine Wahl.

Klar so weit?

Boxplots

→ Seite 184

5 Lies aus dem abgebildeten Boxplot die folgenden Werte ab:
- Minimum,
- Maximum,
- Median,
- oberer Viertelwert,
- unterer Viertelwert.

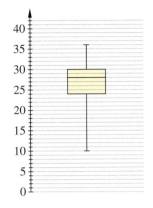

5 Welche Aussagen kannst du zu den Boxplots treffen?
Vergleiche die Boxplots miteinander.

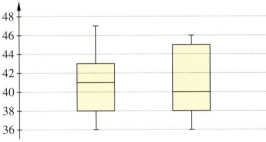

6 Zeichne einen Boxplot zu den folgenden Werten:
Minimum: 30 min
Maximum: 180 min
Median: 90 min
oberer Viertelwert: 140 min
unterer Viertelwert: 60 min

6 Zeichne einen Boxplot zu den folgenden Werten:
40 min; 50 min; 60 min;
70 min; 75 min, 80 min;
100 min; 130 min; 130 min;
150 min; 155 min; 190 min;
190 min

Manipulationen in Darstellungen

→ Seite 186

7 Beurteile, welches der folgenden Diagramme sachlich richtig ist.
Begründe deine Meinung.

8 Für das Wäschewaschen benötigt man nur ein Drittel so viel Wasser wie für Körperpflege. Stellt das Piktogramm diesen Zusammenhang richtig dar?

8 Das folgende Piktogramm zeigt die Einwohnerzahlen von China, Russland, den USA und der EU. Beurteile das Piktogramm.

191

Statistische Darstellungen

Vermischte Übungen

1 Ist es sinnvoll, den Durchschnitt zu berechnen von …
a) Hausnummern
b) Schuhgrößen
c) Körpergrößen
d) Postleitzahlen
e) Telefonnummern
f) Alter

2 Am Tag der offenen Tür eines Berufskollegs wurde festgehalten, wie viele Besucherinnen und Besucher sich für die einzelnen Bildungsgänge interessierten.

Höhere Handelsschule: 104
Gymnasiale Oberstufe: 62
Versicherungskaufleute: 42
Reiseverkehrskaufleute: 57
Verwaltungsfachangestellte: 59
Groß- und Außenhandelskaufleute: 74

a) Nenne das Minimum und das Maximum der Interessenten.
b) Berechne den Durchschnitt der Interessentenzahl pro Bildungsgang.

2 Bei einem Schulsportfest werden die Ergebnisse im Kugelstoßen notiert. Bestimme jeweils Minimum, Maximum, Median und Durchschnitt der Werte.
a) Klassenstufe 9

9,35 m; 5,82 m; 4,73 m; 6,72 m; 7,00 m;
9,04 m; 6,12 m; 3,59 m; 4,51 m; 7,83 m; 6,43 m;
3,98 m; 4,86 m; 6,36 m; 10,47 m; 5,27 m

b) Klassenstufe 10

6,73 m; 9,34 m; 4,71 m; 5,72 m; 13,62 m;
9,90 m; 11,59 m; 7,13 m; 10,41 m;
8,15 m; 5,05 m; 6,62 m; 8,24 m; 6,16 m;
10,61 m; 5,11 m

3 Notiere eine Datenreihe aus 9 Werten …
a) deren Minimum 5 und deren Maximum 25 ist.
b) deren Median 15 ist.
c) deren Durchschnitt 20 ergibt.
d) deren Minimum 8, Maximum 40 und Median 24 ist.
e) Überlege dir selbst eine solche Aufgabe. Tauscht untereinander und vergleicht eure Lösungen.

3 Welche der beiden Datenreihen hat die geringere Differenz zwischen Median und Durchschnitt? Überlege zuerst und bestimme dann jeweils Durchschnitt und Median.
a) ① 7; 12; 14; 17; 22; 25; 29
② 7; 12; 14; 17; 78; 86; 99
b) Notiere eine Datenreihe aus sieben Werten, in der die Differenz zwischen Median und Durchschnitt möglichst groß ist. Präsentiere deine Lösung.

4 Lea und Jannik haben eine Umfrage durchgeführt.
a) Warum ist die Summe der Antworten größer als 100 %?
b) Warum eignet sich ein Kreisdiagramm nicht zur Darstellung dieses Ergebnisses?
c) Stelle die Ergebnisse in einem Diagramm dar.

Wie bereitest du dich auf Klassenarbeiten in Mathematik vor?
– Ich lese die Merksätze im Schulbuch und in meinem Heft 35 %
– Ich löse Übungsaufgaben 83 %
– Ich nehme Nachhilfe 10 %
– Mit Lernprogrammen am Computer 18 %
– Gar nicht 8 %

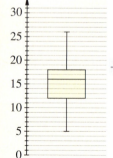

+5 Der Boxplot links soll die folgenden Werte darstellen:
Minimum 5; Maximum 26; Median 14; unterer Viertelwert 12; oberer Viertelwert 19.
Prüfe, ob die Darstellung richtig ist. Berichtige gegebenenfalls im Heft.

+5 Eine Datenreihe mit neun Werten hat das Minimum 3; Maximum 18; Median 10; unterer Viertelwert 8; oberer Viertelwert 13. Zeichne den Boxplot.
Notiere eine mögliche Datenreihe.
Gibt es mehrere Möglichkeiten?

192

Vermischte Übungen

6 Es sind insgesamt fünf Fragen gestellt worden.
a) Wo kann man die Antworten auf die fünf Fragen ablesen?
b) Welche Antwortmöglichkeiten gab es?
c) Wie viel Prozent der Befragten gaben an, „oft" oder „immer" Angst vor Klassenarbeiten zu haben?
d) Stellt euch gegenseitig weitere Fragen zu den Inhalten der Infografik und beantwortet sie.

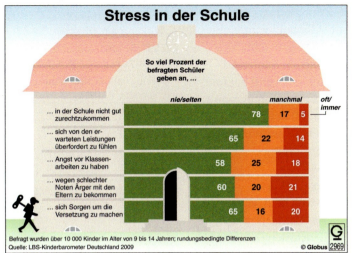

7 Das Arbeitsamt einer Stadt veröffentlicht den Rückgang der Arbeitslosenzahlen in der Presse mit Grafik ①.

a) Betrachte die Grafiken. Was fällt dir auf?
b) Wieso wurde Grafik ① veröffentlicht?

7 Die beiden folgenden Darstellungen zeigen die Wertentwicklung der gleichen Aktie.

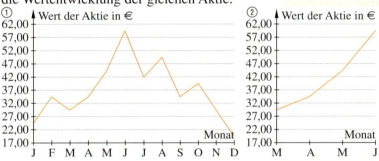

a) Gib jeweils an, welcher Zeitraum dargestellt ist.
b) Welchen Eindruck vermittelt Grafik ①? Welchen Eindruck vermittelt Grafik ②?
c) Mit welcher Grafik sollte sich ein Käufer informieren, der die Aktie kaufen möchte? Begründe.
d) Erstelle ein Diagramm, in dem der Verlauf der Aktie möglichst ungünstig dargestellt wird.

Lerncheck

1 Eine Tischdecke wird auf einen rechteckigen Tisch mit den Seitenlängen $a = 1{,}25$ m und $b = 0{,}90$ m gelegt. Sie hängt an jeder Seite 12 cm über. Welchen Flächeninhalt hat die Tischdecke?

2 Berechne.
a) $-2{,}5 + 14 - 7{,}5$ b) $6{,}4 - 100 + 3{,}6$
c) $-19{,}4 + 3{,}1 - 0{,}6$ d) $-47{,}23 + 48 - 0{,}77$

3 Dein Wochenende beginnt am Freitag nach der Schule und endet am Montagmorgen mit Schulbeginn. Wie viele Stunden (Minuten) dauert dein Wochenende?

4 Der Zinssatz beträgt $2{,}25\%$ p. a. Berechne die Zinsen für ein Jahr.
a) Kapital 92 000 €
b) Kapital 78 900 €

Statistische Darstellungen

8 Zum Thema „Wirkung von Alkohol" wurde eine Umfrage gemacht. Zeichne ein Säulendiagramm, das bei 0 beginnt, und ein Säulendiagramm, das bei 20 beginnt. Vergleiche die Wirkung der Diagramme.

Aussage zum Thema „Wirkung von Alkohol"	Anzahl
Ich fühle mich lockerer, wenn ich ein Bier getrunken habe.	42
Bei mir hat ein Bier keine besondere Wirkung.	82
Bier macht mich müde.	30
Keine Angabe.	46

8 Zum Thema „Wirkung von Alkohol" wurde eine Umfrage gemacht. Zeichne zwei Kreisdiagramme: ein korrektes und eins, welches „Keine Angabe." nicht zeigt. Vergleiche die Wirkung der Diagramme.

9 Wechselkurs
a) In welchem Monat war der Wechselkurs am niedrigsten (höchsten)?
b) Sara sagt: „Die Darstellung ist falsch, weil die y-Achse nicht bei 0 beginnt."
Tim sagt: „Ich finde die Grafik gut, weil man die Werte genau ablesen kann."
Was meinst du?

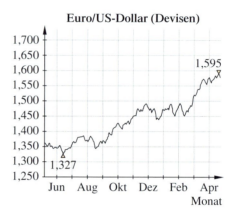

9 Wechselkurs
a) Beschreibe die Entwicklung des Wechselkurses mithilfe von Minimum, Maximum, steigen und fallen.
b) Beurteile, ob die Darstellung sachlich richtig ist. Begründe.
c) Schätze den durchschnittlichen Wechselkurs für den dargestellten Zeitraum.

10 Vergleiche jeweils die Verhältnisse der Flächen mit den angegebenen Werten. Sind die Piktogramme sachlich richtig dargestellt?

a)
b)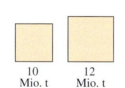

10 Finde die Fehler in der Darstellung. Fertige eine sachliche Grafik an.

Wohnflächenstandard von 1974 und heute in Düsseldorf (Wohnfläche in m² pro Einwohner)

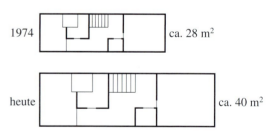

11 Die folgende Tabellen zeigen die Wahlbeteiligung bei den Bundestagswahlen 1949–2013.

Bundestagswahl	1949	1953	1957	1961	1965	1969	1972	1976	1980
Wahlbeteiligung in %	78,5	86,0	87,8	87,7	86,8	86,7	91,1	90,7	88,6

Bundestagswahl	1983	1987	1990	1994	1998	2002	2005	2009	2013
Wahlbeteiligung in %	89,1	84,3	77,8	79,0	82,2	79,1	77,7	70,8	71,5

a) Gib eine Diagrammart an, mit der man die Daten passend darstellen kann.
b) Erstelle ein solches Diagramm mit einer Tabellenkalkulation.
c) Schreibe einen Artikel für die Schülerzeitung zur Entwicklung der Wahlbeteiligung. Du kannst darin zum Beispiel auch auf mögliche Gründe eingehen, wählen zu gehen bzw. nicht wählen zu gehen.

Thema Blutspende

Jeder Mensch kann nach einem Unfall oder bei einer schweren Krankheit in die Situation kommen, Blut von einem anderen Menschen zu benötigen.

1 In Deutschland leben ungefähr 81 Millionen Menschen.
Es wird geschätzt, dass 80% aller Deutschen mindestens einmal im Leben Blut oder Blutplasma von einem anderen Menschen brauchen.
a) Wie viele Menschen in Deutschland benötigen mindestens einmal in ihrem Leben eine Blutspende?
b) Bundesweit werden jährlich etwa 5,5 Millionen Blutspenden benötigt. Bei einer Spende werden 450 cm³ Blut abgenommen. Wie viel Liter Blut wird jährlich benötigt?
c) Vergleiche dein Ergebnis aus Aufgabenteil b) mit dem Volumen eines Schwimmbads, das 50 m lang, 25 m breit und 2 m tief ist.

2 Blut ist nicht gleich Blut. Ein Merkmal der Unterscheidung sind die sogenannten Blutgruppen A, 0, B und AB.
a) Welche Blutgruppe ist in Deutschland am meisten (wenigsten) vertreten?
b) In einem Fußballstadion sind 27 500 Zuschauer. Gib an, wie viele von ihnen wahrscheinlich zu den einzelnen Blutgruppen gehören.

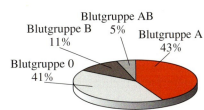

3 Die Häufigkeit der Blutgruppen ist regional verschieden.

Land \ Gruppe	A	0	B	AB	Gesamtbevölkerung
Deutschland	43%	41%	11%	5%	81 843 743
Schweiz	47%	41%	8%	4%	7 954 662
Türkei	42,5%	33,7%	15,8%	8,0%	74 724 269

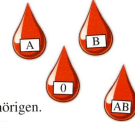

a) Berechne für jedes Land die absoluten Zahlen der Blutgruppenzugehörigen.
b) Stelle die absoluten Zahlen in einem geeigneten Balkendiagramm dar.

4 Zum Uniklinikum Aachen kommen 9 500 Dauerspender.
a) Bei wie vielen von ihnen ist nach der Statistik für Deutschland in Aufgabe 3 die Blutgruppe AB zu erwarten?
b) Die Tabelle zeigt, zu welcher Blutgruppe die Spender an einem Dienstag gehörten. Bei welcher Blutgruppe kommt das Tagesergebnis der statistischen Verteilung für Deutschland aus Aufgabe 3 am nächsten?

Blutgruppe	A	0	B	AB
Anzahl	48	41	16	3

c) An einem Vormittag wurde das Alter aller Spender notiert. Stelle an einem Ausschnitt des Zahlenstrahls die Datenverteilung als Boxplot dar.

Alter	19	21	22	28	32	39	40	49	52	60
Anzahl	4	2	6	12	4	2	8	1	1	2

Statistische Darstellungen

Teste dich!

(6 Punkte) **1** Ermittle zu den angegebenen Körpergrößen den Median, das Minimum und das Maximum.
1,63 m; 1,68 m; 1,68 m; 1,70 m; 1,71 m; 1,72 m; 1,72 m; 1,76 m; 1,80 m; 1,83 m; 1,84 m

(8 Punkte) **2** Berechne die durchschnittliche Jahrestemperatur in °C und den durchschnittlichen Jahresniederschlag in mm für die Station Lagos.

Klimastation		J	F	M	A	M	J	J	A	S	O	N	D
Lagos/Nigeria, 3 m (Savannenklima)	°C	27,0	27,9	28,3	28,0	27,4	26,1	25,3	25,1	25,6	26,2	27,2	27,3
	mm	40	57	100	115	215	336	150	59	214	222	77	41

(8 Punkte) **3** In der Liste 2; 3; 3; 4; 5; 7; 7; 7; 9
wird der Wert 9 durch den Wert 100 ausgetauscht.
a) Beschreibe, wie sich das auf den Durchschnitt der Datenliste auswirkt.
b) Beschreibe, wie sich das auf den Median der Datenliste auswirkt.

(10 Punkte) **4** Eine Umfrage zum Thema „Wie lange surfst du täglich im Internet?" wurde durchgeführt. Die Antworten sind:
120 min; 150 min; 45 min; 15 min; 120 min; 150 min; 20 min; 30 min; 30 min; 50 min; 60 min; 60 min; 90 min; 180 min; 90 min; 45 min; 45 min; 90 min; 90 min; 100 min; 150 min
a) Ermittle das Minimum, das Maximum und den Durchschnitt.
b) Gib an, wie viele Werte überdurchschnittlich bzw. unterdurchschnittlich sind.

(8 Punkte) **5** Die Klassensprecherwahlen ergaben das Bild im Diagramm rechts.
a) Wer wurde gewählt?
b) Wie viele Stimmen hat Nils erhalten?
c) Wer hat mehr Stimmen als Tina erhalten?
d) Wie viele Stimmen wurden insgesamt abgegeben?

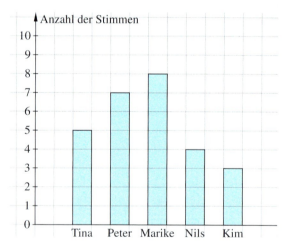

(6 Punkte) **6** Rechts siehst du ein Diagramm. Es zeigt die Ergebnisse der Umfrage:
„Möchtest du gern ein Haustier haben?"
Wie viel Prozent der Befragten haben …
a) mit „ja" geantwortet,
b) mit „nein" geantwortet,
c) mit „vielleicht" geantwortet?

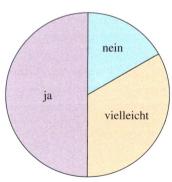

196

Teste dich!

7 Das Alter der Schülerinnen und Schüler einer 10. Klasse wurde jeweils in einer Liste notiert: *(14 Punkte)*
15; 15; 15; 15; 15;   15; 16; 16; 16; 16;   16; 16; 16; 16; 16;
16; 17; 17; 17; 17;   17; 17; 17; 17; 17;   18; 18
a) Wie viele Schülerinnen und Schüler gehen in die Klasse?
b) Erstelle eine Tabelle mit den Häufigkeiten der Altersangaben und ihren Anteilen in Prozent.
c) Zeichne ein geeignetes Diagramm zu den Daten.

8 Lies aus dem abgebildeten Boxplot den Median, das Minimum und das Maximum und die Viertelwerte ab. *(6 Punkte)*

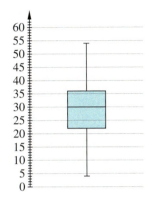

9 Zeichne jeweils einen passenden Boxplot. *(12 Punkte)*
a) Minimum 6; Maximum 20;
   Median 15;
   unterer Viertelwert 10;
   oberer Viertelwert 18
b) Schuhgrößen:
   34; 38; 38; 39; 39; 40; 41; 41; 41; 42; 42; 47

10 Eine Umfrage zum Thema „Rechnen in Deutschland" wurde unter Schülerinnen und Schülern durchgeführt und präsentiert. *(14 Punkte)*

Der Aussage …	stimmen zu …
Rechnen können ist wichtig für meine Zukunft.	89 %
Das Fach Mathematik macht mir Spaß.	33 %
Mathematik ist eines der drei wichtigsten Fächer.	68 %

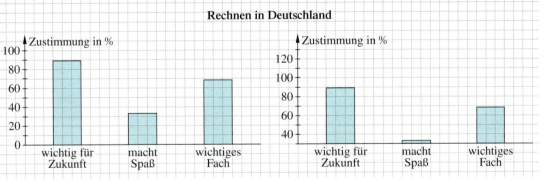

a) Worin unterscheiden sich die beiden Diagramme?
b) Welches Diagramm gibt deiner Meinung nach den Sachverhalt besser wieder und warum?
c) Eine Zeitung berichtet über die Umfrage mit der Schlagzeile: „Mathe – wichtig, aber unbeliebt". Eine andere Zeitung hat als Schlagzeile: „Jeder Dritte mag Mathe". Was meinst du?

11 In den Piktogrammen ist jeweils der Anstieg des Wasserverbrauchs dargestellt. Welches Piktogramm bildet das Verhältnis besser ab? Begründe. *(8 Punkte)*

① 250 Liter   750 Liter   ② 250 Liter   750 Liter

Gold: 94–100 Punkte, Silber: 77–93 Punkte, Bronze: 60–76 Punkte

Statistische Darstellungen

Zusammenfassung

→ Seite 178

Daten auswerten

Der kleinste Wert einer Datenliste heißt **Minimum**, der größte Wert **Maximum**.
In einer der Größe nach geordneten Reihe heißt der Wert in der Mitte **Median (Zentralwert)**.
Den **Durchschnitt** (arithmetisches Mittel) berechnet man, indem man die Summe der Werte durch die Anzahl der Werte dividiert.

<u>1,60</u>; 1,64; 1,68; 1,71; **1,72**; 1,72; 1,76; 1,78; <u>1,81</u>
Minimum   Median   Maximum

Summe der Werte = 15,42
Anzahl der Werte = 9
Durchschnitt = 15,42 : 9 ≈ 1,71

→ Seite 180

Daten darstellen

Um Daten übersichtlich darzustellen, kann man Tabellen oder Diagramme verwenden.
Häufig genutzte Diagrammarten, um **Anzahlen** (absolute Häufigkeiten) darzustellen, sind zum Beispiel Säulendiagramme, Balkendiagramme und Piktogramme.
Häufig verwendete Diagrammarten, um **Anteile in Prozent** oder relative Häufigkeiten darzustellen, sind zum Beispiel Streifendiagramme und Kreisdiagramme.

Tabelle:

Alter (Jahre)	15	16	17	18	Ges.
Anzahl	2	9	7	5	23
Prozent	9	39	30	22	100

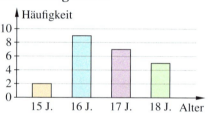

Säulendiagramm:

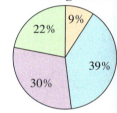

Kreisdiagramm

→ Seite 184

+ Boxplots

Ein **Boxplot** zeigt auf einen Blick **Minimum**, **Maximum** und **Median** einer Datenreihe.
Zwischen unterem und oberem Viertelwert wird eine Box gezeichnet.
Der untere **Viertelwert** (obere Viertelwert) ist der Median jener Daten, die kleiner (größer) sind als der Median der Datenreihe.

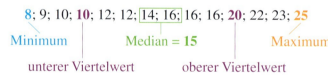

8; 9; 10; **10**; 12; 12; 14; 16; 16; 16; **20**; 22; 23; <u>25</u>
Minimum   Median = 15   Maximum
    unterer Viertelwert   oberer Viertelwert

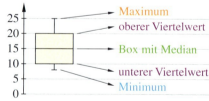

→ Maximum
→ oberer Viertelwert
→ Box mit Median
→ unterer Viertelwert
→ Minimum

→ Seite 186

Manipulation in Darstellungen

Umfragen, ihre Ergebnisse und ihre Darstellung in Diagrammen können **fehlerhaft dargestellt** oder **manipuliert** werden.
Häufige Fehler bzw. Manipulationen sind:
– Die Achseneinteilung oder -beschriftung ist falsch.
– Der Ursprung wird abweichend von (0|0) gewählt.
– Daten werden gezielt weggelassen, sodass ein falscher Eindruck entsteht.
– Die Summe der Anteile in Kreis- und Streifendiagrammen ist nicht 100%.
– Die Überschrift ist sachlich falsch.
– Bei Piktogrammen stimmt die Größe der Symbole nicht.

Vernetzte Aufgaben

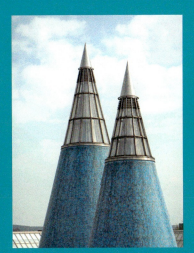

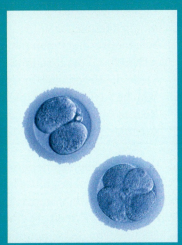
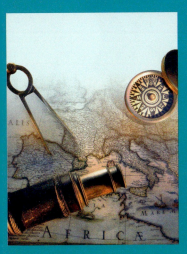

Vernetzte Aufgaben

Thema Verdienstmöglichkeiten in Ausbildungsberufen

1 Verdienstmöglichkeiten verschiedener Ausbildungsberufe vom 1. bis zum 3. Lehrjahr:

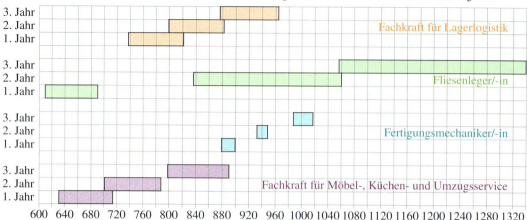

a) Beschreibe den Aufbau des Diagramms und die Gehaltsentwicklungen in den einzelnen Ausbildungsberufen.
b) Lies für jede Ausbildung, für jedes Lehrjahr das Minimum und Maximum der Verdienstmöglichkeiten ab.
c) Wie viel verdient man in den einzelnen Berufsgruppen pro Lehrjahr (während der gesamten Ausbildung) durchschnittlich?
Stelle die Ergebnisse in einem geeigneten Diagramm dar.
d) Welche Ausbildungen interessieren dich?
Recherchiere Anforderungen und Verdienstmöglichkeiten verschiedener Ausbildungsberufe und stelle diese übersichtlich dar.

HINWEIS
Informationen über Berufe gibt es zum Beispiel bei der Bundesagentur für Arbeit. Internetlinks hierzu findest du unter dem Mediencode ↻ 200-1.

2 Jana ist Altenpflegehelferin.
Nach ihrem Schulabschluss hat sie ein freiwilliges soziales Jahr in der Altenpflege gemacht. Dafür erhielt sie eine Aufwandsentschädigung von 380 € netto im Monat.
Danach ist sie für ein Jahr an die Berufsfachschule gegangen. In ihrem ersten Arbeitsjahr als Altenpflegehelferin verdiente sie 1400 € pro Monat.
Wie viel verdiente Jana durchschnittlich in den drei Jahren? Vergleiche mit den Ausbildungsberufen aus Aufgabe 1.

3 Herr Sabeti ist gelernter Gärtner. Er verdient pro Monat 2200 € brutto. Sein ungelernter Kollege verdient 9,50 € brutto pro Stunde.
a) Wie viel verdienen sie monatlich, wenn beide pro Woche 40 Stunden arbeiten?
b) Wie viele Stunden müsste der ungelernte Kollege pro Woche (Monat, Jahr) mehr arbeiten, um genauso viel zu verdienen wie der gelernte Gärtner?

Vernetzte Aufgaben

Jeder Auszubildende und jeder Arbeitnehmer erhält monatlich eine Verdienstabrechnung. Hier ist das **Bruttogehalt** angegeben. Davon werden die Steuern und die Sozialabgaben (Kranken-, Pflege-, Renten-, Arbeitslosenversicherung) abgezogen. Die Differenz ist die **Nettovergütung**.

4 Adrian ist Stuckateur im 1. Lehrjahr. Er hat für den November folgende Gehaltsabrechnung bekommen.

Verdienstabrechnung (November)	Monat (Betrag EUR)	Jahreswerte (Betrag EUR)
Gesamtbrutto	650,00	1950,00
Lohnsteuer	0,00	0,00
Solidaritätszuschlag	0,00	0,00
Kirchensteuer	0,00	0,00
Sozialabgaben		
Krankenversicherung (7,3%)	47,45	142,35
Pflegeversicherung (1,425%)	9,26	27,78
Rentenversicherung (9,35%)	60,78	182,34
Arbeitslosenversicherung (1,5%)	9,75	29,25
Nettogehalt		

HINWEIS
Der Arbeitgeber bezahlt die Hälfte der Versicherungen der Auszubildenden und Arbeitnehmer. Hier ist nur der Eigenanteil angegeben.

a) Wie hoch sind die Sozialabgaben im Monat?
b) Wie groß ist jeweils der Unterschied zwischen Brutto- und Nettogehalt?
   Rechne in Euro und in Prozent.
c) In welchem Monat hat Adrian seine Ausbildung begonnen? Woran kannst du das an der Verdienstabrechnung erkennen?
d) Warum muss Adrian keine Steuern zahlen? Recherchiere.
e) Mirja erhält eine monatliche Ausbildungsvergütung in Höhe von 690 € brutto. Wie viel Geld wird ihr überwiesen?
   Überlege, wie man geschickt rechnen kann.

5 Die 23-jährige Janine hat ihre Ausbildung als Stuckateurin bereits abgeschlossen und arbeitet nun seit zwei Jahren in ihrem Beruf.

a) Wofür zahlt man Lohnsteuer und Solidaritätszuschlag? Recherchiere.
b) Wie viel Prozent ihres Bruttogehalts zahlt Janine jeweils für Lohnsteuer, Solidaritätszuschlag und Kirchensteuer?
c) Wie viele Sozialabgaben zahlt Janine monatlich?
d) Wie viel Prozent des Bruttogehalts beträgt das Nettogehalt?
e) Wie viel verdient Janine brutto und netto in einem Jahr?
f) Wie viel verdient Janine etwa in ihrem Leben, wenn sie alle 5 Jahre eine Gehaltssteigerung von 3% erhält?

Verdienstabrechnung (Dezember)	
Text	Monat (Betrag EUR)
Gesamtbrutto	2000,00
Lohnsteuer	205,58
Solidaritätszuschlag	11,30
Kirchensteuer	18,50
Sozialabgaben	
Krankenversicherung (7,3%)	
Pflegeversicherung (1,425%)	
Rentenversicherung (9,35%)	
Arbeitslosenversicherung (1,5%)	
Nettogehalt	

Vernetzte Aufgaben

Thema Die erste eigene Wohnung

Claudia hat ihre Ausbildung beendet und mietet sich eine kleine Wohnung von 43,55 m². Claudia zahlt 5,50 € pro m².
Monatlich fallen noch weitere Kosten für Heizung (31,00 €), Treppenhausreinigung (4,75 €), Müllabfuhr (8,75 €), Wasser (9,50 €) und Strom (18,00 €) an.

1 Informiere dich über die Begriffe Kaltmiete, Warmmiete und Kaution.

2 Claudias Ausgaben für ihre Wohnung
a) Berechne die Kaltmiete und die Warmmiete von Claudias Wohnung.
b) Wie teuer sind Mietwohnungen in deinem Wohnort?
  Informiere dich z. B. im Internet, in Zeitungen oder beim Mieterverein.

3 Claudia arbeitet als Bürokauffrau. Sie verdient im Monat 1077 € netto.
a) Wie hoch ist ihr Bruttolohn, wenn sie 37 % Abgaben hat?
b) Wie viel Prozent ihres Nettoeinkommens gibt sie für die Wohnung aus?

4 Um ihre Finanzen im Blick zu behalten, fertigt Claudia einen Haushaltsplan mit einem Tabellenkalkulationsprogramm an.

a) Arbeitet zu zweit.
  Was benötigt man noch in einer eigenen Wohnung jeden Monat?
  Ergänzt gemeinsam die Liste der monatlichen Ausgaben.
  Schätzt die Beträge.
b) Wie viel Geld kann Claudia monatlich zurücklegen?
  Wie viel Prozent ihres Bruttolohns sind das?
c) Stelle Claudias gesamte Ausgaben in einem geeigneten Diagramm dar.

5 Claudia bezahlt für die Wohnung drei Kaltmieten Kaution.
Diese Kaution wird jährlich mit 1,5 % verzinst.
Mit welcher Summe kann Claudia rechnen, wenn sie die Wohnung nach 3 Jahren ohne größere Schäden zurückgibt?
Übertrage und ergänze die Tabelle im Heft.

Jahr	Kapital am Anfang des Jahres	Zinsen	Kapital am Ende des Jahres
1			
2			
3			

Vernetzte Aufgaben

6 Für den Umzugstag will Claudia sich einen kleinen Transporter leihen.
Angebot 1: Die Leihgebühr beträgt 32,60 € pro Tag. Die ersten 20 km sind kostenlos, jeder weitere gefahrene Kilometer kostet 0,72 €.
Angebot 2: Die Leihgebühr für einen Tag beträgt 55,70 €, einschließlich aller gefahrenen Kilometer.
a) Stelle beide Angebote für Fahrstrecken bis 100 km in einem Diagramm dar (x-Achse: Fahrstrecke, y-Achse: Preis).
b) Claudia schätzt, dass sie am Umzugstag etwa 60 km fahren wird. Für welches Angebot sollte sie sich entscheiden? Begründe.

7 Claudia hat eine grobe Skizze ihrer Wohnung angefertigt. Zeichne einen genauen Plan von der Wohnung im Maßstab 1:50. (Maße in cm)

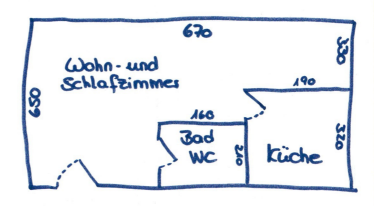

8 Das Wohn- und Schlafzimmer soll mit Teppichboden ausgelegt werden.
a) Wie viel Quadratmeter Teppichboden werden benötigt?
b) Ein Quadratmeter Teppichboden kostet 7,40 € ohne Mehrwertsteuer. Wie viel zahlt Claudia mit Mehrwertsteuer (19 %) für den Teppichboden?

9 Das Wohn- und Schlafzimmer soll mit einer Fußleiste versehen werden. Die Fußleisten sind im Baumarkt mit einer Länge von 2,70 m erhältlich. Eine Fußleiste kostet inklusive Mehrwertsteuer 14 €. Wie teuer sind die Fußleisten für das Wohn- und Schlafzimmer?
Beachte bei deiner Rechnung, dass die Türen jeweils 90 cm breit sind.

10 Claudia möchte das Wohn- und Schlafzimmer mit Raufasertapete tapezieren. Alle Räume sind 2,55 m hoch.
a) Eine Tapetenrolle ist 53 cm breit und 33,50 m lang.
Wie viele Rollen muss Claudia mindestens kaufen?
Die Materialersparnis für Türen und Fenster wird nicht berücksichtigt, da diese für den Verschnitt eingeplant wird.

b) Eine Tapetenrolle kostet 6,70 €.
Wie viel kostet das Material für die Tapezierarbeiten, wenn zusätzlich zur Tapete noch drei Packungen Kleister zu je 4,80 € gekauft werden?

11 Mit welchen Gesamtkosten muss Claudia im ersten Monat für Warmmiete, Kaution, Umzugswagen und Renovierung rechnen?

Vernetzte Aufgaben

Thema Die Erde

1 Ist die Erde eine Kugel?
Der Äquatorradius der Erde beträgt $r = 6\,378\,388$ m.
Der Polradius beträgt $r = 6\,356\,912$ m.
Berechne jeweils das Volumen einer Kugel mit den Radien.
Vergleiche.

2 Die Erdoberfläche wird mit
$510\,100\,933{,}5$ km² angegeben.
a) Wie groß ist der Radius einer Kugel, die diese Oberfläche hat?
   Vergleiche den Radius mit dem mittleren Erdradius von 6 371 km.
   Was fällt dir auf? Erläutere.
b) Der Mond hat einen Radius von 1738 km.
   Welchen prozentualen Anteil der Erdoberfläche macht die Mondoberfläche aus?

3 Angenommen, es würde eine Schnur um den Äquator gespannt, so dass der Abstand zwischen Schnur und Boden überall gleich ist.
a) Fertige eine Skizze an.
b) Um wie viele Kilometer (Meter oder Zentimeter) müsste diese Schnur verlängert werden, damit du aufrecht darunter durchgehen könntest? Schätze, bevor du rechnest.

4 Jeden Ort der Erde kann man durch seine
Ortskoordinaten genau festlegen.
Über die Erde wird dafür ein unsichtbares
Gradnetz gelegt. Die Lage eines Ortes lässt
sich durch seine geografische Breite (Nord
oder Süd) und seine geografische Länge
(Ost oder West) bestimmen.
a) Informiere dich über die Begriffe
   Längengrad, Breitengrad, Längenkreis und
   Breitenkreis.
   Erklärt euch die Begriffe gegenseitig anhand
   der Abbildung.
b) Bestimmt die Ortskoordinaten eures
   Heimatortes und verschiedener deutscher
   Städte mithilfe eines Atlanten oder des Internets.

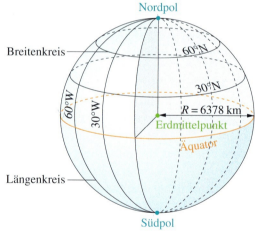

5 Köln und Calgary (Kanada) liegen fast auf dem gleichen Breitengrad der Nordhalbkugel. Die Lage wird mit 51° Nord angegeben.
Die Abbildung zeigt einen Querschnitt der Erde in Höhe des
51. Breitengrades. Ausgehend vom Längenkreis 0° liegt Köln ungefähr bei 7° Ost und Calgary bei 114° West.
a) Wie lange braucht die Erde, um sich einmal um sich selbst zu drehen?
b) Gerade geht in Köln die Sonne unter.
   Nach welcher Zeitspanne geht dann in Calgary die Sonne unter?

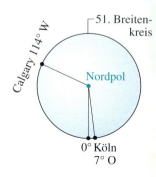

Kannst du das?

Auf den folgenden Seiten findest du Wiederholungsaufgaben zu vielen Bereichen in der Mathematik. Wenn du bei einigen Aufgaben nicht weiter weißt, helfen dir die Tipps an den Aufgaben und auch die Formelsammlung ab S. 238.

Kannst du das?

Noch fit?

→ Maßeinheiten und Maßstab
S. 208

1 Wandle in die Einheit in Klammern um.
a) 31 m (cm) b) 50 g (kg)
c) 1 m² (cm²) d) 1000 mm³ (cm³)
e) 54 200 l (m³) f) 7200 s (min)

2 Das Modell einer Brücke ist 52 cm lang. Der Maßstab ist 1 : 1000. Wie lang ist die Brücke in Wirklichkeit?

→ Brüche und Dezimalzahlen
S. 209

3 Berechne und kürze, wenn möglich.
a) $\frac{1}{2} + \frac{1}{3}$ b) $\frac{4}{5} - \frac{3}{4}$
c) $\frac{9}{10} \cdot \frac{15}{6}$ d) $\frac{8}{15} : 4$
e) $2\frac{1}{2} \cdot 5$ f) $3\frac{3}{8} \cdot 9$

4 Berechne.
a) 1,23 + 4,567 b) 8,79 − 2,98
c) 9,87 · 3 d) 2,5 · 3,4
e) 6,21 : 9 f) 3,33 : 9

→ Rationale Zahlen
S. 210

5 Wie hoch ist der Kontostand jetzt?

Alter Kontostand: −450 €
Gehalt: +1980 €   Miete: −620 €
Kindergeld: +188 €   Strom: −75 €

6 Berechne.
a) $7 + (-20) - (-35)$
b) $-3,4 + 5,7 + (-2,9)$
c) $-2,8 : 4 + 3 \cdot (-11)$
d) $12,4 + 3 \cdot (-0,5) - 2,6$

→ Terme und Gleichungen
S. 211

7 Fasse zusammen.
a) $4 \cdot 3a - 15 + 32b + 7a - 19b$
b) $8(5r - 6s) + 11(10r + 4s) - 11s$

8 Löse die Gleichungen.
a) $10a - 6 = 54$ b) $54 = 37b - 20$
c) $13c + 9 = 5c - 7$ d) $3 + 3,5d = 9,5d$

→ Potenzen und Wurzeln
S. 212

9 Schreibe als Potenz.
a) $7 \cdot 7 \cdot 7 \cdot 7 \cdot 7 \cdot 7$
b) $x \cdot x \cdot y \cdot y \cdot z \cdot y$
c) $3c \cdot 3c \cdot 3c \cdot 3c$
d) $\frac{1}{2} \cdot \frac{1}{2} \cdot \frac{1}{2}$

10 Berechne.
a) x^2 für $x = 1; 4; \frac{1}{3}; 0,5$
b) x^3 für $x = 1; 3; \frac{1}{2}; 0,1$
c) $\sqrt{x}$ für $x = 36; 484; \frac{1}{4}; 0,49$
d) $\sqrt[3]{x}$ für $x = 1; 27; \frac{1}{8}; 1000$

→ Zeichnen mit Geodreieck und Zirkel
S. 213

11 Zeichne die Punkte in ein Koordinatensystem. Welche Figur entsteht jeweils?
a) $A(-6|5); B(-9|5); C(-6|2); D(-3|2)$
b) $E(2|-5); F(5|-5); G(5|-1); H(2|-3)$
c) $I(-7|0); J(-7|-3); K(-2|-3)$

12 Zeichne folgende Figuren in dein Heft.

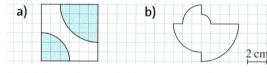

→ Ebene Geometrie
S. 214

13 Welche Figuren können es sein?
a) Es gibt 4 rechte Winkel.
b) Alle 4 Seiten sind gleich lang.
c) 2 von 3 Seiten sind gleich lang.
d) Die Diagonalen verlaufen senkrecht.

14 Gib die Größe der markierten Winkel an.

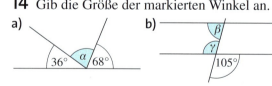

→ Umfang und Flächeninhalt
S. 215

15 Bestimme jeweils den Umfang und den Flächeninhalt der Figur. (Maße in cm)

a) 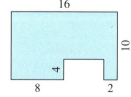   b) 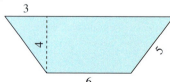   c)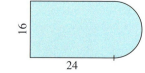

Noch fit?

16 Berechne jeweils die Länge der fehlenden Seite des rechtwinkligen Dreiecks ($\gamma = 90°$).
a) $a = 7$ cm; $b = 12$ cm; $c = ?$
b) $a = 91$ m; $c = 156$ m; $b = ?$

17 Sind folgende Dreiecke rechtwinklig? Wo liegt der rechte Winkel?
a) $a = 24$ m; $b = 26$ m; $c = 10$ m
b) $a = 324$ mm; $b = 212$ mm; $c = 248$ mm

→ Der Satz des Pythagoras
S. 216

18 In einem quaderförmigen Aquarium, das 80 cm lang und 30 cm breit ist, steht das Wasser 45 cm hoch.
Wie viele Liter sind das?

19 Berechne das Volumen der Körper.

→ Berechnungen an Körpern
S. 217

20 Vervollständige die Tabellen im Heft.
a) *Anzahl Brote → Preis in Euro*

Anzahl Brote	2	5	11
Preis (in €)		11,50	

b) *Anzahl Tiere → Futtervorrat in Tagen*

Anzahl Tiere	2	6	12
Vorrat (in d)			5

21 Berechne.
a) Ein Ausflug kostet bei 28 Schülern pro Person 15,00 €. Wie viel muss jeder bezahlen, wenn 3 Schüler fehlen?
b) Welches Angebot ist jeweils günstiger? Es gibt 175 g Chips für 2,24 € und 250 g für 3,25 €. Limonade kostet 1,25 € für 1,5 l und 0,69 € für 0,75 l.

→ Proportionale und antiproportionale Zuordnungen
S. 218

22 Stelle jeweils eine geeignete Frage und beantworte sie.
a) Bei einer Kontrolle war bei 36 von 250 Fahrrädern das Licht defekt.
b) Ein Preis von 89 € wird um 20 % gesenkt.
c) 6 Schüler fehlen. Das sind 24 %.

23 Herr Fuchs legt bei seiner Bank 3000 € zu 2,5 % jährlich an.
a) Wie viel Geld hat er am Jahresende?
b) Er muss das Geld bereits nach 7 Monaten abheben. Wie viel Geld bekommt er dann?
c) Wie viel Zinsen erhält er pro Tag?

→ Prozent- und Zinsrechnung
S. 219

24 Gib jeweils die Geradengleichung an.

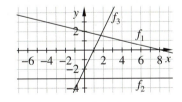

25 Zeichne die Graphen in dein Heft.
a) $y = 2x$
b) $y = x - 4$
c) $y = \frac{1}{3}x - 1$
d) Ein Liter Benzin kostet 1,40 Euro.

→ Funktionen darstellen
S. 220

26 420 Schüler wurden gefragt, welche Sportart sie gerne ausprobieren würden. Rafting wählten 135 Schüler, Klettern 180. Der Rest entschied sich für Hockey. Bestimme für jede Sportart die relative Häufigkeit.

27 Das Diagramm zeigt die Auswahl von Kinofilmen bei 1800 Kinobesuchern.
Berechne, wie viele Personen welche Filme sahen.

→ Daten
S. 221

28 Ein Glücksrad hat 4 rote Felder, 3 blaue und ein gelbes. Wie hoch ist die Wahrscheinlichkeit, kein blaues Feld zu treffen?

29 Bei der Produktion von Handys sind erfahrungsgemäß 6 % defekt. Wie viele defekte Handys kann man bei 4000 Stück erwarten?

→ Zufall und Wahrscheinlichkeit S. 222

Maßeinheiten und Maßstab

Wahr oder falsch?
Übertrage und korrigiere im Heft.
a) Es gibt 8 verschiedene Euro-Münzen und 8 verschiedene Euro-Scheine.
b) Nicht alle Maßeinheiten haben 100 als Umwandlungszahl.
c) Flächen gibt man mit Kubikzahlen an.
d) Der Maßstab gibt das Verhältnis von Bildgröße zu Originalgröße an.

1 Wie viel Rückgeld gibt es bei 50 Euro?
a) 22,80 € b) 13,75 € c) 9,95 €
d) 28,32 € e) 5,26 €   f) 31,74 €

2 Gib in der jeweils geforderten Einheit an.

TIPP Wenn die Einheit kleiner wird, wird die Maßzahl größer.

a) 22 m (cm)   b) 4,3 dm (m)
c) 2 cm (mm)   d) 200 m (km)
e) 4 mm (dm)   f) 1,5 m (km)

3 Berechne in der kleinsten Einheit.
a) 3 km + 250 m + 17 dm + 20 cm
b) 2,85 km + 3,4 m + 2,5 dm + 5 mm
c) 21,5 km + 12,5 dm + 3,2 cm

4 Gib in der jeweils geforderten Einheit an.

TIPP Wenn du eine Maßzahl oder eine Umrechnung nicht kennst, schlage in der Formelsammlung (S. 238–241) nach.

a) 5,5 kg (g)   b) 2,7 t (kg)
c) 45 g (mg)   d) 3 g (kg)
e) 1,75 kg (t)   f) 23 g (kg)

5 Berechne in der größten Einheit.
a) 30 mg + 250 g + 12 kg
b) 1,75 kg + 420,7 g + 9 mg
c) 5,63 g + 56,3 mg + 0,563 kg

6 Gib in der jeweils geforderten Einheit an.
a) 7 h (min)   b) 9,5 h (min)   c) 3 a (d)
d) 45 min (h) e) 777 s (min)   f) 1 d (s)

7 Nach 4 h 13 min Fahrzeit erreicht der Bus um 0:23 Uhr das Ziel. Wann fuhr der Bus los?

8 Gib in der jeweils geforderten Einheit an.
a) 4 dm² (cm²)   b) 1,2 km² (m²)
c) 7 m² (dm²)   d) 20 ha (a)
e) 5 mm² (cm²)   f) 9 m² (km²)

9 Gib in der jeweils geforderten Einheit an.
a) 31 m³ (dm³)   b) 12 dm³ (cm³)
c) 10 l (dm³)   d) 1500 m³ (l)
e) 1,75 m³ (cm³)   f) 10 ml (l)

10 Bestimme die fehlenden Angaben.

TIPP 1 : 100 bedeutet: 1 cm im Bild entsprechen 100 cm im Original.

	Bild	Original	Maßstab
a)	5 cm		1 : 100
b)		56 m	1 : 1000
c)	4 dm	16 m	

11 Im Einkauf kostet eine Jeans 18,75 €. Sie wird für 39,95 € verkauft. T-Shirts kosten 7,35 € und werden für 14,95 € verkauft. Einzelhandelskauffrau Sandra bestellt 50 Jeans und 80 T-Shirts für ihr Geschäft. Wie viel Gewinn kann Sandra erwarten?

12 Ein Grundstück ist 25 m lang und doppelt so breit. Wie hoch sind die Kosten für einen Zaun rundum, der 11,50 € pro Meter kostet?

13 Ina machte einen Obstsalat aus 800 g Äpfeln, 400 g Birnen, 600 g Erdbeeren, $\frac{1}{4}$ kg Himbeeren, 2 Kiwis à 70 g und 3 Bananen à 110 g. Mit Zucker wiegt der Salat 2,6 kg. Wie viel Zucker ist in dem Obstsalat?

14 Holger hat eine Schrittlänge von ungefähr 80 cm. Für die Länge eines Fußballfeldes benötigt er 130, für die Breite 85 Schritte. Beim Volleyballfeld misst er eine Länge von 24 Schritten und eine Breite von 12 Schritten.
a) Bestimme jeweils den Flächeninhalt.
b) Wie viele Volleyballfelder passen ungefähr in ein Fußballfeld?

Brüche und Dezimalzahlen

Wahr oder falsch?
Übertrage und korrigiere im Heft.
a) In einem Bruch steht der Nenner oben.
b) Man darf nur Brüche mit gleichem Nenner addieren und subtrahieren.
c) „Erweitern" bedeutet Zähler und Nenner durch die gleiche Zahl dividieren.
d) Punktrechnung geht vor Strichrechnung.

1 Lies die Zahlen am Zahlenstrahl ab. Gib sie als Bruch- und als Dezimalzahl an.

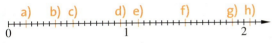

2 Ordne der Größe nach. Beginne mit der kleinsten Zahl.

> **TIPP** Vergleiche Brüche, indem du sie auf den gleichen Nenner bringst (Hauptnenner). Vergleiche Dezimalzahlen stellenweise.

a) $\frac{3}{7}; \frac{1}{2}; \frac{15}{14}; 1\frac{5}{14}$
b) $\frac{8}{9}; \frac{2}{3}; 1\frac{1}{9}; 1\frac{1}{3}$
c) 0,5; 0,55; 0,05; 5,5; 0,055

3 Setze das passende Zeichen ein (<, >, =).
a) $\frac{1}{4}$ ▪ $\frac{1}{3}$
b) $\frac{1}{3}$ ▪ 0,3
c) $\frac{2}{3}$ ▪ 0,6
d) $\frac{3}{4}$ ▪ 0,8
e) $\frac{2}{8}$ ▪ $\frac{3}{8}$
f) $\frac{7}{10}$ ▪ 0,7

4 Wer zahlt mehr? Überschlage und rechne.

Angelina:
```
  8,95 €
  0,99 €
  1,29 €
  9,75 €
  3,49 €
  4,99 €
+ 1,59 €
```

Jennifer:
```
  3,99 €
  2,75 €
 14,95 €
  1,49 €
  0,99 €
  0,79 €
+ 4,95 €
```

5 Berechne die Anteile.

> **TIPP** Berechne $\frac{2}{3}$ von 12 € so:
> 12 € $\xrightarrow{:3}$ 4 € $\xrightarrow{\cdot 2}$ 8 €

a) $\frac{3}{7}$ von 28 Autos
b) $\frac{4}{5}$ von 35 €
c) $\frac{11}{12}$ von 108 km
d) $\frac{2}{9}$ von 630 l

6 Wie viel muss gezahlt werden? Runde die Euro-Beträge sinnvoll.

Masse	Preis (pro kg)	Betrag
2,365 kg	1,85 €	
1,783 kg	2,98 €	
11,720 kg	0,73 €	
0,678 kg	4,35 €	

7 Welche Paare gehören jeweils zusammen? Ergänze das fehlende Kärtchen im Heft.

8 Berechne und kürze, wenn möglich.
a) $\frac{1}{3} + \frac{1}{5}$
b) $\frac{3}{4} - \frac{5}{9}$
c) $4\frac{1}{7} + 2\frac{1}{7}$
d) $3 - \frac{2}{11}$
e) $\frac{7}{12} \cdot \frac{3}{14}$
f) $\frac{5}{7} : 15$
g) $2\frac{3}{4} \cdot \frac{8}{9}$
h) $\frac{4}{5} \cdot \frac{5}{6} \cdot \frac{6}{7}$

9 Schreibe das Ergebnis als Dezimalzahl.

> **TIPP** Beachte die Vorrangregeln: Klammern zuerst, Punktrechnung vor Strichrechnung

a) $1{,}75 + \frac{3}{4} - \frac{1}{8}$
b) $1{,}4 + 8{,}6 : 2 - 5{,}7 \cdot 3$
c) $\frac{4}{9} \cdot \frac{27}{10} - \frac{2}{5} \cdot \frac{13}{50}$
d) $\left(2\frac{1}{4} - \frac{3}{4}\right) \cdot \frac{3}{2}$
e) $0{,}34 \cdot \left(13{,}5 + \frac{3}{2}\right)$
f) $5{,}13 + 9{,}87 \cdot 2$

10 Anna, Max und Tarik teilen ihren Gewinn vom Flohmarkt. Anna bekommt $\frac{3}{8}$ und Max $\frac{1}{4}$ des Erlöses.
a) Welchen Anteil erhält Tarik?
b) Wie viel bekommt jeder von 120 Euro?

11 Für eine Fruchtbowle werden $\frac{1}{2}$ l Orangensaft, $\frac{1}{4}$ l Kirschsaft und 0,7 l Mineralwasser gemischt.
a) Reicht eine Karaffe von 1,5 l aus?
b) Wie viele Gläser à 0,2 l können damit gefüllt werden?
c) Wie viel benötigt man jeweils für die doppelte Menge?

Kannst du das?

Rationale Zahlen

Wahr oder falsch?
Übertrage und korrigiere im Heft.
a) Am Zahlenstrahl ist die links stehende Zahl größer als die rechts stehende.
b) Jede Zahl hat eine Gegenzahl.
c) Multipliziert man zwei Zahlen mit gleichen Vorzeichen, ist das Ergebnis positiv.

1 Finde Beispiele für die folgenden Aussagen.
a) In den roten Zahlen stehen.
b) Etwas befindet sich unter NN.
c) Eine Temperatur unter dem Gefrierpunkt.

2 Lies die Zahlen am Zahlenstrahl ab. Gib auch die Gegenzahl an.

TIPP (-5) und $(+5)$ sind Gegenzahlen.

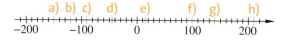

3 Setze das passende Zeichen ein ($<$, $>$).

TIPP Stelle dir die Lage der Zahlen auf der Zahlengeraden vor.

a) 3 ▧ 4   b) -3 ▧ -4
c) -31 ▧ -32 d) $0{,}3$ ▧ $0{,}4$
e) $-2{,}18$ ▧ $-2{,}19$ f) $-0{,}1$ ▧ $-0{,}01$

4 Ordne die Zahlen der Größe nach.
a) -4; $1{,}2$; -3; -7; 1; 4
b) $0{,}7$; $-0{,}7$; $0{,}35$; $-0{,}35$; 0
c) $2{,}26$; $2{,}22$; $-2{,}26$; $-2{,}2$; -2
d) $-0{,}01$; $-0{,}001$; $0{,}1$; 1; $-0{,}11$

5 Nenne drei Zahlen zwischen …
a) 0 und -2.   b) $-0{,}7$ und $-0{,}8$.

6 Bestimme den Unterschied.
a) Lisa fährt mit dem Fahrstuhl aus der Tiefgarage in Etage -2 in die 9. Etage.
b) Selim hatte sein Konto um 85 € überzogen. Nach der Gehaltsüberweisung hat er wieder 392 €.

7 Berechne.
a) $-4 + 12$ b) $-6 - 7$
c) $-8 + (-3{,}4)$ d) $3{,}2 + (-0{,}8)$

8 Berechne.

TIPP ① $+ \cdot + = +$ ② $+ \cdot - = -$
③ $- \cdot + = -$ ④ $- \cdot - = +$

a) $13 \cdot (-4)$ b) $(-36) : 3$
c) $-17 \cdot (-11)$ d) $-88 : 11$
e) $-2{,}5 \cdot (-10)$ f) $12 \cdot (-0{,}5) \cdot (-6)$
g) $-5{,}5 : 5 \cdot (-10)$ h) $-4 + 5 \cdot 6 - 7$

9 Zeichne die Punkte in ein Koordinatensystem. Setze um zwei Punkte fort und gib die Koordinaten an.
$A(3|4)$; $B(-1|8)$; $C(-5|4)$; $D(-1|0)$;
$E(2|3)$; $F(-1|6)$; $G(\ |\ )$; $H(\ |\ )$

10 Betrachte die Zahlenfolgen und finde eine Regel. Gib dann die nächsten 5 Zahlen an.
a) -51; -41; -32; -24 …
b) -256; -128; -64 …
c) 2; -4; 8; -16 …

11 Übertrage die Aufgaben in dein Heft und ergänze die fehlende Zahl.
a) ▢ $+ (-8) = -23$ b) $22 + (\ ) = 15$
c) $-21 + (\ ) = -18$ d) $-42 + (\ ) = -47$
e) ▢ $+ (-7) = -16$ f) ▢ $+ (-3) = -11{,}5$
g) $-19 - (\ ) = 4{,}2$ h) $-39{,}7 + (\ ) = -42$

12 Wähle aus dem Zahlenfeld jeweils zwei geeignete Zahlen aus, so dass …
a) ihre Summe,
b) ihre Differenz,
c) ihr Produkt,
d) ihr Quotient
negativ ist.
Gib deine Rechnung und das Ergebnis an.

$-0{,}2$	$-0{,}9$	-6	
40	$0{,}1$	4	$-0{,}3$
$0{,}3$	$0{,}8$	$-1{,}8$	
$3{,}6$	-8	$0{,}1$	12
-12	$-1{,}8$	16	9
$-1{,}2$	12	-4	

13 Eine U-Boot-Übung startet an der Meeresoberfläche. Das U-Boot sinkt 15 m ab, danach gewinnt es wieder 7 m Höhe. Dann sinkt es um 12,5 m und noch einmal um weitere 11 m. Abschließend steigt es um 6,5 m.
a) Wie groß ist der Höhenunterschied, den das U-Boot insgesamt gefahren ist?
b) Wie tief ist das Meer mindestens im Übungsgebiet des U-Boots?

Terme und Gleichungen

Wahr oder falsch?
Übertrage und korrigiere im Heft.
a) Variablen sind Platzhalter.
b) Nur gleiche Variablen können addiert werden.
c) Einen Term mit einem Pluszeichen nennt man auch Differenz.
d) Gleichungen sind äquivalent, wenn man auf beiden Seiten dieselbe Zahl addiert.

1 Benenne gleich lange Strecken mit gleichen Buchstaben. Erstelle einen Term zur Umfangsberechnung.
a) 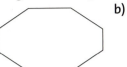   b)

2 Fasse zusammen und ordne.

> **TIPP** Nur gleiche Variablen mit gleichen Exponenten können addiert bzw. subtrahiert werden.

a) $4x + 5 - 3x - 2 + 2x$
b) $3{,}5a - 2b + c - a + 3b$
c) $2x^2 + 4x^3 + 1{,}5x - 2{,}5x^3 - 0{,}5x^2$
d) $\frac{2}{5}a - \frac{2}{3}b + \frac{3}{10}a + \frac{5}{6}b$

3 Fasse so weit wie möglich zusammen.

> **TIPP** Löse zuerst die Klammern auf.

a) $4a + (2a - 4) - 3 - a$
b) $12b - (5b + 4) - (3 - 144b)$
c) $5c - [3 + (3c + 2) - (4 + 5c)]$

4 Löse die Gleichung und mache die Probe.

> **TIPP** Bringe die Variable auf die eine Seite und die Zahlen auf die andere.

a) $16 + a = 61$ b) $4b + 21 = b$
c) $2c - 5 = 4c + 3$ d) $1{,}4d - 5{,}4 = 5 + d$

5 Forme die Gleichungen um und löse sie.
a) $9x - 7 = 14x + 8$
b) $21y + 15 = 33y - 9$
c) $-5{,}8x + 27 = 10{,}2x - 15$
d) $2{,}4z - 3{,}8 = 7{,}9z + 2{,}8$

6 Stelle die Formeln nach der gesuchten Variable um.
a) nach a: $u = 4a$ b) nach r: $A = \pi \cdot r^2$
c) nach h: $A = \frac{g \cdot h}{2}$ d) nach I: $R = \frac{U}{I}$

7 Erstelle mithilfe der Bilder eine Gleichung und löse sie.
a)
b) $\ast + \ast + \ast + \ast - 15 = \ast + \ast + 47$

8 Bestimme die Länge von x, wenn der Umfang des Dreiecks 70 cm beträgt.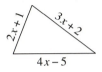

9 Vanessa macht eine Radtour. Am zweiten Tag fährt sie so weit wie am ersten Tag. Am dritten Tag fährt sie 10 km weniger als am ersten Tag. Insgesamt legte sie 65 km zurück. Wie weit ist sie jeweils am Tag gefahren?

> **TIPP** Löse im Sechs-Schritte-Verfahren:
> 1. Variable festlegen 2. Terme bilden
> 3./4. Gleichung aufstellen und lösen
> 5. Lösung prüfen 6. Antwortsatz

10 Amina denkt sich eine Zahl. Sie multipliziert diese Zahl mit 3 und addiert anschließend 4. Das Ergebnis teilt sie durch 5 und erhält 11. An welche Zahl hat sie gedacht?

11 Betrachte das Muster aus Quadraten.

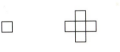

a) Wie viele Quadrate sind es jeweils?
b) Wie viele Quadrate kommen pro Schritt dazu?
c) Wie viele Quadrate sind es in Schritt 5?
d) Wie viele Quadrate sind es in Schritt n?

12 Erstelle eine Gleichung und löse sie. Wenn man die Summe aus einer Zahl und 6 mit 7 multipliziert, so ist das Ergebnis 91. Wie lautet die gesuchte Zahl?

Kannst du das?

Potenzen und Wurzeln

Wahr oder falsch?
Übertrage und korrigiere im Heft.
a) Potenzen sind eine Abkürzung der Multiplikation mit gleichen Faktoren.
b) In dem Term 6^2 ist 6 der Exponent und 2 die Basis.
c) Die Wurzel kann man nur aus positiven Zahlen ziehen.

1 Schreibe als Potenz bzw. als Produkt.

| TIPP $5 \cdot 5 \cdot 5 = 5^3$

a) $2 \cdot 2 \cdot 2$ b) $(-4) \cdot (-4) \cdot (-4)$
c) $\frac{6}{7} \cdot \frac{6}{7}$ d) $e \cdot e \cdot e \cdot e \cdot e$
e) $(-7)^5$ f) $\left(\frac{2}{5}\right)^4$

2 Schreibe als Potenz mit der Basis 2.
a) 4   b) 16   c) 64

3 Übertrage und ergänze im Heft. Die Lösungen sind unter den Zahlen 2; 3; 4 oder 5.
a) $2^{\square} = 32$ b) $6^{\square} = 216$
c) $70^{\square} = 4900$ d) $25^{\square} = 15\,625$
e) $(-6)^{\square} = 36$ f) $(-10)^{\square} = -1000$

4 Setze das passende Zeichen ein (<, >, =).
a) $3^7 \;\square\; 3^8$ b) $1^{10} \;\square\; 1^{11}$
c) $5^4 \;\square\; 5^3$ d) $0{,}8^2 \;\square\; 0{,}8^3$

5 Schreibe ausführlich.

| TIPP $4{,}5 \cdot 10^3 = 4{,}5 \cdot 1000 = 4500$
| $4{,}5 \cdot 10^{-3} = 4{,}5 \cdot 0{,}001 = 0{,}0045$

a) $1{,}234 \cdot 10^5$ b) $5 \cdot 10^6$ c) $10^4 \cdot 2{,}9$
d) $3{,}9 \cdot 10^{-3}$ e) $3 \cdot 10^{-4}$ f) $6{,}84 \cdot 10^{-5}$

6 Schreibe kurz mit Zehnerpotenzen.

| TIPP $57\,000 = 5{,}7 \cdot 10\,000 = 5{,}7 \cdot 10^4$
| $0{,}000\,57 = 5{,}7 \cdot 0{,}0001 = 5{,}7 \cdot 10^{-4}$

a) 8000   b) 120 000   c) 12 300
d) 0,24   e) 0,0005   f) 0,0561

7 Kann das stimmen? Begründe.
a) $10^4 = 10 \cdot 4 = 40$ b) $10^{-3} = -10^3$
c) Es gibt Zahlen, die sich beim Potenzieren nicht ändern.

8 Berechne im Kopf.
a) 9^2 b) $(-1{,}6)^2$ c) $0{,}2^2$
d) $\sqrt{36}$ e) $\sqrt{1{,}44}$ f) $\sqrt{0{,}0049}$

9 Berechne im Kopf.
a) 5^3 b) $(-2)^3$ c) 100^3
d) $\sqrt[3]{27}$ e) $\sqrt[3]{1000}$ f) $\sqrt[3]{0{,}008}$

10 Berechne.
a) $\left(\frac{1}{2}\right)^3$ b) $\left(-\frac{3}{4}\right)^2$ c) $\left(\frac{3}{4}\right)^2$
d) $\sqrt[3]{\frac{1}{64}}$ e) $\sqrt{\frac{144}{361}}$ f) $\sqrt[3]{\frac{8}{125}}$

11 Berechne schrittweise.
a) $18 + 9^2$ b) $(-12)^2 + 12^2$
c) $22^2 + 22^3 - 2^2$ d) $36 - \sqrt{36}$
e) $\sqrt{1{,}44} + 1{,}44$ f) $2{,}7 + \sqrt[3]{27}$

12 Wenn in sieben Schulen sieben Schüler sieben Schultüten mit jeweils sieben Süßigkeiten haben, wie viele Süßigkeiten sind es dann insgesamt?

13 Die Sonne hat einen Radius von $6{,}96 \cdot 10^5$ km und die Erde einen Durchmesser von $1{,}27 \cdot 10^4$ km. Gib die Werte in nichtwissenschaftlicher Schreibweise an. Vergleiche beide Radien.

14 Berechne die gesuchten Größen.

① $A = ?$
$a = 30$ cm

② $V = ?$
$a = 5$ dm

③ $V = 12\,000$ cm³
$a = ?$

15 Welche Kantenlänge hat ein Würfel mit dem gleichen Volumen wie dieser Quader?

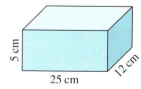

16 Eine quadratische Rasenfläche ist 961 m² groß. In der Mitte wird ein quadratisches Beet mit der Seitenlänge 7 m angelegt.
a) Fertige eine Skizze an.
b) Wie breit sind die Streifen um das Beet?
c) Wie viel Rasenfläche bleibt?

Zeichnen mit Geodreieck und Zirkel

Wahr oder falsch?
Übertrage und korrigiere im Heft.
a) Winkelgrößen werden in Grad angegeben.
b) Ein stumpfer Winkel ist kleiner als ein spitzer Winkel.
c) Senkrechte Geraden schneiden sich im 45°-Winkel.
d) Parallele Geraden schneiden sich nie.

1 Gib zuerst an, um welche Winkelart es sich jeweils handelt. Miss dann die Winkelgröße.

> **TIPP** Es gibt spitze, stumpfe, rechte, gestreckte, überstumpfe und volle Winkel.

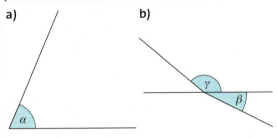

2 Zeichne folgende Winkel in dein Heft.

> **TIPP** Gehe bei überstumpfen Winkeln vom Vollkreis aus und zeichne $(360° - \alpha)$.

a) 42°   b) 124°   c) 241°   d) 341°

3 Welche Geraden verlaufen zueinander parallel (senkrecht)?

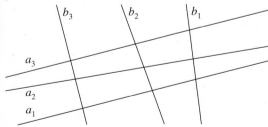

4 Folge den Anweisungen und zeichne in ein Koordinatensystem.
① Zeichne $A(2|3)$, $B(11|5)$, $C(8|10)$ und verbinde zu einem Dreieck.
② Miss alle Winkel innerhalb des Dreiecks.
③ Zeichne durch $D(4|9)$ eine senkrechte Gerade zur Strecke $\overline{AC}$ und nenne sie d.
④ Zeichne durch C eine Parallele zu d.

5 Zeichne jeweils drei unterschiedlich große Kreise, die folgende Bedingungen erfüllen.
a) Alle Kreise haben den gleichen Mittelpunkt.
b) Zwei Kreise schneiden sich. Der dritte Kreis liegt in dem gemeinsamen Gebiet.
c) Es entstehen sechs Schnittpunkte.

6 Folge den Anweisungen und zeichne in ein Koordinatensystem.
① Zeichne $A(4|7)$, $B(9|5)$ und verbinde zu einer Strecke.
② Schlage um A einen Kreis mit $r = 3$ cm.
③ Schlage um B einen Kreis mit $r = 4$ cm.
④ Verbinde A und B mit dem Schnittpunkt C oberhalb der Strecke.
⑤ Gib die Koordinaten von C an und miss alle Winkel innerhalb des Dreiecks.

7 Konstruiere Dreiecke aus den gegebenen Stücken.

> **TIPP** Fertige eine Planskizze an und markiere die gegebenen Stücke farbig.

a) $c = 5$ cm; $b = 3$ cm; $\alpha = 60°$
b) $a = 4,5$ cm; $b = 3$ cm; $c = 5,2$ cm
c) $c = 8$ cm; $\alpha = 80°$; $\beta = 24°$.
d) $a = 32$ mm; $b = 4,8$ cm; $\gamma = 115°$
e) $b = 0,7$ dm; $\alpha = 55°$; $\gamma = 98°$

8 Überlege, aus welchen Stücken ein Dreieck entstehen kann, und begründe.
a) $c = 8$ cm; $b = 3$ cm; $a = 4$ cm
b) $a = 7,5$ cm; $b = 7,5$ cm; $c = 7,5$ cm
c) $b = 6,4$ cm; $c = 14$ cm; $a = 7,6$ cm

9 Um eine Brücke über einen See zu bauen, werden verschiedene Messungen durchgeführt.
Zeichne in einem geeigneten Maßstab und bestimme die Länge der Brücke.

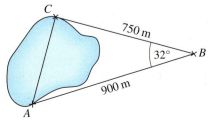

Kannst du das?

Ebene Geometrie

Wahr oder falsch?
Übertrage und korrigiere im Heft.
a) Jedes Rechteck ist ein Quadrat.
b) Jedes Quadrat ist eine Raute.
c) In jedem gleichschenkligen Dreieck sind alle Seiten gleich lang.
d) Nebenwinkel ergänzen sich zu 180°.

1 Benenne die Figuren.

> **TIPP** Wenn du dir mit den Bezeichnungen nicht sicher bist, schlage in der Formelsammlung (S. 238–241) nach.

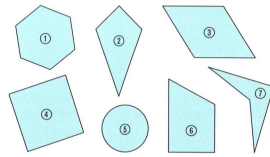

a) Wovon ist der Name für ① abhängig?
b) Welche der abgebildeten Figuren kann man als Viereck (Trapez; Parallelogramm) bezeichnen?
Begründe jeweils.

2 Benenne und beschreibe alle Dreiecke. Gibt es hier Dreiecke, die mehr als einen Namen haben? Falls ja, welche sind es?

> **TIPP** Dreiecke können nach Winkeln und nach Seiten benannt werden.

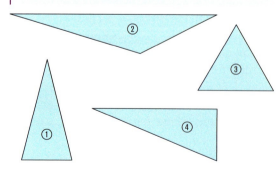

3 Die Winkelsumme im Dreieck beträgt 180°. Finde eine Begründung, warum sie im Viereck 360° beträgt.

4 Kann ein Dreieck mehr als einen rechten Winkel haben? Begründe deine Meinung.

5 Betrachte die Abbildung genau und beantworte dann die Fragen.

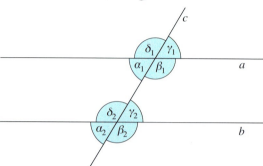

a) Wie verlaufen die Geraden a und b?
b) Welche Winkel sind so groß wie δ_1?
c) Welcher Winkel ist Scheitelwinkel zu α_1?
d) Welcher Winkel ist Stufenwinkel zu β_1?
e) Welcher Winkel ist Wechselwinkel zu α_2?
f) Welche Winkel sind Nebenwinkel von γ_2?

6 Gib die Größe der markierten Winkel an, ohne zu messen. Begründe jeweils.

a)

144° α

b)

116° α β

c)

γ 72° β

d)

γ 27°

e)

134° α

7 Zeichne ein gleichseitiges Dreieck. Zeichne dann an eine Seite ein weiteres gleichseitiges Dreieck.
Wie viele Dreiecke brauchst du mindestens, damit du wieder beim ersten Dreieck ankommst? Welche Figur ist entstanden?

Umfang und Flächeninhalt

Wahr oder falsch?
Übertrage und korrigiere im Heft.
a) Der Umfang eines Quadrates ist $u = 4a$.
b) Eine Höhe steht immer senkrecht auf einer Seite.
c) Den Flächeninhalt eines Kreises berechnet man mit der Formel $A = 2\pi r$.
d) Flächeninhalte werden in Kubikeinheiten angegeben.

1 Übertrage und ergänze die Tabelle zu Dreiecken in dein Heft.

> **TIPP** Die Formeln für die Umfangs- und Flächenberechnungen findest du in der Formelsammlung (S. 238–241).

	Grundseite g	Höhe h	Flächeninhalt A
a)	8 cm	14,5 cm	
b)	3,8 cm		4,75 cm²
c)		7,4 cm	36,26 cm²

2 Übertrage und ergänze die Tabelle zu Trapezen in dein Heft.

	a	c	h	A
a)	4,5 cm	2,9 cm	3,4 cm	
b)	3,6 m	12,8 m		45,1 m²
c)	72 cm		13,6 dm	82,96 dm²
d)		0,38 m	104 dm	67,86 m²

3 Ein Volleyballfeld besteht aus zwei nebeneinanderliegenden Quadraten und ist 162 m² groß. Wie groß ist der Umfang?

4 Die Seite a eines Rechtecks ist viermal so lang wie die Seite b. Das Rechteck hat einen Umfang von 21,5 cm. Berechne den Flächeninhalt.

5 Übertrage und ergänze die Tabelle zu Kreisen in dein Heft.

	Radius r	Umfang u	Flächeninhalt A
a)	77 mm		
b)		56,55 km	
c)			28,27 cm²
d)		16,34 dm	

6 Berechne die Flächeninhalte der Figuren.

> **TIPP** Schaue bei b) und c) unter Kreisring und Kreissektor in der Formelsammlung nach (S. 238–241).

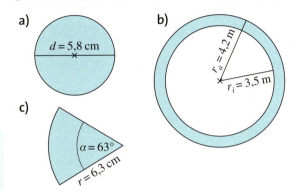

a) $d = 5{,}8$ cm
b) $r_a = 4{,}2$ m; $r_i = 3{,}5$ m
c) $\alpha = 63°$; $r = 6{,}3$ cm

7 Berechne den Flächeninhalt der blauen Fläche. Die Seitenlänge des Quadrates außen beträgt 8 cm.

> **TIPP** Berechne zuerst die Flächeninhalte der Kreisteile und des Quadrats.

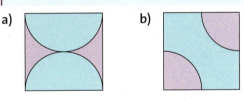

8 Berechne den Flächeninhalt. (Maße in cm)

> **TIPP** Zerlege die Figuren in bekannte Teilfiguren.

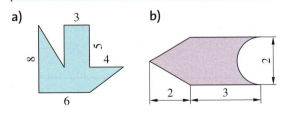

9 Berechne den Flächeninhalt der gefärbten Fläche. Es gilt $a = 6{,}2$ cm.

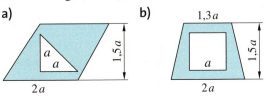

Kannst du das?

Der Satz des Pythagoras

Wahr oder falsch?
Übertrage und korrigiere im Heft.
a) Der Satz des Pythagoras gilt nur in rechtwinkligen Dreiecken.
b) In einem rechtwinkligen Dreieck gibt es zwei Hypotenusen und eine Kathete.
c) Die Kathete liegt dem rechten Winkel gegenüber.
d) Die Hypotenuse ist die längste Seite im rechtwinkligen Dreieck.

1 Stelle jeweils eine Gleichung nach dem Satz des Pythagoras auf.

> **TIPP** Kathete² + Kathete² = Hypotenuse²

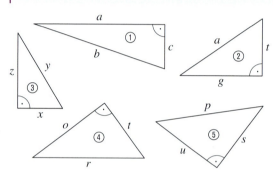

2 Steffi, Ulrike und Thomas überlegen, wie sie die Seite x des rechtwinkligen Dreiecks berechnen können.
Thomas: $8 + 6 = x$
Ulrike: $8^2 + 6^2 = x$
Steffi: $6\,m^2 + 8\,m^2 = x^2$
a) Welche Fehler wurden gemacht?
b) Schreibe die richtige Gleichung in dein Heft und berechne.

3 Übertrage und ergänze die Tabelle für Dreiecke im Heft.

> **TIPP** Fertige jeweils eine Skizze an, in der du den rechten Winkel und die gegebenen Seiten farbig markierst.

	Winkel	Seite a	Seite b	Seite c
a)	$\gamma = 90°$	3,5 cm	5 cm	
b)	$\gamma = 90°$	1,5 cm		9 cm
c)	$\alpha = 90°$	8,5 cm		6 cm

4 Ein Gehege im Zoo soll eingezäunt werden.
Bisher sind nur drei Außenmaße bekannt. Wie lang muss der Zaun um das Gehege herum insgesamt sein?

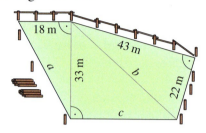

5 Welches Dreieck ist rechtwinklig? Begründe jeweils.
a) $a = 12\,cm$; $b = 13\,cm$; $c = 3\,cm$
b) $a = 5\,m$; $b = 10\,m$; $c = 12\,m$
c) $a = 15\,mm$; $b = 12\,mm$; $c = 9\,mm$

6 Beim Fußballtraining müssen die Spieler einen Weg auf dem Feld fünfmal durchlaufen.
Wie lang ist die gesamte Strecke?

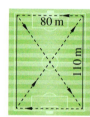

7 Berechne die markierten Strecken.

a) 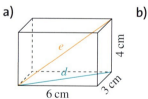 b)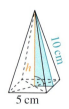

8 Ein Baum ist bei einem Sturm in 1,70 m Höhe eingeknickt.
Die Spitze stößt 23,50 m weit vom Stamm entfernt auf den Boden.
Wie hoch war der Baum ursprünglich?

9 Berechne den Flächeninhalt des großen Quadrats mit der Seitenlänge a.
Die Seite b hat eine Länge von 240 mm.

Berechnungen an Körpern

Wahr oder falsch?
Übertrage und korrigiere im Heft.
a) Ein Körper, dessen Kanten alle gleich lang sind, heißt Quader.
b) Pyramiden und Kegel haben keine Deckfläche.
c) Jeder Quader ist auch ein Prisma.
d) In einem Schrägbild wird die Tiefe mit halber Länge und im 45°-Winkel dargestellt.

1 Welche Körper können das sein?

TIPP Es können mehrere Antworten richtig sein.

a) Alle Flächen sind gleich.
b) Der Körper hat nur zwei Flächen.
c) Der Körper hat eine Spitze.
d) Die Grundfläche ist ein Dreieck.

2 Berechne jeweils die noch fehlenden Größen des Würfels.
gesucht: $a = ?$; $O = ?$; $V = ?$

TIPP O steht für den Oberflächeninhalt und V für das Volumen eines Körpers.

a) $a = 11\,m$
b) $V = 555\,cm^3$
c) $G = 91\,dm^2$

3 Zeichne jeweils ein Schrägbild und Netz.
a) Quader mit $a = 7\,cm$; $b = 6\,cm$ und $c = 2\,cm$
b) Pyramide mit quadratischer Grundfläche mit $a = 5\,cm$ und $h_K = 8\,cm$

4 Eine Milchpackung ist 9,5 cm breit und 6,5 cm tief. Ihre Höhe beträgt 16,5 cm. Wie viel Pappe braucht man für die Verpackung, wenn 10 % für Klebekanten eingerechnet werden müssen?

5 Berechne Oberflächeninhalt und Volumen der Prismen.

TIPP h_K steht für die Körperhöhe.
In c) hilft dir der Satz des Pythagoras.

	Grundfläche G	h_K
a)	Quadrat mit $a = 2,5\,cm$	10 cm
b)	Dreieck mit $a = 2,6\,m$; $b = 3\,m$; $c = 5,1\,m$; $h_c = 1,2\,m$	3,8 m
c)	gleichseitiges Dreieck mit $a = 9\,cm$	12 cm

6 Vanessa liebt Vanilleeis. Sie kann zwischen zwei Packungen wählen, wobei der Preis der gleiche ist. Welches Eis sollte sie wählen, um so viel wie möglich zu erhalten?

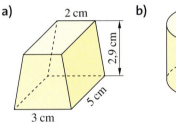

7 Zylinder ① hat einen doppelt so großen Durchmesser wie Zylinder ②, aber er ist nur halb so hoch. Überprüfe an mehreren Beispielen, welcher Zylinder das größere Volumen hat.

8 Jens meint, das Volumen des Zylinders nimmt drei Viertel des Volumens des Würfels ein. Hat er recht?

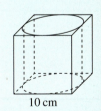
10 cm

9 Berechne das Volumen und den Oberflächeninhalt der Werkstücke. (Maße in cm)

a) b)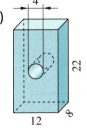

Kannst du das?

Proportionale und antiproportionale Zuordnungen

Wahr oder falsch?
Übertrage und korrigiere im Heft.
a) Bei proportionalen Zuordnungen gilt: je weniger, desto mehr.
b) Antiproportionale Zuordnungen sind quotientengleich.
c) Der Graph einer proportionalen Zuordnung geht immer durch den Punkt (0|0).
d) Der Graph einer antiproportionalen Zuordnung ist eine Gerade.

1 Ist die Zuordnung proportional, antiproportional oder keins von beiden? Begründe.

> **TIPP** Proportional: Zum Doppelten einer Größe gehört das Doppelte der anderen Größe.
> Antiproportional: Verdoppelt sich eine Größe, dann halbiert sich die andere Größe.

a) *Arbeitszeit* → *Arbeitslohn*
b) *Alter eines Menschen* → *Körpergröße*
c) *Anzahl Arbeiter* → *Arbeitszeit*
d) *Fahrzeit* → *Fahrstrecke*

2 Formuliere eine Aussage, die die Werte in der Tabelle beschreibt. Ergänze dann zu einer proportionalen Zuordnung.

a)
Anzahl	1	3	7	13
Preis (€)	2,25			

b)
Material (g)	100	400	750	900
Preis (€)		0,96		

3 Folgende Zuordnung ist proportional.

Menge (g)	100	300	500	750	900
Preis (€)			12,00		

a) Berechne die fehlenden Werte.
b) Zeichne einen geeigneten Graphen.

4 Formuliere eine Aussage, die die Werte in der Tabelle beschreibt. Ergänze dann zu einer antiproportionalen Zuordnung.

a)
Pumpen	8	4	3	2
Zeit (h)	6			

b)
Anzahl	100	75	50	15
Zeit (d)		4		

5 Gegeben ist die Zuordnung *Anzahl der Personen* → *Kosten pro Person*.

Anzahl	2	3	4	8	10
Preis (€)			12		

a) Berechne die fehlenden Werte.
b) Zeichne einen geeigneten Graphen.

6 Welcher Graph gehört zu einer proportionalen Zuordnung, welcher zu einer antiproportionalen? Beschreibe jeweils, woran man das erkennen kann.

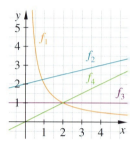

7 Alina renoviert ihr Zimmer und kauft 3 Rollen Tapete für 17,55 €. Wie viel zahlt ihre Freundin Milena für 4 gleiche Rollen Tapete?

> **TIPP** Nutze den Dreisatz zur Berechnung.

8 Hannah hat für ihren Urlaub Taschengeld bekommen. Sie überlegt: „Bei drei Wochen kann ich pro Tag 4 Euro ausgeben. Wie viel könnte ich mit derselben Menge Geld täglich in vier Wochen ausgeben?"

> **TIPP** Überlege zuerst, ob eine proportionale oder antiproportionale Zuordnung vorliegt.

9 Der Graph zeigt die Zuordnung *Benzinmenge im Tank* → *gefahrene Kilometer*.

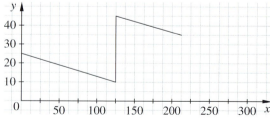

a) Wie viel Benzin war beim Start im Tank?
b) Wie weit ist das Auto gefahren?
c) Wie viel Benzin fasst der Tank insgesamt?
d) Nach welcher Strecke wurde getankt?
e) Reicht das Benzin auch für die Rückfahrt?
f) Ist die Zuordnung proportional?

Prozent- und Zinsrechnung

Wahr oder falsch?
Übertrage und korrigiere im Heft.
a) Ein Prozent ist ein Tausendstel einer Zahl.
b) Man kann Anteile in Prozenten, Brüchen und Dezimalzahlen angeben.
c) In der Zinsrechnung entsprechen die Zinsen dem Prozentwert in der Prozentrechnung.

1 Gib in den fehlenden Schreibweisen an.

Prozent	1%		500%	
Bruch		$\frac{7}{100}$		$\frac{3}{4}$
Dezimalzahl			0,2	

2 Zeichne auf kariertes Papier ein Quadrat mit einer Seitenlänge von 10 Kästchen.
a) Färbe 3% der Gesamtfläche rot, 11% blau und 42% grün.
b) Wie viel Prozent sind ungefärbt?
c) Gib das Ergebnis als Bruch und als Dezimalzahl an.

3 Berechne jeweils den Prozentsatz p.

TIPP Nutze die Formeln (Formelsammlung ab S. 238) oder den Dreisatz zur Berechnung.

a) 12€ von 240€
b) 7 km von 20 km
c) 9 kg von 36 kg
d) 213 m² von 355 m²
e) 34 Cent von 4€
f) 3 min von 3 h

4 Berechne jeweils den Prozentwert W.
a) 10% von 660 m
b) 32% von 475 l
c) 200% von 17€
d) 0,5% von 456 cm

5 Berechne jeweils den Grundwert G.
a) 15% sind 300 kg
b) 84% sind 210€
c) 120% sind 60 m
d) 0,5% sind 9 l

6 Ein Waveboard kostete 149€. Im Juli gibt es auf alle Preise 7% Rabatt.

TIPP Überlege zuerst: Was ist gegeben? Was ist gesucht? (p%, W oder G)

7 Anna verdient im zweiten Lehrjahr 12,5% mehr als im ersten. Das sind 62,00€ mehr.

8 Paolo prüft Fahrräder. Von 312 Fahrrädern haben 17% Mängel.

9 Der Preis einer Jeans ist zunächst um 10% erhöht worden und nun im Angebot wieder um 10% reduziert. Lina denkt: „Der Preisnachlass lohnt sich nicht!" Was sagst du?

10 Übertrage und ergänze die Tabelle im Heft.

TIPP Nutze die Zinsformel (Kip-Formel):
$Z = \frac{K \cdot i \cdot p}{100 \cdot 360}$ *(für Tageszinsen)*

	K	Z	p%	i
a)	478,34€		3,1%	218 Tage
b)		279,55€	7,9%	45 Tage
c)	2120,56€	35,96€	2,8%	
d)	777,00€	13,45€		124 Tage

11 Malte benötigt einen Kredit in Höhe von 12 000€. Er bekommt zwei Angebote. Für welches Angebot sollte er sich entscheiden?

Bank A
Grundgebühr: 0,00%
Jahreszinssatz: 4,8%
Laufzeit: 10 Monate

Bank B
Grundgebühr: 2,4%
Jahreszinssatz: 2,4%
Laufzeit: 10 Monate

12 Frau Marx lässt ihr Arbeitszimmer renovieren. Sie kauft Material für 357,97€. Die Rechnung der Handwerker beträgt ohne Mehrwertsteuer 428,00€.
Wie viel muss sie insgesamt bezahlen?

13 Herr Groß erhält eine Rechnung über 580,00€ mit Mehrwertsteuer. Der Nettobetrag ist mit 469,80€ angegeben. Er sagt: „Da hat jemand falsch gerechnet!" Was meint er?

14 Nach dem Abschluss der 10. Klasse, wollen 16 Personen weiter zur Schule gehen, 9 eine Ausbildung beginnen und 2 sind noch unentschlossen. Zeichne ein Kreisdiagramm.

TIPP Ein Kreis hat insgesamt 360°. 1% entspricht also 3,6°, da 360° : 100 = 3,6°.

Kannst du das?

Funktionen darstellen

Wahr oder falsch?
Übertrage und korrigiere im Heft.
a) Bei einer Funktion wird jedem Wert aus einem Ausgangsbereich genau ein Wert aus dem Zielbereich zugeordnet.
b) Die Zuordnung *Name → Person in einer Klasse* ist eine Funktion.
c) Der Graph einer linearen Funktion ist eine Gerade.
d) Lineare Funktionen kann man als Geradengleichung darstellen mit $y = m \cdot x + b$. Dabei ist b die Steigung der Funktion.

1 Welcher Graph gehört zu einer Funktion? Begründe deine Meinung.

> **TIPP** Bei einer Funktion ist jedem x-Wert genau ein y-Wert zugeordnet.

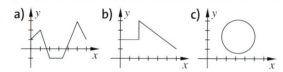

2 Funktion oder keine Funktion?
Betrachte die Wertepaare und begründe.

a)
x	1	2	3	4	5	6
y	2	7	5	4	3	2

b)
x	23	44	56	71	87	98
y	10	25	14	30	50	19

3 Zeichne den Graphen zur Funktion mit den Werten aus der Tabelle. Handelt es sich um eine lineare Funktion oder nicht? Begründe.

x	−3	−2	−1	0	1	2
y	−6	−3	0	3	6	9

> **TIPP** Überlege zuerst, wie groß das Koordinatensystem sein muss, indem du jeweils den kleinsten und größten x- und y-Wert suchst.

4 Ergänze die Wertetabelle im Heft und zeichne dann den Funktionsgraphen.

x	−2	−1	0	1	2
y = 2x − 1					

5 Ein Taxiunternehmen berechnet 2,50 € Grundgebühr und pro Kilometer 0,85 €.
Stelle eine Wertetabelle für 0 bis 8 gefahrene Kilometer auf.

6 Ordne jeweils die richtige Steigung zu.

> **TIPP** Steigung = $\frac{\text{Höhenunterschied (y-Achse)}}{\text{Horizontalunterschied (x-Achse)}}$

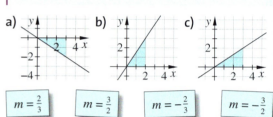

$m = \frac{2}{3}$ $m = \frac{3}{2}$ $m = -\frac{2}{3}$ $m = -\frac{3}{2}$

7 Gib jeweils die Steigung und den y-Achsenabschnitt an.
Bestimme dann die Funktionsgleichung.

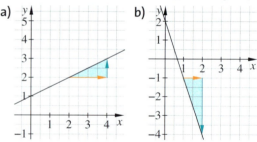

8 Beschreibe den Verlauf der Geraden und zeichne sie in ein Koordinatensystem.
a) $y = 2x − 3$ b) $y = −x + 1$ c) $y = \frac{1}{3}x$

9 Gib eine passende Funktionsgleichung an.
a) Jeder Zahl wird ihr Dreifaches zugeordnet.
b) Von jeder Zahl wird 7 subtrahiert.
c) Zum Doppelten jeder Zahl wird 5 addiert.

10 In einer Fahrschule beträgt die Grundgebühr 80,00 €. Jede Fahrstunde kostet 27,00 €.
a) Stelle eine passende Gleichung auf.
b) Wie teuer sind 18 Fahrstunden?
c) Wie viele Stunden kann man für maximal 700 € nehmen?

Daten

Wahr oder falsch?
Übertrage und korrigiere im Heft.
a) Der Durchschnitt wird auch Zentralwert genannt.
b) Um den Median bestimmen zu können, müssen die Daten der Größe nach sortiert werden.
c) Die Darstellung in einem Kreisdiagramm basiert auf Prozentangaben.

1 Zwei Mannschaften spielen gegeneinander in einem Quiz. Die Punkte der Mitspieler werden einzeln gezählt.
Punkte A: 3; 7; 9; 0; 10
Punkte B: 5; 4; 8; 2; 9; 6
Gewonnen hat die Mannschaft mit dem besseren Durchschnitt. Wer hat gewonnen?

> **TIPP** In der Formelsammlung (ab S. 238) wird der Durchschnitt als arithmetisches Mittel bezeichnet.

2 Die Niederschlagsmenge in einer Juniwoche in Köln wurde in mm gemessen.

MO	DI	MI	DO	FR	SA	SO
2	0	0	3	40	2	1

a) Berechne den Durchschnittswert.
b) Bestimme den Median.
c) Welcher Wert ist in diesem Fall besser geeignet, um die Situation zu beschreiben?

3 Lea und Paul haben ein Diagramm für ihre Mathematiktests erstellt.

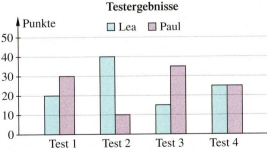

a) Beschreibe Leas und Pauls Ergebnisse.
b) Wer war insgesamt besser?
c) Berechne für beide die durchschnittliche Punktzahl.

4 Die Klasse 10A möchte für ihre Klassenfahrt gemeinsam T-Shirts bestellen. Bei einer Umfrage ergab sich folgende Größenverteilung:

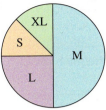

Wie viel Shirts in jeder Größe müssen bei 24 Personen bestellt werden?

> **TIPP** Der gesamte Kreis entspricht 100 %, also 24 Personen.

5 Für ihre Klassenfahrt haben sich Julian und Maike Angebote von Busunternehmen eingeholt.

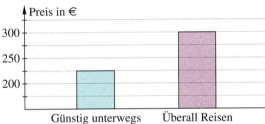

Maike sagt: „Günstig unterwegs" ist nur halb so teuer wie „Überall Reisen".
Julian meint, dass das nicht stimmt.
a) Wie ist Maikes Eindruck entstanden?
b) Wie groß ist der Preisunterschied tatsächlich?
c) Erstelle ein eigenes Diagramm, das die Preise realistisch darstellt.

6 Drei unterschiedliche Zahlen haben den Durchschnittswert 6.
a) Zwei von den Zahlen sind 2 und 5. Welche ist die dritte Zahl?
b) Eine der Zahlen ist 3. Welche Zahlen könnten die anderen sein?
Gib mehrere Beispiele an.

7 Gib drei verschiedene Beispiele für vier unterschiedliche Zahlen an, die 7 sowohl als Durchschnittswert als auch als Median haben.

Kannst du das?

Zufall und Wahrscheinlichkeit

Wahr oder falsch?
Übertrage und korrigiere im Heft.
a) Die relative Häufigkeit lässt sich als Bruch oder Dezimalzahl darstellen.
b) Die relative Häufigkeit entspricht der Wahrscheinlichkeit eines Ergebnisses.
c) Zufallsexperimente, bei denen nicht alle Ergebnisse gleich wahrscheinlich sind, heißen Laplace-Experimente.
d) Mehrere Ergebnisse können zu einem Ereignis zusammengefasst werden.

1 Am Flughafen wurden 250 Reisende nach ihren Reisezielen befragt.
Ergänze die Tabelle im Heft.

TIPP Relative Häufigkeit = $\frac{\text{absolute Häufigkeit}}{\text{Gesamtzahl}}$

Reiseziel	Deutschland	Europa	außerhalb Europas
absolute Häufigkeit	58	137	
relative Häufigkeit			

2 Bestimme die Wahrscheinlichkeiten. Warum kannst du sie nicht immer angeben?

TIPP Überlege bei Laplace-Experimenten, wie viele Ergebnisse möglich sind und wie viele günstig.

a) Mit einer Münze „Zahl" werfen.
b) Aus den Zahlen von 1 bis 10 zufällig eine durch drei teilbare Zahl ziehen.
c) Morgen regnet es.
d) Aus 7 gleichen Koffern den richtigen finden, ohne vorher hinein zu sehen.
e) Der Bus kommt pünktlich.

3 Blau gewinnt. Welches Zufallsexperiment würdest du wählen, um zu gewinnen?

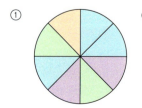

4 Jens hält im Fußballtraining 6 von 15 Bällen, Jörg hält 9 von 25.
Für wen sollte sich der Trainer im nächsten Spiel entscheiden?
Begründe deine Meinung.

5 Alex würfelt dreimal mit einem gewöhnlichen Würfel. Jedes Mal fällt eine 6.
Wie hoch ist die Wahrscheinlichkeit, beim vierten Versuch wieder eine 6 zu würfeln?

6 In einer Urne liegen 7 blaue, 3 rote, 3 gelbe, 5 grüne und eine schwarze Kugel.
Bestimme jeweils die Wahrscheinlichkeit.
a) Eine blaue Kugel wird gezogen.
b) Eine rote oder gelbe Kugel wird gezogen.
c) Keine grüne Kugel wird gezogen.
d) Eine weiße Kugel wird gezogen.

7 Jana zieht zufällig eine Socke aus einem Beutel mit vier unterschiedlich farbigen Socken und legt sie zurück.

Anzahl der Versuche	10	25	50	100	300	500
rote Socke	6	10	18	23	72	121

a) Bestimme die relativen Häufigkeiten.
b) Vergleiche die einzelnen Werte mit der Wahrscheinlichkeit, die rote Socke zu ziehen. Was stellst du fest?

8 In Deutschland sind etwa 12 % der Bevölkerung Linkshänder.
a) Eine Schule hat 625 Schüler. Wie viele der Schüler sind vermutlich Rechtshänder?
b) Wie ist es in deiner Klasse?
c) In einer Zeichentrickserie ist jeder Dritte Linkshänder.
Wie viele Linkshänder wären das bei 30 720 Personen?

9 Jan hat einen Beutel, in dem 12 schwarze und mehrere weiße Kugeln sind.
Lukas zieht 100-mal eine Kugel und legt sie danach jeweils wieder zurück.
Er zieht 40-mal eine weiße Kugel.
Wie viele weiße Kugeln sind wahrscheinlich in dem Beutel?

Bist du vorbereitet?

Du hast dich in den den letzten Jahren mit vielen Bereichen der Mathematik beschäftigt und in Praktika auch Erfahrungen gesammelt.

Ob du dich für eine Ausbildung oder für die weiterführende Schule entscheidest, die Mathematik wird dich weiterhin begleiten.

In diesem Kapitel hast du die Möglichkeit, dich auf die Abschlussprüfung, einen Berufseinstellungstest und auf den Übergang zur weiterführenden Schule vorzubereiten.

Bist du vorbereitet?

Mathematik im Überblick

Die Mindmap gibt dir einen Überblick über verschiedene Bereiche der Mathematik und zeigt dir, was du bisher gelernt hast.
Auf den Seiten 238–241 findest du eine Formelsammlung.
Dort kannst du Formeln zu allen wichtigen Themen der Klassen 5–10 nachschlagen.

 Arithmetik und Algebra: Zahlen und Symbole nutzen

 Geometrie: Ebene und räumliche Figuren nach Maß und Form erfassen und berechnen

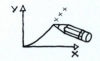 **Funktionen:** Beziehungen erkunden und beschreiben

 Daten und Zufall: Daten und Wahrscheinlichkeiten nutzen

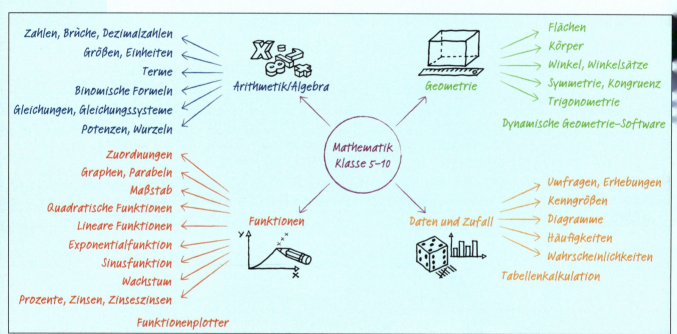

Tipps

Die folgenden Tipps helfen, leichter zum Ziel zu kommen und den Überblick zu behalten.
– **Erstelle** eine **Checkliste** mit den geforderten Inhalten.
– **Schätze** ein, was du schon kannst und was du wiederholen musst.
– **Beginne rechtzeitig** mit der Vorbereitung und teile dir den Stoff ein.
– Versuche, den Stoff zusammenzufassen, sodass du am Ende eine **sinnvolle Übersicht** hast.
– Behalte sowohl bei der Vorbereitung als auch in der Prüfung die **Zeit** im Blick.
– Sorge dafür, dass zugelassene **Werkzeuge** und **Medien** bereitstehen.
– **Lies** die Aufgabenstellung **sehr sorgfältig**.
– Überlege, was von dir verlangt wird, und schreibe die wichtigsten Informationen heraus.
– Löse zuerst die Aufgaben, die dir leicht fallen.
– **Überprüfe** am Ende deine Lösungen auf **Vollständigkeit** (z. B. Maßeinheiten).
– Auch für Ordnung und Übersichtlichkeit gibt es Punkte!

Vorbereitung auf die Abschlussprüfungen

Bevor du die Aufgaben löst, überlege dir zunächst, zu welchem Themengebiet der Mindmap diese Aufgabe gehören könnte. Notiere alle deine Überlegungen im Heft.
Denke auch an Zwischenschritte, Skizzen und Antwortsätze.

Checkliste
C 225-1

HINWEIS
Die Lösungen findest du ab S. 251.

Basiskompetenzen A

Aufgabe 1
a) ① Ordne die Zahlen der Größe nach.

$\frac{1}{18}$ $-0{,}209$ $0{,}207$ $\frac{3}{8}$ $-0{,}28$ $0{,}268$

② Gib drei Brüche an, die kleiner als $\frac{2}{13}$ sind.

b) Eine Gärtnerei hat diese Rechnung mit einer Tabellenkalkulation erstellt:

	A	B	C	D
1	Leistung	Einzelpreis	Menge	Gesamtpreis
2	Arbeitszeit in h (Mo - Fr)	42,00 €	3,5	147,00 €
3	Arbeitszeit in h (Sa)	55,00 €	2,5	137,50 €
4	Anfahrtspauschale	20,00 €	1	20,00 €
5	Buchsbäume	15,50 €	5	77,50 €
6	Nettobetrag			382,00 €
7	zzgl. 19 % Mwst.			72,58 €
8	Rechnungsbetrag (brutto)			454,58 €

① Mit welcher Formel lässt sich **D5** berechnen?
② Mit welcher Formel lässt sich **D6** berechnen?
③ Mit welcher Formel berechnet man die Mehrwertsteuer in Zelle **D7**?
D6+19% D6*1,19 D6*0,19 D6+0,19

c) Monique hat in der Tabelle aufgeschrieben, wie lange sie in der Woche Musik gehört hat:

Tag	Mo	Di	Mi	Do	Fr	Sa	So
Zeit (in min)	55	20	110	25	40	135	70

① An welchem Tag hat sie am längsten Musik gehört, an welchem Tag am kürzesten?
② Lukas sagt: „Im Durchschnitt hat sie 65 min Musik gehört." Überprüfe durch eine Rechnung.
③ Bestimme den Median.

d) Stefan zieht aus einem Gefäß mit 5 roten, 3 grünen und 6 blauen Kugeln.
① Mit welcher Wahrscheinlichkeit zieht er eine blaue Kugel?
② Mit welcher Wahrscheinlichkeit zieht er keine rote Kugel?
③ Nachdem alle roten und 2 blaue Kugeln aus dem Gefäß genommen wurden, zieht Stefan noch einmal. Wie groß ist die Wahrscheinlichkeit, dass er eine blaue Kugel zieht?

e) Sergey und Lena backen Pizzabrötchen. Sie haben beide die gleiche Menge Teig. Sergeys Pizzabrötchen sind jeweils 55 g schwer. Er erhält 28 Pizzabrötchen. Lenas Pizzabrötchen sind größer: Sie wiegen jeweils 70 g.
Wie viele Pizzabrötchen erhält Lena? Notiere eine Rechnung.

f) ① Zeige, dass das Trapez 37,5 cm² groß ist.
② Berechnen den Umfang des Trapezes.
③ Das Trapez ist die Grundfläche eines Prismas mit einem Volumen von 731,25 cm³.
Wie hoch ist das Prisma?

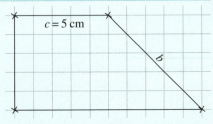

Bist du vorbereitet?

Komplexere Aufgaben A

Aufgabe 2 Eiscafé am Rathausplatz
Das „Eiscafé am Rathausplatz" nimmt täglich ungefähr 800 € ein.
Täglich besuchen ca. 200 Kunden das Eiscafé.
a) Wie viel bezahlt jeder Kunde im Durchschnitt?
b) Zeige durch eine Rechnung, dass die folgende Aussage stimmt:
„Das Eiscafé nimmt monatlich (30 Tage) 24 000 € ein."
c) Neben den Kosten für die Eisherstellung gibt es noch zusätzliche monatliche Kosten:
Lebensmittel: 11 500 €   Miete: 1500 €   Strom: 800 €
Personalkosten: 4000 €   Umsatzsteuer: 2800 €
① Wie viel Prozent der Einnahmen müssen für Lebensmittel gezahlt werden?
② Zeige, dass der monatliche Gewinn ungefähr 3400 € beträgt.
③ 27 % des Gewinns erhält das Finanzamt als Einkommensteuer.
Wie viel bleibt dem Besitzer als Nettoeinkommen monatlich über?

Aufgabe 3 Ausflug zum See
Lisa und Serefina wandern zum See.

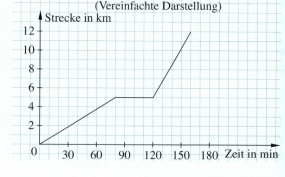

a) Wie lange brauchen Lisa und Serefina für die ersten 3 km?
b) Wann haben die beiden eine Pause gemacht?
c) Serefina sagt: „Die Pause hat uns gut getan. Danach waren wir schneller als vor der Pause." Hat Serefina recht? Begründe deine Antwort.
d) Thimo fährt 20 Minuten später mit dem Rad los und kommt 20 Minuten früher am See an.
Übertrage und ergänze Thimos Fahrt in das Koordinatensystem, wenn Thimo keine Pause gemacht hat und mit konstanter Geschwindigkeit gefahren ist.
e) Wann hat Thimo die beiden überholt? Begründe deine Antwort.

Aufgabe 4 In der Glaserei
Das abgebildete Fenster soll erneuert werden.
Es besteht aus einem annähernd quadratischen Teil und einem Rundbogen.
Die Sprossen sind jeweils 2 cm breit.
Der quadratische Teil besteht aus 9 quadratischen Glasscheiben mit jeweils einer Größe von 9 dm².

a) Zeige, dass die Seitenlänge der Glasscheiben 30 cm beträgt.
b) Zeige, dass der äußere Rundbogen einen Radius von 47 cm hat.
c) Zeichne die halbkreisförmige Fensterscheibe im Maßstab 1 : 5 in dein Heft.
d) Zeige, dass die Fensterscheibe aus c) eine ungefähre Größe von 3470 cm² hat.

Vorbereitung auf die Abschlussprüfungen

Basiskompetenzen B

Aufgabe 1

a) In einem Bonbonglas sind dreimal so viele rote wie grüne Bonbons.
Gib den Anteil der roten und grünen Bonbons als Bruch an.

HINWEIS
Die Lösungen findest du auf S. 251.

b) Schätze, wie viele Kilometer hoch ein Turm aus einer Million Mathebüchern ist.
Beschreibe dein Vorgehen.

c) Wandle 27 240 Sekunden um. Notiere die richtige Lösung.
① 27 Stunden 40 Minuten ② 7 Stunden 34 Minuten
③ 450 Minuten ④ 32 Stunden

d) Die Anzahl einer bestimmten Bakterienart verdoppelt sich alle 40 Minuten. Am Anfang eines Experiments befinden sich zwei Millionen Bakterien in einer Petrischale.
Wie viele Bakterien befinden sich nach drei Stunden in der Schale?
Notiere deine Rechnung.

e) Wie viele Lösungen haben die folgenden linearen Gleichungssysteme?
Begründe deine Antwort.
① I $y = \frac{3}{4}x + 5$ und II $y = 0{,}75\,x - 3$
② I $y = 5x - 1{,}75$ und II $y = 3x - 1{,}75$

f) Die abgebildete Pyramide
hat folgende Maße:
$a = 8$ cm und $h_a = 15$ cm.
① Bestimme das Volumen und die Oberfläche der Pyramide. Notiere deine Rechnung.
② Berechne den Neigungswinkel α.

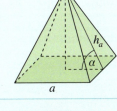

g) Mithilfe einer Tabellenkalkulation untersucht Semi Parallelogramme mit einem Flächeninhalt von 98 cm². Er berechnet für unterschiedliche Grundseiten a die Länge der entsprechenden Höhe.
① Wie lautet der Wert für die Zelle **B5**?
② Gib die Formel für die Zelle **B6** an.

	A	B	C
1	Flächeninhalt des Parallelogramms: A = 98 cm²		
2			
3	Grundseite a (in cm)	Höhe h_a (in cm)	
4	2	49	
5	3,5		
6	5	19,6	
7	6,5	15,1	

h) Vor dem Guggenheimmuseum in der spanischen Stadt Bilbao steht eine große Skulptur einer Spinne.
Schätze, wie hoch die Skulptur ist, und beschreibe dein Vorgehen.

Bist du vorbereitet?

+ **Komplexere Aufgaben B**

+ **Aufgabe 2** Ausbildungsvergütung

Alexandra hat eine Lehre als Hotelfachfrau begonnen. Im Diagramm ist ihre monatliche Ausbildungsvergütung dargestellt.
a) Gib Alexandras monatliche Vergütung im ersten Lehrjahr an.
b) Alexandra ist begeistert: „Im zweiten Lehrjahr verdiene ich doppelt so viel wie im ersten Lehrjahr!"
   Nimm Stellung zu Alexandras Aussage.
c) Berechne die durchschnittliche monatliche Vergütung während der Ausbildungszeit.

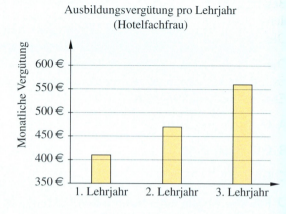

+ **Aufgabe 3**

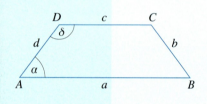

Ein gleichschenkliges Trapez hat folgende Eigenschaften: Seite a ist um 6 cm größer als Seite c. Addiert man beide Seitenlängen, so erhält man als Ergebnis eine Länge von 20 cm. Die Höhe des Trapezes beträgt 4 cm.
a) Berechne die Längen der Seiten a und c mithilfe eines Gleichungssystems.
b) Berechne den Flächeninhalt. Welche Seitenlänge hat ein flächengleiches Quadrat? Welche Seitenlängen kann ein flächengleiches Rechteck haben?
c) Berechne den Umfang des Trapezes. Beschreibe, wie man die Länge der Seiten b und d ermitteln kann.

+ **Aufgabe 4** Kostenkalkulation

Der Kantinenpächter im Schwimmbad möchte Pommes Frites verkaufen. Das Schwimmbad hat täglich durchschnittlich 200 Gäste. Der Pächter kauft eine Fritteuse für 350 €. Für eine Portion Pommes benötigt er 150 g Pommes, die er im Großhandel in 10-kg-Boxen zu je 9 € kauft.
Zusätzlich muss er noch Kosten in Höhe von 15 € pro 100 Portionen für Strom, Öl und Gewürze berücksichtigen.

a) Im Preis für die 10-kg-Box sind 7 % Mehrwertsteuer enthalten.
   Berechne, wie teuer die Box ohne Mehrwertsteuer ist. Notiere deinen Rechenweg.
b) Zeige, dass der Pächter mit Gesamtkosten von 28,50 € für 100 Portionen rechnen muss.
Die gesamten Kosten für x Portionen Pommes können durch die Funktionsgleichung $f(x) = 350 + 0{,}285\,x$ dargestellt werden. Dabei werden sowohl der Anschaffungspreis der Fritteuse als auch die Kosten für eine Portion Pommes berücksichtigt.
Wenn der Pächter einen Verkaufspreis von 1,50 € für eine Portion Pommes ansetzt, kann man die Einnahmen für x Portionen mit der Funktionsgleichung $g(x) = 1{,}5\,x$ berechnen.
c) Zeichne ein geeignetes Koordinatensystem auf ein Blatt Papier. Trage die Funktionen $f(x)$ und $g(x)$ ein.
d) Berechne, ab welcher Anzahl verkaufter Portionen Pommes die Einnahmen höher sind als die gesamten Kosten.

Vorbereitung auf einen Berufseinstellungstest

Bewerber für Ausbildungsplätze werden von größeren Betrieben, Handwerkskammern und anderen Institutionen oft schriftlich getestet, bevor sie zu einem Gespräch eingeladen werden. Dies geschieht durch **Einstellungstests**.

Diese Tests sind in ihrer Form und ihrem Inhalt oft sehr unterschiedlich.
Es können auch Kenntnisse abgefragt werden, die nicht in der Schule behandelt wurden.
Es werden jedoch fast immer Mathematikaufgaben aus diesen Gebieten behandelt:

A Grundrechenaufgaben   E Zahlen- und Zeichenfolgen
B Größen und Maße   F Flächen- und Körperberechnung
C Dreisatz   G Räumliches Vorstellungsvermögen
D Prozent- und Zinsrechnung

HINWEIS
Die meisten Betriebe lassen zum Test keinen Taschenrechner zu.

Zu diesen sieben Gebieten findest du hier Beispielaufgaben.

HINWEIS
Die Lösungen findest du auf S. 253.

A Grundrechenaufgaben
1. a) $389 - 217$ b) $128 + 64$ c) $213 \cdot 4$ d) $73,5 : 5$
2. a) $272 : 17$ b) $57,4 : 8,2$ c) $351 \cdot 13$ d) $179 \cdot 22$
3. a) $114 \cdot 7 + 319$ b) $35 \cdot 79 - 105$ c) $79 \cdot (281 - 193)$ d) $3410 : (83 - 21)$

B Größen und Maße
Verwandle in die in Klammern stehende Einheit.
1. a) $4,208\,\text{km}$ (m)   b) $127,04\,\text{m}$ (km)   c) $12,42\,\text{cm}^2$ (dm^2)   d) $3,4\,\text{ha}$ (m^2)
   e) $24,2\,\text{l}$ (hl)   f) $315\,\text{hl}$ (m^3)   g) $2425\,\text{dm}^3$ (m^3)   h) $426\,\text{mm}^3$ (cm^3)
   i) $6\,\text{h}\,21\,\text{min}$ (min)   j) $39\,\text{min}$ (s)   k) $0,12\,\text{t}$ (kg)   l) $7415\,\text{g}$ (kg)

C Dreisatz
Entscheide, ob eine proportionale oder antiproportionale Zuordnung vorliegt.
1. Wie weit fährt ein Wagen mit einer Geschwindigkeit von $110\,\frac{\text{km}}{\text{h}}$ in 42 min?
2. Bei Räumarbeiten beseitigt 1 Bagger einen Abraumberg in 34 h 45 min. Wie lange würden 3 Bagger für diese Arbeit brauchen?
3. Ein Treibstoffvorrat reicht für 2 gleichartige Maschinen 7 Tage. Wie lange reicht er für 5 derartige Maschinen?

D Prozent- und Zinsrechnung
1. a) Wie viel Prozent sind 13 kg von 650 kg?
   b) Wie groß ist der Prozentsatz für 17 ha von 42,5 ha?
   c) Wie groß ist der Grundwert, wenn 720 kg 45 % sind?
2. Eine Waschmaschine kostet 329 €.
   Wie hoch ist der Rechnungsbetrag, wenn noch 19 % Mehrwertsteuer hinzukommen?
3. Ein Kapital bringt in einem Jahr 230 € Zinsen bei einer Verzinsung von $2\frac{1}{2}\,\%$.
   Wie groß ist das Kapital?
4. 1024 € werden 3 Jahre lang mit 2,6 % verzinst. Die Zinsen werden nicht abgehoben.
   Wie groß ist das Endkapital? Wie groß der Gesamtzuwachs?
5. Ein Guthaben von 3900 € wird mit 2,5 % verzinst.
   Wie viele Zinsen bringt es nach 200 Tagen?
6. Ein Kapital von 4000 € bringt in 9 Monaten 120 € Zinsen.
   Zu welchem Zinssatz wurde es angelegt?

Bist du vorbereitet?

E Zahlen- und Zeichenfolgen
Setze die Zahlenfolgen an den freien Stellen sinngemäß fort.
1. 0,5; 0,8; 1,1; 1,4; ☐; ☐; ☐
2. 16; 32; 48; ☐; ☐; ☐; 112
3. 1; 2; 4; 7; 11; 16; ☐; ☐; ☐
4. 2; 3; 5; 7; 11; 13; ☐; ☐; ☐; 29

F Flächen- und Körperberechnung
1. Berechne jeweils Umfang und Flächeninhalt.

a)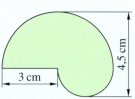
b)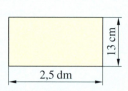
c)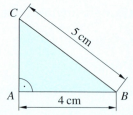

2. Eine Kugel hat ein Volumen von $1\,dm^3$. Berechne Radius, Durchmesser und Oberfläche.
3. Eine Kugel von $1\,dm^3$ Rauminhalt wird in zwei gleich große Kugeln aufgeteilt.
   Wie groß ist die Oberfläche der beiden kleineren Kugeln zusammen?
   Vergleiche das Ergebnis mit dem Ergebnis zum Volumen.
4. Eine Pizza mit 20 cm Durchmesser kostet 2 €. Eine mit 30 cm Durchmesser kostet 3 €.
   Welche Pizza wird „günstiger" gekauft? (Berechne den Quadratdezimeterpreis!)
5. Berechne den eingefärbten Flächeninhalt.
   (Hinweis: Berechne vier Halbkreise
   und das Quadrat.)

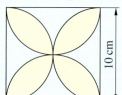

G Räumliches Vorstellungsvermögen
1. Wie viele Kanten, Ecken und Flächen haben diese „Trafokerne"?

a)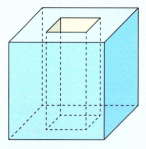
b)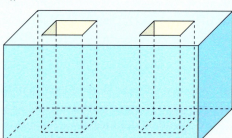

2. Welche Netze lassen sich zu einer Pyramide zusammenfalten?

a)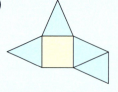
b)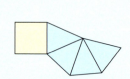
c)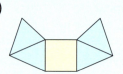
d)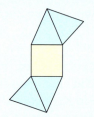

Übergang zur weiterführenden Schule

Formeln umstellen

Aus der Geometrie

Ein kegelförmiger Behälter hat einen Durchmesser von 15 cm. Sein Volumen beträgt 750 cm³. Welche Körperhöhe hat dieser Behälter?

Diese Aufgabe kann man auf verschiedene Weise lösen:
- Man kann in die Formel für das Volumen des Kegels die gegebenen Werte zuerst einsetzen und dann die Gleichung nach der Körperhöhe umformen.
- Die andere Möglichkeit besteht darin, zuerst die gesamte Formel nach der gesuchten Größe umzuformen und erst dann die Werte einzusetzen.

gegeben: $d = 15$ cm; $r = 7,5$ cm, $V = 750$ cm³
Formel: $V = \frac{1}{3} \cdot \pi \cdot r^2 \cdot h_{Körper}$
gesucht: $h_{Körper}$

Werte einsetzen – Gleichungen umformen

$750 = \frac{\pi \cdot 7,5^2 \cdot h_{Körper}}{3}$ $\quad | \cdot 3$

$2250 = \pi \cdot 7,5^2 \cdot h_{Körper}$ $\quad | : \pi \quad | : 7,5^2$

$\frac{2250}{\pi \cdot 56,25} = h_{Körper}$

$h_{Körper} \approx 12,73$

Formel umstellen – Werte einsetzen

$V = \frac{\pi \cdot r^2 \cdot h_{Körper}}{3}$ $\quad | \cdot 3$

$3 \cdot V = \pi \cdot r^2 \cdot h_{Körper}$ $\quad | : \pi \quad | : r^2$

$\frac{3 \cdot V}{\pi \cdot r^2} = h_{Körper}$ $\quad |$ jetzt einsetzen

$\frac{3 \cdot 750}{\pi \cdot 7,5^2} = h_{Körper}$

$h_{Körper} \approx 12,73$

Antwort: Die Körperhöhe des Behälters beträgt rund 12,7 cm.

Üben und anwenden

1 Stelle die Volumenformel für den Kegel nach $h_{Körper}$ und r um. Setze nun ein.

	V	$h_{Körper}$	r
a)	600 cm³		8,9 cm
b)	1257 cm³		18,8 cm
c)	0,257 m³		2,4 m
d)	1666 m³	12,8 m	
e)	9745 cm³	45,6 cm	
f)	1,87 cm³	0,56 cm	

2 Stelle die Volumenformel für die quadratische Pyramide nach $h_{Körper}$ und a um.

3 Eine quadratische Pyramide ist 18 m hoch und hat ein Volumen von 124 416 m³. Berechne die Länge der Grundseite a.

4 Berechne die Körperhöhe und den Radius des Zylinders.

	V	$h_{Körper}$	r
a)	5353 m³		25,6 m
b)	616,4 cm³	1,29 dm	
c)	0,145 m³		3,8 dm

5 Stelle die Flächenformel für das Trapez nach der Höhe h und den Seiten a und c um. Setze nun ein.

	A	h	a	c
a)	48 cm²		5 cm	7 cm
b)	149,85 m²	9 m	17,5 m	
c)	80,37 dm²	11,4 dm		6,9 dm

Bist du vorbereitet?

aus der Prozent- und Zinsrechnung

Ein Neuwagen hat einen Listenpreis von 18 560 €.
Nach einem Preisnachlass bezahlt der Kunde 1598 € weniger.
Wie viel Prozent beträgt der Preisnachlass?

gegeben: $G = 18\,560\,€;\ W = 1598\,€$
Formel: $W = G \cdot \frac{p}{100}$
gesucht: $p\%$

Werte einsetzen – Gleichungen umformen

$1598 = 18\,560 \cdot \frac{p}{100}\qquad |\cdot 100$

$159\,800 = 18\,560 \cdot p\qquad |:18\,560$

$8{,}6 \approx p$

Formel umstellen – Werte einsetzen

$W = G \cdot \frac{p}{100}\qquad |\cdot 100$

$W \cdot 100 = G \cdot p\qquad |:G$

$\frac{W \cdot 100}{G} = p\qquad |\text{ jetzt einsetzen}$

$\frac{1598 \cdot 100}{18\,560} = p$

$p \approx 8{,}6$

Antwort: Der Preisnachlass beträgt ungefähr 8,6 %.

Üben und anwenden

1 Forme die Prozentformel $W = G \cdot \frac{p}{100}$ nach G um.

2 Rechne im Heft.
Runde sinnvoll.

	Grundwert	Prozentwert	Prozentsatz
a)	347,58 €	12,47 €	
b)		898,90 €	6,8 %
c)	71 347 €	8745 €	
d)		56,67 €	0,56 %

3 Stelle die Zinsformel $Z = \frac{K \cdot i \cdot p}{100 \cdot 360}$ jeweils nach K, i und p um.

4 Berechne die fehlenden Werte.

	Kapital K	Zinsen Z	Zinssatz p %	Zeit i
a)	5600 €	70,93 €		120 T.
b)		759,56 €	3,6 %	85 T.
c)	866,55 €	6,86 €	2,85 %	
d)	13 000 €	59,15 €		39 T.
e)	35 000 €	1737,65 €	5,86 %	
f)		409,61 €	11,6 %	227 T.
g)	3585 €	33,61 €		135 T.

5 Forme die quadratische Gleichung $a \cdot x^2 - b = 0$ nach x um.

6 Zwei Kaffeesorten mit unterschiedlichem Preis pro Kilogramm werden gemischt. Den Preis für 1 kg der Mischung kann man mit der Mischungsformel berechnen:

Mischungsformel $p = \frac{m_1 \cdot p_1 + m_2 \cdot p_2}{m_1 + m_2}$

Dabei ist m_1 die Masse der ersten Sorte mit dem Preis p_1 pro kg. Die zweite Sorte hat die Masse m_2 und den Preis p_2 pro kg.

Beispiel 7 kg Kaffee zum Kilopreis von 11 € wird mit 9 kg Kaffee zum Kilopreis von 13,50 € gemischt.
Berechne den Kilopreis p der Mischung.
$p = \frac{7 \cdot 11 + 9 \cdot 13{,}5}{7 + 9} \approx 12{,}41$
Der Kilopreis beträgt also 12,41 €.
Berechne im Heft die fehlenden Werte und löse dazu die Formel zunächst nach p_1 und p_2 auf.

	m_1	p_1	m_2	p_2	p
a)	4 kg	7 €	8 kg	10 €	
b)	3 kg		5 kg	6 €	4,5 €
c)	7 kg	4 €	8 kg		7,2 €

Übergang zur weiterführenden Schule

Kathetensatz und Höhensatz

Das rechtwinklige Dreieck zeigt einige Besonderheiten.

Wir kennen den Satz des Pythagoras:
$$a^2 + b^2 = c^2$$

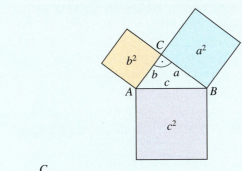

Wir zeichnen in das Dreieck ABC die Höhe h_c ein und sehen nun die Dreiecke ABC, ADC und DBC.
Sie stimmen in drei Winkeln überein und sind daher ähnlich.

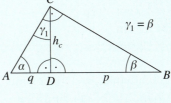

In ähnlichen Dreiecken sind die Verhältnisse entsprechender Seiten gleich.
Daher gilt für die beiden Dreiecke ABC und DBC:

$\frac{a}{c} = \frac{p}{a}$ oder umgeformt $a^2 = p \cdot c$

Ebenso gilt für die Dreiecke ABC und ADC:

$\frac{b}{c} = \frac{q}{b}$ oder umgeformt $b^2 = q \cdot c$

Diese beiden Formeln fasst man als **Kathetensatz** zusammen.
Er wird auf den griechischen Mathematiker **Euklid** (um 300 v. Chr.) zurückgeführt.

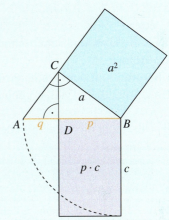

> **Merke** Kathetensatz des Euklid
> Im rechtwinkligen Dreieck ist das Quadrat über einer Kathete genauso groß wie das Rechteck aus der Hypotenuse und dem anliegenden Hypotenusenabschnitt:
> $$a^2 = p \cdot c \qquad b^2 = q \cdot c$$

Bildet man in den ähnlichen Dreiecken ADC und DBC den Quotienten aus den Katheten, so erhält man den **Höhensatz**:

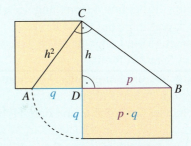

$\frac{h}{q} = \frac{p}{h}$ oder umgeformt $h^2 = p \cdot q$

> **Merke** Höhensatz
> In jedem rechtwinkligen Dreieck gilt für die Höhe h auf der Hypotenuse und für die beiden Hypotenusenabschnitte p und q: $h^2 = p \cdot q$

Bist du vorbereitet?

Üben und anwenden

1 Berechne die fehlenden Seitenlängen des Dreiecks ($\gamma = 90°$).
a) $a = 5\,\text{cm}$; $p = 2,5\,\text{cm}$
b) $b = 4\,\text{cm}$; $q = 3,5\,\text{cm}$
c) $c = 17,2\,\text{cm}$; $q = 6,5\,\text{cm}$
d) $a = 5\,\text{cm}$; $h = 3,7\,\text{cm}$

2 Berechne die Höhe des rechtwinkligen Dreiecks.
a) $p = 2,5\,\text{cm}$; $q = 3,6\,\text{cm}$
b) $p = 0,8\,\text{cm}$; $q = 4,7\,\text{cm}$
c) $p = 6,6\,\text{cm}$; $q = 2,3\,\text{cm}$
d) $p = 8,9\,\text{cm}$; $q = 12,4\,\text{cm}$

3 Zeichne in ein rechtwinkliges Dreieck mit $a = 2,0\,\text{cm}$, $b = 1,5\,\text{cm}$, $c = 2,5\,\text{cm}$ die Höhe h_c ein.
Miss die Hypotenusenabschnitte p und q und die Höhe h_c.
Überprüfe mit dem Kathetensatz und mit dem Höhensatz deine Messergebnisse.

4 Übertrage die Tabelle in dein Heft und fülle sie aus.

	a	b	c	p	q	h_c
a)	20 m	15 m				
b)			7,5 cm	2,7 cm		
c)				1,96 m	23,04 m	
d)					0,8 dm	2,7 dm
e)		7,5 cm	8,5 cm			

5 In einem rechtwinkligen Dreieck sind die Katheten 4,5 cm und 6,0 cm lang. Zeichne das Dreieck und trage die Höhe h_c ein.
a) Berechne die Länge der Hypotenuse mit dem Satz des Pythagoras.
b) Berechne die Längen der Abschnitte p und q mit dem Kahetensatz.
c) Berechne die Höhe h_c mit dem Höhensatz.

6 In einem rechtwinkligen Dreieck hat das Quadrat über der Kathete b einen Flächeninhalt von 42,25 cm². Die Hypotenuse ist 8,45 cm lang.
Berechne die Länge der beiden Hypotenusenabschnitte.

7 Berechne die fehlenden Längen im rechtwinkligen Dreieck. (Maße in cm)

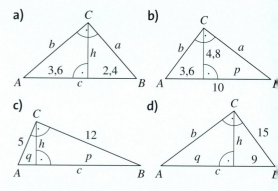

8 Die beiden Halteseile bei einem Segelschiff treffen am Mast im rechten Winkel aufeinander.
a) In welcher Höhe sind die Seile befestigt?
b) Wie weit von der Spitze des Schiffes entfernt steht der Mast?

9 Zeichne in ein Rechteck mit $a = 4,8\,\text{cm}$ und $b = 3,6\,\text{cm}$ eine Diagonale ein.
Wie weit ist der Eckpunkt A, der nicht auf der Diagonalen liegt, von der Diagonalen entfernt?

10 Die neue Fabrikhalle darf nur 5,50 m hoch gebaut werden. Passt das bei diesen Maßen?

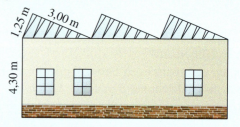

Übergang zur weiterführenden Schule

Reelle Zahlen

Für $\sqrt{10}$ zeigt der Taschenrechner eine Zahl mit 8 oder mehr Dezimalen an:

$\sqrt{10} = \boxed{3{,}16227766}$

Auch 3,162 277 66 ist nur eine Näherungslösung für $\sqrt{10}$.
Denn wenn man 3,162 277 66 quadriert, erhält man nicht 10,
sondern 9,999 999 998 935 075 6.

$\sqrt{10}$ kann man mit keiner endlichen oder periodischen Dezimalzahl genau beschreiben.

$\sqrt{10}$ ist **keine** rationale Zahl, sondern eine **irrationale** Zahl.

> **Merke** Eine Zahl, die nicht durch einen Bruch, durch eine abbrechende oder periodische Dezimalzahl exakt angegeben werden kann, heißt **irrationale Zahl**.

Andere irrationale Zahlen sind z. B. $\sqrt{2}$, $\sqrt{3}$, $2 \cdot \sqrt{10}$, $\sqrt{3} + 4$, oder auch π, $2 \cdot π$ und die meisten trigonometrischen Werte: sin 45° oder cos 30°.

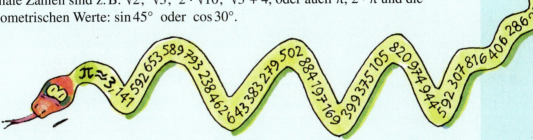

Beispiel 1

Auch irrationale Zahlen kann man auf der Zahlengeraden als Punkt angeben.

$\sqrt{2}$ ist keine rationale Zahl, trotzdem können wir $\sqrt{2}$ auf der Zahlengeraden darstellen.

Dazu konstruieren wir $\sqrt{2}$ nach dem Satz des Pythagoras wie in der Abbildung.

$1^2 + 1^2 = (\sqrt{2})^2$

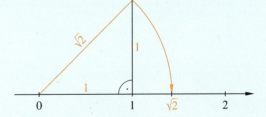

> **Merke** Die rationalen Zahlen (Brüche und Dezimalzahlen) und die irrationalen Zahlen bilden zusammen die **reellen Zahlen**.

Irrationale Zahlen kann man nicht exakt durch Dezimalbrüche angeben. Man kann sie aber immer enger eingrenzen.

Beispiel 2

Wir grenzen $\sqrt{10}$ immer enger ein.

	Eingrenzung für $\sqrt{10}$	denn Quadrieren ergibt
grob:	$3 < \sqrt{10} < 4$	$9 < 10 < 16$
genauer:	$3{,}1 < \sqrt{10} < 3{,}2$	$9{,}61 < 10 < 10{,}24$
noch genauer:	$3{,}16 < \sqrt{10} < 3{,}17$	$9{,}9856 < 10 < 10{,}0489$
noch genauer:	$3{,}162 < \sqrt{10} < 3{,}163$	$9{,}998\,244 < 10 < 10{,}004\,569$

Diese Eingrenzung heißt **Intervallschachtelung**. Sie lässt sich immer weiter fortführen.

Bist du vorbereitet?

Beispiel 3

$\sqrt{7}$ ist keine rationale Zahl. Der Rechner zeigt an $\sqrt{7}$ = 2,6457513!!

Wir schachteln ein, indem wir die Probe mit dem Quadrieren der Ungleichung machen:

$2 < \sqrt{7} < 3$, denn $2^2 = 4 < 7 < 9 = 3^2$
$2,6 < \sqrt{7} < 2,7$, denn $2,6^2 = 6,76 < 7 < 7,29 = 2,7^2$
$2,64 < \sqrt{7} < 2,65$, denn $2,64^2 = 6,9696 < 7 < 7,0225 = 2,65^2$.

Wir erkennen, dass $\sqrt{7}$ zwischen 2,64 und 2,65 liegt.

Üben und anwenden

1 Zeige durch Quadrieren, dass die folgenden Eingrenzungen richtig sind:

$2 < \sqrt{5} < 3$
$2,2 < \sqrt{5} < 2,3$
$2,23 < \sqrt{5} < 2,24$
$2,236 < \sqrt{5} < 2,237$

2 Zeige durch Quadrieren, dass die folgenden Eingrenzungen richtig sind.
Führe die Eingrenzungen um zwei Intervalle im Heft weiter.

$1 < \sqrt{3} < 2$
$1,7 < \sqrt{3} < 1,8$
$... < \sqrt{3} < ...$
$... < \sqrt{3} < ...$

3 Gib mithilfe des Taschenrechners Intervallschachtelungen mit 4 Eingrenzungen an.
a) $\sqrt{8}$
b) $\sqrt{17}$
c) $\sqrt{39}$

4 Felix behauptet: „$\sqrt{3}$ und $\sqrt{9}$ sind *keine* irrationale Zahlen".
Hat er recht?

5 Beschreibe diese irrationalen Zahlen näherungsweise durch Dezimalbrüche (4 Stellen hinter dem Komma).
a) $\sqrt{5}$
b) $3 \cdot \sqrt{11}$
c) $\frac{1}{2} \cdot \sqrt{6}$
d) $2 \cdot \pi$
e) π^2
f) $\sqrt{\pi}$

6 Rechne mit dem Taschenrechner.
a) $3 \cdot \sqrt{2} + 2 \cdot \sqrt{3}$
b) $(3 + \sqrt{2}) \cdot (3 - \sqrt{2})$
c) $(4,5 - \sqrt{1,7})^2$

7 Welche Zahlen sind mit Sicherheit rational? Finde Beispiele. Arbeite im Heft und mit dem Taschenrechner.

	α	sin α	cos α	tan α
a)	90°	sin 90° = 1	cos 90° = 0	–
b)				
c)				
d)				
e)				

8 Berechne die Länge der Linien.
Die Abstände im Gitternetz sollen 5 mm lang sein. Welche Längen sind rational?
Begründe deine Antwort.

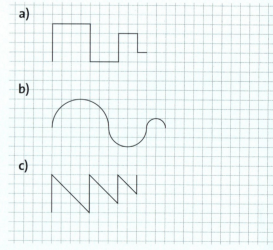

Anhang

Formelsammlung

Arithmetik und Algebra

Maßeinheiten

Länge
1 km = 1 000 m
1 m = 10 dm
1 dm = 10 cm
1 cm = 10 mm

Fläche
1 m² = 100 dm²
1 dm² = 100 cm²
1 cm² = 100 mm²
1 a = 100 m²   1 ha = 100 a = 10 000 m²

Volumen
1 m³ = 1 000 dm³
1 dm³ = 1 000 cm³
1 cm³ = 1 000 mm³

Masse
1 t = 1 000 kg
1 kg = 1 000 g
1 g = 1 000 mg

Liter (l)
1 l = 1 000 ml = 1 dm³
1 ml = 1 cm³

Binomische Formeln

$(a+b)^2 = a^2 + 2 \cdot a \cdot b + b^2 \qquad (a-b)^2 = a^2 - 2 \cdot a \cdot b + b^2 \qquad (a+b) \cdot (a-b) = a^2 - b^2$

Potenzgesetze

Für $m, n \in \mathbb{R}$ bei Basen aus $\mathbb{R}^+$ bzw. für $m, n \in \mathbb{Z}$ bei Basen aus $\mathbb{R} \setminus \{0\}$

$a^m \cdot a^n = a^{m+n}$
$a^m : a^n = a^{m-n}$

$a^n \cdot b^n = (a \cdot b)^n$
$a^n : b^n = (a : b)^n$

$(a^m)^n = a^{m \cdot n}$

$a^0 = 1$
$a^{-n} = \frac{1}{a^n}$

Wurzelgesetze für $a, b \geq 0$

$\sqrt[n]{a} \cdot \sqrt[n]{b} = \sqrt[n]{a \cdot b} \qquad \frac{\sqrt[n]{a}}{\sqrt[n]{b}} = \sqrt[n]{\frac{a}{b}} \ (b > 0) \qquad \sqrt[n]{\sqrt[m]{a}} = \sqrt[m]{\sqrt[n]{a}} = \sqrt[m \cdot n]{a} \qquad \left(\sqrt[n]{a}\right)^m = \sqrt[n]{a^m}$

Quadratische Gleichungen

Normalform:
$x^2 + p \cdot x + q = 0$

Lösung:
$x_{1/2} = -\frac{p}{2} \pm \sqrt{\left(\frac{p}{2}\right)^2 - q}$; wenn $\left(\frac{p}{2}\right)^2 - q \geq 0$, sonst keine Lösung

Geometrie

Ebene Figuren (A: Flächeninhalt   u: Umfang)

Quadrat
$A = a^2$
$u = 4 \cdot a$

Rechteck
$A = a \cdot b$
$u = 2 \cdot a + 2 \cdot b$

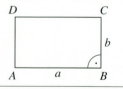

Dreieck
$A = \frac{g \cdot h}{2}$
$u = a + b + c$

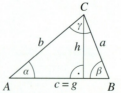

Satz des Pythagoras
Im rechtwinkligen Dreieck gilt:
$a^2 + b^2 = c^2$

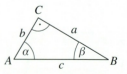

Höhen- und Kathetensatz
Im rechtwinkligen Dreieck gilt:
$h^2 = p \cdot q$
$a^2 = c \cdot p$
$b^2 = c \cdot q$

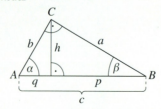

Parallelogramm
$A = g \cdot h$
$u = 2 \cdot a + 2 \cdot b$

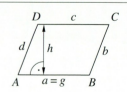

Formelsammlung

Trapez

$A = \frac{a+c}{2} \cdot h$

$u = a + b + c + d$

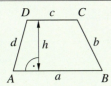

Kreis

$d = 2 \cdot r$

$A = \pi \cdot r^2 = \pi \cdot \frac{d^2}{4}$

$u = 2 \cdot \pi \cdot r = \pi \cdot d$

Kreissektor und Kreisbogen

$A = \frac{\pi \cdot r^2 \cdot \alpha}{360°}$

$b = \frac{\pi \cdot r \cdot \alpha}{180°}$

Kreisring

$A = \pi \cdot r_a^2 - \pi \cdot r_i^2$

Zentrische Streckung und Ähnlichkeitsbeziehungen

Wird das Viereck $ABCD$ (Original) bei einer zentrischen Streckung mit dem Streckungszentrum Z und dem Streckungsfaktor k ($k \neq 0$) auf das Viereck $A'B'C'D'$ (Bild) abgebildet, dann sind beide Vierecke zueinander ähnlich.

Bei einer zentrischen Streckung bleiben die Winkelgrößen erhalten.

Folgende Streckenverhältnisse gelten:

$\frac{\overline{AB}}{\overline{AD}} = \frac{\overline{A'B'}}{\overline{A'D'}}$ usw. $\quad \frac{\overline{ZA}}{\overline{ZA'}} = \frac{\overline{AB}}{\overline{A'B'}} = \frac{1}{k}$

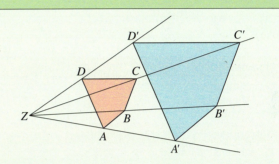

Körper (V: Volumen O: Oberfläche G: Grundfläche M: Mantelfläche)

Würfel

$V = a^3$

$O = 6 \cdot a^2$

Quader

$V = a \cdot b \cdot c$

$O = 2 \cdot a \cdot b + 2 \cdot a \cdot c + 2 \cdot b \cdot c$

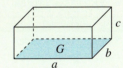

Prisma

$V = G \cdot h$

$O = 2 \cdot G + M$

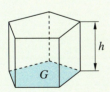

Zylinder

$V = \pi \cdot r^2 \cdot h$

$O = 2 \cdot \pi \cdot r^2 + 2 \cdot \pi \cdot r \cdot h$

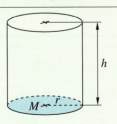

Quadratische Pyramide

$V = \frac{a^2 \cdot h}{3}$

$O = a^2 + 2 \cdot a \cdot h_s$

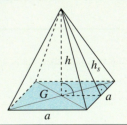

Kegel

$V = \frac{\pi \cdot r^2 \cdot h}{3}$

$O = \pi \cdot r^2 + \pi \cdot r \cdot s$

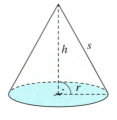

Kugel

$V = \frac{4 \cdot \pi \cdot r^3}{3}$

$O = 4 \cdot \pi \cdot r^2$

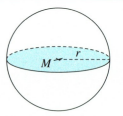

Trigonometrie (im rechtwinkligen Dreieck)

Im rechtwinkligen Dreieck gilt:

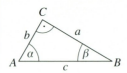

$\sin \alpha = \frac{a}{c} = \frac{\text{Gegenkathete von } \alpha}{\text{Hypotenuse}}$

$\cos \alpha = \frac{b}{c} = \frac{\text{Ankathete von } \alpha}{\text{Hypotenuse}}$

$\tan \alpha = \frac{a}{b} = \frac{\text{Gegenkathete von } \alpha}{\text{Ankathete von } \alpha}$

Funktionen

Prozentrechnung

G: Grundwert
W: Prozentwert
$p\%$: Prozentsatz

$W = \frac{G \cdot p}{100}$

Zinseszinsen (exponentielles Wachstum)

K_0: Kapital am Anfang
K_n: Kapital nach n Jahren
n: Zeit in Jahren
$p\%$: Zinssatz in Prozent

Zinsfaktor: $q = \frac{100 + p}{100}$ $K_n = K_0 \cdot q^n$

Lineare Funktionen

m: Steigung der Geraden g durch die Punkte $P_1(x_1|y_1)$ und $P_2(x_2|y_2)$

$m = \frac{y_2 - y_1}{x_2 - x_1}$ $(x_2 \neq x_1)$

b: y-Achsenabschnitt

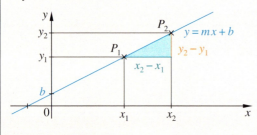

Quadratische Funktionen

allgemeine Form: $y = a \cdot x^2 + b \cdot x + c$ $(a \neq 0)$

Scheitelpunktform: $y = d \cdot (x - e)^2 + f$
$S(e|f)$ ist der Scheitelpunkt.

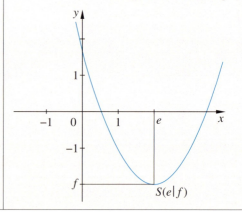

Daten und Zufall

Beschreibende Statistik / Stochastik

Arithmetisches Mittel (Mittelwert $\bar{x}$)

Das arithmetische Mittel einer Datenreihe mit n Werten $x_1, \ldots, x_n$ ist der Quotient aus der Summe aller Werte und der Anzahl der Werte:

$$\bar{x} = \frac{x_1 + x_2 + \ldots x_n}{n}$$

Median (Zentralwert)

Der Median ist der Wert, der bei einer der Größe nach geordneten Datenreihe in der Mitte liegt. Ist die Anzahl der Werte gerade, dann liegen zwei Werte in der Mitte und der Median ist das arithmetische Mittel dieser beiden Werte.

Laplace-Versuch

Ein Laplace-Versuch ist ein Zufallsexperiment, bei dem alle Ergebnisse gleich wahrscheinlich sind (z. B. Münzwurf). Für die **Wahrscheinlichkeit P** für das Eintreten eines Ereignisses E gilt:

$$P(E) = \frac{\text{Anzahl der günstigen Ergebnisse}}{\text{Anzahl der möglichen Ergebnisse}}$$

Mehrstufige Zufallsversuche

Bei einem mehrstufigen Zufallsversuch laufen mehrere Teilexperimente nacheinander oder nebeneinander ab. Zur Darstellung von mehrstufigen Zufallsversuchen eignen sich Baumdiagramme. Jedes Ergebnis entspricht darin genau einem Pfad.
Die Wahrscheinlichkeiten lassen sich mithilfe von Produkt- und Summenregel berechnen.

1. Pfadregel (Produktregel)

Die Wahrscheinlichkeit eines Ergebnisses ist gleich dem Produkt der Wahrscheinlichkeiten entlang des Pfades.

$P(E) = p_1 \cdot p_2$

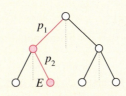

2. Pfadregel (Summenregel)

Die Wahrscheinlichkeit eines zusammengesetzten Ereignisses ist gleich der Summe der Wahrscheinlichkeiten der Einzelergebnisse, die zu diesem Ereignis gehören.

$P(E) = P(E_1) + P(E_2)$
$ = p_1 \cdot p_2 + q_1 \cdot q_2$

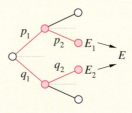

Lösungen der Teste-dich-Seiten

Seite 24/25 Lineare Gleichungen und lineare Funktion

1 a) $a = 16$ b) $b = 49$ c) $c = 8$
   d) $d = -3$ e) $x = 0{,}6$ f) $x = -27$
   g) $x = -7$ h) $x = 5{,}5$

2 a ②   b ⑥   c ③
   d ①   e ④

3

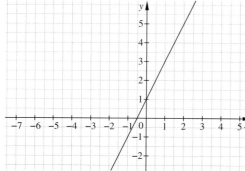

y-Achsenabschnitt
$b = 1$: also ist $(0|1)$ der Schnittpunkt mit der y-Achse;
Steigung $m = 2 = \frac{2}{1}$: von $(0|1)$ aus ein Steigungsdreieck mit 1 Einheit nach rechts und 2 Einheiten nach oben; die beiden Punkte verbinden.

4 $y_1 = -\frac{4}{3}x - 4$; $y_2 = \frac{3}{4}x + 3$;
   $y_3 = -\frac{3}{2}x + 3$; $y_4 = -2x$

5 a)

x	-3	-2	-1	0	1	2	3
y	-9	-7	-5	-3	-1	1	2

b) Steigung $m = 2$;
y-Achsenabschnitt -3;
Nullstelle $(1{,}5|0)$

c) $P(92|181)$ einsetzen:
$181 = 2 \cdot 92 - 3$ (w)
Also liegt der Punkt auf dem Graphen.

6 a) $y = 3$ b) $y = 1{,}5x - 4{,}5$
   c) $y = -3x + 1{,}5$ d) $y = x - 3$

8 a)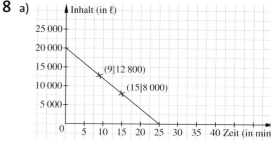

b) $y = -0{,}8x + 20$ (y: Inhalt in m³)

c) $y = 0$ einsetzen:
$0 = -0{,}8x + 20$ $x = 25$
Der Kesselwagen ist nach 25 min völlig leer.
$x = 0$ einsetzen:
$y = -0{,}8 \cdot 0 + 20 = 20$
$20\,\text{m}^3 = 20\,000\,\ell$
Es waren $20\,000\,\ell$ Öl im Kesselwagen.

9 Begründungen individuell verschieden, z. B.
a) falsch, da die Geradengleichungen unterschiedliche Steigungen haben.
b) richtig, Begründung z. B. durch Zeichnen der Graphen
c) falsch, da $\frac{6}{5}$ steiler ist als $\frac{5}{6}$; außerdem würde die Gerade dann steigen und nicht fallen
d) richtig, Begründung z. B. durch Zeichnen des Graphen

10 a)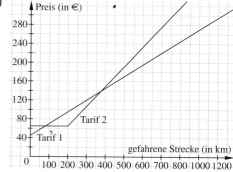

Tarif 1: $y = 0{,}25x + 45$
Tarif 2 für $0 < x \leq 200$

b) $y = 0{,}25 \cdot 520 + 45 = 175\,[€]$
Am Graph für Tarif 2 kann man ablesen, dass hier die Kosten ca. 200 € betragen. Tarif 1 ist günstiger.

c) Tarif 1 ist bei einer Strecke unter 80 km und ab ca. 375 km günstiger.

242

Lösungen Teste dich!

7

Konto						
x	Anzahl Buchungen	0	1	2	3	4
y	Gebühr (in €)	2,50	3	3,50	4	4,50

Taxifahrt
Eine Taxifahrt kostet 2,20 € Grundgebühr und 1,50 € Fahrtkosten pro Kilometer.

$y = 1,5x + 2,2$

x	Anzahl (km)
y	Kosten (€)

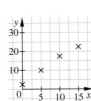

Handy
Bei dem Handy fallen 5 € Grundgebühr an und 0,15 € pro SMS.

x	Anzahl SMS	0	1	2	3	4
y	Kosten (in €)	5	5,15	5,30	5,45	5,75

Kerze
Eine 8 cm hohe Kerze brennt in einer Stunde 1,5 cm herunter. (1 cm in 40 min)

$y = -1,5x + 8$

x	Dauer (in min)	0	1	2	3	4
y	Höhe (in cm)	8	6,5	5	3,5	2

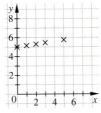

Lineare Gleichungssysteme

Seite 42/43

1
a) t = Alter von Thomas in Jahren,
m = Alter seiner Mutter in Jahren
$t = \frac{1}{2}m$; $t + m = 75$; $m = 50$, $t = 25$
Thomas ist 25 und seine Mutter 50 Jahre alt.

b) j = Alter von Jürgen in Jahren,
m = Alter von Monika in Jahren
$j = m + 2$; $j + m = 100$; $m = 49$, $j = 51$
Jürgen ist 51 und Monika 49 Jahre alt.

c) s = Alter von Sabine in Jahren,
t = Alter von Tim in Jahren
$s = t + 16$; $s + t = 38$; $t = 11$, $s = 27$
Tim ist 11 und Sabine 27 Jahre alt.

2
a) Individuelle Lösung, z. B.:
Radfahrer I und Radfahrer II fahren ein Rennen. Radfahrer II startet mit 1,5 km Vorsprung. Da Radfahrer I aber viel schneller ist, überholt er Radfahrer II nach 6 Minuten.

b) I: $y = \frac{1}{2}x$
II: $y = \frac{1}{4}x + 1,5$

c)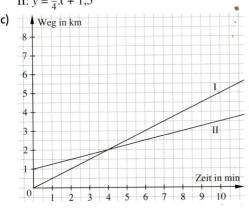

3
a)
b)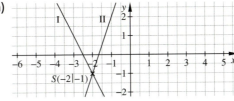
c)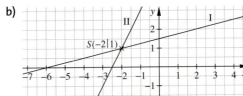
d)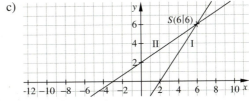

4
a) $x = 0,6$ $y = 3,8$ b) $x = 2,5$ $y = 4$
c) $x = -2$ $y = 0$ d) $x = -\frac{1}{5}$ $y = -1,9$

5
a) $x = 8$ $y = -3$ b) $x = -2$ $y = 5$
c) $x = 3$ $y = 9$ d) $x = -4$ $y = 9$

243

6 a) $x = 3$ $y = 0$ b) $x = -1$ $y = 15$
   c) $x = 10$ $y = 0$ d) $x = -9$ $y = -3,5$

7 a) Die Anschaffung des stromsparenden Kühlschranks lohnt sich ungefähr nach 3,5 Jahren.
   b) A: $y = 37,5x + 300$ A++: $y = 25x + 350$
   $37,5x + 300 = 25x + 350$
   $x = 4$
   Die Anschaffung des stromsparenden Kühlschranks lohnt sich nach 4 Jahren.

8 Girokonto ohne Grundpreis I: $y = 0,5x$
   Girokonto mit Grundpreis II: $y = 0,15x + 3,5$
   $0,5x = 0,15x + 3,5$
   $x = 10$
   Das Girokonto mit Grundpreis lohnt sich ab 10 Buchungen im Monat.

9 Kosten: $y = 3x + 375\,000$
   Einnahmen: $y = 40 \cdot 0,2 \cdot x$
   $3x + 375\,000 = 8x$
   $x = 75\,000$
   Nach 75 000 km sind Einnahmen und Kosten ausgeglichen.
   $3 \cdot 75\,000 + 375\,000 = 600\,000$
   Bis dahin sind Kosten in der Höhe von 600 000 € entstanden.

10 a) $y = 2x + (-5)$
   b) $y = 2x + 5$
   c) $y = x$

11 a) I $2a + 2b = 30$ II $a = 5b$
   II in I einsetzen: $b = 2,5\,[\text{cm}]$, $a = 12,5\,[\text{cm}]$
   $A = 2,5 \cdot 12,5\,[\text{cm}^2]$
   b) I $\frac{a+c}{2} \cdot 10 = 100$ II $a + 2 = c$
   II in I einsetzen: $a = 9\,[\text{cm}]$, $c = 11\,[\text{cm}]$

Seite 70/71

Berechnungen an Körpern

1 Oberflächeninhalt: $O = \pi \cdot r^2 + 2\pi \cdot r \cdot h_K$
   Volumen: $V = \pi \cdot r^2 \cdot h_K$
   a) $O \approx 301,6\,\text{cm}^2$ $V \approx 402,1\,\text{cm}^3$
   b) $O \approx 2136,3\,\text{cm}^2$ $V \approx 7539,8\,\text{cm}^3$
   c) $O \approx 105,6\,\text{cm}^2$ $V \approx 50\,\text{cm}^3$

2 a)

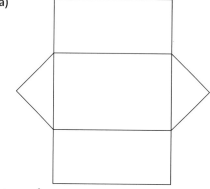

   b) $G = \frac{1}{2} \cdot 9 \cdot 4,5 = 20,25\,[\text{cm}^2]$
   Die Deckfläche ist gleich der Grundfläche.
   c) $V = G \cdot h_K = 20,25 \cdot 14 = 283,5\,[\text{m}^3]$

3 Oberflächeninhalt: $O = a^2 + 4 \cdot \frac{a \cdot h_a}{2}$
   Volumen: $V = \frac{1}{3} \cdot a^2 \cdot h_K$
   a) $O = 160,8\,\text{cm}^2$ $V = 120\,\text{cm}^3$
   b) $O = 52,2\,\text{dm}^2$ $V = 21\,\text{dm}^3$
   c) $O = 259,2\,\text{m}^2$ $V \approx 245,33\,\text{m}^3$
   d) $\left(\frac{a}{2}\right)^2 + h_K^2 = h_a^2$
   $\left(\frac{2,6}{2}\right)^2 + 13^2 = h_a^2$
   $h_a \approx 13,06\,[\text{cm}]$ $O \approx 74,67\,\text{cm}^2$
   $V \approx 29,29\,\text{dm}^3$

3 e) $O = 208,05\,\text{dm}^2$
   $\left(\frac{a}{2}\right)^2 + h_K^2 = h_a^2$
   $\left(\frac{7,3}{2}\right)^2 + h_K^2 = 10,6^2$
   $h_K \approx 9,95\,[\text{cm}]$ $V \approx 176,75\,\text{dm}^3$
   f) $\left(\frac{a}{2}\right)^2 + h_K^2 = h_a^2$
   $\left(\frac{a}{2}\right)^2 + 12,5^2 = 20^2$
   $a \approx 31,22\,[\text{cm}]$
   $O \approx 2223,49\,\text{dm}^2$ $V \approx 4061,20\,\text{dm}^3$

4 Oberflächeninhalt: $O = \pi \cdot r^2 + \pi \cdot r \cdot s$
   a) ① $r = 0,75\,\text{cm}$, $s = 3\,\text{cm}$
   $O \approx 8,8\,\text{cm}^2$
   ② $r = 1,5\,\text{cm}$, $s = 3\,\text{cm}$
   $O \approx 21,2\,\text{cm}^2$
   b) $r^2 + h_K^2 = s^2$
   $0,75^2 + h_K^2 = 3^2$
   $h_K^2 = 8,4375$
   $h_K^2 \approx 2,9\,[\text{cm}]$

5 Oberflächeninhalt: $O = \pi \cdot r^2 + \pi \cdot r \cdot s$
   Volumen: $V = \frac{1}{3} \cdot \pi \cdot r^2 \cdot h_K$

	r	h_K	s	O	V
a)	10,5 cm	14 cm	17,5 cm	923,6 cm²	1616,3 cm³
b)	36,5 m	78,2 m	86,3 m	14081 m²	109099 m³
c)	22,4 cm	24,2 cm	33 cm	3898,6 cm²	12715 cm³
d)	20,4 mm	10,6 mm	23 mm	2783 mm²	4619,5 mm³
e)	2 m	18,5 m	18,6 m	129,4 m²	77,5 m³

244

Lösungen Teste dich!

6 Oberflächeninhalt: $O = 4 \cdot \pi \cdot r^2$
Volumen: $V = \frac{4}{3} \cdot \pi \cdot r^3$

	r	d	V	O
a)	2 cm	4 cm	33,5 cm³	50,3 cm²
b)	12 cm	24 cm	7238,3 cm³	1809,6 cm²
c)	2 cm	4 cm	33,5 cm³	50,3 cm²

7 a) $O_{\text{Zylinder}} = 2\pi \cdot r^2 + 2\pi \cdot r \cdot h_K$
$= 2\pi \cdot 3^2 + 2\pi \cdot 3 \cdot 12 \approx 282{,}74$
$O_{\text{Kegel}} = \pi \cdot r^2 + \pi \cdot r \cdot s$
$= \pi \cdot 3^2 + \pi \cdot 3 \cdot 5 \approx 75{,}4$
$O_{\text{gesamt}} = O_{\text{Zylinder}} + O_{\text{Kegel}} - 2G$
$\approx 282{,}74 + 75{,}4 - 2 \cdot \pi \cdot 3^2$
$\approx \underline{301{,}6 \, [\text{cm}^2]}$
$V_{\text{Zylinder}} = \pi \cdot r^2 \cdot h_K$
$= \pi \cdot 3^2 \cdot 12 \approx 339{,}29$
$V_{\text{Kegel}} = \frac{1}{3} \cdot \pi \cdot r^2 \cdot h_{\text{Kegel}}$ mit $r^2 + h_{\text{Kegel}}^2 = s^2$
$3^2 + h_{\text{Kegel}}^2 = 5^2$
$h_{\text{Kegel}} = 4$
$V_{\text{Kegel}} = \frac{1}{3} \cdot \pi \cdot 3^2 \cdot 4 \approx 37{,}7$
$V_{\text{gesamt}} = V_{\text{Zylinder}} + V_{\text{Kegel}} \approx \underline{376{,}99 \, [\text{cm}^3]}$

b) $O_{\text{Zylinder}} = 2\pi \cdot r^2 + 2\pi \cdot r$
$= 2\pi \cdot 2{,}5^2 + 2\pi \cdot 2{,}5 \cdot 18 \approx 322$
$O_{\text{Quader}} = 2 \cdot (d \cdot h_K + d \cdot h_{\text{Quader}} + h_K \cdot h_{\text{Quader}})$
$= 2 \cdot (5 \cdot 18 + 5 \cdot 6 + 18 \cdot 6) = 456$
$O_{\text{gesamt}} = O_{\text{Zylinder}} + O_{\text{Quader}} - 2G$
$\approx 322 + 456 - 2 \cdot 5 \cdot 18 \approx \underline{598 \, [\text{cm}^2]}$
$V_{\text{Zylinder}} = \pi \cdot r^2 \cdot h_K = \pi \cdot 2{,}5^2 \cdot 18 \approx 353{,}43$
$V_{\text{Quader}} = d \cdot h_K \cdot h_{\text{Quader}} = 5 \cdot 18 \cdot 6 = 540$
$V_{\text{gesamt}} = V_{\text{Zylinder}} + V_{\text{Quader}} \approx \underline{893{,}43 \, [\text{cm}^3]}$

c) $O_{\text{Pyramide}} = a^2 + 4 \cdot \frac{a \cdot h_a}{2}$ mit $\left(\frac{a}{2}\right)^2 + h_K^2 = h_a^2$
$\left(\frac{2{,}7}{2}\right)^2 + 4{,}2^2 = h_a^2$
$h_a \approx 4{,}41 \, [\text{cm}]$
$O_{\text{Pyramide}} \approx 2{,}7^2 + 4 \cdot \frac{2{,}7 \cdot 4{,}41}{2} \approx 31{,}1$
$O_{\text{Quader}} = 2 \cdot a^2 + 4 \cdot a \cdot b$
$= 2 \cdot 2{,}7^2 + 4 \cdot 2{,}7 \cdot 1{,}6 = 31{,}86$
$O_{\text{gesamt}} = O_{\text{Pyramide}} + O_{\text{Quader}} - 2G$
$\approx 31{,}1 + 31{,}86 - 2 \cdot 2{,}7^2 \approx \underline{48{,}38 \, [\text{cm}^2]}$
$V_{\text{Pyramide}} = \frac{1}{3} \cdot a^2 \cdot h_K = \frac{1}{3} \cdot 2{,}7^2 \cdot 4{,}2 \approx 10{,}2$
$V_{\text{Quader}} = a^2 \cdot b = 2{,}7^2 \cdot 1{,}6 \approx 11{,}66$
$V_{\text{gesamt}} = V_{\text{Pyramide}} + V_{\text{Quader}} \approx \underline{21{,}86 \, [\text{cm}^3]}$

d) $O_{\text{Zylinder}} = 2\pi \cdot r^2 + 2\pi \cdot r \cdot h_K$
$= 2\pi \cdot 2^2 + 2\pi \cdot 2 \cdot 1{,}6 \approx 45{,}24$
$O_{\text{Halbkugel ohne } G} = \frac{1}{2} \cdot 4 \cdot \pi \cdot r^2$
$= \frac{1}{2} \cdot 4 \cdot \pi \cdot 2^2 \approx 25{,}13$
$O_{\text{gesamt}} = O_{\text{Zylinder}} + O_{\text{Halbkugel ohne } G} - G$
$\approx 45{,}24 + 25{,}13 - \pi \cdot 2^2 \approx \underline{57{,}8 \, [\text{cm}^2]}$
$V_{\text{Zylinder}} = \pi \cdot r^2 \cdot h_K = \pi \cdot 2^2 \cdot 1{,}6 \approx 20{,}11$
$V_{\text{Halbkugel}} = \frac{1}{2} \cdot \frac{4}{3} \cdot \pi \cdot r^3$
$= \frac{1}{2} \cdot \frac{4}{3} \cdot \pi \cdot 2^2 \approx 8{,}38$
$V_{\text{gesamt}} = V_{\text{Zylinder}} + V_{\text{Halbkugel}} \approx \underline{28{,}49 \, [\text{cm}^3]}$

8 a) $V = \frac{1}{3} \cdot a^2 \cdot h_K = \frac{1}{3} \cdot 4{,}3^2 \cdot 11{,}5 \approx 70{,}88 \, [\text{cm}^2]$

b) Masse $= V \cdot $ Dichte $\approx 70{,}88 \cdot 10{,}51 \approx 744{,}95$
Der massive Kerzenständer würde ca. 745 g wiegen.

c) $p = \frac{W \cdot 100}{G} = \frac{745 \cdot 100}{578} \approx 128{,}89$
$128{,}89\% - 100\% = 28{,}89\%$
Wenn der Kerzenständer massiv wäre, wäre er um ca. 29% schwerer.

9 a) $V_{\text{Zylinder}} = \pi \cdot r^2 \cdot h_K$
$100 = \pi \cdot 2^2 \cdot h_K$
$h_K \approx 7{,}96$
Der Zylinder muss mindestens 7,96 cm hoch sein.

b) $7{,}96 : 10 \approx 0{,}8$
Die Markierungen müssen ungefähr in Abständen von jeweils 0,8 cm angebracht sein.

10 $V_{\text{Kegel}} = \frac{1}{3} \cdot \pi \cdot r^2 \cdot h_K$
$400 = \frac{1}{3} \cdot \pi \cdot r^2 \cdot 8$
$r \approx 6{,}91$
$A_{\text{Kreis}} = \pi \cdot r^2 \approx \pi \cdot 6{,}91^2 \approx 150$
Die Bodenfläche ist ca. 150 m² groß.

11 a) $V_{\text{Halbkugel}} = \frac{1}{2} \cdot \frac{4}{3} \cdot \pi \cdot r^3$
$= \frac{1}{2} \cdot \frac{4}{3} \cdot \pi \cdot 2{,}5^3 \approx 32{,}7 \, [\text{cm}^3]$
$15 \, \ell = 15 \, \text{dm}^3 = 15\,000 \, \text{cm}^3$
$15\,000 : 32{,}7 \approx 458{,}37$
Man kann ca. 458 Eishalbkugeln herstellen.

b) annähernd eine Kugel

c) $O_{\text{Kugel}} = 4 \cdot \pi \cdot r^2 = 4 \cdot \pi \cdot 2{,}5^2 \approx 78{,}54 \, [\text{cm}^2]$

12 a) $V_{\text{Kugel}} = \frac{4}{3} \cdot \pi \cdot r^3 = \frac{4}{3} \cdot \pi \cdot 8^3 \approx 2144{,}66 \, [\text{cm}^3]$

b) $V_{\text{kl.Kugel}} = \frac{4}{3} \cdot \pi \cdot r^3 = \frac{4}{3} \cdot \pi \cdot 7^3 \approx 1436{,}76 \, [\text{cm}^3]$
$\text{Masse}_{\text{kl.Kugel}} \approx \frac{2800 \cdot 1436{,}76}{2144{,}66} \approx 1875{,}57$
Nach dem Abschleifen wiegt die Kugel nur noch ca. 1876 g.

13 $V_{\text{Zylinder}} = \pi \cdot r^2 \cdot h_K = \pi \cdot 5^2 \cdot 90$
$\approx 7068{,}58 \, [\text{cm}^3]$
Masse $= V \cdot $ Dichte
$\approx 7068{,}58 \cdot 7{,}85 \approx 55\,488{,}4 \, [\text{g}]$
Nein, man kann keine 55 kg tragen.

14 $V_{\text{Pyramide}} = \frac{1}{3} \cdot a^2 \cdot h_K = \frac{1}{3} \cdot 12^2 \cdot 14 = 672 \, [\text{cm}^3]$
$V_{\text{Kegel}} = \frac{1}{3} \cdot \pi \cdot r^2 \cdot h_K = \frac{1}{3} \cdot \pi \cdot 2^2 \cdot 6 \approx 25{,}13 \, [\text{cm}^3]$
$V_{\text{gesamt}} = V_{\text{Pyramide}} - V_{\text{Kegel}} \approx 646{,}87 \, [\text{cm}^3]$
Masse $= V \cdot $ Dichte $\approx 646{,}87 \cdot 2{,}7 \approx 1746{,}55 \, [\text{g}]$
Das Werkstück wiegt ca. 1,7 kg.

Quadratische Funktionen und Gleichungen

1 Normalparabel $y = x^2$: A, D, E
Parabel $y = -2x^2$: B, C, D, F

2 ① $f_1: y = (x + 2)^2$ ② $g_1: y = -(x + 2)^2$
$f_2: y = x^2 - 2$ $g_2: y = -x^2 + 2$
$f_3: y = x^2$ $g_3: y = -x^2$
$f_4: y = x^2 + 2$ $g_4: y = -x^2 - 2$
$f_5: y = (x - 2)^2$ $g_5: y = -(x - 2)^2$

3 a)

x	y
−2	1,25
−1,5	0
−1	−0,75
−0,5	−1
0	−0,75
0,5	0
1	1,25
1,5	3
2	5,25

b) [Parabel-Graph]

4 a) $S(0|0)$
b) $S(1,5|2,5)$
c) $y = x^2 - 10x + 25 = (x - 5)^2$ $S(5|0)$

5 individuelle Lösung, z. B.

a)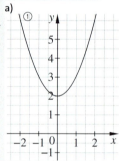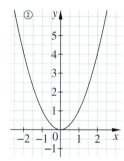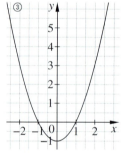

b) individuelle Lösung, z. B.
① $y = x^2 + 1$
② $y = x^2$
③ $y = x^2 - 1$

c) Anzahl der Lösungen der Gleichung $0 = (x - e)^2 + f$ ist gleich der Anzahl der Schnittpunkte mit der x-Achse

6

	Funktionsgleichung	Scheitelpunkt	geöffnet nach	Form	Anzahl der Nullstellen
a)	$y = (x - 3)^2 - 2$	$S(3|2)$	oben	normal	0
b)	$y = (x + 2)^2$	$S(-2|0)$	oben	normal	1
c)	$y = -x^2 + 4$	$S(0|4)$	unten	normal	2
d)	$y = -(x + 1,5)^2 + 1$	$S(-1,5|1)$	unten	normal	2
e)	$y = 2x^2 - 5$	$S(0|-5)$	oben	gestreckt	2
f)	$y = \frac{3}{4}(x - 2)^2 + 3$	$S(2|3)$	oben	gestaucht	0

7 a) $y = (3 - 3)^2 = 0$, Also x_1 ist eine Nullstelle.
$y = (-3 - 3)^2 = 36$, Also x_2 ist keine Nullstelle.
b) $y = (2 + 2)^2 + 5 = 21$, Also x_1 ist keine Nullstelle.
$y = (-2 + 2)^2 + 5 = 5$, Also x_2 ist keine Nullstelle.
c) $y = (4 - 4)(4 + 2) = 0$, Also x_1 ist eine Nullstelle.
$y = (2 - 4)(2 + 2) = -8$, Also x_1 ist keine Nullstelle.
d) $y = 2^2 + 2 - 6 = 0$, Also x_1 ist eine Nullstelle.
$y = (-3)^2 + (-3) - 6 = 0$, Also x_1 ist eine Nullstelle.

8 a) $y = (x + e)^2 + f$ mit $S(-e|f)$, also $y = (x - 2)^2 - 1$
b) $x^2 - 4x + 2 = 0$ $x_1 = 1, x_2 = 3$

9 a) $P(150|56,25)$ in $y = ax^2$ einsetzen:
$56,25 = a \cdot 150^2$ $a = 0,0025$
$y = 0,0025 \cdot x^2$

x	25	50	100
$y = 0,0025 x^2$	≈ 1,56	6,25	25

b)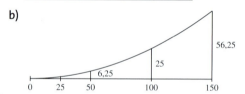

10 a) $0 = -0,15625 x^2 + 3,6$
$x_1 = 4,8$ $x_2 = -4,8$
$b = 4,8 + |-4,8| = 9,6$
b) $y = -0,15625 \cdot 0^2 + 3,6 = 3,6$
Das Werkstück ist 9,6 Längeneinheiten breit und 3,6 Längeneinheiten hoch.

11 a) $x_1 = -99$ $x_2 = 99$
b) $a_1 = -6,6$ $a_2 = 6,6$
c) $y_1 = -18,5$ $y_2 = 18,5$
d) $y_1 = -2,15$ $y_2 = 2,15$
e) $x_1 = -4$ $x_2 = 4$
f) $x_1 \approx -0,63$ $x_2 \approx 0,63$

12 individuelle Lösung, z. B.
  a) $0 = (x+5)(x-5)$
  b) $0 = x^2$

13 a) $x_1 = -13$ $x_2 = 4$
  b) $x_1 = -8$ $x_2 = 7$
  c) $x_1 = -25,5$ $x_2 = 4$
  d) $x_1 = -1$ $x_2 = 0,25$
  e) $x_1 = 0$ $x_2 = 12,5$
  f) $x_1 = 0$ $x_2 = 0,5$
  g) $x_1 = -5$ $x_2 = 3$
  h) $x_1 = -6$ $x_2 = 0,4$

14 Satz des Pythagoras: $a^2 + a^2 = d^2$
  $2a^2 = 9604$
  $a_1 \approx 69,3$ $a_2 \approx -69,3$
  Da die Seitenlänge positiv sein muss, ist die Seitenlänge $a_1 \approx 69,3$ cm.
  $u = 4 \cdot a_1 \approx 277,2$ cm
  Der Umfang beträgt ca. 277,2 cm.

15 I $2a + 2b = 400$ II $a^2 + b^2 = 1432$
  I' $a = 200 - b$ in II einsetzen:
  II $(200 - b)^2 + b^2 = 1432$
  $b^2 - 200b + 9775,5 = 0$
  $b_1 \approx 115$ [m]   in I' eingesetzt: $a_1 \approx 85$ [m]
  $b_2 \approx 85$ [m]   in I' eingesetzt: $a_2 \approx 115$ [m]
  Die Wiese ist ca. 115 m breit und 85 m lang.

16 a) I $a^2 + b^2 = 15^2$ II $a = b + 3$
  II in I einsetzen: $(b+3)^2 + b^2 = 15^2$
  $b^2 + 3b - 108 = 0$ $b^1 = 9$ $b^2 = -12$
  Da die Kathete b positiv sein muss, ist
  $b = 9$ cm und $a = 12$ cm.
  b) $A = \frac{a \cdot b}{2} = 54$ [cm^2]
  Der Flächeninhalt beträgt 54 cm^2.

Prozent- und Zinsrechnung
Seite 122/123

1

	Grundwert G	Prozentwert W	Prozentsatz p%
a)	15 t	**3 t**	20%
b)	120 g	**8,4 g**	7%
c)	**87 500 €**	1750 €	2%
d)	**210 000 ℓ**	14 700 ℓ	7%
e)	75 m	16,5 m	**22%**
f)	2 h	24 min	**20%**

2 $W = \frac{38 \cdot 132}{100}$ € $= 50,16$ €
  $W = \frac{50,16 \cdot 1,19}{100}$ € $\approx 59,69$ €
  Der Endpreis beträgt 59,69 €.

3 a) $W = \frac{52 \cdot 165}{100}$ € $= 85,80$ €
  b) $W = \frac{351 \cdot 165}{100}$ € $= 579,15$ €
  c) $W = \frac{74,25 \cdot 165}{100}$ € $\approx 122,51$ €
  d) $W = \frac{69,30 \cdot 165}{100}$ € $\approx 114,35$ €

4 $G = \frac{45 \cdot 100}{90} = 50$
  Die Ärmel waren vorher 50 cm lang.

5 a) $W = \frac{2,95 \cdot 19}{119}$ € $\approx 0,47$ €
  b) $W = \frac{39 \cdot 19}{119}$ € $= 6,23$ €
  c) $W = \frac{48,95 \cdot 19}{119}$ € $\approx 7,82$ €
  d) $W = \frac{59 \cdot 19}{119}$ € $= 9,42$ €

6 a) $Z = \frac{542 \cdot 1,5}{100}$ € $\approx 8,13$ €
  b) $Z = \frac{1042,70 \cdot 1,25}{100}$ € $\approx 13,03$ €
  c) $Z = \frac{780 \cdot 2,25}{100}$ € $\approx 17,55$ €

7 a) $Z = \frac{190 \cdot 11 \cdot 2}{100 \cdot 12}$ € $\approx 3,48$ €
  b) $Z = \frac{17000 \cdot 5 \cdot 2,5}{100 \cdot 12}$ € $\approx 177,08$ €
  c) $Z = \frac{384200 \cdot 222 \cdot 4,3}{100 \cdot 360}$ € $\approx 10187,70$ €
  d) $Z = \frac{27382 \cdot 70 \cdot 1,25}{100 \cdot 360}$ € $\approx 66,55$ €

8 Da Jakob im Juli verreisen will, kann er sein Geld 4 Monate fest anlegen.
  ① $Z = \frac{5682 \cdot 4 \cdot 1,25}{100 \cdot 12}$ € $\approx 23,68$ €
  ② $Z = \frac{5682 \cdot 3 \cdot 3,5}{100 \cdot 12}$ € $\approx 49,71$ €
  ③ $Z = \frac{5682 \cdot 6 \cdot 4}{100 \cdot 12}$ € $= 113,64$ €

  Die meisten Zinsen bekommt Jakob beim Festgeldkonto für 6 Monate ③. Allerdings ist dann das Geld nicht verfügbar, wenn Jakob verreisen will. Deswegen scheidet ③ aus.
  Jakob sollte sein Geld also am besten beim Festgeldkonto ② anlegen.

9

im...	Kreditsumme am Jahresanfang	Zinsen	Kreditsumme am Jahresende
1. Jahr	120 000 €	6600 €	126 600 €
2. Jahr	126 600 €	6963 €	133 563 €

Nach zwei Jahren beträgt die Kreditsumme 133 563 €.

Lösungen Teste dich!

10

	Kreditsumme am Ende der Laufzeit
a)	6050 €
b)	14 049,28 €
c)	76 931,20 €
d)	254 592,55 €

11 a) $K_1 = 2000 \cdot \left(1 + \frac{2,5}{100}\right)^1 = 2050$ €
b) $K_2 = 2000 \cdot \left(1 + \frac{2,5}{100}\right)^2 = 2101,25$ €
c) $K_{18} = 2000 \cdot \left(1 + \frac{2,5}{100}\right)^{18} \approx 3119,32$ €
d) $K_{18} = 2000 \cdot \left(1 + \frac{2,75}{100}\right)^{18} \approx 3259,14$ €
3259,14 € − 3119,32 € = 139,82 €
Bei diesem Zinssatz wäre das Guthaben um 139,82 € höher.

Seite 144/145 **+ Wachstum**

1 a)

	Einwohnerzahl in Indien	Einwohnerzahl in China
2000	ca. 900 Mio.	ca. 1,2 Mrd.
2050	ca. 3,15 Mrd.	ca. 2,5 Mrd.

b) positives Wachstum, weil die Einwohnerzahl steigt
c) kein lineares Wachstum, weil die Graphen keine Geraden sind

2 a) 2013 mit einem Umsatz von 275 000 €
b) z. B. 2006 bis 2007
c) z. B. 2007 bis 2010

3 a) positives Wachstum
b) $y = 0,6x + 4$
c) $65 = 0,6x + 4$ $x \approx 102$ [s]
Der Tank ist nach ca. 1 min und 42 s voll.

4 a) 500 : 10 = 50
Das Futter reicht 50 Tage.
b) negatives Wachstum
c) Das Wachstum ist linear, da das Futter an jedem Tag gleich viel weniger wird.
d) $y = -10x + 500$
e)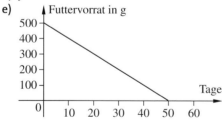

+5 a) $q = 1,05$ b) $q = 1,54$
c) $q = -1,12$ d) $q = 1,75$

+6 a) $q = 1,009$
b) 2015: $w_1 = 202$ Mio. $\cdot\, 1,009^1 \approx 203,82$ Mio.
2016: $w_2 = 202$ Mio. $\cdot\, 1,009^2 \approx 205,65$ Mio.
2020: $w_9 = 202$ Mio. $\cdot\, 1,009^6 \approx 213,16$ Mio.
c) Die Einwohnerzahl wächst jedes Jahr um den gleichen Prozentsatz bzw. um den gleichen Wachstumsfaktor.

+7

	Endkapital w_n
a)	88 133,75 €
b)	28 751,42 €
c)	1428,25 €

+8 a) positives Wachstum
b) von 2009 bis 2010: 60,2 Mrd. Mails mehr
$p = \frac{60,2 \cdot 100}{257,4} \approx 23,39\%$
von 2013 bis 2014: 32,6 Mrd. Mails mehr
$p = \frac{32,6 \cdot 100}{471,8} \approx 6,91\%$
c) Die Zahl der E-Mails wächst nicht jedes um den gleichen Prozentsatz. Also kann kein exponentielles Wachstum vorliegen.

+9 a) $q = 1,08$
b) 2016: $w_1 = 600\,000 \cdot 1,08^1 = 648\,000$
2020: $w_5 = 600\,000 \cdot 1,08^5 \approx 881\,597$

+10 a) $q = 1,02$
b) nach 1 Jahr: $w_1 = 1000$ € $\cdot\, 1,02^1 = 1020$ €
nach 2 Jahr: $w_2 = 1000$ € $\cdot\, 1,02^2 = 1040,40$ €
nach 3 Jahr: $w_3 = 1000$ € $\cdot\, 1,02^3 = 1061,21$ €
nach 4 Jahr: $w_4 = 1000$ € $\cdot\, 1,02^4 = 1082,43$ €
nach 5 Jahr: $w_5 = 1000$ € $\cdot\, 1,02^5 = 1104,08$ €
c) Die Veränderung ist unterschiedlich:
20,40 €; 20,81 €; 21,22 €; 21,65 €
d) Der Graph ist eine nach oben geöffnete Kurve, die bei (0|1000) beginnt.

+11 a)

Tiefe (in m)	0	1	2	3	4	5	6	7	8	9	10
Lichtmenge (in %)	100	80	64	51,2	41	32,8	26,2	21	16,8	13,4	10,7

b)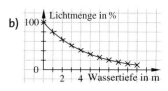

Trigonometrie

Seite 172/173

1 a)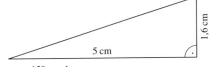

b) $m = \frac{150}{3000} = \frac{1}{20} = 0{,}05 = 5\%$

2

Höhen-unterschied	360 m	**460 m**	420 m
Horizontal-unterschied	6000 m	2000 m	**3000 m**
Steigung	**6 %**	23 %	14 %

3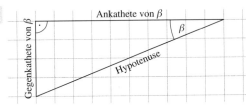

4 a) $\sin 24° \approx 0{,}41$ b) $\sin 82° \approx 0{,}99$
c) $\tan 65° \approx 2{,}41$ d) $\alpha \approx 37{,}95°$
e) $\alpha \approx 65{,}5°$ f) $\alpha \approx 37{,}45°$

5 a) $\tan\alpha = \frac{a}{b}$ $\sin\alpha = \frac{a}{c}$ $\cos\alpha = \frac{b}{c}$
$\tan\beta = \frac{b}{a}$ $\sin\beta = \frac{b}{c}$ $\cos\beta = \frac{a}{c}$
b) $\tan\alpha = \frac{d}{e}$ $\sin\alpha = \frac{d}{f}$ $\cos\alpha = \frac{e}{f}$
$\tan\beta = \frac{e}{d}$ $\sin\beta = \frac{e}{f}$ $\cos\beta = \frac{d}{f}$

6

	Gegenkathete	Ankathete	$\tan\alpha$	α
a)	7,3 m	8,1 m	$\approx 0{,}9$	$\approx 42°$
b)	≈ 25 dm	19,5 dm	1,282	$\approx 52{,}04°$
c)	9,4 dm	≈ 5 dm	$\approx 1{,}88$	62°

7 a) $\sin\alpha = \frac{a}{c} = \frac{1{,}1}{6{,}1} \approx 0{,}18$ $\alpha \approx 10{,}37°$
$\sin\beta = \frac{b}{c} = \frac{6}{6{,}1} \approx 0{,}98$ $\beta \approx 78{,}52°$
b) $\sin\alpha = \frac{a}{c} = \frac{5{,}5}{7{,}3} \approx 0{,}75$ $\alpha \approx 48{,}59°$
$\sin\beta = \frac{b}{c} = \frac{4{,}8}{7{,}3} \approx 0{,}66$ $\beta \approx 41{,}3°$

8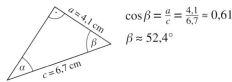
$\cos\beta = \frac{a}{c} = \frac{4{,}1}{6{,}7} \approx 0{,}61$
$\beta \approx 52{,}4°$

9 a) $\cos\alpha = \frac{\text{Ankathete}}{\text{Hypotenuse}} = \frac{15}{24} = 0{,}625$ $\alpha \approx 51{,}32°$
b) $\tan\beta = \frac{\text{Gegenkathete}}{\text{Ankathete}} = \frac{8{,}9}{8{,}1} \approx 1{,}1$ $\beta \approx 47{,}73°$
c) $\sin\gamma = \frac{\text{Gegenkathete}}{\text{Hypotenuse}} = \frac{108}{156} \approx 0{,}69$ $\gamma \approx 43{,}63°$
d) $\tan\delta = \frac{\text{Gegenkathete}}{\text{Ankathete}} = \frac{9{,}2}{11{,}5} = 0{,}8$ $\delta \approx 38{,}66°$

10

	α	β	γ	a	b	c
a)	45°	45°	90°	**4 cm**	4 cm	$\approx$ **5,66 cm**
b)	**52°**	38°	90°	$\approx$ **4,48 cm**	3,5 cm	$\approx$ **5,69 cm**

11 a) Da das Dreieck gleichseitig ist, sind alle Innenwinkel 60° groß.
Es gilt: $\sin 60° = \frac{h}{9{,}8}$
$h = \sin 60° \cdot 9{,}8 \approx 8{,}49 \,[\text{cm}]$
b) $A = \frac{g \cdot h}{2} \approx \frac{9{,}8 \cdot 8{,}49}{2} \approx 41{,}6 \,[\text{cm}^2]$

12 a) $e^2 = a^2 + a^2 = 72$
$e \approx 8{,}49 \,[\text{cm}]$
b) $\tan\alpha = \frac{a}{e} \approx \frac{6}{8{,}49} \approx 0{,}707$
$\alpha \approx 35{,}26°$

13 a) x = Länge der Anlaufbahn in m
$\cos 39° = \frac{113}{x}$
$x = \frac{113}{\cos 39°} \approx 145{,}4$
Die Anlaufbahn ist ca. 145,4 m lang.
b) y = Höhe der Schanze in m
$\tan 39° = \frac{y}{113}$
$y = \tan 39° \cdot 113 \approx 91{,}5$
Die Schanze ist ca. 91,5 m hoch.

14 a)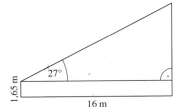

b) $\tan 27° = \frac{y}{16}$
$y = \tan 27° \cdot 16 \approx 8{,}15$
$8{,}15\,\text{m} + 1{,}65\,\text{m} = 9{,}8$
Die Pappel ist ca. 9,80 m hoch.

15 a) Alle drei Graphen stellen jeweils eine periodische Funktion mit einer Periode von 360° dar.
Dabei wird dem Winkel α verschiedene Werte zwischen -2 und 2 zugeordnet.
Unterschiedlich ist dabei der Verlauf der Graphen: Zwischen 0° und 180° sind die y-Werte von ① negativ, von ② und ③ positiv. Der größte angenommene y-Wert von ② ist 1, von Graph ③ 2. Der Graph ③ gehört zur Sinusfunktion, da alle Werte von $\sin(\alpha)$ zwischen -1 und 1 liegen und die y-Wert für $0 < \alpha < 1$ positiv sind.
b) $\sin(210°) = -0{,}5$
c) abgelesen: $0{,}7 \approx \sin(45°)$ [TR: $\approx 0{,}707$]
            $0{,}7 \approx \sin(135°)$ [TR: $\approx 0{,}707$]

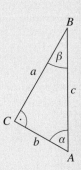

Statistische Darstellungen

1 Median: 1,72 m
Minimum: 1,63 m; Maximum: 1,84 m

2 Temperaturen:
Summe der Werte: 321,4
Anzahl der Werte: 12
Durchschnittstemperatur: 321,4 : 12 ≈ 26,8
Die Durchschnittstemperatur beträgt 26,8 °C.
Niederschläge:
Summe der Werte: 1626
Anzahl der Werte: 12
durchschnittlicher Jahresniederschlag:
$$1626 : 12 = 135,5$$
Der durchschnittliche Jahresniederschlag beträgt 135,5 mm.

3 a) Der Durchschnitt der Liste
2; 3; 3; 4; 5; 7; 7; 7; 9 beträgt ca. 5,2.
Der Durchschnitt der Liste
2; 3; 3; 4; 5; 7; 7; 7; 100 beträgt ca. 15,3.
Obwohl nur ein Wert sehr viel höher ist als alle anderen Werte, wird auch der Durchschnitt dadurch sehr viel größer.
b) Der Median der Liste
2; 3; 3; 4; 5; 7; 7; 7; 9 ist 5.
Obwohl man den letzten Wert austauscht, bleibt der Median gleich.
Ausreißer wie der Wert 100 verfälschen den Median nicht.

4 a) Minimum: 15 min; Maximum: 180 min;
Durchschnitt: ca. 82 min
b) Unterdurchschnittlich sind 10 Werte, überdurchschnittlich sind 11 Werte.

5 a) Marike mit 8 Stimmen
b) 4 Stimmen
c) Peter (7 Stimmen) und Marike (8 Stimmen)
d) 27 Stimmen

6 a) 50 %
b) $\frac{1}{6}$, also ca. 16,67 %
c) $\frac{1}{3}$, also ca. 33,33 %

7 a) 27 Schüler und Schülerinnen
b)

Alter (in Jahren)	Häufigkeit	Anteil
15	6	≈ 22,22 %
16	10	≈ 37,04 %
17	9	≈ 33,33 %
18	2	≈ 7,41 %

c)

15 J.	16 J.	17 J.	18 J.

8 Median: 30
Minimum: 4; Maximum: 54
unterer Viertelwert: 22
oberer Viertelwert: 36

+9 a)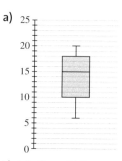

b) Median: 40,5
Minimum: 34; Maximum: 47
unterer Viertelwert: 38,5
oberer Viertelwert: 41,5

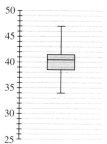

10 a) Beide Diagramme geben dasselbe Umfrageergebnis wieder. Im Säulendiagramm rechts sind die Ergebnisse verfälscht dargestellt, da die y-Achse nicht bei 0 beginnt.
b) Das linke Diagramm, da hier die y-Achse bei 0 beginnt.
c) Die Zeitung mit der Schlagzeile „Mathe – wichtig, aber unbeliebt" bezieht sich auf das rechte Säulendiagramm.
Die andere Zeitung mit der Schlagzeile „Jeder dritte mag Mathe" bezieht sich auf das linke Säulendiagramm.

11 Das Piktogramm ② bildet das Verhältnis besser ab.
In Piktogramm ① ist zwar die Breite des Tropfen richtig verdreifacht worden, allerdings wird dadurch der Tropfen zu groß.
Im Piktogramm ② ist nicht die Breite verdreifacht worden, sondern die Fläche.
Das ist richtig.

Lösungen der Seiten „Bist du vorbereitet?"

Vorbereitung auf die Abschlussprüfung

Basiskompetenzen A

Aufgabe 1
a) ① $-0{,}28$; $-0{,}209$; $\frac{1}{18}$; $0{,}207$; $0{,}268$; $\frac{3}{8}$
② individuelle Lösung, z. B. $\frac{1}{13}$ und $-\frac{2}{13}$
b) ① B5 * C5
② SUMME (D2:D5)
③ D6 * 0,19
c) ① Am längsten hat sie am Samstag Musik gehört, am Dienstag am kürzesten.
② $55 + 20 + 110 + 25 + 40 + 135 + 70 = 455$
$455 : 7 = 65$
Lukas hat recht.
③ Rangliste: 20; 25; 40; 55; 70; 110; 135
Der Median sind 55 min.

d) ① $\frac{6}{14} = \frac{3}{7}$ ② $\frac{3+6}{14} = \frac{9}{14}$ ③ $\frac{4}{7}$
e) $\frac{28 \cdot 70}{55} \approx 35{,}6$
Lena erhält 35 Pizzabrötchen.
f) ① $A = \frac{10+5}{2} \cdot 5 = 37{,}5$
Der Flächeninhalt beträgt $37{,}5\,\text{cm}^2$.
② $b^2 = 5^2 + 5^2$
$b \approx 7{,}07$
$u \approx 10 + 7{,}07 + 5 + 5 \approx 27{,}07$
Der Umfang beträgt ca. $27{,}07\,\text{cm}$.
③ $37{,}5 \cdot h = 731{,}25$
$h = 19{,}5$
Das Prisma ist $19{,}5\,\text{cm}$ hoch.

Komplexere Aufgaben A

Aufgabe 2
a) $800\,€ : 200 = 4\,€$
Im Durchschnitt bezahlt jeder Kunde $4\,€$.
b) $800\,€ \cdot 30 = 24\,000\,€$
c) ① $p = \frac{11\,500 \cdot 100}{24\,000} \approx 47{,}92\,\%$
Es müssen ca. 48 % der monatlichen Einnahmen für Lebensmittel bezahlt werden.
② Einnahmen: $24\,000\,€$
Kosten:
$11\,500\,€ + 1500\,€ + 800\,€ + 4000\,€ + 2800\,€$
$= 20\,600\,€$
Gewinn: $24\,000\,€ - 20\,600\,€ = 3400\,€$
③ $W = \frac{3400 \cdot 73}{100}\,€ = 2482\,€$

Aufgabe 3
a) 50 min b) 80 min, nachdem sie gestartet sind.
c) Serefina hat recht. Nach der Pause (ab 120 min) ist die Gerade steiler als vor der Pause. Das bedeutet, dass sie in weniger Zeit eine längere Strecke geschafft haben. Sie waren also schneller.
d)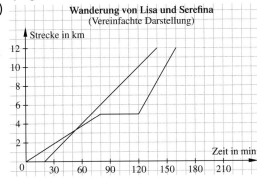

Aufgabe 3
e) Thimo hat Lisa und Serefina nach ca. 55 min überholt. Dort schneiden sich die beiden Graphen.

Aufgabe 4
a) $A = 9\,\text{dm}^2 = 900\,\text{cm}^2$
$A = a^2 = 900$
$a = 30\,[\text{cm}]$
b) $d = 30\,\text{cm} + 2\,\text{cm} + 30\,\text{cm} + 2\,\text{cm} + 30\,\text{cm}$
$= 94\,\text{cm}$
$r = 94\,\text{cm} : 2 = 47\,\text{cm}$
c)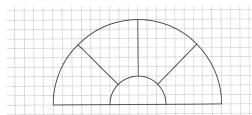

d) $A = \frac{1}{2} \cdot \pi \cdot r^2 = \frac{1}{2} \cdot \pi \cdot 47^2 \approx 3469{,}9\,[\text{cm}^2]$
Die Fläche der halbkreisförmigen Fensterscheibe ist ungefähr $3470\,\text{cm}^2$ groß.

Seite 227 — Basiskompetenzen B

Aufgabe 1

a) rote Bonbons: $\frac{3}{4}$ \qquad grüne Bonbons: $\frac{1}{4}$

b) Angenommen ein einzelnes Buch hat eine Rückenstärke von 1,2 cm; dann hat der Turm eine Höhe von 12 km.

c) ② ist die richtige Lösung.

d) 3 h ≙ 180 min ≙ 4,5 Verdoppelungszeiten
$w_{4,5} = 2$ Mio. $\cdot\, 2^{4,5} \approx 45{,}254\,834$ Mio. $\approx 45{,}3$ Mio.
Nach drei Stunden befinden sich ca. 45,3 Mio. Bakterien in der Schale.

e) ① Das Gleichungssystem hat keine Lösung, da beide Geraden die gleiche Steigung haben und somit parallel sind.
② Das Gleichungssystem hat die Lösung (0 | −1,75), da sich beide Geraden in diesem Punkt schneiden.

f) ① $V = \frac{1}{3} \cdot G \cdot h$
$G = a^2$, $G = (8\,\text{cm})^2 = 64\,\text{cm}^2$
$h_k^{\,2} = h_a^{\,2} - \left(\frac{1}{2} \cdot a\right)^2$
$h_k^{\,2} = (15\,\text{cm})^2 - (4\,\text{cm})^2$
$h_k^{\,2} = 225\,\text{cm}^2 - 16\,\text{cm}^2 = 209\,\text{cm}^2$
$h = \sqrt{209}\,\text{cm} \approx 14{,}46\,\text{cm}$
$V \approx \frac{1}{3} \cdot 14{,}46\,\text{cm} \cdot 64\,\text{cm}^2$
$V \approx 308{,}412\,\text{cm}^3$
Die Pyramide hat ein Volumen von ca. 308 cm³.
$O = a^2 + 4 \cdot \frac{1}{2} \cdot a \cdot h_a$
$= a^2 + 2 \cdot a \cdot h_a$
$= 64\,\text{cm}^2 + 2 \cdot 8\,\text{cm} \cdot 15\,\text{cm}$
$= 304\,\text{cm}^2$
Die Pyramide hat eine Oberfläche von 304 cm².
② $\cos \alpha = \frac{\frac{a}{2}}{h_a} = \frac{4}{15}$, $\alpha \approx 74{,}5°$
Der Neigungswinkel beträgt $\alpha \approx 74{,}5°$.

g) ① Der Wert für die Zelle **B5** lautet 28.
② In der Zelle **B6** steht die Formel **=98/A6**.

h) Die Person unter der Spinne ist etwa 1,80 m groß, das höchste Spinnenbein ungefähr 5-mal so hoch.
Somit ist die Spinne circa 9 m hoch.

Seite 228 — Komplexere Aufgaben B

Aufgabe 2

a) Im 1. Lehrjahr bekommt sie monatlich 410 €.

b) Das stimmt nicht, sie verdient nur 60 € mehr. Das Diagramm täuscht, da es bei 350 € statt bei 0 € beginnt.

c) Sie verdient durchschnittlich 480 € pro Monat.

Aufgabe 3

a) I $c + 6\,\text{cm} = a$; \quad II $a + c = 20\,\text{cm}$
Die Seitenlängen betragen $a = 13\,\text{cm}$ und $c = 7\,\text{cm}$.

b) Das Trapez hat einen Flächeninhalt von $A = 40\,\text{cm}^2$. Ein Quadrat mit $a \approx 6{,}3\,\text{cm}$ und ein Rechteck mit z. B. $a = 4\,\text{cm}$ und $b = 10\,\text{cm}$ haben dieselbe Fläche wie das Trapez.

c) Berechnung von b mit dem Satz des Pythagoras:
$u = 30\,\text{cm}$

Aufgabe 4

a) $9 = 1{,}07 \cdot x$ \quad | : 1,07
$8{,}41 \approx x$
Die Box kostet 8,41 € ohne Mehrwertsteuer.

Aufgabe 4

b) Für 100 Portionen benötigt der Pächter 1,5 Boxen Pommes Frites:
$100 \cdot 150\,\text{g} = 15\,000\,\text{g} = 15\,\text{kg}$
$\frac{15\,\text{kg}}{10\,\text{kg}} = 1{,}5$
1,5 Boxen kosten 13,50 € (1,5 · 9 € = 13,50 €).
Dazu kommen 15 € für Strom, Öl und Gewürze.
Gesamtkosten (ohne Geld für Friteuse)
13,50 € + 15 € = 28,50 €.

c)
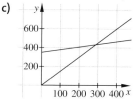

d) Ab 289 verkauften Portionen sind die Einnahmen höher als die Kosten.

Lösungen der Seiten „Bist du vorbereitet?"

Vorbereitung auf den Berufseinstellungstest

A Grundrechenaufgaben
1. a) 172   b) 192   c) 852   d) 14,7
2. a) 16   b) 7   c) 4563   d) 3938
3. a) 1117   b) 2660   c) 6952   d) 55

B Größen und Maße
1. a) 4208 m   b) 0,12704 km   c) 0,1242 dm^2 d) 34 000 m^2
   e) 0,242 hl   f) 31,5 m^3 g) 2,425 m^3 h) 0,426 cm^3
   i) 381 min   j) 2340 s   k) 120 kg   l) 7,415 kg

C Dreisatz
1. 77 km   2. 11 h 35 min   3. 2,8 Tage

D Prozent- und Zinsrechnung
1. a) 2%   b) 40%   c) 1600 kg
2. 391,51 €, Kosten mit MwSt.
3. 9200 €
4. 1105,97 € Endkapital, 81,97 € Zuwachs
5. Zinsen nach 200 Tagen: 52,78 €
6. Ausgeliehen zu 4%

E Zahlen und Zeichenfolgen
1. 0,5; 0,8; 1,1; 1,4; 1,7; 2,0; 2,3
2. 16; 32; 48; 64; 80; 96; 112
3. 1; 2; 4; 7; 11; 16; 22; 29; 37
4. 2; 3; 5; 7; 11; 13; 17; 19; 23; 29 (Primzahlen)

F Flächen- und Körperberechnung
1. a) $u = 76$ cm $= 7,6$ dm, $A = 325$ cm$^2 = 3,25$ dm^2,
   b) $b^2 = c^2 - a^2 = 5^2 - 4^2 = 9$
      $b = 3$ cm,
      $u = 12$ cm, $A = \frac{1}{2} \cdot 4 \cdot 5$ cm$^2 = 10$ cm^2
   c) $u = 14,1$ cm,
      $A = 17,67$ cm^2
2. $r = 0,62$ dm, $d = 1,24$ dm, $O = 4,83$ dm^2
3. Oberfläche beider Kugeln zusammen:
   $O = 6,04$ dm^2
   (bei Rundung von Zwischenrechnungen, sonst $O = 6,0929$ dm^2)
4. Kleine Pizza: 1 dm^2 kostet 64 Cent (63,66 Cent)
   Große Pizza: 1 dm^2 kostet 42 Cent (42,44 Cent)
   Die große Pizza ist „günstiger".
5. $A = 57$ cm^2 (bei $\pi = 3,14$), sonst $A = 57,0796$ cm^2

G Räumliches Vorstellungsvermögen
1. a) 24 Kanten, 16 Ecken, 10 Flächen
   b) 36 Kanten, 24 Ecken, 14 Flächen
2. Zur Pyramide faltbar: b), d).

Stichwortverzeichnis

A
Achsenabschnitt 10; 26
Additionsverfahren 34; 44
allgemeinquadratische Funktionen 90
allgemeinquadratische Gleichungen 88; 100
Anhalteweg 76
Ankathete 152; 156; 174
arithmetisches Mittel 178; 198

B
Balkendiagramm 180
binomische Formeln 84; 100
Boxplots 182; 198
Bremsweg 76

D
Dreisatz
– in der Prozentrechnung 106
– in der Zinsrechnung 108; 110; 124
Durchschnitt 178; 198

E
Einheitskreis 163
Euklid 233

F
Formeln umstellen 231
Funktionen
– lineare 10; 12; 26
– quadratische 76; 78; 80; 82; 100
Funktionenplotter 15; 82
Funktionsgleichung 78; 80; 82
Funktionsgraph 10; 12; 26; 78; 80; 82

G
Gegenkathete 152; 154; 174
Geradengleichung 10; 16; 26
gestaucht 80; 100
gestreckt 80; 100
Gewicht (Masse) 68
Gleichsetzungsverfahren 32; 44
Gleichungen
– lineare 8; 26
– quadratische 86; 88; 100
Grundfläche 48; 50; 52; 72
Grundwert 104; 124
– vermehrter 106; 124
– verminderter 106; 124

H
Halbkugel 56
Häufigkeit
– absolute 180; 198
– relative 180; 198
Höhensatz 233
Höhenunterschied 150; 174
Horizontalunterschied 150; 174
Hypotenuse 154; 156; 174

I
Intervallschachtelung 235
irrationale Zahl 235

J
Jahreszinsen 108; 124

K
Kalkulation 104; 105
Kapital 108
Kathetensatz 233
Kegel 52; 54; 72
Kosinus 156; 174
Kreisdiagramm 180; 198
Kugel 56; 58; 72

L
lineare Funktionen 10; 12; 16; 26
lineare Gleichungen 8; 26
lineare Gleichungssysteme
– grafisch lösen 30; 44
– mit dem Gleichsetzungsverfahren lösen 32; 44
– mit dem Additionsverfahren lösen 34; 44

M
Manipulation 186; 198
Mantelfläche 48; 50; 52; 72
Masse (Gewicht) 68
Maximum 178; 198
Median 178; 198
Mindmap 224
Minimum 178; 198
Monatszinsen 108; 124

N
Netz
– von Prismen 48
– von Zylindern 48
– von Pyramiden 50
– von Kegeln 52; 72
Normalform 88; 100
Normalparabel 78; 82; 100
Nullstelle 14; 86

O
Oberflächeninhalt
– von Prismen 48; 72
– von Zylindern 48; 72
– von Pyramiden 50; 72
– von Kegeln 52; 72
– von Kugeln 56; 72
Öffnungsrichtung 80; 100

P

p. a. (per anno) 109
Parabel 76; 78; 80; 82; 100
Parabelschablone 79; 82
Periode 162
periodische Funktion 162
Piktogramm 180
p-q-Formel 88; 100
– Herleitung 95
Prisma 48; 72
Prozentfaktor 106
Prozentrechnung 104; 106; 124
Prozentsatz 104; 124
Prozentwert 104; 124
Pyramide 50; 72
Pythagoras 233

Q

quadratische Ergänzung 88; 100
quadratische Funktionen 76; 78; 80; 82; 100
quadratische Gleichungen 86; 88; 100
Quartil
– oberes 182
– unteres 182

R

Reaktionsweg 76
rechtwinkliges Dreieck 150; 174
reelle Zahl 235
rho (ϱ) 68

S

Sachaufgaben lösen
– zu linearen Gleichungssystemen 36
Satz des Euklid 233
Satz des Pythagoras 233
Säulendiagramm 180; 198
Scheitelpunkt 78; 80; 82; 100
Scheitelpunktform 82
Schrägbilder
– von Prismen 48; 72
– von Zylindern 48; 72
– von Pyramiden 50; 72
– von Kegeln 52; 72
– von Kugeln 56; 72
Sinus 154; 174
Sinusfunktion 163; 174
Sinussatz 161
Spannweite 185
Steigung 150; 174
Steigung linearer Funktionen (m) 10; 12; 16; 26
Steigungsdreieck 12; 16; 26
Streifendiagramm 180
Summen multiplizieren 84; 100

T

Tabellenkalkulation
– allgemeinquadratische Funktionen 90
– Wachstum 135
– Zinsrechnung 114
Tageszinsen 108; 124
Tangens 152; 174
Tetraeder 51; 72

V

vermehrter Grundwert 106; 124
verminderter Grundwert 106; 124
verschobene Normalparabel 78; 82; 100
Viertelwert
– oberer 182; 198
– unterer 182; 198
Volumen
– von Prismen 48; 72
– von Zylindern 48; 72
– von Pyramiden 50; 72
– von Kegeln 54; 72
– von Kugeln 56; 72

W

Wachstum
– exponentielles Wachstum 132; 146
– lineares Wachstum 130; 146
– positives Wachstum 128; 146
– negatives Wachstum 128; 146
Wachstumsfaktor 132; 146
Wachstumsformel 132; 146
Wertetabelle 10; 26; 76; 78; 80
Wortvorschrift 10

Y

y-Achsenabschnitt (b) 10; 26

Z

Zentralwert 178; 198
Zerfall 133
Zinsen 108
Zinseszins 110; 112; 124
Zinsfaktor 108; 112; 124
Zinsrechnung 108; 110; 112; 124
Zinssatz 108
zusammengesetzte Körper 114
Zylinder 48; 72

Bildverzeichnis

TITEL F1online/Nils Mueller/Cultura Images RF; **5/1** Shutterstock/Chongqing Wulong Furong; **9/1** Fotolia/Picture-Design; **12/1** Fotolia/ExQuisine; **16/1** Feltes, Berlin; **18/1** Fotolia/karepa; **19/1** Fotolia/Kadmy; **25/1** Fotolia/topae; **27/1** Vario-Images/Regis Bossu; **28/1** Shutterstock/Lerche&Johnson; **28/2** Shutterstock/MiVa; **30/1** Fotolia/by-studio; **30/2** Fotolia/unpict.com; **32/1** mauritius images/Onoky; **34/1** Fotolia/gradt; **34/2** Shutterstock//Gts; **36/1** Fotolia/danilkorolev; **39/1** Fotolia/L. Shat; **42/1** Fotolia/Go-Production.com; **43/1** Fotolia/(copyright) Petair; **45/1** Imago; **49/1** Fotolia/(copyright) Janina Dierks ; **50/1** Shutterstock/Jordi C; **52/1** Shutterstock/Sergii Korshun; **54/1** Wiemann Lehrmittel e. K., Günter Wiemann; **54/2** Copyright(C)2000-2006 Adobe Systems, Inc. All Rights; **54/3** mauritius images/Alamy; **55/1** Fotolia/Marén Wischnewski; **55/2** Fotolia/(copyright) simon gurney; **56/1** Shutterstock/Dja65; **56/2** Werner Wildermuth, Dachau; **56/3** Werner Wildermuth, Dachau; **56/4** Werner Wildermuth, Dachau; **56/5** Werner Wildermuth, Dachau; **56/6** Shutterstock/titov dmitriy; **57/1** Fotolia/(copyright) kilukilu #30863812; **57/2** Shutterstock/Olga Selyutina; **57/3** Shutterstock/fuyu liu; **58/1** Matthias Hamel, Berlin; **58/2** Shutterstock/Lucy Clark; **59/1** akg-images/Roberaten; **59/2** Shutterstock/Maria Uspenskaya; **59/3** Shutterstock/lculig; **59/4** Fotolia/(copyright) stockphoto-graf #37681125; **59/5** Clip Dealer/foodonpix; **60/1** mauritius images/Alamy; **62/1** Shutterstock/loraks; **62/2** Volkswagen Aktiengesellschaft; **62/3** Shutterstock/Miroslaw Dziadkowiec; **63/1** mauritius images/imageBROKER/Michael Hartmann; **63/2** mauritius images/Alamy; **64/1** Shutterstock/Ritu Manoj Jethani; **66/1** Fotolia/Nikolai Sorokin; **66/2** Fotolia/Denver; **66/3** Fotolia/milujovi2; **66/4** Shutterstock/QUAN ZHENG; **66/5** Shutterstock/PHOTO FUN; **66/6** Shutterstock/Jaimie Duplass; **67/1** Fotolia/DE Photography ; **67/2** Fotolia/ArTo; **69/1** Fotolia/Meike Felizitas Netzbandt; **71/1** Fotolia/Platti; **73/1** F1online; **77/1** Fotolia/Stefan Körber; **79/1** Fotolia/Denis Junker; **80/1** Mohnke Höss Bauingenieure, Freiburg; **80/2** picture-alliance/dpa; **80/3** mauritius images/imageBROKER/Cordelia Ewerth; **82/1** Feltes, T., Berlin; **83/1** Fotolia/ArTo; **83/2** Fotolia/palomita0306 ; **89/1** Shutterstock/Dja65; **91/1** Shutterstock/Denizo71; **92/1** Deutsche Bahn AG; **92/2** Fotolia/sehbaer_nrw; **96/1** Fotolia/Bjoern Wylezich; **97/1** Fotolia/glashaut; **101/1** Fotolia/GaToR-GFX; **104/1** Fotolia/Brian Jackson; **105/1** Shutterstock/LanKS; **105/2** Shutterstock/MiloVad; **105/3** Fotolia/stockphoto-graf; **105/4** Fotolia/by-studio; **107/1** Fotolia/SyB; **108/1** Fotolia/grafikplusfoto; **110/1** Fotolia/Romolo Tavani; **110/2** Fotolia/ HappyAlex; **112/1** Fotolia/ProMotion; **112/2** Fotolia/Taffi; **113/1** Fotolia/Julianna Olah; **113/2** Fotolia/Gina Sanders; **115/1** Shutterstock/auremar; **121/1** Fotolia/Jeanette Dietl; **122/1** Shutterstock/Tyler Olson; **123/1** Fotolia/tunedin; **125/1** Shutterstock/Deva Studio; **130/1** Shutterstock/VLADJ55; **130/2** Shutterstock/Boris Mrdja; **132/1** Reufsteck, G., Straelen; **134/1** Shutterstock/Lisa S.; **134/2** Corbis/Visuals Unlimited/Dennis Kunkel Microscopy, Inc.; **135/1** Fotolia/Digitalpress; **136/1** Shutterstock/Kaspri; **136/2** Shutterstock/Tyler Olson; **137/1** Shutterstock/lightpoet; **137/2** Shutterstock/dreamerb; **139/1** Shutterstock/Nagel Photography; **141/1** Shutterstock/JIANG HONGYAN; **141/2** Fotolia/Gina Sanders; **142/1** Fotolia/cmfotoworks; **142/2** Shutterstock/dragunov; **143/1** Shutterstock/Sandy Schulze; **145/1** Fotolia/Geoffrey Kuchera; **147/1** Corbis/Jon Feingersh/Blend Images; **150/1** Fotolia/Niki Love; **150/2** picture-alliance/dpa/dpaweb; **150/3** Shutterstock/otomobil; **162/1** Fotolia/topshots; **163/1** Shutterstock/Alexander Tolstykh; **165/1** Shutterstock/Vadim Ratnikov; **169/1** Fotolia/Platti; **170/1** Fotolia/by-studio; **170/2** Fotolia/Tom; **171/1** Fotolia/aro49; **171/2** mauritius images/Prisma; **175/1** Fotolia/anilah; **176/1** Fotolia/Halfpoint; **177/1** Fotolia/taddle; **178/1** Shutterstock/Goodluz; **179/1** Fotolia/Carola Schubbel; **181/1** Fotolia/stefan_weis; **182/1** picture-alliance/dpa-infografik; **189/1** Fotolia/goodluz; **190/1** Fotolia/CandyBox Images; **192/1** Fotolia/stockWERK; **193/1** picture-alliance/dpa-infografik; **195/1** Fotolia/Matej Kastelic; **199/1** Shutterstock/Chongqing Wulong Furong; **199/2** Vario-Images/Regis Bossu; **199/3** Imago; **199/4** F1online; **199/5** Fotolia/GaToR-GFX; **199/6** Shutterstock/Deva Studio; **199/7** Corbis/Jon Feingersh/Blend Images; **199/8** Fotolia/anilah; **200/1** Fotolia/Peter Maszlen; **200/2** Fotolia/Jan Mika; **201/1** Fotolia/Kadmy; **202/1** Fotolia/Peter Atkins; **203/1** Fotolia/Marco2811; **205/1** Fotolia/Fotowerk; **208/1** Shutterstock/Dmitry Kalinovsky; **216/1** Clip Dealer/Martina Berg; **217/1** Fotolia/rdnzl; **220/1** Fotolia/Benshot; **223/1** Fotolia/Sandor Kacso; **225/1** Fotolia/dimart.de; **226/1** Fotolia/dilynn; **227/1** Fotolia/Jezper; **227/2** F1 online; **228/1** Fotolia/starush; **237/1** F1online/Cultura Images RF/Nils Mueller

Die Screenshots auf den Seiten 90, 114, 135, 202, 225, 227 und auf der vorletzten Buchseite wurden mit Microsoft® Excel® erstellt.

Microsoft® Excel® ist ein eingetragenes Warenzeichen der Microsoft Corporation.

Medien und Werkzeuge in der Mathematik

Viele mathematische Fragestellungen lassen sich mithilfe von Werkzeugen beantworten. Oft fehlen aber auch wichtige Informationen, bevor man sich für das richtige Werkzeug entscheiden kann.

Meistens können verschiedene Medien oder Werkzeuge verwendet werden, um dieselbe Frage zu beantworten.

Informationsbeschaffung

Informationen findest du im Schulbuch, im Lexikon, in einer Formelsammlung oder im Internet.
Schlage im Inhaltsverzeichnis oder im Stichwortverzeichnis den gesuchten Begriff nach.
Im Internet hilft dir die Suchfunktion (z. B. Strg + F).
Beachte, dass einige Inhalte nicht der Wahrheit entsprechen oder veraltet sein können. Suche deshalb an verschiedenen Stellen.

Werkzeuge Zirkel, Lineal und Geodreieck

Zum Konstruieren verwendet man Zirkel, Lineal und Geodreick. Achte darauf, dass die Mine des Zirkels spitz ist.
Zum Messen und genauen Zeichnen arbeitet man mit einem Geodreieck. Achte auf eine spitze Bleistiftmine.

Werkzeug Taschenrechner

Der Taschenrechner ist schnell einsatzbereit und liefert schnell Ergebnisse. Überschlage zur Kontrolle deine Rechnungen.
Beachte, dass die Tastenfolge bei einer Berechnung vom Modell abhängt ebenso wie die Anzahl der Stellen, auf die gerundet wird.

Werkzeug DGS und Funktionenplotter

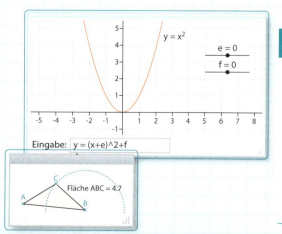

Mit einer dynamischen Geometrie-Software können Figuren schnell und genau konstruiert, bewegt und dynamisch verändert werden. Die Software kann Berechnungen ausführen, z. B. für Längen, Flächen und Winkel.
Fertige Zeichnungen können zusammen mit dem Konstruktionsprotokoll gespeichert und ausgedruckt werden.
Ein Funktionenplotter stellt Funktionsgraphen im Koordinatensystem dar. Das Programm berechnet meist auch z. B. Nullstellen und Schnittpunkte.